LES PHYSICIENS MODERNES ET LEURS DÉCOUVERTES

Le temps des sciences
Collection dirigée par Odile Jacob

Déjà parus :

André Lwoff	Jeux et combats,
François Jacob	Le jeu des possibles,
Philippe Meyer	L'homme et le sel,
Jacques Ruffié	Traité du vivant,
Jean-Pierre Changeux	L'homme neuronal,
André Leroi-Gourhan	Mécanique vivante,
André Leroi-Gourhan	Le fil du temps,
Claude Olievenstein	Destin du toxicomane,
Daniel Widlöcher	Les logiques de la dépression,
Claude Allègre	L'écume de la Terre,
Marc Jeannerod	Le cerveau-machine Physiologie de la volonté,
Émile Hénocq	Un mal étrange : l'allergie,
Antoine Danchin	L'œuf et la poule Histoires du code génétique,
Yves Coppens	Le singe, l'Afrique et l'homme,
Jean-Jacques Petter	Le propre du singe.

Emilio SEGRÈ
Prix Nobel de Physique

Les physiciens modernes et leurs découvertes

Des rayons X aux quarks

Traduit de l'anglais par Patrick Leroux Hugon

Fayard

Préface

Ce livre repose sur des conférences que j'avais données à l'Université de Californie à Berkeley, à l'Université de Chicago et à l'Accademia Nazionale dei Lincei à Rome. Le nombre de demandes flatteuses reçues de ces auditoires, exprimant le vœu de voir ces conférences imprimées, m'a persuadé de les réunir en volume et de les publier.

Ces conférences s'adressent à des gens qui montrent de la curiosité pour le monde des physiciens, et j'ai cherché à décrire ce monde comme je l'aurais fait pour un ami intime travaillant dans un autre domaine. Autrement dit, j'ai essayé d'exposer non seulement les découvertes importantes, mais aussi la façon dont elles furent obtenues, les personnalités des principaux physiciens et les erreurs commises avant que la bonne voie n'ait été trouvée. L'aspect humain, la succession des événements revêtent souvent une tonalité dramatique.

L'expérience m'a également montré que nombre de jeunes physiciens souhaitaient en savoir davantage sur la personnalité de tel et tel scientifiques importants que de simples noms attachés à des découvertes, et j'espère que ce livre pourra, du moins en partie, satisfaire une si légitime curiosité.

Ce livre ne prétend en aucune façon constituer une histoire de la physique moderne, encore moins un petit manuel de physique. Il est plutôt un panorama impressionniste des événements tels qu'ils me sont apparus au cours de ma carrière scientifique qui débuta vers 1927. Naturellement, ces événements ne peuvent être traités hors de leur contexte, c'est pourquoi l'histoire commence plus tôt. Le choix des individus et des sujets abordés est donc subjectif et orienté par mon expérience personnelle.

J'ai des dettes de reconnaissance vis-à-vis de Madame Laura Fermi, du Professeur J. Heilbron et de plusieurs de mes contemporains et collègues pour leurs critiques et suggestions. Je remercie le Professeur F. Rasetti, l'Institut Solvay, le CERN, le California Institute of Technology, le Lawrence Berkeley Laboratory, entre autres, qui m'ont fourni les illustrations.

Emilio Segrè,
janvier 1980

N.B. Quelques changements pour la traduction française ont été opérés en 1983.

CHAPITRE I

Introduction

Mathématiques et *physique* sont des mots qui n'évoquent souvent que les souvenirs déplaisants de concepts qu'on avait du mal à comprendre et qui n'attiraient que des individus un peu bizarres. Quand j'allais en classe, il arrivait aux professeurs de dire que la science était un sujet « sec », et beaucoup d'élèves acquiesçaient. La vue de formules mathématiques imprimées désignait sûrement quelque chose d'incompréhensible, voire même de magique. Aujourd'hui encore, la science est si souvent accusée d'effets néfastes qu'on a tendance à oublier qu'elle a fait aussi quelque bien.

Malgré ces traits négatifs, la recherche scientifique est tout aussi fascinante, dramatique et remplie d'intérêt humain que la création artistique. Pourtant, la plupart des aspects historiques et biographiques que l'on met en avant dans les disciplines littéraires ou artistiques sont souvent omis dans l'enseignement des sciences. Ceci est probablement dû au caractère cumulatif de la science. Si Newton n'avait pas existé, quelqu'un d'autre aurait inventé le calcul différentiel et découvert la gravitation, alors que sans Shakespeare il n'y aurait pas eu *Hamlet*. On estime donc plus légitime d'étudier la vie de Shakespeare que celle de Newton.

Je crois cependant que la physique, elle aussi, recèle une riche composante humaine, et c'est d'abord cet élément que je veux décrire ici. Je me limiterai à la physique, car c'est le domaine que je connais directement. J'espère que cette familiarité me permettra de restituer un peu de l'inspiration, de l'effort créateur, de la tension dramatique qui entrent dans le travail scientifique.

Ces aspects historiques ne devraient pas intéresser que les physiciens. On a souvent dit, sans doute à juste titre, que le XIXe siècle et le XXe furent des époques aussi brillantes et singulières pour la science que la Renaissance le fut pour l'art. Celui qui a eu la chance d'être un contemporain des Michel-Ange et des Shakespeare de notre époque peut avoir des souvenirs aussi vifs qu'émouvants, qui vont bien au-delà de ce qu'on peut puiser dans les seuls travaux scientifiques. Quoiqu'elle ait été un des grands protagonistes de cette renaissance, Marie Curie disait : « En science, nous devons nous intéresser aux choses, non aux personnes. » Je crois que c'est là un jugement par trop austère.

Dans ce livre, je vais évoquer les personnalités de quelques-uns des grands physiciens de ce siècle et évoquer certaines de leurs réussites en cherchant à les rendre accessibles au profane. Avec un peu de bonne volonté et quelques impasses, cela sera possible. J'éviterai de me montrer si technique qu'il n'y aurait plus que les professionnels pour me comprendre. Le cas échéant, les lecteurs pourront sauter quelques pages sans perdre le fil des événements, s'ils les trouvent trop difficiles.

Il est cependant nécessaire d'avoir quelques connaissances en physique. Là où nous pouvons simplement contempler le *David* de Michel-Ange ou lire *Hamlet* (même si de grandes différences se font jour dans nos appréciations, en fonction de notre fonds culturel), il n'est pas possible de comprendre la double nature des quanta de lumière ou l'équation de Schrödinger sans quelque préparation. Les formules mathématiques simplifient les choses. Les mathématiques sont le langage naturel de la physique, comme l'a montré Galilée, et, même si Volta et Faraday ont écrit de la grande physique sans recourir à un langage mathématique formel, ils pensaient mathématiquement et leur ignorance des mathématiques classiques les rend plutôt un peu moins accessibles.

Nous ne devons jamais oublier que bien des progrès scientifiques ont été obtenus grâce à la contribution d'une multitude de chercheurs qui préparèrent le terrain et opérèrent le défrichage nécessaire. Ces gens sont souvent inconnus ou bien oubliés en tant qu'individus, alors qu'ils ont été collectivement indispensables. En outre, les événements scientifiques sont reliés entre eux et peuvent se recouvrir dans le temps et l'espace. Si l'on s'évertue à le suivre trop étroitement, ce contrepoint complexe peut devenir confus. J'ai donc choisi de suivre la tendance des événements, au détriment parfois d'une stricte chronologie.

Le monde des physiciens en 1895.

Il est naturel de commencer notre histoire vers 1895, car, à l'époque, la physique prit en deux ou trois ans un tournant décisif : à la suite de quelques découvertes expérimentales, on commença alors à tenir compte du monde atomique. Les chimistes connaissaient déjà les atomes depuis au moins cent ans et, grâce à la théorie cinétique des gaz, les physiciens avaient mis à profit les idées atomiques, mais on ne savait rien de la composition et de la structure des atomes.

Dans le monde occidental où la connaissance de la structure atomique commença à se développer, l'Angleterre, l'Allemagne et la France étaient en tête des nations dans le domaine des sciences. Les trois grandes puissances connaissaient des situations politiques et sociales différentes. L'Angleterre était au sommet de sa splendeur sous le règne de Victoria. La reine, devenue impératrice des Indes en 1876, était sur le trône depuis 1837. La célébration de son jubilé en 1887 se transforma en témoignage de loyauté à sa personne et de fierté pour tout l'Empire. Enrichie de six millions et demi de kilomètres carrés de territoires récemment conquis, la vieille Angleterre dominait les mers dans un splendide isolement.

La France était encore sous le coup de la défaite de 1870 qui avait terriblement atteint sa personnalité et l'image que le peuple français se faisait de lui-même. La démoralisation des Français peut se mesurer à la réaction de Pasteur et des autres scientifiques français aux désastres de la guerre. Angoissés, blessés au plus profond de leur patriotisme, ils liaient la défaite de la France au fait qu'elle avait négligé la science pendant les cinquante dernières années et ils se rappelaient avec fierté la part que la science avait prise à la défense du pays sous la Révolution et les guerres de l'Empire. Pasteur espérait, grâce à la science, pouvoir accélérer le relèvement du pays.

L'Allemagne, en expansion rapide, dominée par l'armée, s'était lancée dans une voie impériale. La longue lutte entre le pouvoir civil et le pouvoir militaire, qui avait duré soixante ans, s'était malheureusement soldée par la prédominance de l'armée. Bismarck avait été chassé en 1890. Le Kaiser Guillaume II (1859-1941) était bien jeune et inexpérimenté pour régner. Se considérant lui-même comme très intelligent, ce qu'il n'était pas, il estimait qu'il gouvernait magnifiquement l'Allemagne et la conduisait à une ère de gloire. Au début de la Première Guerre mondiale, lui-même déclare : « *Ich führe euch herrlichen Zeiten entgegen* » (Je vous conduis vers des temps glorieux). Ce qui en dit assez long sur son discernement.

Dans le monde de 1895, il n'y avait pas d'avion, pratiquement pas de téléphone, très peu d'électricité. On pouvait traverser les océans à bord de bateaux à vapeur, mais, soixante-quinze ans après que les transatlantiques eurent commencé à utiliser la vapeur, il arrivait que les *steamers* fussent encore équipés de voiles d'appoint. Le principal moyen de communication était la poste, non seulement entre villes, mais également à l'intérieur même des villes. Paris, par exemple, avait un système assez rapide de communication pneumatique : un réseau de tubes où les lettres étaient propulsées par air comprimé. Les rues étaient éclairées au gaz.

En 1895, il n'y avait pas d'automobiles mais quand, deux ans plus tard, Ernest Rutherford visita l'exposition du Crystal Palace, il écrivit à sa mère : « La chose la plus intéressante pour moi fut la voiture sans chevaux, il y en avait deux qui tournaient sur l'esplanade. » Elles allaient à environ huit kilomètres/heure et faisaient « pas mal de bruit et de fracas ». Pourtant, des accidents se produisaient, même en l'absence d'automobiles, quand les chevaux des fiacres ou des charrettes s'emballaient ; quelques années plus tard, en 1906, la science perdit l'une de ses plus hautes figures dans un tel accident. Il n'y avait pas de pollution, mais les rues empestaient le crottin, conséquence aussi inévitable des transports de l'époque que les gaz d'échappement de nos voitures à essence. Les villes étaient plus modestes et plus belles qu'aujourd'hui, mais manquaient souvent d'hygiène.

Les laboratoires de physique avaient une organisation et un équipement très différent de nos laboratoires actuels. En général, il n'y avait qu'un professeur, lequel habitait souvent au laboratoire même et n'était aidé que d'un très petit nombre d'assistants. Aujourd'hui, pour apprécier les moyens d'une institution, nous nous basons sur l'énergie de son accélérateur, voire sur la capacité de son installation cryogénique. Mais, en 1895, les accélérateurs et les appareillages cryogéniques appartenaient encore à un futur éloigné, bien que la liquéfaction de l'air ait atteint cette année-là le stade commercial.

Une façon de classer un laboratoire consistait à prendre en compte la puissance de la batterie de piles qu'il possédait. Les laboratoires, à cette époque, avaient besoin d'électricité pour leurs expériences, mais ils ne pouvaient se brancher sur le secteur, pour la bonne raison que le secteur existait rarement ; ils entreposaient donc des piles dans leur sous-sol. Le voltage d'une batterie de piles est proportionnel au nombre d'éléments qu'elle comporte ; plus il y avait d'éléments, meilleur était donc le statut de l'établissement. On avait développé différents types de piles, depuis la première « pile électrique » originale de Volta en 1800. Toutes reposaient sur le même principe, mais elles différaient par la composition de leurs électrodes et de leur solution d'électrolyte. Plusieurs laboratoires scientifiques utilisaient des piles de Bunsen qui pouvaient atteindre un voltage élevé (jusqu'à 1,95 volt) et fournir des courants importants. Mais c'était toute une affaire de les maintenir en état de marche. Elles contenaient de l'acide sulfurique et de l'acide nitrique qui attaquaient l'anode en zinc et dégageaient des vapeurs fortes et désagréables.

On trouve des recommandations détaillées pour la manipulation des piles de Bunsen dans le manuel de physique français d'Adolphe Ganot, publié en 1863. (C'est l'édition italienne de ce livre qui m'initia à la physique, quand j'avais à peu près onze ans.) En le relisant récemment, j'ai été impressionné par la précision de ses recommandations :

> « Le mélange d'eau et d'acide sulfurique doit être préparé à l'avance (...). Versez d'abord l'eau dans une cuvette en bois, ajoutez ensuite un dixième en volume d'acide sulfurique

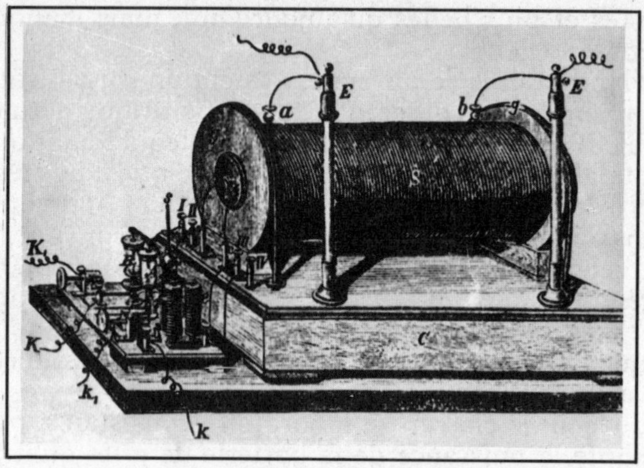

Figure 1-1
Une bobine de Rühmkorff (d'après Urbanitzky, *L'Électricité*, 1890). C'est un transformateur dans lequel le courant est brutalement coupé dans la bobine primaire. Ceci génère un voltage élevé dans la bobine secondaire, qui donne lieu à une étincelle dans l'air. La bobine servait à alimenter les tubes à décharge.

ordinaire de sorte que la solution atteigne 10 ou 11 degrés sur l'échelle Beaumé. Si l'on n'a pas de pèse-acide Beaumé, l'eau est suffisamment acidulée quand elle devient tiède et quand on ne peut pas en supporter une goutte sur la langue. Les cellules doivent être placées (...) sur une table en bois bien sèche (...). Versez alors avec un entonnoir l'acide nitrique dans les réservoirs intérieurs poreux jusqu'à deux centimètres du haut (...). Les cônes tronqués qui s'ajustent dans le carbone doivent être nettoyés au papier de verre pour assurer un bon contact (...). Ce qu'on doit surveiller surtout, c'est l'amalgamation des plaques de zinc. Une plaque a besoin d'être amalgamée quand on entend un chuintement dans l'eau acidulée alors qu'on ne se sert pas de la pile (...). L'eau acidulée peut aussi dégager de la vapeur et même bouillir (...). Pour amalgamer les plaques de zinc (...), placez-les l'une après l'autre dans un vase en faïence contenant de l'eau acidulée et deux kilogrammes de mercure, et étalez-le sur les plaques avec une brosse en fer (...). »

Un des instruments importants de l'époque était la bobine de Rühmkorff (bobine d'induction) dont on se servait pour produire de grandes différences de potentiel et de longues étincelles *(figure 1-1)*. L'instrument consistait en deux bobines enroulées autour d'un noyau cylindrique en fer et isolées l'une par rapport à l'autre. Une pile produisait un courant dans la bobine primaire et, de façon répétée, ce courant était coupé par un rupteur. La variation du courant primaire induisait un courant dans la bobine secondaire, créant une différence de potentiel aux bornes du circuit secondaire. La bobine primaire était faite d'un fil épais et ne comportait que quelques tours, tandis que la bobine secondaire était faite d'un fil fin qui atteignait des kilomètres de long, tellement il comportait de tours. Une grande bobine de Rühmkorff de cette époque, conservée à la Royal Institution à Londres, avait une bobine secondaire de 450 kilomètres de long et pouvait produire des étincelles d'un mètre. Ainsi la longueur des étincelles comme la puissance des batteries de piles pouvaient-elles servir de critères de référence pour définir l'importance d'un laboratoire.

La production de vide a dominé la recherche en physique pendant plus de cent ans, et tous les progrès dans l'étude de l'atome se sont trouvés liés à des progrès dans la technologie du vide. En 1895, les vides dont on avait besoin pour les expériences de décharges électriques dans les gaz étaient obtenus dans les laboratoires à l'aide de pompes primitives. Cependant, ces expériences conduisirent peu après à la découverte des rayons X et de l'électron.

La *figure 1-2* montre la pompe qu'utilisa Sir William Crookes dans ses études de décharges électriques dans les tubes à vide. Les tubes qu'on devait vider étaient reliés à la pompe par le tube dessicateur, à droite, qui contenait de l'acide phosphorique. Le mercure, dans le réservoir de gauche, venait tomber goutte à goutte du haut du tube de descente, entraînant l'air, bulle après bulle, hors de l'appareil. Le niveau du mercure dans le tube de mesure, comparé au niveau dans un baromètre, indiquait le degré du vide obtenu. Le réservoir à mercure devait être monté et descendu à la main à plusieurs reprises, tâche laborieuse pour le technicien chargé de vider les tubes et les réservoirs du professeur. Dans toutes ces pompes, la référence du vide parfait était le baromètre. Le vide que l'on obtenait avec de pareilles pompes était environ un million de fois plus mauvais que ce que nous appellerions aujourd'hui un vide moyen.

Pour savoir de façon un peu plus détaillée ce que faisaient

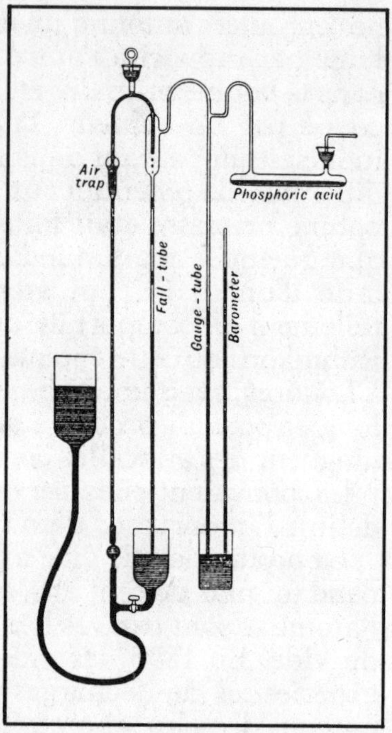

Figure 1-2
Une pompe à vide à mercure (d'après S.P. Thompson, *La lumière visible* et *invisible*, 1897). La pompe marchait en piégeant l'air dans le tube de descente.
Le tube de mesure compare le vide obtenu à la pression barométrique.

les physiciens au tournant du siècle, regardons une des principales revues de l'époque, les *Annalen der Physik*. Un peu plus tôt, la même revue s'appelait *Annalen der Physik und Chemie*, car la physique et la chimie étaient encore abordées ensemble, par opposition avec notre tendance actuelle à la spécialisation qui pousse à créer autant de revues que de sous-branches de la physique. Les sujets traités dans les *Annalen* étaient la liquéfaction des gaz, les mesures de chaleur spécifique, les ondes électromagnétiques et, en particulier, les essais destinés à reproduire avec les ondes électromagnétiques tous les phénomènes de l'optique : réflexion et réfraction, diffraction, rotation du plan de polarisation, etc. La thermodynamique avait alors environ quarante ans et ne reposait pas sur des bases encore tout à fait assurées. Les décharges dans les gaz étaient étudiées avec la bobine de Rühmkorff et avec des tubes comme ceux des *figures 1-6*. La théorie cinétique des gaz se développait vigoureusement, bien qu'il n'y eût que peu de gens à s'y intéresser et que certaines des grandes personnalités en ce domaine n'aient guère été reconnues. Josiah Willard Gibbs (1839-1903), qui enseignait à l'Université de Yale, fut ignoré de la plupart des scientifiques (mis à part Maxwell et quelques autres). A Vienne, Ludwig Boltzmann (1844-1908) se plaignait de ce que, dans les pays germanophones, personne n'attachât d'importance à ses travaux. Entre autres sujets traités dans les revues de cette époque, figuraient la chimie physique et la dissociation des ions, les débuts du concept d'ions en solution et les relations entre thermodynamique et équilibre chimique. Nul ne songeait à élaborer des modèles d'atomes : non seulement cela n'aurait pas été réalisable, mais le fait atomique n'était pas encore totalement admis.

Bien sûr, les chimistes connaissaient « l'hypothèse atomique », mais la croyance en la réalité des atomes n'était pas partagée par tous. Rétrospectivement, puisque les chimistes écrivaient des formules chimiques et connaissaient la loi d'Avogadro et les lois de l'électrolyse de Faraday, il semblerait qu'ils auraient dû croire aussi aux atomes. Ce n'était pas du tout le cas. En 1905 encore, le scepticisme à cet égard restait largement répandu : certains scientifiques rejetaient en bloc la théorie corpusculaire de la matière, d'autres reconnaissaient l'utilité de la théorie atomique en chimie, mais la considéraient comme éloignée de la réalité. Ces sceptiques n'étaient ni des fous ni des incompétents. Un peu plus tôt, par exemple, Sir Benjamin Collins Brodie (1817-1880), titulaire de la chaire de chimie Waynflete à Oxford, rédigeait des articles et des livres pour montrer qu'en chimie, les atomes n'étaient pas nécessaires. En toute bonne foi, il développa un système dont les atomes étaient exclus et qu'il appelait « chimie idéale ». Il était exaspéré quand on avait recours à des fils et à des boules pour construire des modèles de molécules organiques. Il considérait ces constructions comme « un petit travail de menuiserie tout à fait matérialiste », un outrage, quelque chose d'absolument indigne de la chimie.

En 1887, l'étendard de l'antiatomisme fut brandi par Wilhelm Ostwald (1853-1932), éminent chimiste allemand et l'un des premiers lauréat du Prix Nobel (1901). Cette année-là, Ostwald prononça à Leipzig une leçon inaugurale où il avançait une doctrine de l'« énergétique », prétendant que tous les phénomènes pouvaient être expliqués par les effets combinés de l'énergie, sans qu'on eût besoin d'atomes. Il publia ensuite un manuel de chimie qui n'utilisait pas la théorie atomique et, en 1909 encore, ce livre fut traduit en anglais sous le titre *Principes fondamentaux de chimie.* Ostwald campa sur ses positions jusqu'à ce que J.J. Thomson et S. Arrhenius aient réussi à ébranler ses convictions, qu'il désavoua dans l'édition de 1912 de son *Allgemeine Chemie.*

Chez les physiciens, l'un des plus éminents de ceux qui ne croyaient pas à l'« hypothèse » atomique fut Ernst Mach (1838-1916), qui était aussi un psychologue remarquable. Dans l'édition de 1906 de son *Analyse des sensations,* il parle de « ces atomes et molécules de la physique et de la chimie, artificiels et hypothétiques », et, sans méconnaître « la valeur de ces outils pour l'usage particulier et limité qui est le leur », il les comparaît aux symboles de l'algèbre. Il lui fallut voir les scintillations des particules alpha pour se convaincre que les atomes existaient, ou du moins tempérer son scepticisme.

Ce scepticisme si répandu n'était pas dû à quelque esprit de contradiction, plutôt au fait que jamais personne n'avait « vu » un atome, de façon convaincante pour les yeux de l'intelligence. Aujourd'hui même, personne n'a jamais littéralement vu un atome, mais les preuves avancées en faveur de leur existence sont plus convaincantes que celles qui plaident pour certaines choses que bien des gens ont « vu », comme les miracles ou les soucoupes volantes. Nous devons aussi nous souvenir que, si la loi d'Avogadro — à savoir que des volumes égaux de gaz à même température et à même pression contiennent le même nombre de molécules — fut formulée en 1811, il fallut attendre 1860, presque cinquante ans plus tard, pour que le nombre d'Avogadro, c'est-à-dire le nombre de molécules dans une mole, soit « mesuré », ou plutôt que les scientifiques aient quelque idée de sa valeur, comme de l'ordre de grandeur de plusieurs quantités atomiques telles que la dimension de l'atome et sa masse.

A la fin du XIXe siècle, même un homme comme Max Planck était réticent vis-à-vis de l'existence de l'atome. Comme il le rappelle dans son *Autobiographie scientifique,* il « n'était pas seulement indifférent mais même, dans une certaine mesure, hostile à la théorie atomique ». Il ne l'accepta que lorsqu'elle s'avéra nécessaire pour établir les bases de sa loi du rayonnement.

Les personnalités scientifiques de premier plan peuvent aisément être identifiées par pays. Au Royaume-Uni, la liste inclurait Lord Kelvin (William Thomson ; 1824-1907). En 1895, il avait 71 ans ; baron depuis trois ans, il avait occupé la chaire de physique de l'Université de Glasgow pendant près d'un demi-siècle et était considéré comme le premier physicien du royaume. Son influence sur les générations d'étudiants qu'il avait formés et inspirés, soit directement, soit à travers ses écrits, avait été immense. Supérieur encore à son contemporain Lord Kelvin, James Clerk Maxwell (1831-1879) était mort jeune, et ce n'est que bien plus tard que l'on comprit qu'il avait été l'un des plus grands physiciens à avoir jamais existé. Les autres célébrités britanniques de cette période furent Lord Rayleigh (1842-1919), le chimiste Sir William Crookes (1832-1919) et Sir William Ramsay (1852-1916). En 1884, J.J. Thomson (1856-1940) succéda à Lord Rayleigh comme titulaire de la chaire Cavendish à l'Université de Cambridge, poste qu'il occupa trente-cinq ans. Mais celui-ci, au rythme auquel se succèdent les générations de physiciens, appartenait déjà à un groupe plus jeune. Michael Faraday (1791-1867), qui nous semble quasi préhistorique, n'était pas plus éloigné d'un individu de 1895 que Max Planck, qui mourut en 1947, ne l'est de nous ; en fait, il en paraissait même probablement plus proche, car la science, au siècle dernier, progressait à une allure plus lente.

La scène scientifique française était dominée par Louis Pasteur (1822-1895), biologiste, chimiste et physicien qui mourut cette même année 1895. Il n'y avait pas de physiciens français de la stature de Pasteur ; Ampère (1775-1836), Fresnel (1788-1827) et Carnot (1796-1832) appartenaient déjà au passé. Pasteur était le représentant de la science française, un immense savant, un grand bienfaiteur de l'humanité, une personnalité séduisante — vue de loin, tout au moins. Bien que ceux qui ont écrit sur lui le dépeignent comme un saint, le nombre d'articles polémiques qu'il écrivit suggère plutôt un esprit querelleur. Il incarnait l'optimisme de cette fin de siècle. C'était la confiance dans le progrès, l'assurance que la science résoudrait tous les problèmes et que les savants, de concert avec les autres penseurs, finiraient par inspirer aux peuples des idéaux de concorde et de justice. Cette conviction fut anéantie par la Première Guerre mondiale et n'a pas réapparu depuis lors. Pasteur proclamait avec éloquence que les laboratoires étaient les temples de l'humanité, que la paix l'emporterait sur la guerre, que la science conduirait à de glorieuses époques.

La figure dominante de la science allemande était Hermann Ludwig von Helmholtz (1812-1894). Helmholtz détenait une position unique et une influence considérable, comparables à celles de son ami Lord Kelvin en Angleterre. Il était le rival de Maxwell et certains de ses travaux sur la théorie de l'électrodynamique, en désaccord avec la théorie de Maxwell, divisèrent les scientifiques pendant nombre d'années. Ce fut le plus remarquable élève de Helmholtz, son préféré, Heinrich Hertz (1857-1894), qui trancha le conflit en faveur de Maxwell. En 1887, Hertz réalisa la fameuse expérience par laquelle il établit l'existence des ondes électromagnétiques, prouvant sans doute possible la validité des équations de Maxwell et ouvrant le champ de la radiocommunication.

Tels étaient les « glorieux aînés » de 1895, mais il y avait aussi une génération plus jeune. Elle comprenait J.J. Thomson en Angleterre, Ludwig Boltzmann en Autriche, Max Planck (1858-1947) et Philipp Lenard (1862-1947) en Allemagne (Einstein n'avait alors que seize ans, étudiant inconnu et point trop brillant), enfin Henri Poincaré (1854-1912) en France. Poincaré venait d'atteindre la quarantaine, mais il était déjà universellement reconnu comme le plus grand mathématicien vivant. Il ne s'intéressait pas seulement aux mathématiques, mais aussi à la physique, à l'astronomie, à la philosophie, et était estimé comme écrivain de talent. Ses fameux cours à la Sorbonne avaient fait beaucoup pour révéler aux savants du continent le *Traité de l'électricité* de Maxwell.

H.A. Lorentz (1853-1928) fut aussi l'une des célébrités de cette époque (voir *figure 1-3*). Il représentait les Pays-Bas qui connaissaient alors une floraison scientifique si extraordinaire que plusieurs de leurs meilleurs savants durent émigrer, faute de trouver des postes chez eux.

Je pense qu'en 1895, il y avait approximativement un millier de physiciens, alors qu'on peut en dénombrer dans

Figure 1-3
Hendrik Antoon Lorentz (1853-1928). Les travaux de Lorentz marquent les limites atteintes par la physique classique et constituent le lien entre la génération de Maxwell et celle d'Einstein et de Planck. La personnalité de Lorentz exerça une forte influence parmi le monde des physiciens en raison du respect qu'il inspirait. (Fondation Nobel.)

les soixante mille aujourd'hui. Ils étaient raisonnablement bien payés, et assez considérés. Il n'est pas exact, comme on le croit souvent, que l'importance décisive de la science n'ait été reconnue que récemment. Un savant comme Helmholtz pouvait rencontrer le Kaiser quand il le voulait. Le Kaiser, d'ailleurs, montrant son intérêt pour la science, avait fait décorer le nouveau Pont de Potsdam de statues de C.F. Gauss, le « prince des mathématiciens », de W.C. Röntgen, H. Helmholtz et de W. von Siemens, inventeur de machines électriques, et industriel. (Ces statues furent détruites durant la Seconde Guerre mondiale.) En France, Napoléon III, imitant son illustre oncle, recevait d'importants savants à la cour. L'Angleterre annoblissait ses scientifiques réputés aussi souvent qu'aujourd'hui, et il arrivait que les plus grands fussent élevés à la Pairie, témoin Lord Kelvin. Lord Rayleigh recevait souvent la visite de ses amis politiques, y compris du Premier ministre.

Ces époques qui virent la naissance d'une nouvelle physique se caractérisaient par une pensée neuve et aventureuse dans tous les domaines, et pas seulement en sciences. Ce furent des temps de fermentation sociale et intellectuelle, d'exaltation de l'individu en littérature, de révolte contre l'académisme dans les arts, l'architecture restant la seule à proclamer obstinément les vertus du passé. Les mouvements socialistes se levaient partout, alors que l'anarchisme atteignait les sommets de la violence avec des assassinats de monarques et de chefs d'État.

En France, l'Impressionnisme et d'autres nouvelles écoles de peinture étaient actives, bien que leurs tableaux, objets de controverse, fussent encore peu prisés et que ceux de Van Gogh ne se vendirent pas du tout. En musique, Debussy composait toujours dans une semi-obscurité. Les deux grandes figures littéraires étaient Anatole France et Émile Zola. France dépeignait les particularités de son pays et de son temps, Zola était un romancier naturaliste très populaire, qui mit en accusation la société française en défendant l'innocence de Dreyfus dans l'Affaire dont, à la fin du siècle, les remous secouèrent le pays plusieurs années durant.

L'Angleterre avait connu ce bouleversement intellectuel qu'avait représenté l'assimilation de la théorie de l'évolution de Darwin. En 1895, Darwin était mort depuis treize ans, mais Herbert Spencer, philosophe du mouvement scientifique dans la tradition darwinienne, était on ne peut plus vivant à soixante-quinze ans, pensant et écrivant encore, exprimant une foi dans le progrès si propre à cette époque. En littérature, Oscar Wilde ravissait son public avec des pièces remplies d'esprit tandis que, dans une veine plus sombre, Thomas Hardy et George Meredith écrivaient les derniers romans victoriens. H.G. Wells et G.B. Shaw commençaient leur carrière. Shaw, auteur dramatique encore débutant, exerçait une influence plus grande en tant qu'animateur de la Société Fabienne socialiste que comme écrivain.

L'Allemagne avait produit Friedrich Nietzsche, le poète d'*Ainsi parlait Zarathoustra* et le philosophe du Surhomme poussé par la « volonté de puissance ». La doctrine de Nietzsche était l'expression complète et radicale de l'esprit d'innovation et de révolte contre les valeurs établies à la fin du XIXe siècle. En 1895, Nietzsche, malade, n'écrivait plus, mais son influence commençait à se faire jour dans l'œuvre des autres. Ainsi dans la poésie et les romans de D'Annunzio, interprète esthète et fanatique du nationalisme italien et futur « surhomme » de la Première Guerre mondiale. Malheureusement, les idéaux de Nietzsche inspirèrent des hommes plus dangereux : les futurs dictateurs Mussolini et Hitler.

L'optimisme régnant et la foi dans la science de cette fin de siècle s'exprimèrent dans le Ballet Excelsior ; très acclamée, cette création italienne fut représentée en Italie et en France pendant au moins trente ans. Cette allégorie montrait les Lumières forçant l'Obscurantisme à reconnaître les grandes découvertes et inventions d'une civilisation inspirée par la Puissance Divine : le bateau à vapeur, le « télégraphe électrique », le canal de Suez et le tunnel du Mont-Cenis. La vision de tous les peuples unis dans la fraternité s'imposait alors à l'Obscurantisme, tandis que la terre se creusait sous ses pieds et l'engloutissait. Le ballet se terminait par le triomphe de la Science, du Progrès, de la Fraternité et de l'Amour.

De nouveaux horizons.

Revenons à la physique proprement dite et aux travaux qui permirent de comprendre la structure atomique. Les années 1895-1897 furent décisives en raison de quatre grandes découvertes : les rayons X, l'électron, l'effet Zeeman et la radioactivité. Bien que la découverte de l'électron soit chronologiquement la dernière (elle ne fut complétée qu'en 1897 par la mesure du rapport de la charge de l'électron à sa masse), j'en parlerai d'abord, car elle est le résultat de l'intérêt soutenu que les physiciens du XIXe siècle portèrent aux décharges d'électricité dans les tubes « à vide ».

Dans une étude entreprise très tôt (1833) sur les décharges électriques dans les gaz, Michael Faraday trouva que « la raréfaction de l'air favorise puissamment le phénomène d'incandescence » *(Recherches expérimentales sur l'électricité)*. Il examina la luminescence dans des gaz différents sous basse pression, mais ne put jamais la résoudre « en décharges intermittentes élémentaires visibles ». Il décrivit la beauté de cette incandescence et observa la zone obscure près de l'anode qui porte maintenant son nom. Le vide qu'il pouvait obtenir était très médiocre, encore bien plus médiocre qu'il ne pouvait en juger, quoiqu'il sût « qu'un vide aussi parfait qu'on puisse l'obtenir » était encore fort loin du vide absolu.

En 1858, Julius Plücker eut l'idée d'approcher un aimant

du tube « à vide » pour voir ce qui arriverait à la décharge. Plücker (1801-1868) était un mathématicien allemand, spécialiste de topologie, qui devint plus tard professeur de physique à Bonn et s'intéressa aux relations entre le magnétisme et les décharges dans les gaz. (Nous devons nous souvenir qu'il était tout à fait normal, pour un scientifique de cette époque, de couvrir plus d'une discipline : Gauss était à la fois mathématicien et physicien, Helmholtz était physiologiste, physicien et philosophe, et Kirchhoff était chimiste aussi bien que professeur de physique théorique.) Quand Plücker approcha un aimant de son tube à vide, il remarqua une déflection de la décharge. L'année suivante, il rapporta avoir vu une brillante phosphorescence verte dans le verre du tube près de la cathode, et il put changer la position des taches phosphorescentes en utilisant un aimant. Cependant, il ne put aller plus loin, son vide étant par trop insuffisant.

En 1869, un élève de Plücker, Johann Hittorf (1824-1914), eut plus de succès. Entre-temps, on s'était mis à utiliser les premières pompes à mercure et il pouvait vider ses tubes un peu mieux que ses prédécesseurs. Il vit l'ombre projetée par un objet placé devant la cathode, ce qui indiquait que la décharge provenait bien de celle-ci. Le terme de *Kathodenstrahlen,* rayons cathodiques, fut forgé en 1876 par E. Goldstein (1859-1930). En 1879, William Crookes mena des études systématiques sur les rayons cathodiques dans des tubes qu'il vidait avec une pompe améliorée dont il était l'inventeur. Il est révélateur de lire dans l'un des articles de Crookes qu'il était certain d'avoir obtenu un vide exceptionnellement bon. La pression y était de 40×10^{-3} millimètres de mercure, environ un million de fois plus élevée que celle que nous obtenons dans les grands accélérateurs modernes, et je me demande d'ailleurs comment il la mesurait.

Nous savons aujourd'hui que les rayons cathodiques sont des électrons qui se déplacent rapidement, mais personne alors ne connaissait même l'existence des électrons. Les faits connus, concernant ces rayons cathodiques, étaient qu'ils sortaient de la cathode d'un tube à vide élevé, qu'ils heurtaient la paroi opposée du tube, la rendant lumineuse, qu'ils se déplaçaient apparemment en ligne droite, puisque des objets placés sur leur parcours projetaient des ombres nettes, et qu'ils étaient probablement déviés par un aimant, quoique personne ne pût être affirmatif sur ce point.

Une grande controverse s'éleva sur la nature des rayons cathodiques. Qu'étaient-ils ? Certains disaient qu'il s'agissait de corpuscules, de particules éjectées de la cathode, d'autres estimaient que c'étaient des ondes. Assez curieusement, les opinions se répartirent suivant des axes nationaux. En 1892, Hertz fit état d'une expérience censée prouver que les rayons cathodiques ne pouvaient être des particules et devaient donc être des ondes. Gustav Heinrich Wiedemann (1826-1899), Goldstein et tous les physiciens allemands acquiescèrent. Mais en Angleterre, Crookes maintenait que ces rayons étaient des particules électriquement chargées, et les physiciens anglais — Kelvin, J.J. Thomson et d'autres — suivirent et soutinrent les « particules ».

Finalement, en 1895, c'est en France que Jean Perrin (1870-1942) prouva de façon convaincante que les rayons cathodiques étaient des particules négativement chargées. Ayant produit des rayons cathodiques dans un tube à décharge soigneusement vidé, il les envoya dans une cage de Faraday et montra qu'ils portaient une charge négative. On pouvait les dévier avec un aimant et les envoyer dans la cage de Faraday ou en dehors, suivant la façon dont on déplaçait l'aimant. Ces expériences importantes ouvrirent la voie aux progrès ultérieurs.

Jean Perrin était un remarquable physicien français qui avait fait ses études à l'École Normale supérieure. Il fut aussi le père d'un autre physicien important, Francis Perrin, donc le fondateur d'une importante dynastie scientifique française. (Les Becquerel, les Curie et les Brillouin — sur lesquels nous reviendrons — constituèrent aussi de grandes familles scientifiques.) Après la Première Guerre mondiale, Jean Perrin procéda à d'élégantes expériences sur le mouvement Brownien en utilisant des sphères colloïdales de gutta-percha qui se comportaient comme des molécules géantes. A partir de ces expériences, il détermina indirectement la charge de l'électron. Ultérieurement, il participa activement à la politique française comme militant de gauche. Il mourut à New York, ayant fui la France occupée.

Entre le travail de Perrin et celui de J.J. Thomson, qui lui

niqua sa découverte à Lorentz qui donna immédiatement une explication de ses observations.

L'idée fondamentale était que la lumière était émise par des particules chargées (des électrons) se déplaçant dans l'atome. Leur mouvement était influencé par le champ magnétique selon les lois classiques de l'électromagnétisme. A partir du changement de fréquence de la lumière émise, Zeeman et Lorentz purent déterminer le rapport *e*/*m*, c'est-à-dire la charge spécifique des particules qui provoquent l'émission de lumière, aussi bien que le signe de la charge. Zeeman commit d'abord une erreur dans le signe, qu'il corrigea bientôt ; en matière de signe, même un Hollandais méticuleux comme Zeeman pouvait se méprendre.

Le résultat le plus remarquable obtenu par Zeeman résidait dans le signe négatif et la valeur de *e*/*m*, qui était environ mille fois supérieure à ce qu'on attendait pour l'atome entier, sur la base des notions sommaires que les scientifiques possédaient alors des masses atomiques. Par la suite, l'effet Zeeman se révéla être un outil puissant pour élucider la structure atomique, il joua un rôle décisif dans la découverte du principe de Pauli, dans celles du spin de l'électron et des détails du mécanisme de l'émission, entre autres. Il s'accorde parfaitement avec la mécanique quantique et en devint une preuve expérimentale importante.

Dans l'expérience de Zeeman, les électrons étaient liés à l'intérieur de l'atome. A peu près au même moment, les électrons libres faisaient leur entrée en physique, principalement grâce aux travaux de J.J. Thomson.

Joseph John Thomson.

Au moment où l'électron fut découvert, J.J. Thomson était titulaire de la chaire Cavendish à l'Université de Cambridge (voir *figure 1-5*). Né en 1856 près de Manchester dans une famille d'hommes d'affaires, on s'attendait à ce qu'il suivît la tradition familiale, mais les circonstances l'orientèrent vers des études scientifiques et, en 1876, il fut admis à Trinity College, à Cambridge. Là, il se prépara lui-même, comme c'était l'habitude à l'époque, à un examen écrit sévèrement sélectif, appelé « tripos », du nom des réchauds

Figure 1-5
Joseph John Thomson (1856-1940), le célèbre physicien anglais, renommé pour ses expériences sur l'électron et sur les isotopes. Il fut le troisième directeur du Laboratoire Cavendish. Apparemment, il était maladroit, mais très vif à comprendre le fonctionnement d'un appareil. (Laboratoire Cavendish, Université de Cambridge.)

à charbon de bois en forme de trépied qui servaient à chauffer les salles d'examen. Les vainqueurs étaient appelés « wranglers » (bagarreurs). En 1880, il sortit second. Wrangler comme Maxwell l'avait été avant lui.

J.J. Thomson suivit quelques-uns des cours de Maxwell, mais c'est sous la direction du successeur de Maxwell à la chaire Cavendish, Lord Rayleigh, que Thomson acheva plusieurs articles théoriques. En 1884, respectant l'engagement initial qu'il avait pris de ne l'occuper que cinq ans, Rayleigh démissionna de la chaire Cavendish. Thomson posa sa candidature au poste de professeur, « sans avoir sérieusement réfléchi, raconte-t-il, au travail et à la responsabilité qu'il impliquait ». Il n'avait que vingt-huit ans et ne s'attendait pas à être choisi. A sa grande surprise, il le fut. Les électeurs furent ou très heureux dans leur choix, ou très perspicaces. Comme le dit Thomson, « je me sentais comme un pêcheur qui, pourvu d'un équipement léger, a jeté en passant sa ligne en quelque endroit invraisemblable et a attrapé un poisson bien trop gros pour pouvoir le tirer sur la berge. Je sentais toute la difficulté à succéder à un homme de l'importance de Lord Rayleigh ». Il est remarquable que Thomson ne mentionne pas Maxwell, bien qu'il dise ailleurs, à propos de la première nomination à la chaire Cavendish (février 1881) :

> « On pense que l'Université avait d'abord pressenti Sir William Thomson (plus tard Lord Kelvin), puis von Helmholtz, le grand physicien et physiologiste allemand, mais aucun d'eux ne put trouver moyen d'accepter le poste. Au moment de son élection, les travaux de Maxwell n'étaient que fort peu connus, et sa réputation n'était pas comparable à ce qu'elle est maintenant (1936)... En fait, même au moment de sa mort, la réalité de sa contribution suprême à la physique — la théorie du champ électromagnétique — était discutée. »
> [*Souvenirs et réflexions,* pp. 96, 101.]

Thomson commença par rénover le laboratoire, introduire de nouvelles méthodes d'enseignement et fonder une école de recherche qui connut les plus grands succès. Un flot de découvertes sortit du laboratoire Cavendish : l'électron, la chambre à condensation, certains des premiers travaux importants sur la radioactivité, les isotopes, comptent parmi les plus éclatants. Parmi les élèves figurèrent Rutherford, C.T.R. Wilson, R.J. Strutt (fils de Lord Rayleigh), J.S.E. Townsend, C.G. Barkla, O.W. Richardson, F.W. Aston, G.I. Taylor et G.P. Thomson, qui tous devinrent célèbres.

La découverte des rayons X par Röntgen (abordée plus loin dans ce chapitre) fournissait une nouvelle méthode pour ioniser les gaz et donnait un aperçu nouveau sur le

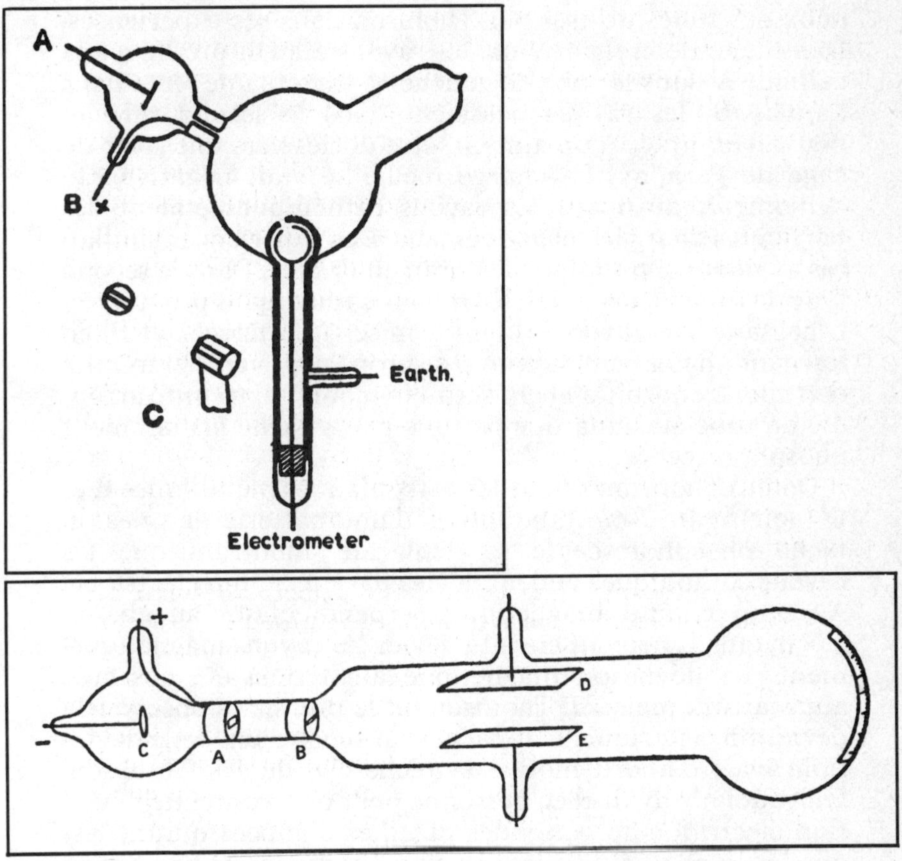

Figure 1-6
(a) Un des tubes à décharge de Thomson, d'après un dessin du *Philosophical Magazine 44*, 293 (1897). Les électrons engendrés par la cathode A peuvent être déviés par un aimant extérieur et amenés à un collecteur (une cage de Faraday) relié à un électromètre qui mesure la charge totale. (b) Un autre des tubes à décharge de Thomson, d'après le même journal. Un faisceau de rayons cathodiques, émis par la cathode C est focalisé en A et B, passe entre D et E où règne un champ électrique. Un champ magnétique perpendiculaire au champ électrique est créé par des bobines placées à l'extérieur du tube.

comportement des ions gazeux. Thomson se mit à travailler dans cette direction et cela le conduisit à l'étude des électrons libres.

En 1897, Thomson confirma la nature corpusculaire des rayons cathodiques et mesura la vitesse des corpuscules et le rapport de leur charge à leur masse. La *figure 1-6* montre deux des tubes utilisés par Thomson dans ses expériences. Dans celui de la *figure 1-6a,* les rayons étaient produits à la cathode A dans le tube de gauche. A travers une fente dans l'anode B, les rayons passaient dans le second tube et pouvaient, grâce à un aimant, être déviés vers une sorte de cage de Faraday. La charge recueillie était négative. On démontrait ainsi que les rayons cathodiques étaient des particules chargées négativement. Des expériences similaires avaient été faites par J. Perrin en France. Dans le second type de tube *(figure 1-6b),* les rayons cathodiques produits en C passaient à travers les fentes mises à la terre A et B, en formant un faisceau étroit qui se propageait vers l'extrémité du tube. L'endroit où le faisceau touchait l'extrémité arrondie du tube était marqué par une petite tache brillamment phosphorescente.

Quand Thomson reliait les deux plaques métalliques E et D (voir *figure 1-6b*) aux bornes d'une batterie de piles, la tache phosphorescente se déplaçait, montrant que les rayons cathodiques étaient déviés par un champ électrique. Avec un champ magnétique perpendiculaire au champ électrique, il pouvait ensuite dévier les rayons magnétiquement. La déviation magnétique avait déjà été observée auparavant, mais J.J. Thomson fut le premier à observer la déviation électrique. L'apparente absence d'une telle déviation avait d'abord motivé la recherche de J.J. Thomson. Pourquoi n'y avait-il eu personne pour observer cette déviation électrique au cours des dizaines d'années durant lesquelles on avait étudié les rayons cathodiques ? La raison en est simple : à moins que le vide ne soit bon dans le tube cathodique, on ne peut y établir de champ électrique. Un mauvais vide est conducteur et on ne peut y maintenir un champ électrique statique. Mais Thomson y parvint, non seulement avec le montage reproduit sur la *figure 1-6,* mais également avec deux autres.

En août 1897, il rédigea l'article, aujourd'hui célèbre, où il décrivait les expériences faites « pour vérifier la théorie des particules électrifiées » et appliquait les résultats de ses mesures à la détermination du rapport de la charge des particules constituant les rayons cathodiques à leur masse ; de la même expérience, il déduisait également la vitesse des particules. Résumons son raisonnement. La quantité totale d'électricité Q portée par un courant donné est égale au nombre N de particules ou de corpuscules dans ce courant, multiplié par la charge *e* de chacun d'eux :

$$Ne = Q$$

Il mesurait ensuite l'énergie W transportée par les particules, en mesurant la chaleur qu'elles généraient ; cette énergie devait être égale à l'énergie cinétique de particules de masse *m* et de vitesse *v* :

$$\frac{1}{2} N m v^2 = W$$

Ayant dévié magnétiquement le faisceau de particules, il savait que

$$\frac{m v c}{e} = B \varrho$$

où ϱ est le rayon de courbure de la trajectoire, et B le champ magnétique. Comme l'énergie, la quantité d'électricité, le champ magnétique et le rayon de courbure étaient mesurables, il pouvait conclure que

$$\frac{e}{m} = \frac{2 W}{Q B^2 \varrho}$$

qui avait la valeur $2{,}3 \times 10^{17}$ ues/g, beaucoup plus élevée que la valeur *e*/*m* des ions dans l'électrolyse.

Dans son article de 1897, Thomson faisait une autre observation remarquable. Les corpuscules constituant les rayons cathodiques étaient les mêmes, quelle que fût la composition de la cathode ou de l'anticathode ou du gaz dans le tube. Il s'agissait là d'un constituant universel de toute matière.

Un peu plus tard, en utilisant les idées et méthodes développées par son premier élève C.T.R. Wilson, J.J. Thomson mesura séparément la charge et la masse de l'électron. Wilson avait remarqué que, dans des circonstances favorables, les charges électriques servent de noyaux de condensation pour des vapeurs sursaturées. Elles favorisent la formation de brouillard, l'eau se condensant sur elles. Dans un tel brouillard dû à la présence de charges électriques, on peut mesurer le volume des gouttelettes à partir de la vitesse à laquelle elles tombent, et leur nombre total à partir de la quantité totale d'eau condensée, ou bien à partir de la sursaturation initiale. Avec ces données, on obtient le nombre de gouttelettes contenues dans le brouillard. A partir de la charge totale transportée par le brouillard, qui est directement mesurable, on trouve la charge d'une gouttelette moyenne, égale à la charge de l'électron.

Ce travail, effectué au laboratoire Cavendish, donna pour la charge de l'électron environ 3×10^{-10} unités électrostatique absolues. A partir de la valeur mesurée de *e/m*, on trouvait également la masse de l'électron.

La méthode de la goutte fut plus tard améliorée aux États-Unis par R.A. Millikan (1910). Celui-ci n'étudia pas un brouillard, mais des gouttelettes prises individuellement, et améliora la précision de la méthode pour obtenir la valeur de $4,78 \times 10^{-10}$ ues pour la charge de l'électron. Pendant des années, cette valeur fut la meilleure à être directement mesurée. Cependant, en 1929, à la surprise générale, elle s'avéra être erronée d'environ un pour cent, ce qui était beaucoup plus que l'erreur probable donnée par Millikan. L'origine de la différence se trouva résider dans une mesure défectueuse de la viscosité de l'air. Aujourd'hui, la valeur de la charge de l'électron est connue avec une précision d'environ 3 parties par million, et vaut $4,803242 \times 10^{-10}$ ues ; le rapport *e/m*, connu à la précision de 6 parties par million, vaut $5,272764 \times 10^{+17}$ ues/g.

La découverte de l'électron, si importante qu'elle fût, se trouva éclipsée par une autre découverte qui eut lieu à la fin de 1895. Cette grande découverte fut accomplie par W.C. Röntgen, qui stupéfia le monde en annonçant « une nouvelle sorte de rayons » et en démontrant ce dont ces rayons étaient capables.

Wilhelm Conrad Röntgen.

Wilhelm Conrad Röntgen *(figure 1-7)* était né à Lennep, en Rhénanie. Sa mère était hollandaise et sa famille s'installa à Apeldoorn, en Hollande, alors qu'il avait trois ans. Après des études en Hollande, Röntgen partit pour Zurich en 1865, où il s'inscrivit à l'Institut Polytechnique pour devenir ingénieur mécanicien. Il eut d'abord comme professeur Rudolf Clausius, le grand thermodynamicien, puis August Kundt dont il devint très proche. Les plus importants travaux de

Figure 1-7
Wilhelm Conrad Röntgen (1845-1923) à l'époque où il découvrit les rayons X. (Deutsches Museum, Munich).

Kundt concernaient l'acoustique, mais il était aussi connu pour une détermination ingénieuse, quoique sommaire, du nombre d'Avogadro.

Röntgen fut diplômé de l'Institut Polytechnique en 1868, et obtint en 1869 un doctorat de l'Université de Zurich. En 1870, il revint en Allemagne comme assistant de Kundt, d'abord à Würzburg, puis à Strasbourg. Il devint *Privat Dozent* et, en 1875, nommé professeur de physique dans une petite université allemande, il entama une carrière universitaire comme un bon physicien, sans rien de très exceptionnel. En 1888, il réalisa un travail important montrant que le courant de convection était le même que le courant de conduction. Un tel résultat peut aujourd'hui paraître trivial, mais nous devons nous souvenir que Faraday s'était donné beaucoup de mal pour se convaincre que l'électricité venant d'une pile était la même que celle produite par une machine électrostatique, fait qui n'avait rien d'évident à l'époque. Röntgen prouva que le courant dû à des charges en mouvement était le même que le courant dans un fil métallique. Il fit aussi de bonnes mesures de chaleur spécifique, sujet alors assez classique. Il allait d'une université à l'autre et, à l'automne 1888, prit son quatrième poste, une chaire dans cette Université de Würzburg où il avait été l'assistant de Kundt. C'était une bonne université, mais pas l'une des toutes premières. Au début de novembre 1895, Röntgen avait écrit quarante-huit articles, pratiquement oubliés aujourd'hui. Avec le quarante-neuvième, il tomba sur une mine d'or.

Au soir du 8 novembre 1895, Röntgen manipulait un tube de Hittorf et l'avait entièrement recouvert de carton noir. La pièce était obscure. A quelque distance du tube, une feuille de papier traitée au platino-cyanure de baryum servait d'écran. Tout surpris, Röntgen la vit fluorescer, émettant de la lumière. Quelque chose devait avoir heurté l'écran qui réagissait en émettant de la lumière. Cependant, le tube de Röntgen était entièrement enveloppé de carton noir et ni lumière ni rayon cathodique ne pouvait en sortir. Surpris et troublé par ce phénomène inattendu, il décida de l'étudier plus attentivement. Il retourna l'écran de sorte que le côté sans platino-cyanure fît face au tube ; l'écran fluoresçait encore. Il éloigna l'écran du tube et la fluorescence persista. Il plaça ensuite entre le tube et l'écran divers objets qui tous semblaient être devenus transparents. Quand il glissa sa main devant le tube, il vit ses os sur l'écran *(figure 1-8)*. Il avait trouvé « une nouvelle espèce de rayons », comme il les appela dans sa première publication consacrée à ce sujet.

Röntgen travaillait tout seul dans son laboratoire. Il continua à travailler seul au cours des jours suivants, ne s'ouvrant de ses observations à personne. Sa femme remarqua son air préoccupé, mais n'en connaissait pas la cause et commença à s'en inquiéter. Tout autre mari aurait dit qu'il travaillait à quelque chose d'important. Plus tard, il lui expliqua ses réticences. Il avait été si étonné par sa découverte, si incrédule qu'il avait éprouvé le besoin de se convaincre, en retournant la question dans tous les sens, de l'existence de ces nouveaux rayons. Finalement, il enregis-

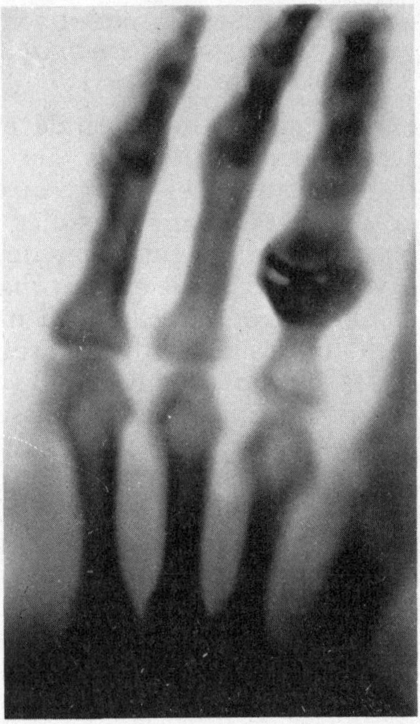

Figure 1-8
Une des toutes premières images obtenues par Röntgen en utilisant les rayons X ou « rayons Röntgen » et montrant les os d'une main. Il obtint cette image le 22 décembre 1895. (Deutsches Museum, Munich.)

tra ses résultats sur des plaques photographiques et fut définitivement certain de sa découverte.

Le 28 décembre 1895, il transmit un article préliminaire au secrétaire de la Société physico-mathématique de Würzburg. L'article fut aussitôt imprimé et, dès le début de janvier 1896, mis en circulation. C'était une communication sobre et concise, Röntgen n'y révélait aucun de ses premiers sentiments, non plus que ses propres doutes. L'article commençait ainsi :

> « Si nous faisons passer la décharge d'une grande bobine de Rühmkorff dans un tube de Hittorf ou dans un tube de Lenard convenablement vidé, dans un tube de Crookes ou dans un appareil similaire, et que nous couvrions le tube d'une enveloppe de fin carton noir étroitement ajusté, nous observons, dans une pièce complètement obscurcie, qu'un écran recouvert de platino-cyanure de baryum s'illumine brillamment et fluoresce aussi bien si c'est le côté traité de l'écran qui est présenté devant la décharge que si c'est l'autre. »

[« Uber eine neue Art von Strahlen », *Sitzungsberichte der Phys. Mediz. Gesellschaft zu Würzburg 137*, 132 (1895). Traduit dans *Nature 53*, 274 (1896).]

Röntgen continuait en décrivant les résultats de ses sept semaines de recherches. Les objets étaient plus ou moins transparents à ses « nouveaux rayons », les plaques photographiques étaient sensibles aux rayons X, il n'avait pu observer de réflexion ou de réfraction appréciables des rayons ni les dévier par un champ magnétique, les rayons X émanaient de la région du tube à décharge où les rayons cathodiques heurtent la paroi du tube en verre.

Dès le premier janvier, il avait envoyé des tirés à part qui eurent un immense retentissement. Son article paraissait incroyable, mais il avait aussi envoyé des photographies de mains, prises aux rayons X, qui constituaient une preuve difficile à écarter. Boltzmann, Warburg, Kohlrausch, Lord Kelvin, Stokes et Poincaré figuraient parmi les destinataires de cette première communication. A la lecture de l'article de Röntgen, plusieurs scientifiques coururent à leur laboratoire, prirent leur bobine à étincelles et s'employèrent à vérifier s'ils pouvaient voir les rayons X : ils le pouvaient.

Dès janvier 1896, la nouvelle de la découverte des rayons X déclencha une très vive agitation dans le monde entier. Nous pouvons bien imaginer l'immense émerveillement suscité par ces rayons auxquels à peu près tout était transparent et au moyen desquels on pouvait voir ses propres os. On voyait de fait des doigts sans chair, mais pourtant des bagues, aussi bien qu'une balle logée dans le corps. Les conséquences pour la médecine en furent immédiatement saisies. Il ne fallait pas être un grand clerc pour apprécier la découverte. Le futur physicien A. N. da Costa Andrade n'était qu'un petit garçon en 1896, on lui avait dit que Dieu voit tout et partout et, ayant entendu parler des rayons X, il commença à croire ce dont il doutait auparavant. En janvier 1893, Röntgen donna sa seule conférence publique sur sa découverte, devant la Société physicomédicale. Il fut salué par un tonnerre d'applaudissements.

Un peu de cette exaltation me fut rapporté trente ans plus tard, lorsque j'étais étudiant à Rome. Un vieux préparateur de l'Institut de Physique, Auguste Zanchi, vint me raconter un jour qu'il avait dû passer la nuit à essayer de vider un tube avec une pompe à mercure, parce que la reine d'Italie avait souhaité voir les rayons X et avait prié le professeur de physique de lui faire une démonstration. Toute la nuit, le pauvre préparateur avait redouté de ne pouvoir vider suffisamment son tube, mais il y était heureusement parvenu. La reine avait eu son spectacle.

A la lumière des connaissances de l'époque, le travail de Röntgen sur les rayons X révélait une compétence parfaite. Mais il n'arrivait pas pour autant à comprendre la nature des rayons X. Il concluait ainsi son fameux article de 1895 :

> « Les nouveaux rayons ne pourraient-ils être dus aux vibrations longitudinales de l'éther ? Je dois avouer qu'au cours de ma recherche, j'ai accordé de plus en plus confiance à cette idée, et il m'incombe à présent de faire état de ma conjoncture, quoique je sente bien que cette interprétation réclame des confirmations ultérieures. »

Les « confirmations ultérieures » ne vinrent jamais. Il fallut bien seize ans, et les travaux de Max von Laue et de Friedrich et Knipping, pour trancher cette question de la nature des rayons X.

Dans les mois qui suivirent sa découverte, Röntgen fut invité à donner des conférences dans le monde entier, mais il refusa toutes les invitations, sauf une, car il souhaitait continuer à étudier les rayons X. Il rédigeait de courtes notes aux collègues qui lui demandaient une démonstration des nouveaux rayons, il y exprimait ses regrets, disant qu'il n'avait pas le temps de donner des conférences ou des démonstrations. L'exception fut le Kaiser, à qui Röntgen montra ses rayons X le 13 janvier 1896.

L'idée d'une démonstration devant le Kaiser avait tourmenté Röntgen. « J'espère que j'aurai une " veine d'empereur " avec le tube, disait-il, car ces tubes sont très sensibles et s'abîment souvent... et qu'il faut environ quatre jours pour en vider un nouveau. » Mais rien ne lâcha. Une invitation à la cour comme celle qu'avait reçue Röntgen comportait, outre la conférence et la démonstration, un dîner avec le Kaiser, la remise d'une décoration (Ordre de la Couronne de 2e classe) et, au moment de prendre congé, l'obligation de marcher à reculons par respect pour Sa Majesté. A ce propos, Richard Willstätter, le grand chimiste organicien qui démêla les complexités de la chlorophylle, raconta que lui-même et Fritz Haber, qui avait synthétisé l'ammoniaque, espéraient pareillement, leur découverte faite, une invitation du Kaiser. Ils décidèrent donc de s'entraîner à la marche à reculons. Willstätter était collectionneur de porcelaines de prix et, dans la pièce où ils s'entraînaient, se trouvait un vase précieux. Comme on pouvait s'y attendre, le vase vola en éclats, arrêtant l'exercice. Les deux hommes ne furent pas invités par le Kaiser, mais leur entraînement ne fut pas inutile : lorsque, plus tard, tous deux reçurent le Nobel, ils durent, selon le protocole, marcher à reculons après avoir reçu le prix des mains du roi de Suède.

Le 8 février 1896, Röntgen écrivit à son proche ami Ludwig Zehnder la lettre suivante, qui évoque de façon vivante les événements qui accompagnèrent sa découverte :

> « Cher Zehnder ! Les bons amis passent en dernier. C'est toujours ainsi. Mais vous êtes le premier à recevoir une réponse. Recevez bien des remerciements pour tout ce que vous m'avez écrit. Je ne puis encore utiliser vos spéculations sur la nature des rayons X, car il ne me paraît ni admissible ni valable d'essayer d'expliquer un phénomène de nature inconnue sans une hypothèse absolument incontestable. La nature de ces rayons n'est pas tout à fait claire à mes yeux. Et la question de savoir s'ils sont vraiment des rayons de lumière longitudinaux est pour moi d'une importance secondaire. Les faits sont les seules choses importantes. A cet égard, mon travail a été reconnu partout. Boltzmann, Warburg, Kohlrausch et (ce n'est pas le moindre) Lord Kelvin, Stokes, Poincaré et d'autres m'ont exprimé leur joie de cette découverte, et leur considération. C'est ce qui compte vraiment beaucoup pour moi, et je laisse les envieux déblatérer à leur aise. Tout cela ne me concerne pas !
>
> Je n'avais parlé de mon travail à personne. J'expliquais seulement à ma femme que je faisais quelque chose dont les gens diraient, quand ils seraient au courant, « *Der Röntgen ist wohl verrückt geworden* » : Röntgen est vraiment devenu fou ! Au premier janvier, j'ai posté les tirés à part et, après cela, quelle sarabande ! La *Wiener Presse* a été la première à emboucher les trompettes de la renommée (« *die Reklametrompete* »), puis les autres ont suivi. En quelques jours, j'ai été dégoûté de tout cela. Je ne pouvais plus reconnaître mon propre travail dans les comptes rendus. La photographie, pour moi, n'était qu'un moyen, alors qu'on en a fait la

chose importante. Peu à peu, je me suis habitué à tout ce tapage, mais ce tumulte m'a fait perdre du temps. Depuis quatre semaines pleines, je n'ai pu faire une seule expérience. D'autres auraient pu travailler, mais pas moi. Vous n'avez pas idée du bouleversement que ce fut !

J'envoie ci-joint les photographies promises. Si vous souhaitez les montrer dans une conférence, je suis d'accord. Mais je vous recommande de les encadrer sous verre, autrement elles risquent d'être volées. Je pense qu'à l'aide des explications, vous n'aurez pas de difficultés ; sinon écrivez-moi.

J'utilise une grosse Rühmkorff de 50/20 centimètres avec un interrupteur Deprez et environ 20 ampères de courant primaire. Il faut plusieurs jours pour que le vide soit fait dans mon appareillage avec la pompe Raps. Les meilleurs résultats sont obtenus quand l'éclateur, dans un dispositif de décharge alimenté en parallèle, a trois centimètres environ.

Avec le temps, tous les dispositifs se perforent (à l'exception d'un seul). Toute méthode destinée à produire des rayons cathodiques réussira, aussi bien avec des lampes à incandescence, d'après Tesla, qu'avec des tubes sans électrodes. Pour la photographie, je prends de trois à dix minutes, suivant les conditions de l'expérience.

Pour votre conférence, je vous envoie la boîte de compas, le rouleau de bois, la série de poids et la feuille de zinc, ainsi qu'une photographie de main en bel état, faite par Pernet de Zurich. Mais, s'il vous plaît, renvoyez-moi tout cela dès que possible. Avez-vous un écran à platino-cyanure plus grand ? Meilleurs souvenirs de ma famille à la vôtre.

Votre Röntgen. »

[*Dr W.C. Röntgen*, p. 87]

Après la découverte de Röntgen, physiciens et médecins se lancèrent dans l'étude des nouveaux rayons. En 1896, il y avait déjà plus de mille articles sur le sujet. Röntgen lui-même n'écrivit que deux autres articles sur les rayons X, en 1896 et 1897. Il revint ensuite à ses anciens sujets et, au cours des vingt-quatre années suivantes, rédigea sept articles d'un intérêt éphémère, laissant l'étude des rayons X à des énergies plus jeunes, plus neuves. On ne peut que se demander pourquoi.

En 1901, Röntgen reçut le premier Prix Nobel de physique. En 1900, il vint à Munich où il devint directeur de l'Institut de Physique expérimentale. En 1914, il signa le fameux manifeste par lequel des scientifiques allemands exprimaient leur solidarité avec l'Allemagne militariste, mais il le regretta par la suite. Il souffrit considérablement pendant la Première Guerre mondiale et dans la période d'inflation qui suivit, et mourut à Munich le 10 février 1923 à l'âge de 78 ans.

CHAPITRE II

H. Becquerel, les Curie et la découverte de la radioactivité

Mil huit cent quatre-vingt-quinze et les années suivantes marquent un tournant décisif dans la physique, non seulement à cause de la découverte des rayons X, de l'électron et de l'effet Zeeman, mais également à cause de celle, plus révolutionnaire encore, de la radioactivité.

A la fin de 1895, Röntgen avait envoyé des tirés à part annonçant ses « nouveaux rayons » à plusieurs collègues dont Henri Poincaré, le mathématicien qui avait toujours manifesté un si grand intérêt pour la physique fondamentale. Poincaré avait participé aux débats sur la nature des rayons cathodiques, il avait tenté d'établir leur nature corpusculaire. La découverte de Röntgen dut stimuler l'intérêt de Poincaré plus encore que de tout autre savant français (quoique, au cours du premier semestre de 1896, 135 communications ou notes brèves fussent publiées dans les seuls *Comptes Rendus* par l'Académie des Sciences).

Poincaré était membre de l'Académie des Sciences et assistait habituellement aux séances hebdomadaires. A la séance du 20 janvier 1896, il présenta les premières photographies aux rayons X envoyées par Röntgen. Lorsqu'un de ses collègues de l'Académie, Henri Becquerel, lui demanda de quelle partie du tube provenaient les rayons, Poincaré répondit que les rayons semblaient émis par la région du tube opposée à la cathode, la région où le verre devenait fluorescent. Becquerel pensa immédiatement à une relation possible entre les rayons X et la fluorescence, et se mit le lendemain même à examiner si les substances fluorescentes émettaient des rayons X, amorçant ainsi une série d'expériences qui conduisirent en quelques semaines à la découverte de la radioactivité.

La découverte « prédestinée » de Becquerel.

Dans la famille Becquerel, on s'intéressait depuis longtemps à la phosphorescence et à la luminescence. Le père de Henri Becquerel, Edmond Becquerel, était lui-même le fils d'Antoine César Becquerel, et Henri Becquerel fut le père de Jean Becquerel. Ces représentants de quatre générations furent tous de remarquables physiciens, de sorte que sur près de quatre-vingts ans, de 1828 à1908, il y eut toujours un Becquerel à l'Académie des Sciences, et parfois deux. Cela vaut la peine de dire quelques mots de cette remarquable dynastie, en partie parce que son histoire montre à quel point Henri était, comme il le dit lui-même, prédestiné à découvrir la radioactivité.

C'est avec le grand-père de Henri qu'il nous faut commencer. Antoine César Becquerel (1788-1878) était né assez tôt pour servir Napoléon. Il fut l'un des premiers officiers à sortir de l'École Polytechnique, qui a toujours fourni à la France une riche source de connaissances techniques, scientifiques et militaires. Beaucoup de grands scientifiques français ont été formés dans cette école qui revêtait ses élèves d'un uniforme militaire effaçant toute distinction sociale, leur inculquait une stricte discipline et un profond esprit patriotique. J'ai eu l'occasion de faire une fois une conférence à l'École Polytechnique et je me souviens d'avoir lu, au-dessus de l'estrade d'où je parlais, les noms des anciens professeurs : Arago, Ampère, Poisson, Cauchy, Fresnel, Monge, Becquerel, entre bien d'autres. La liste était assez longue pour intimider le conférencier venu du dehors. Pour faire une carrière militaire, technique ou scientifique, il était devenu quasiment obligatoire d'être polytechnicien, et Pierre Curie, qui ne l'était pas, eut bien des difficultés.

Le polytechnicien Antoine César Becquerel prit part à la guerre de Napoléon en Espagne et, après la chute de l'Empereur, démissionna de l'armée. Il avait été blessé en campagne, on lui avait dit qu'il avait une mauvaise santé et ne ferait pas de vieux os (il vécut nonagénaire). Il s'intéressa donc à la physique et devint bientôt professeur de physique au Muséum d'Histoire Naturelle de Paris dont il fut plus tard directeur. Il écrivit 529 articles et six manuels, dont un en sept volumes. Il fit des recherches sur la phosphorescence, et traita longuement de ce sujet dans deux de ses ouvrages. Il est aussi connu pour ses études sur l'électricité et l'électrochimie, et découvrit en ce domaine quelques-uns des effets électrothermiques. En somme, c'était un homme connu et fort respecté. Je me souviens d'avoir souvent rencontré son nom lorsque, enfant, je lisais la vieille édition du manuel de Ganot qui m'initia à la physique.

Edmond (1820-1891), fils d'Antoine César, suivit tout à fait les traces de son père, sauf en ce qui concerne le service armé. Il entra à l'École Polytechnique, devint assistant de son père au Muséum, puis il y professa lui-même. Être professeur au Muséum devenait une sorte de bien de famille, passant du père au fils et, pour finir, à l'arrière-petit-fils d'Antoine César, Jean (1878-1953). Comme l'écrivit Jean dans un article, quatre générations de Becquerel vécurent dans la « même maison, (le) même jardin, (le) même laboratoire », au jardin des Plantes, face à la maison de Cuvier. Edmond Becquerel étudia l'effet chimique de la lumière et fut l'un des premiers à photographier le spectre solaire. C'était aussi un grand expert en fluorescence et la substance qu'il connaissait particulièrement bien était l'uranium. Il inventa un fluoroscope et mesura l'intensité et la durée de la luminescence de l'uranium sous l'effet de différentes lumières.

Au moment de la découverte de Röntgen, Henri (1852-1908), fils d'Edmond Becquerel, avait succédé à son père à sa chaire du Muséum d'Histoire Naturelle, il avait été nommé professeur à l'École Polytechnique et avait publié des articles sur la phosphorescence et la fluorescence (*figure 2-1*). On voit maintenant pourquoi, apprenant de Poincaré la découverte des rayons X, il pensa que les deux phénomènes pouvaient être liés. Les premières expériences de Henri Becquerel donnèrent toutefois des résultats négatifs : les substances phosphorescentes ou fluorescentes qu'il étudiait n'émettaient point de rayons X.

Entre-temps, le 30 janvier 1896, la *Revue générale des Sciences* publia un article de Poincaré sur les rayons X où il posait la question : « Tous les corps dont la fluorescence est suffisamment intense émettent-ils à la fois des rayons

Figure 2-1
Henri Becquerel (1852-1908). Trois générations de Becquerel, tous physiciens, furent membres de l'Académie des Sciences et parfois simultanément. (Ciccione, Rapho.)

lumineux et des rayons X de Röntgen, *quelle que soit la cause de leur fluorescence ?* » Si oui, déclarait-il, les phénomènes de ce genre ne pouvaient être dus à une cause électrique.

Becquerel reprit ses expériences et essaya alors un sel d'uranium, le sulfate d'uranile et de potassium, que son père avait étudié auparavant. Le 24 février, il rendit compte à l'Académie des Sciences :

> « J'ai pu faire l'expérience suivante :
>
> On enveloppe une plaque photographique Lumière au gélatino-bromure avec deux feuilles de papier noir très épais tel que la plaque ne se voile pas à une exposition au Soleil, durant une journée.
>
> On pose sur la feuille de papier, à l'extérieur, une plaque de la substance fluorescente et l'on expose le tout au Soleil pendant plusieurs heures. Lorsqu'on développe ensuite la plaque photographique, on reconnaît que la silhouette de la substance fluorescente apparaît en noir sur le cliché...
>
> On peut répéter les mêmes expériences en interposant entre la substance phosphorescente et le papier une mince lame de verre, ce qui exclut la possibilité d'une action chimique due à des vapeurs qui pourraient émaner de la substance chauffée par des rayons solaires.
>
> On doit donc conclure de ces expériences que la substance

phosphorescente en question émet des radiations qui traversent le papier opaque à la lumière et réduisent le sel d'argent. »
[Comptes Rendus à l'Académie des Sciences 122, 420 (1896).]

Tout se passait comme si des rayons X avaient été émis par le composé d'uranium pendant qu'il fluoresçait. Mais, une semaine plus tard, à la séance suivante de l'Académie, Becquerel en savait davantage. Et la raison pour laquelle Becquerel en savait plus était que le temps à Paris avait changé ! Il avait essayé de répéter l'expérience précédente, mais les 26 et 27 février, le temps était mauvais et le soleil ne se montra pas assez. Il plaça donc le tout dans un tiroir obscur, laissant les échantillons de sel d'uranium en place, sur les plaques enveloppées. Or, rapporta-t-il à l'Académie des Sciences,

> « le Soleil ne s'étant pas montré les jours suivants, j'ai développé les plaques photographiques le 1er mars, en m'attendant à trouver des images très faibles. Les silhouettes apparurent au contraire avec une grande intensité. Je pensai aussitôt que l'action avait dû continuer à l'obscurité. »
> *[Comptes Rendus à l'Académie des Sciences 122,* 501 (1896).]

La *figure 2-2* montre l'une des « silhouettes » que vit Becquerel en développant ses plaques. Il se rendit compte immédiatement qu'il avait découvert quelque chose de très important : les sels d'uranium émettaient des rayons capables de traverser un papier noir, qu'ils eussent été préalablement exposés ou non à la lumière solaire.

C'est là un cas typique de découverte heureuse où le hasard, l'intelligence et la vivacité d'esprit jouèrent un rôle crucial. Henri Becquerel dit également qu'une part du mérite de sa découverte revenait à son père et à son grand-père. D'après lui, le travail accompli pendant soixante ans dans leur laboratoire devait fatalement conduire, le moment venu, à la découverte de la radioactivité. Mais, sur le moment, la découverte de Becquerel ne semblait pas se comparer à celle de Röntgen, et ne fit pas autant sensation. Les scientifiques s'étaient mis à discuter des rayons X et à travailler dessus, et abandonnèrent volontiers les « rayons Becquerel » à leur inventeur. Le 9 mars 1896, Becquerel avait trouvé que les radiations émises par les sels d'uranium, non seulement noircissaient

Figure 2-2
La première plaque photographique impressionnée par les « rayons Becquerel ». Elle avait été placée sous du sulfate d'uranile et de potassium le 26 février 1896. Lorsque Becquerel la développa, le 1er mars, il se rendit compte que l'uranium émettait des radiations d'une nature inconnue et qui ne dépendaient pas de la phosphorescence du sel d'uranium, comme on l'avait cru. La découverte de Becquerel fut publiée dans les *Comptes Rendus de l'Académie des Sciences* [*122*, 501 (1896)] (CEA).

des plaques photographiques protégées, mais ionisaient également les gaz, les rendant conducteurs. Partant de là, il était possible de mesurer l'« activité » d'un échantillon, simplement par la mesure de l'ionisation qu'il produisait. L'instrument utilisé pour cette mesure était un simple électroscope à feuille d'or.

Les Curie : un grand bond en avant.

C'est à ce point de notre histoire, deux ans environ après la découverte de Becquerel, que Pierre et Marie Curie entrent en scène. Ce n'est pas que Becquerel eût arrêté ses travaux, il les poursuivait au contraire activement. Toutefois, il se limita à l'uranium comme source de rayons, car c'était le corps qu'il connaissait le mieux. Des années plus tard, il écrivit : « Mais comme les nouveaux rayons ont été découverts avec l'uranium, il paraissait a priori improbable que l'activité d'autres corps connus pût être considérablement plus grande, et la recherche sur la généralité du nouveau phénomène paraissait alors moins urgente que l'étude physique de sa nature. » Voilà pourquoi ce ne fut pas Becquerel, mais les Curie qui accomplirent le grand bond en avant : ils étudièrent d'autres éléments et, découvrant d'abord le polonium, puis le radium, mirent au point des sources puissantes qui révolutionnèrent la nouvelle science de la radioactivité.

Madame Curie (1867-1934), née Marya Sklodowska, était née le 7 novembre 1867 à Varsovie *(figure 2-3)*. Du côté de sa mère, la famille appartenait à la petite noblesse. Son père, Vladislav Sklodowski, homme cultivé et de bonne famille, qui avait fait ses études à Saint-Pétersbourg, enseignait les mathématiques et la physique ; peu après la naissance de Marie, il devint professeur et censeur-adjoint dans un gymnasium, une sorte de lycée. Madame Sklodowska était directrice d'une école de filles, poste qu'elle garda jusqu'à ce que Marie eût quelques mois. C'était une pieuse catholique et elle élevait ses enfants en conséquence, mais, peu après sa mort, Marie, adolescente, perdit la foi et n'y revint jamais. La famille comprenait un fils, Josef, et trois filles, Hela, Bronya et Marie.

La famille était profondément patriote, au point que les enfants prenaient part aux activités culturelles clandestines dans les territoires sous gouvernement russe, risquant la prison ou pire. Tout au long de son histoire, la Pologne avait souvent été opprimée par ses voisins, et c'était surtout le cas de la Russie. Les écoles étaient forcées d'utiliser le russe et d'adopter des manuels dont elles ne voulaient pas. L'opposition de la population polonaise à la domination russe avait des bases religieuses, politiques et linguistiques. Ces sentiments étaient fortement perçus, et la situation était tendue. Marie fut bouleversée quand l'un des amis de son frère fut pendu pour raisons politiques. Réagissant contre cette oppression, les Polonais devinrent d'ardents patriotes et, ironie de l'histoire, quand vint leur tour, ils opprimèrent cruellement d'innocentes minorités : les Allemands et les Juifs en firent l'expérience quand, après la Première Guerre mondiale, une Pologne libre fut provisoirement reconstituée.

Figure 2-3
Marie Sklodowska Curie (1867-1934) et Pierre Curie (1859-1906), le plus célèbre des couples scientifiques (*Œuvres de Pierre Curie*, Paris, Gauthier-Villars, 1908).

Marie avait brillamment terminé ses études à seize ans. Entre-temps, son père avait perdu sa fortune, de sorte que les filles durent se trouver des moyens de subsistance. Bronya et Marie avaient des ambitions bien arrêtées et étaient très liées l'une à l'autre. Elles étaient déterminées, très intelligentes et polonaises dans l'âme. Bronya vint à Paris faire sa médecine, vivant de ses économies et d'une partie de celles de Marie, cependant que Marie travailla pendant environ cinq ans comme gouvernante — une fonction peu supérieure à celle de domestique — dans plusieurs familles, à Varsovie d'abord, puis à la campagne. Elle envoyait ses maigres économies à Bronya, étant entendu qu'aussitôt les études de celle-ci terminées, ce serait elle qui subviendrait aux besoins de Marie. En 1891,

Marie quitta donc la Pologne avec un billet de quatrième classe pour Paris et quarante roubles (cent francs) en poche. Imaginons une jeune Polonaise débarquant à Paris en 1891 pour étudier la physique ! C'était une situation tout à fait romanesque à une époque où les romans d'héroïnes slaves étaient d'ailleurs à la mode. Ce qui rendait cette héroïne unique en son genre, c'était qu'elle avait du génie et entendait vraiment étudier la physique.

Une fois à Paris, Marie s'inscrivit à la Faculté des Sciences et suivit des cours de physique, de chimie et de mathématiques, avec pour professeurs Lippmann, Bouty et Appel, l'auteur d'un célèbre traité de mécanique rationnelle. Hors de l'université, elle vivait au milieu des émigrés polonais ; l'un d'eux était un jeune pianiste plein de talent, nommé

Paderewski. Pour sa pauvreté, le mode d'existence de Marie ressemblait un peu à la vie de bohème, mais sa discipline extrême et ses austères habitudes de travail n'avaient rien à voir avec la vie d'artiste. Elle étudiait et travaillait fanatiquement, presque sans un sou, mangeant à peine. En 1893, elle reçut la bourse Alexandrowitch, modeste subvention de 600 roubles émanant d'une organisation polonaise. Il est significatif que, quelques années plus tard, elle avait consacré ses premiers gains à rembourser cette subvention. En 1894, un physicien polonais de passage à Paris, Joseph Kowalski, la présenta à Pierre Curie (1859-1906).

Pierre Curie *(figure 2-3)* était le second fils du médecin Eugène Curie. Le père, officiellement protestant, était un libre penseur à sympathies de gauche. En 1871, il avait pris part à la Commune, non comme combattant, mais comme médecin, en organisant un hôpital chez lui. Pierre paraît avoir été un enfant étrange, considéré comme attardé, mais son père avait assez de bon sens pour le laisser développer librement ses dispositions et il ne le força pas à suivre l'enseignement commun. Quand il eut quatorze ans, on le mit entre les mains d'un précepteur qui lui apprit les mathématiques et l'aida pour le latin. Pierre était fort doué pour les mathématiques et son développement intellectuel devint alors très rapide. Il fut bachelier à seize ans. En 1883, à vingt-quatre ans, il fut nommé chef de laboratoire à l'École de Physique et Chimie de Paris, poste modeste qu'il occupa vingt-deux ans. Il avait un caractère difficile et était d'un orgueil presque maladif. Il fut bloqué dans sa carrière du fait qu'il ne sortait pas de l'École Polytechnique où étaient recrutés la plupart des scientifiques français.

Il effectua ses premiers travaux sur la symétrie des cristaux et sur la piézoélectricité qu'il découvrit avec son frère Jacques. Il étendit alors l'application des principes de symétrie à de nombreux phénomènes physiques ; à cet égard, ses travaux sur le magnétisme sont encore très intéressants. Pierre Curie fut le premier, à ma connaissance, à introduire en physique ces notions que nous appelons maintenant *théorie des groupes* et qui soulignent l'importance de la symétrie pour déterminer quels phénomènes peuvent ou non se produire. En somme, d'après ses premiers articles, Curie apparaît comme un précurseur d'Eugène Wigner, et l'importance de ses conceptions n'a fait qu'augmenter avec le temps. Au début de 1894, lorsqu'il rencontra Marie Sklodowska, il avait déjà acquis une bonne réputation scientifique. Lord Kelvin, entre autres, avait reconnu ses mérites.

Quelques mois après sa première rencontre avec l'étudiante polonaise, Curie avait résolu de l'épouser. De sa part à elle, la décision n'allait pas sans difficultés. Pierre avait huit ans de plus que Marie, différence d'âge qui n'avait rien d'anormal à l'époque, mais elle n'avait jamais songé au mariage et, surtout, cela impliquait qu'elle ne rentrât jamais en Pologne, contrairement à ce qu'elle avait prévu. Néanmoins, au cours des vacances qu'elle passait en Pologne, les lettres de Pierre Curie la firent fléchir. C'était un écrivain doué, presque un poète. Ils se marièrent en juillet 1895 et passèrent leur lune de miel à parcourir la campagne française sur des bicyclettes achetées avec l'argent que Marie avait reçu pour son trousseau. Pendant toute leur vie commune, les excursions à bicyclette constituèrent leur principale détente.

Au moment de son mariage, Madame Curie avait déjà passé un diplôme d'Études Supérieures. Peu après la naissance de sa première fille, Irène, le 12 septembre 1897, elle demanda l'avis de son mari sur un sujet de thèse et, sur sa suggestion, entreprit l'étude du « nouveau phénomène » découvert par Becquerel. Elle répéta d'abord les expériences de Becquerel. Mais, pour mesurer les phénomènes avec une précision meilleure, elle utilisa, au lieu de l'électroscope de Becquerel, un appareil qui avait été inventé par Pierre Curie, représenté par la *figure 2-4*. La caractéristique remarquable de cet appareil est son dispositif de compensation, dont l'élément essentiel est un quartz piézoélectrique (n'oublions pas que la piézoélectricité avait été minutieusement étudiée par Pierre et Jacques Curie). Tous les électromètres dont les Curie se servirent par la suite, comme tous ceux qui furent utilisés dans le laboratoire de Madame Curie après la mort de Pierre, comportaient cette caractéristique. Sans cela, pour elle, ils n'étaient « pas corrects ». C'était en réalité de bons instruments, qui marchaient de manière satisfaisante.

Avec cet électromètre *(figure 2-5)*, Marie Curie vérifia ce qu'avait trouvé Becquerel, à savoir que l'intensité du rayonnement de l'uranium était proportionnelle à la quantité

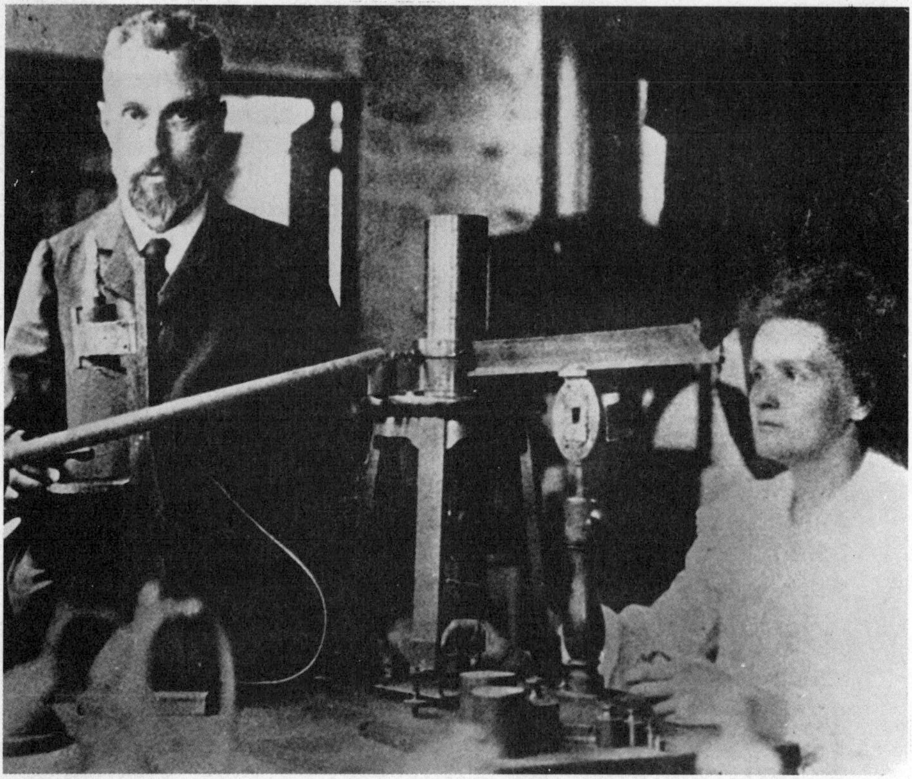

Figure 2-4
Pierre et Marie Curie dans leur laboratoire avec l'électromètre à quartz (aimablement communiqué par J. Hurwic).

d'uranium dans le composé, mais indépendante de sa forme chimique : que l'échantillon fût un sel d'uranile, un oxyde ou de l'uranium métallique n'avait aucune importance. Marie Curie confirmait donc la découverte de Becquerel : l'émission de rayons était une propriété atomique de l'uranium. Elle décida ensuite d'examiner « tous les éléments alors connus » et trouva que seul le thorium émettait des rayons « semblables à ceux de l'uranium ». C'est à ce moment, après avoir découvert que l'uranium n'était pas le seul élément à émettre spontanément des radiations, que Madame Curie proposa le terme de *radioactivité* pour qualifier ce phénomène. C'est à ce moment aussi qu'elle eut le

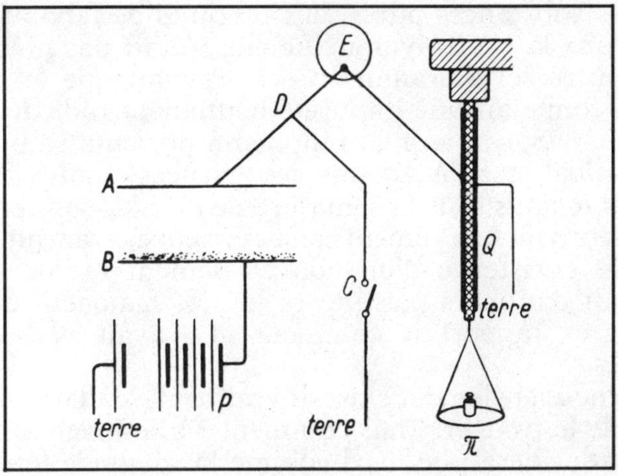

Figure 2-5
Un schéma de l'électromètre extrait de l'article publié par Marie Curie dans la *Revue générale des Sciences* [*10,* 41 (1899)]. L'instrument servait à mesurer l'ionisation de l'air due aux radiations émises par les corps radioactifs placés en B. Le condensateur AB contenait le corps radioactif sur sa plaque inférieure. L'électromètre E contrôlait que le potentiel induit dans le quartz piézoélectrique par le poids π compensait exactement le potentiel produit par le courant d'ionisation.

trait de génie de ne pas se limiter aux composés de l'uranium et du thorium fournis par le commerce, mais d'examiner aussi les minerais naturels. Les collections du Museum lui fournirent nombre d'échantillons minéralogiques. Comme elle s'y attendait, les minéraux contenant de l'uranium et du thorium étaient radioactifs, mais ce qui la surprit, c'est que la radioactivité de certains d'entre eux était bien supérieure — trois ou quatre fois, d'après sa méthode de mesure — à ce que leur contenu en uranium ou en thorium pouvait justifier.

Elle en tira la conclusion juste : ces échantillons de minerais devaient contenir un élément beaucoup plus radioactif que l'uranium ou le thorium. Avant d'annoncer son hypothèse, elle procéda à une vérification. Elle avait remarqué qu'un composé particulier d'uranium, la chalcolyte, était très radioactif sous forme de minerai, quand on venait de l'extraire du sol. Elle synthétisa donc la chalcolyte avec des substances pures, des produits de laboratoire, et trouva que la chalcolyte artificielle n'était pas plus active qu'un autre sel d'uranium. Ceci prouvait que le minerai naturel contenait une impureté hautement radioactive. Le 12 avril 1898, son ami G. Lippmann présenta sa première communication à l'Académie des Sciences, publiée dans les *Comptes Rendus* sous la signature de M. Sklodowska-Curie. Elle y décrivait brièvement son expérience, avançait l'hypothèse de l'existence d'un nouvel élément radioactif (elle n'utilisait d'ailleurs pas encore le mot *radioactif* dans cet article), et rapportait comment elle avait vérifié cette hypothèse.

Si un nouvel élément existait vraiment, Madame Curie se devait de le trouver. Mais comment ? Elle inventa alors ce qu'elle considéra plus tard comme la méthode fondamentale de la radiochimie. Comme elle ignorait tout des propriétés chimiques de cet élément, sauf qu'il émettait spontanément des rayons, elle devait commencer par traquer ces rayons. Elle prendrait un échantillon de minerai, le mettrait en solution si elle le pouvait, elle en séparerait alors les constituants par les méthodes classiques de l'analyse chimique, et elle déterminerait d'où venait la radioactivité en utilisant son électromètre. Madame Curie savait que les analyses quantitatives faites à cette époque sur les minerais d'uranium laissaient une incertitude d'environ 1 % en poids. Si ce 1 % contenait la substance radioactive inconnue, et si la radioactivité du minerai était trois à quatre fois supérieure à celle qui était imputable au contenu en uranium du minerai, c'est que la substance inconnue devait être environ trois cents fois plus radioactive que l'uranium. Elle sous-estimait cette radioactivité : en fait, ce n'était pas 1 % de la substance qui était fortement radioactive, mais peut-être une partie par million, et cette radioactivité par unité de masse n'était pas trois cent fois, mais quelques millions de fois supérieure à celle de l'uranium.

Sans se laisser décourager par l'immensité de la tâche, elle se mit à broyer des échantillons de minerai l'un après l'autre. Elle se rendit très vite compte qu'elle n'y arriverait pas seule, et suggéra à son mari de se joindre à elle. Ensemble, Pierre et Marie Curie se mirent à traiter la pechblende et à concentrer les produits les plus radioactifs en utilisant leur ingénieuse méthode d'analyse.

Une fois qu'ils eurent séparé la partie hautement radioactive de leur solution sous la forme d'un résidu très concentré, ils décidèrent qu'ils avaient trouvé un nouvel élément. Celui-ci était loin d'être pur ; en fait, ce n'était qu'une impureté en faible concentration dans l'échantillon, mais sa radioactivité révélait bien l'existence d'un élément nouveau. Ils l'appelèrent *polonium.* Marie Sklodowska-Curie aurait-elle pu choisir un autre nom ? En juillet 1898, les Curie présentèrent un article en commun à l'Académie des Sciences, annonçant leur découverte et expliquant leur méthode. Les dates sont importantes. En février 1896, Becquerel avait découvert la radioactivité. A la fin de 1897, Marie Curie avait commencé à s'intéresser aux « rayons Becquerel ». Dès avril 1898, elle avait déterminé quels éléments connus étaient radioactifs, et elle soupçonnait l'existence d'éléments nouveaux, plus radioactifs. Dès juillet de la même année, Pierre et Marie Curie avaient découvert ensemble le polonium. Ils avaient également trouvé que la substance disparaissait spontanément, se réduisant de moitié en un laps de temps caractéristique appelé *période.*

Marie Curie avait demandé à Pierre de se joindre à elle à une époque où celui-ci était très absorbé par ses propres travaux sur le magnétisme. Il se tourna alors vers la radioactivité et s'y consacra jusqu'à sa mort en 1906. Quant à Madame Curie, toute son œuvre, de 1898 à sa mort — trente-six ans de travail — suivit la même ligne ; des minéraux en plus grand nombre, des degrés de purification supérieurs, des concentrations plus élevées. C'était son unique objectif, il requérait une incroyable résistance physique, une grande intelligence, et cette obstination qui était sa caractéristique majeure.

Quand les Curie avaient obtenu leur premier produit hautement radioactif à partir de la pechblende, ils avaient procédé à l'analyse chimique du minerai par la méthode classique. Dans le groupe des sulfures insolubles aux acides, ils trouvèrent le polonium. Mais ils trouvèrent aussi de la radioactivité dans le groupe du baryum (baryum, strontium et calcium). Au début, ils ne purent séparer le produit radioactif du baryum, mais quand ils y réussirent finale-

Figure 2-6
Le laboratoire de l'École de Physique et Chimie de la Ville de Paris où les Curie menèrent les recherches qui conduisirent à la découverte et à la séparation du radium. (*Œuvres de Pierre Curie*, Paris, 1908.)

ment par cristallisation fractionnée, ils découvrirent une nouvelle substance fortement radioactive qu'ils appelèrent *radium.* En septembre 1898, ils annoncèrent cette découverte du radium dans leur troisième article écrit en collaboration avec G. Bémont, chimiste français qui les avait aidés à l'identifier. Bémont avait également aidé les Curie à trouver un laboratoire : celui-ci n'était guère qu'un hangar mal clos, humide en hiver et brûlant par temps chaud *(figures 2-6 et 2-7).* Il n'avait aucune des caractéristiques jugées aujourd'hui comme indispensables à un laboratoire

Figure 2-7
L'intérieur du laboratoire des Curie. (*Œuvres de Pierre Curie*, Paris, 1908.)

de chimie — pas de hottes, par exemple — et était complètement inadapté du point de vue des conditions d'hygiène. Toutefois, nul à cette époque ne connaissait les dangers de la radioactivité, et ils ne pouvaient compter sur rien de mieux.

Le professeur Eduard Suess, grand géologue viennois, fit aimablement mettre de côté pour les Curie une tonne de résidus des mines de pechblende de Joachimstal, en Tchécoslovaquie, alors la seule mine d'uranium en activité. On avait extrait l'uranium du minerai et ce que les Curie reçurent consistait en produits résiduels qui n'intéressaient personne, mais qu'ils savaient contenir du radium. Pour ceux qui comprennent ce que cela veut dire que de dissoudre des centaines de kilos de minerai, à la main, avec des méthodes sommaires, il peut paraître incroyable que deux individus en soient vraiment venus à bout. Seule une Polonaise à l'esprit indomptable pouvait se lancer dans une entreprise aussi hasardeuse, étant donné ce qu'étaient les fumées acides dans un laboratoire dépourvu de hotte, le travail physique nécessaire pour remuer les solvants et faire chauffer les solutions avec des moyens rudimentaires. Elle choisit la part la plus pénible du travail, tandis que Pierre, moins résistant qu'elle, s'occupait du reste. Deux ans plus tard, ils avaient assez de radium dans leur échantillon pour déceler un changement de la masse atomique apparente de la substance. Le baryum a une masse atomique de 137 et, dans les fractions les plus riches en radium de leur échantillon, la masse atomique atteignait 174. Madame Curie s'efforçait d'obtenir du radium pur qui, nous le savons à présent, possède une masse atomique de 226. Il lui fallut encore plus de douze ans pour obtenir ce résultat, mais, en 1900 déjà, elle était sur la bonne voie et avait fait des progrès significatifs dans les méthodes, sinon dans l'exécution même du projet.

En 1900, lors d'une conférence internationale de physique qui se tenait à Paris, Marie et Pierre Curie présentèrent un exposé sur « les nouvelles substances radioactives et les rayons qu'elles émettent ». A la même conférence, Henri Becquerel présenta lui aussi un exposé traitant essentiellement des radiations émises. Il lui semblait clair, au moins pour certains rayonnements, qu'il y avait une stricte analogie entre eux : ainsi des rayons X et des rayons cathodiques. Les Curie s'intéressaient d'abord aux substances radioactives elles-mêmes. Ils décrivirent leurs méthodes de mesure de la radioactivité et les raisons pour lesquelles ils la considéraient comme une propriété atomique et non pas moléculaire. Ils avaient étudié les substances radioactives ordinaires, l'uranium et le thorium, puis de nouveaux éléments : le polonium, le radium et l'actinium, ce dernier ayant été découvert en 1899 par André Debierne, ami et associé des Curie. Ils parlèrent ensuite de la nature chimique des substances, de leurs spectres optiques, des effets du rayonnement et de ce qu'on appelait la radioactivité induite (là, pour la première et unique fois, ils citaient Rutherford). A la fin de leur communication, ils mentionnaient les grands problèmes non résolus : l'origine de l'énergie émise et la nature des radiations.

Nous avons vu que le nouvel élément appelé polonium émettait des particules et donc, bien sûr, de l'énergie. Il était même possible de mesurer la chaleur produite par cette énergie, et cela constitua un nouveau problème pour les physiciens. En 1898, la conservation de l'énergie était un fait bien établi auquel les scientifiques n'étaient pas prêts à renoncer. D'où venait donc l'énergie émise par le polonium ? Toutes sortes d'hypothèses extravagantes furent proposées. L'une d'elles, fausse mais point trop déraisonnable, avait été avancée par Marie Curie dans son premier article sur la radioactivité (1898). Elle admettait l'existence de rayons traversant l'univers entier dans toutes les directions, un peu comme des neutrinos. Pour de mystérieuses raisons, rien n'absorbait ces rayons, sauf les substances radioactives qui les capturaient et produisaient de la chaleur. Ernest Rutherford avança l'idée que la radioactivité pouvait dépendre du fait que l'échantillon se présentât sous forme de poudre très finement divisée ou non. Les Curie eux-mêmes cherchèrent, en chauffant ou en refroidissant un échantillon, si l'on pouvait augmenter ou diminuer sa radioactivité — des considérations chimiques suggéraient une telle expérience —, mais rien ne se produisit. Ils essayèrent ensuite de comprimer leur échantillon, mais rien de ce qu'ils firent n'en modifia la radioactivité. C'était là un grand mystère. En fait, on n'arriva à modifier le taux de décroissance des éléments radioactifs qu'après la Seconde Guerre mondiale ; encore fallut-il pour cela utiliser de subtiles interactions chimiques et, ce faisant, C. Wiegand et moi-même mènent à profit des connaissances que l'on avait accumulées sur le noyau atomique au cours de la décennie précédente.

L'exposé des Curie était un petit traité sur la radioactivité telle qu'on la connaissait en 1900 ; en 1904, Marie Curie rédigea sa thèse de doctorat sous la forme d'un traité similaire, mais mis à jour.

En 1902, Marie Curie disposait d'assez de radium pour mesurer correctement la masse atomique ; elle trouva 225, ce qui est presque la valeur exacte. Mais ce travail pénible l'avait fait maigrir de dix kilos. Elle avait aussi assez de radium pour observer les raies spectrales. L'exposé présenté en 1900 contenait quelques erreurs sur le spectre, mais les deux raies les plus fortes étaient correctement données ; il ne fait donc aucun doute qu'elle les avait observées. Il n'est pas étonnant, cependant, que le couple ait alors commencé à souffrir de maux étranges et difficiles à diagnostiquer. Ils avaient dû recevoir assez de radiations et avaler assez de produits radioactifs pour en pâtir sérieusement. Pierre mourut dans un accident, et Marie vécut jusqu'à 67 ans, elle était depuis longtemps souffrante et mourut finalement d'anémie aplastique, maladie qui est l'une des séquelles de la surexposition aux radiations. Son gendre, F. Joliot, examina les cahiers d'expérience de Marie Curie et les trouva fortement contaminés par la radioactivité. De plus, Marie Curie faisait la cuisine chez elle et, cinquante ans plus tard, ses livres de cuisine étaient encore radioactifs.

Comment la carrière des Curie avait-elle entre-temps évolué ? On pourrait s'attendre qu'ils eussent reçu quelque aide extérieure après ces années d'inlassables efforts au cours desquelles ils avaient fait de mémorables découvertes et ruiné leur santé. Des personnalités scientifiques considérables comme Lord Kelvin avaient reconnu l'importance de leurs travaux, mais les autorités officielles françaises, responsables directes de leurs moyens d'existence et de travail, ne l'avaient pas fait. Quelques notabilités scientifiques obtinrent la Légion d'honneur pour Pierre Curie, mais celui-ci la déclina, disant qu'il avait besoin d'un laboratoire, non d'une décoration. Ses amis le pressèrent d'accepter, soulignant combien cela l'aiderait à obtenir un laboratoire. Pierre Curie, cependant, resta fier et obstiné, et il ne reçut ni décoration ni laboratoire. En 1898, il fut candidat à la chaire de Chimie-Physique à la Sorbonne, mais il fut battu. A cette époque, son salaire était modeste : 500 francs environ. Il avait deux filles à élever : Irène *(figure 2-8)*, qui devint une scientifique digne de ses parents, et Ève, qui devint pianiste et fut ensuite connue pour une biographie très réussie consacrée à sa mère.

En 1906, la chance sourit aux Curie. L'Université de Genève proposa une chaire à Pierre Curie, assortie de conditions avantageuses. Il hésita, puis en fin de compte

Figure 2-8
Marie Curie avec sa fille Irène. La mère formait la fille à la recherche scientifique et, pendant la Première Guerre mondiale, elle la prit comme assistante dans le service d'ambulance radiologique qu'elle avait créé. (Archives de l'Institut du Radium.)

refusa. Néanmoins, la chose fut remarquée par les autorités françaises qui, finalement, lui donnèrent un poste à la Sorbonne en 1904. Pierre Curie fut enchanté, en particulier parce qu'il croyait naïvement qu'un professeur de physique disposait d'un laboratoire. Il n'en était malheureusement rien. La chaire n'y donnait pas droit et au moment de sa mort, Pierre Curie n'avait toujours pas trouvé un laboratoire convenable. Comme les Curie continuaient à travailler dans des conditions lamentables, ce problème tourna pour eux à l'obsession. En 1902, Pierre Curie posa sa candidature à l'Académie des Sciences. Un candidat devait faire des visites aux académiciens et accomplir d'autres formalités que Curie abhorrait. Il s'y prêta à contrecœur. Le siège pourtant alla à E. Amagat, connu pour ses travaux sur la liquéfaction des gaz, mais qui, rétrospectivement, ne saurait être comparé à Curie. Après cet échec, Curie renonça à être reconnu en France. En 1905, un an avant sa mort, il fut néanmoins élu à l'Académie des Sciences.

En 1903, les Curie partagèrent le Prix Nobel avec Henri Becquerel. Ceci améliora grandement leur situation financière, mais ni le Nobel, ni les 25 000 francs du Prix Osiris qu'ils reçurent ultérieurement ne leur procurèrent le laboratoire qu'ils attendaient.

Recevant le Prix Nobel, Pierre Curie termina son discours par ces mots :

> « On peut concevoir encore que dans des mains criminelles le radium puisse devenir très dangereux, et ici on peut se demander si l'humanité a avantage à connaître les secrets de la nature, si elle est mûre pour en profiter ou si cette connaissance ne lui sera pas nuisible. L'exemple des découvertes de Nobel est caractéristique ; les explosifs puissants ont permis aux hommes de faire des travaux admirables. Ils sont aussi un moyen terrible de destruction entre les mains des grands criminels qui entraînent les peuples vers la guerre. Je suis de ceux qui pensent avec Nobel que l'humanité tirera plus de bien que de mal des découvertes nouvelles.
> *[Les Prix Nobel en 1903.]*

Les termes de Curie sont remarquables en ce qu'ils le montrent conscient des problèmes dont nous débattons encore aujourd'hui. Ils montrent aussi que l'optimisme des décennies précédentes commençait déjà à s'altérer.

Au moment où ils reçurent le Prix Nobel, Pierre Curie avait 44 ans et Marie 36, mais l'un et l'autre étaient en mauvaise santé et épuisés. Ils menaient une vie extrêmement retirée, profitant le plus possible des plaisirs de la campagne. Leurs relations étaient surtout composées de vieux amis scientifiques : J. Perrin, P. Langevin, G. Urbain, A. Cotton, A. Debierne, G. Gouy, entre autres, tous physiciens ou chimistes. Ils s'intéressèrent un temps au spiritisme, mais ils y renoncèrent bientôt. Ils connaissaient aussi quelques artistes : chez les Curie, on pouvait rencontrer tout à la fois Rodin et une danseuse bien connue des Folies-Bergère.

Le 19 avril 1906 survint un drame terrible pour Marie Curie. L'après-midi, Pierre Curie, alors qu'il traversait une rue de Paris, fut renversé par une voiture dont le cheval s'était emballé, et il en mourut. La mort de Pierre affecta profondément Marie Curie qui se retrouva soudain seule, accablée de responsabilités et de travail, sans compter la célébrité, qu'elle détestait. Elle se retira, accentuant sa réserve et sa tendance à la solitude. De 1900 à 1906, Marie Curie avait enseigné à l'École Normale de Sèvres, puis était devenue chef de travaux à la Faculté des Sciences, autrement dit assistante de son mari. Elle fut nommée professeur à la Sorbonne, remplaçant son mari dont elle continua la série de cours sur la radioactivité, la reprenant sans commentaire au point où il l'avait laissée.

En 1911, elle reçut un second Prix Nobel. Vers cette époque, elle eut une liaison avec P. Langevin. C'était une affaire privée, mais qui donna lieu à d'odieux commentaires ; Langevin était marié, il avait des enfants et sa femme le quitta pour un temps. Le fils de Langevin rapporte ces événements dans une biographie consacrée à son père.

J'ai cité à plusieurs reprises le nom de Langevin (1872-1946). C'était un brillant physicien qui exerça une grande influence sur la science française de son temps. Étudiant, il avait travaillé avec Pierre Curie, puis en Angleterre avec J.J. Thomson. Ses réalisations majeures étaient théoriques : son analyse des propriétés magnétiques des matériaux est restée un classique. Pendant la Première Guerre mondiale, il se consacra aux problèmes pratiques de détection des sous-marins, et développa les oscillateurs à quartz, ancêtres de ceux qui sont utilisés dans les montres modernes. Son enseignement en imposait beaucoup par la clarté de sa pensée et ses dons d'exposition. Ami proche des Curie et d'Einstein, il avait de nombreuses relations internationales et, en plusieurs occasions, devint le représentant semi-officiel de la science française. C'était aussi un homme de gauche et, à la fin de sa vie, il adhéra au Parti Communiste. Sous l'Occupation, il fut arrêté, mais finalement la Résistance put lui faire quitter le territoire français. Il y revint après la guerre ; certains de ses proches avaient été victimes des persécutions nazies.

Étudiant débutant, je rencontrai une fois Langevin à Rome, chez un éminent mathématicien dont il était l'invité d'honneur. Il se lança aussitôt dans une brillante comparaison entre la physique que j'étudiais et celle qu'on enseignait de son temps. A son époque, la thermodynamique, qui lui paraissait très abstraite, était un des sujets clés. Quelle chance qu'à la nôtre la physique ait à traiter de beaux modèles concrets et qu'on ait abandonné une pensée si abstraite ! Il ne soupçonnait guère ce qui s'annonçait pour les quelques années à venir, avec le développement de la mécanique quantique. Je fus flatté de l'attention qu'un homme si célèbre portait à un étudiant insignifiant, et de la cordialité de son abord. Il me traita presque en collègue, et c'était assurément un homme fort séduisant.

Au moment de la Première Guerre mondiale, Marie Curie était une célébrité mondiale et le gouvernement français lui avait finalement attribué des crédits pour ce laboratoire tant attendu. Il ne fut néanmoins terminé qu'après la guerre, et ne servit que pendant la période la moins active de la carrière scientifique de Marie Curie. Au début de la guerre, Marie Curie s'indigna du manque d'équipements radiologiques dans les hôpitaux de campagne, là où ils pouvaient être le plus utiles, et elle chercha personnellement à remédier à cette situation en organisant un service d'ambulances équipées de rayons X. Elle prit comme assistante sa fille de dix-huit ans. Je m'imagine bien un général français discutant avec Marie Curie.

Après la guerre, une journaliste américaine, Mme Meloney, se débrouilla pour interviewer Marie Curie. C'était une prouesse remarquable, car celle-ci se protégeait des journalistes, des quêteurs d'autographes et, en général, de toute publicité. Mme Meloney réussit apparemment à gagner la sympathie de Marie Curie ; elle lui promit que les femmes américaines lui fourniraient un gros échantillon de radium. En effet, bien qu'elle en eût élaboré la technique de séparation, Marie Curie, curieusement, ne pouvait disposer que de très peu de radium dans son propre laboratoire. En 1921, elle fit une tournée triomphale aux États-Unis et le président Harding lui offrit le radium acheté grâce aux dons des femmes américaines.

Figure 2-9
Marie Curie en conversation avec R. Millikan, au Congrès Volta tenu à Rome en 1931. Derrière Millikan se trouve R. Fowler et, sur la droite, W. Heisenberg.

Très tôt, on se rendit compte que le radium pouvait avoir un effet sur les tissus biologiques. Un des premiers à être brûlé fut Henri Becquerel, qui portait dans la poche de son gilet un peu de radium préparé par les Curie. Les Curie souffrirent eux aussi de lésions provoquées par le radium. L'idée se développa que ce corps nouveau pouvait être utile pour lutter contre les tumeurs, et il apparut ainsi que le radium pouvait avoir une valeur commerciale. Toutefois, les Curie ne cherchèrent pas à breveter les méthodes de séparation qu'ils avaient élaborées. Cette attitude était conforme à leurs convictions, et on l'a souvent citée comme la marque de quelque morale supérieure. A mon avis, bien qu'il puisse y avoir des vues différentes en matière de brevetage des découvertes scientifiques, j'estime qu'il n'y a pas de vertu particulière à refuser les bénéfices de son propre travail.

Plus tard, Marie Curie participa activement à la coopération intellectuelle internationale sous l'égide de la Société des Nations. En 1929, elle fit un autre voyage aux États-Unis. Entre-temps, dans son nouveau laboratoire, elle poursuivait l'œuvre de sa vie, qui était de mettre au jour la structure compliquée des familles radioactives. Elle se souciait aussi de la formation de jeunes collaborateurs, y compris sa fille Irène.

Cependant, la santé de Marie Curie déclinait. Elle subit deux opérations de la cataracte qui lui laissèrent une vision très diminuée. Quand je la rencontrai en 1931, elle paraissait fragile et blême *(figure 2-9)*. Ses mains bandées, abîmées par les brûlures des radiations, se crispaient nerveusement. Elle avait finalement obtenu son laboratoire, mais trop tard. Elle bénéficiait aussi d'une pension que l'Assemblée Nationale lui avait allouée et disposait de deux maisons, l'une à Paris, l'autre en Bretagne. A la fin, le sort lui fut plus favorable et, dans ses derniers mois, elle put assister à la grande découverte de sa fille et de son gendre : la radioactivité artificielle. Elle mourut en 1934 dans une maison de santé des Alpes.

CHAPITRE III

Rutherford au Nouveau-Monde : la transmutation des éléments

Bien qu'Ernest Rutherford (1871-1937) ait été un géant de la physique, nous devons nous rappeler qu'il n'a pas travaillé tout seul et que son nom revêt aussi une signification symbolique. En général, les progrès en physique dépendent de contributions multiples, dues à de nombreux scientifiques, et prennent un certain temps pour se réaliser. Celui qui survient le dernier en recueille souvent tout le mérite. Pour ne pas perdre le fil, il me faut, dans ce livre, omettre certaines personnalités. Il n'est pas facile de suivre toutes les interactions entre chercheurs et de montrer ce qui, chez un physicien, lui a été inspiré par un autre. Par exemple, Becquerel, les Curie et Rutherford lisaient mutuellement leurs résultats et discutaient parfois entre eux, mais il est difficile de suivre et a fortiori de décrire ces échanges très importants. Les citations figurant dans les travaux de chacun donnent néanmoins une idée de ces échanges intellectuels.

De plus, certains scientifiques rassemblent autour d'eux des « écoles ». Les relations entre maître et disciples varient selon les cas, mais souvent les personnalités se complètent et rendent ainsi le travail plus productif. D'autres scientifiques sont solitaires. Entre ces deux extrêmes, tous les états intermédiaires existent. Rutherford fut à la tête d'une des écoles qui connurent les plus grandes réussites, et maintes découvertes faites par ses collaborateurs étaient directement issues des laboratoires qu'il dirigea. Il suffit de citer O. Hahn et F. Soddy au Canada, H. Geiger, E. Marsden, N. Bohr, G. Hevesy et H. Moseley à Manchester, enfin

Figure 3-1
Ernest Rutherford (1871-1937) à vingt et un ans [d'après A. Eve, *Rutherford* (Londres, Cambridge University Press, 1939)].

J. Chadwick, P. Blackett, J. Cockcroft, E. Walton, M. Oliphant, M. Goldhaber, C. Wynn-Williams et d'autres à Cambridge. On n'a aucune peine à voir comment l'inspiration imprimée par Rutherford et sa direction furent renforcées et complétées par les relations entre ses propres disciples.

Les débuts de la carrière de Rutherford.

Rutherford *(figure 3-1)* naquit le 13 août 1871 près de Nelson, une île au sud de la Nouvelle-Zélande ; il descendait d'une famille écossaise qui y avait émigré. Sa mère était institutrice et jouait du piano. Jouer du piano dans les conditions de la Nouvelle-Zélande de 1870 était tout à la fois une marque de culture et de personnalité. Le père de Rutherford était un homme ingénieux et énergique qui changea plusieurs fois de métier. Il fut d'abord fermier, puis monta une petite fabrique et, en fin de compte, exploita une prospère filature de lin. La famille vivait dans une atmosphère de pionniers sous un climat tropical. Rutherford avait six frères et cinq sœurs, dont trois moururent en bas âge.

Le jeune Rutherford alla à l'école primaire en Nouvelle-Zélande et, à dix ans, lut le livre de Balfour Stewart sur la physique. Ceci n'est pas exceptionnel : les physiciens, tout enfants, ont souvent lu un livre de physique qui les a fascinés. En 1882, la famille Rutherford vint s'établir à Pelorus Sound où il fréquenta l'école secondaire avant d'aller à Nelson College. (Quand, près d'un demi-siècle plus tard, Rutherford eut à choisir un titre de pair, il retint Lord Rutherford de Nelson.) Il reçut du collège une bourse de cinquante-cinq guinées, assez pour subvenir à ses besoins pendant un an. A l'examen d'admission, il obtint 580 points sur 600 et fut premier en anglais, en français, en latin, en histoire, en mathématiques, en physique et en chimie. En 1889, il reçut une autre bourse et vint à Canterbury College, qui comptait 7 professeurs pour 150 étudiants.

Par une curieuse coïncidence, Rutherford comme Marie Curie commencèrent leur carrière en étudiant l'aimantation du fer. Il rédigea une thèse sur l'aimantation du fer sous l'effet de décharges électriques de haute fréquence *(figure 3-2)*. Il est remarquable qu'en 1889, en Nouvelle-Zélande, un étudiant ait pu procéder à de telles expériences en vue d'une thèse. Ce premier travail révéla déjà les traits caractéristiques de Rutherford. Il voulait établir que le fer d'un fil traversé par une décharge de haute fréquence n'était aimanté qu'« à fleur de peau ». Il montra que le fil soumis à la décharge était aimanté. Il plongea ensuite le fil dans de l'acide nitrique de façon à ne dissoudre que la surface. L'aimantation avait disparu. Cette étude fut plus tard publiée dans ses œuvres complètes.

En 1894, à vingt-trois ans, Rutherford concourut pour une bourse dont le financement provenait de l'Exposition de Londres de 1851. Ces bourses avaient été fondées par le prince consort, l'époux de la reine Victoria, désireux de consacrer les fonds restants après l'exposition à des allocations d'études destinées aux sujets de l'Empire Britannique. (Ces bourses existent toujours et aident beaucoup les étudiants du Commonwealth. Lorsque, des années plus tard, on proposa de les supprimer, Rutherford usa de toute son influence pour les maintenir.) Rutherford fut second au concours, mais le premier s'étant dédit, Rutherford eut la

Figure 3-2
Le premier laboratoire de Rutherford. Il était situé dans un sous-sol de Canterbury College, en Nouvelle-Zélande. C'est là que Rutherford mena ses recherches sur la propagation de courant de haute fréquence dans le fer. Il découvrit qu'un fil d'acier aimanté pouvait servir de détecteur pour une décharge oscillante, fait qui était déjà connu bien que Rutherford n'en eût pas eu conscience. Il réussit donc à transmettre et à recevoir des signaux radio entre un oscillateur et un détecteur placé à courte distance, dans un grand hangar qui fut ensuite démoli. Cette recherche que Rutherford poursuivit à Cambridge aboutit au développement d'un détecteur d'ondes hertziennes à fil magnétique [Université de Canterbury].

bourse qui lui permit de poursuivre ses études en Angleterre. On raconte que, lorsque lui parvint la nouvelle de son succès, Rutherford était en train d'arracher des pommes de terre à la ferme familiale. Il lut le télégramme annonçant la nouvelle et dit : « C'est la dernière pomme de terre que j'aurai à arracher de ma vie. » Rutherford dut emprunter l'argent du voyage. En cours de route, il s'arrêta à Adélaïde pour voir W.H. Bragg (1862-1942) qui devint lui aussi l'un des grands physiciens de l'Empire. Bragg, légèrement plus âgé que Rutherford, était alors jeune professeur. Plus tard, W.H. Bragg et son fils W.L. Bragg (1890-1971) firent des découvertes décisives en cristallographie et dans le domaine des rayons X. W.L. Bragg devait succéder à Rutherford d'abord à Manchester, puis à Cambridge.

Rutherford arriva à Cambridge en septembre 1895 et J.J. Thomson qui, nous l'avons vu, avait obtenu très jeune la chaire Cavendish, l'accepta comme étudiant de recherche. Juste à ce moment, à l'Université de Cambridge, des changements importants s'opéraient dans l'organisation des études : on accorda plus d'importance à la formation expérimentale et on ouvrit les laboratoires aux étudiants étrangers. Rutherford fut le premier étudiant à travailler suivant ce nouveau programme. Sa réputation grandit rapidement parmi ses camarades, ceux-ci réalisèrent immédiatement qu'ils avaient affaire à quelqu'un d'exceptionnel. Peu après son arrivée, un autre étudiant écrivait : « Nous avons reçu ici un lapin venu des antipodes et il fait son trou rudement bien. »

Le volume de la correspondance de Rutherford est considérable. Il écrivit à sa mère chaque quinzaine, tant qu'elle vécut, c'est-à-dire jusqu'à quatre-vingt-douze ans. Alors qu'il était à l'école secondaire, il s'était fiancé à une camarade de classe, Mary Newton, et il lui écrivait aussi. La plupart des lettres de Rutherford à sa mère semblent perdues, à moins qu'elles n'existent quelque part, mais Mary garda celles qu'elle avait reçues. Nous trouvons, dans une de ces lettres, la description de Thomson tel que le perçut Rutherford en 1895 :

> « J'allais au labo, je vis Thomson et j'eus une longue discussion avec lui. Il a une conversation très agréable et ce n'est pas du tout un fossile. Quant à son apparence, c'est un homme de taille moyenne, brun et encore jeune. Il se rase très

mal et porte les cheveux assez longs. Son visage est plutôt long et mince, il a une bonne tête avec deux profondes rides verticales juste au-dessous du nez. Nous avons discuté de sujets généraux et de recherche, et il a paru satisfait de ce que j'allais faire. Il m'invita à déjeuner, à Scroop Terrace, je vis là son épouse, une grande femme brune au teint jaune, mais très bavarde et affable. Je restai environ une heure après le dîner, puis je revins en ville (...) J'ai oublié de signaler *la* chose importante que j'ai vue : le seul garçon de la maison, âgé de trois ans et demi, un gamin vigoureux à l'air saxon, mais le plus beau gosse que j'aie jamais vu pour la taille et l'apparence. »

[Eve, *Rutherford*, p. 15.]

L'enfant était G. Thomson qui devait découvrir la diffraction des électrons et mourut en 1975.

Rutherford poursuivit d'abord ses études sur le magnétisme. Dans une lettre, il raconte que tout va bien, comment il a dû exposer ses travaux lors d'un séminaire et comment tout le monde l'a pris au sérieux. Ce travail sur le magnétisme trouva bientôt une application pratique, car sa découverte pouvait être utilisée dans la détection des signaux radio. Marconi effectuait un travail semblable en Italie, mais il y avait des différences fondamentales entre les deux hommes. Marconi, qui était plus un inventeur qu'un scientifique, s'intéressait surtout aux possibilités pratiques du détecteur. Rutherford, bien qu'il se fût rendu compte des applications potentielles de ses études, ne s'y intéressait guère. Quoi qu'il en soit, le détecteur à fil magnétique avait une réelle importance et posa même des problèmes juridiques de brevetage, jusqu'à ce que le développement des tubes à vide l'eût rendu périmé.

Les études sur la radioactivité.

Entre-temps, Röntgen avait fait sa saisissante découverte et tout le monde se précipitait pour travailler sur les rayons X. Rutherford, en collaboration avec Thomson, commença par mesurer l'ionisation produite par les rayons X et en 1897, après la découverte de la radioactivité, utilisa l'expérience qu'il avait acquise pour mesurer l'ionisation produite par l'uranium.

Au terme d'un long travail accompli au Laboratoire

Cavendish en 1898, Rutherford se rendit compte qu'il y avait deux sortes de rayonnement émis par l'uranium, qu'il appella *alpha* et *bêta*. Ils se distinguaient par la façon dont ils étaient absorbés par la matière. Au même moment, les Curie découvraient le polonium et le radium. Eux aussi, comme Becquerel, étudiaient les propriétés des rayonnements émis par les corps radioactifs. Leurs efforts et ceux de Rutherford et de bien d'autres chercheurs se recoupent d'une façon complexe. Les erreurs n'étaient pas rares, mais, en quelques années, on aboutit à la conclusion que les rayons bêta étaient des rayons cathodiques, autrement dit des électrons. En outre, P. Villard trouva en France un rayonnement plus pénétrant, appelé *gamma*, qui ressemblait aux rayons X pénétrants. Toutefois, les rayons alpha restaient encore mystérieux. Rutherford, comme les Curie, se doutait bien qu'il devait s'agir de particules, d'atomes électriquement chargés et éjectés à grande vitesse. Phénoménologiquement, on les caractérisait par la façon dont ils étaient absorbés et par la faible déviation de leur trajectoire dans un champ magnétique. Peut-être le lecteur connaît-il la célèbre figure, souvent reproduite dans les manuels, et qui remonte aux Curie et à Becquerel *(figure 3-3)*. On se doutait aussi que les rayons alpha avaient un parcours limité dans la matière.

En 1898, un poste s'étant libéré à l'Université McGill de Montréal, Rutherford décida de poser sa candidature. C'était une décision capitale. Quitter Cambridge, centre mondial de la physique, pour une université coloniale au Canada, c'était un saut dans l'inconnu. Mais Rutherford avait un esprit aventureux et puis, après tout, il était venu de Nouvelle-Zélande, laquelle n'était pas précisément le centre scientifique du monde. En outre, Rutherford avait toujours, et à bon droit, une grande confiance en soi. Il obtint une lettre de recommandation de J.J. Thomson qui écrivait : « Je n'ai jamais eu un étudiant montrant plus d'enthousiasme et de capacité pour la recherche originale que Mr Rutherford, et je suis sûr que, s'il est élu, il fondera une école de physique remarquable à Montréal. J'estime qu'une institution n'aurait qu'à se louer de s'attacher les services de Mr Rutherford comme professeur de Physique ». (*in* Eve, p. 55). C'était absolument vrai, même si j'ai eu sous les yeux bien des lettres de ce genre, concernant des

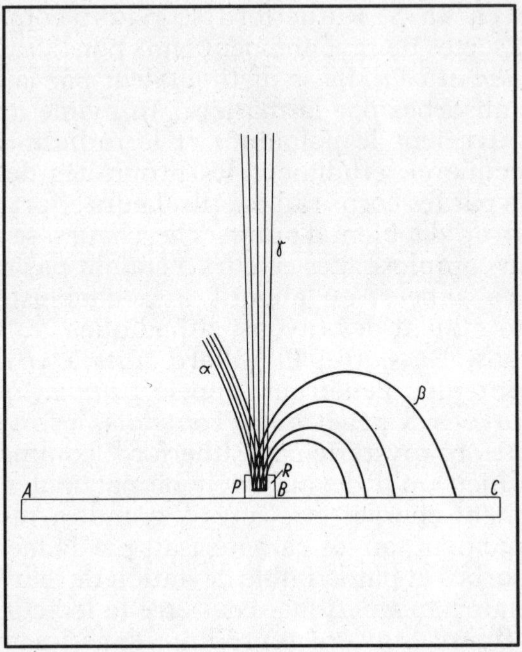

Figure 3-3
Les trois sortes de rayons α, β et γ. Ils se distinguent par leur trajectoire en présence d'un champ magnétique perpendiculaire à la direction d'émission des rayons. Les rayons α (noyaux d'hélium) sont positivement chargés, les rayons β (électrons) sont plus légers et négativement chargés, et les rayons γ, analogues aux rayons X, sont des quanta de rayonnement électromagnétique (photons). Étant neutres, les rayons γ ne sont pas déviés par un champ magnétique. Les dénominations sont dues à Rutherford. [D'après Marie Curie, *Thèse* (Paris, Gauthier-Villars, 1904).]

jeunes gens qui n'étaient pas des Rutherford. Rutherford fut nommé, il alla d'abord en Nouvelle-Zélande pour se marier avec Mary Newton, et revint au Canada avec elle. Il percevait un salaire de 500 livres par an, somme confortable, à peu près le double de ce que gagnait alors Pierre Curie. Ce qui reflète bien les situations respectives dans l'Empire britannique et en République française à cette époque.

Le nouvel environnement de Rutherford à Montréal lui convenait tout à fait *(figure 3-4)*. Il trouva des bâtiments

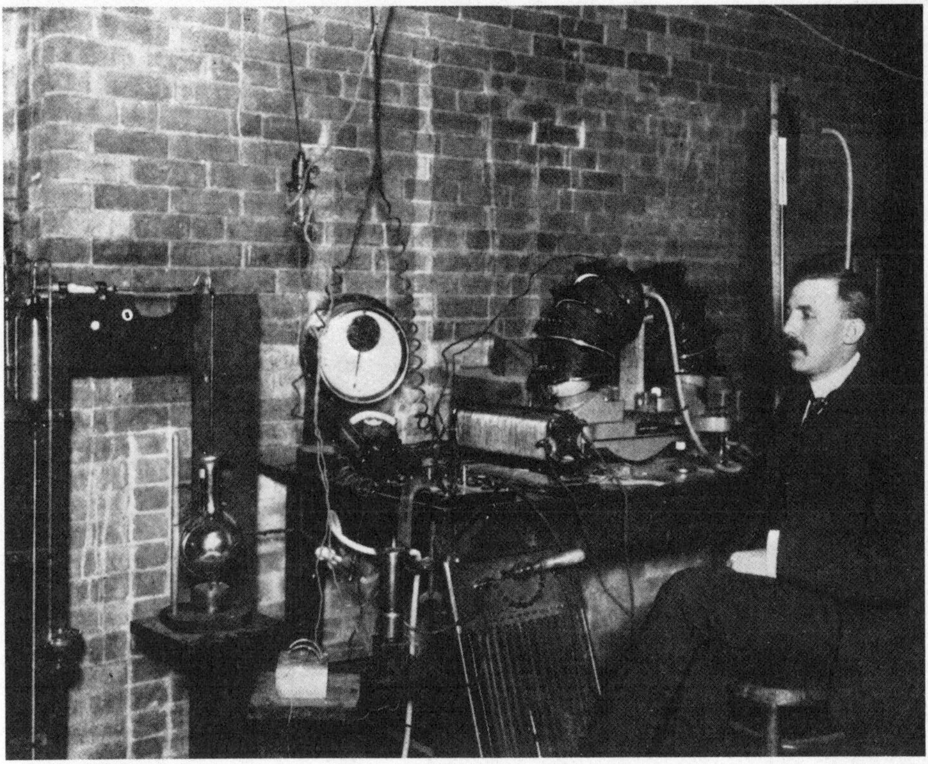

Figure 3-4
Rutherford à l'université McGill, à Montréal, en 1905. Cette année-là, il entama des recherches sur les propriétés des particules α. Leur diffusion le conduisit plus tard à la découverte du noyau lourd de l'atome. [D'après Eve, *Rutherford*.]

neufs et des laboratoires de physique et de chimie financés par un bienfaiteur de l'Université, le millionnaire Sir William MacDonald. Le chef du département, John Cox, observa Rutherford pendant quelques semaines et conclut : « Je pense que je ferais mieux de me charger de votre enseignement. Vous, continuez à faire ce que vous avez à faire ». C'était là faire preuve d'une générosité et d'une intelligence exceptionnelles. Rutherford s'attacha à ses collègues et il est manifeste qu'il établit avec eux les relations les plus cordiales, fondées sur une reconnaissance mutuelle des apports de chacun.

Rutherford se procura quelques corps radioactifs et commença à étudier le problème suivant. R. Owens et lui-même avaient observé que les courants d'air influençaient l'ionisation produite par les corps radioactifs. Rutherford pensa qu'ils émettaient des gaz radioactifs. Les Curie avaient déjà perçu que des objets placés près de sources radioactives pouvaient acquérir une « radioactivité induite » qui (nous le savons maintenant) provient des dépôts radioactifs laissés par les gaz émanant des sources radioactives. Si l'on ne prend pas de précautions, la formation de ces dépôts devient un exemple parfait de phénomène non reproductible. Des années plus tard, au moment de la découverte de la fission de l'uranium, j'en fis moi-même l'expérience alors que j'étais parfaitement informé de la possibilité d'émission de gaz radioactifs et de la formation de dépôts actifs.

Il était donc établi que les corps radioactifs dégageaient des gaz radioactifs en même temps que les trois sortes de radiations. Cette découverte ébranlait les fondements de la chimie et il faut lire les articles originaux pour se rendre compte de l'embarras que l'on ressentit alors. Rutherford dit : « S'il y a des gaz, je vais le montrer de façon incontestable. » Il entreprit donc une expérience très simple, dans le vrai style Rutherford, utilisant un tube ouvert équipé d'une série d'électrodes reliées à un électromètre *(figure 3-5)*. Il faisait passer les gaz, mélangés à de l'air, à travers le tube. Le gaz entrait à une extrémité et sortait par l'autre. Rutherford en mesurait le débit et donc la vitesse. Il mesurait aussi la radioactivité à l'entrée et le long du tube, et sa variation avec la vitesse du gaz. A partir de ces mesures, Rutherford put déterminer la période des gaz radioactifs. Il procéda aussi à d'autres expériences pour se convaincre que la radioactivité était bien transportée par des gaz, tant cette conclusion lui paraissait étrange.

C'est alors que Sir William MacDonald offrit au laboratoire un équipement de liquéfaction de l'air. Rutherford fit passer l'air contenant les gaz radioactifs à travers un tube de cuivre refroidi par l'air liquide, pour voir si les gaz radioactifs se condensaient. Il trouva qu'ils se congelaient et que, quand le tube était réchauffé, ils se vaporisaient. Toutefois, en essayant de mesurer la température de sublimation, il commit une erreur. Il pensa avoir décelé une différence dans le comportement des différentes « émanations », ainsi qu'il appelait ces gaz. J'ai utilisé le mot *différent*, parce que les

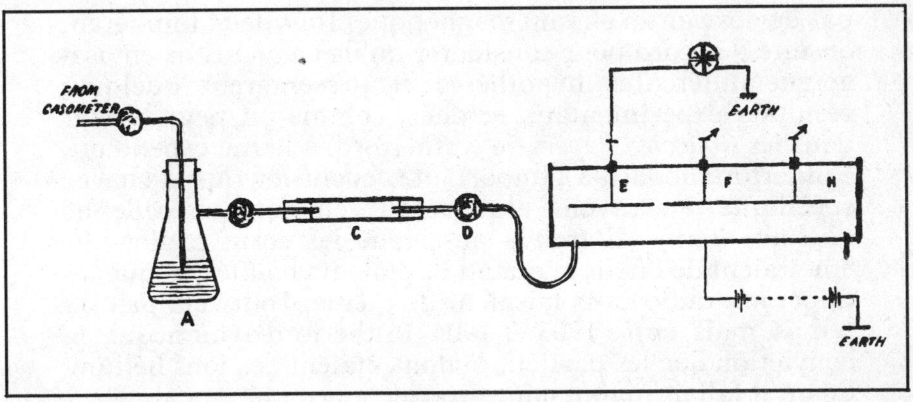

Figure 3-5
Appareillage pour détecter les émanations du thorium et mesurer leur période. L'air, passant à travers l'échantillon de thorium en C, entraîne le gaz radioactif vers le tube de droite. Les électrodes E, F et H servent à mesurer l'ionisation due au gaz. A partir de cette mesure et de la vitesse du gaz, on obtient la période. [D'après l'article de Rutherford et Soddy dans *Transactions of the Chemical Society, 81*, 321 (1902).]

gaz étaient dégagés soit par du thorium, soit par de l'uranium. Nous savons aujourd'hui que les émanations sont des isotopes du même élément et qu'elles ont donc des points d'ébullition et de sublimation identiques. Mais Rutherford décela des différences dans les points de sublimation, ce qui montre que même lui pouvait parfois commettre une erreur. En tout cas, la découverte de l'existence des gaz radioactifs, elle-même correcte, était très importante. Elle montrait aussi que, d'une façon ou d'une autre, l'uranium et le thorium se désintégraient et que dans les fragments, il y avait du gaz.

Le problème suivant était celui de la nature des rayons alpha. Étaient-ce aussi des gaz ? Rutherford essaya cette hypothèse, mais le résultat fut négatif. Il chercha alors une autre direction. Si les rayons étaient des particules chargées, quelle était leur charge spécifique, c'est-à-dire le rapport de leur charge à leur masse ? Étaient-ils ou non déviés dans un champ magnétique ? Les opinions différaient sur ce point important. Rutherford, dans un article, s'opposa à Becquerel qui avait d'abord pensé que les rayons n'étaient pas déviés par un champ magnétique. Tous deux tombèrent ensuite d'accord pour considérer qu'ils l'étaient. Ils envisagèrent différentes hypothèses et présentèrent quelques résultats expérimentaux erronés, comme on peut le voir dans les *Collected Papers* de Rutherford. A la fin, cependant, Rutherford aboutit à l'importante conclusion que la charge spécifique des rayons alpha était semblable à celle de l'hélium ionisé. Il trouva aussi que les corps radioactifs émettaient de l'hélium quand ils étaient chauffés, et que les minéraux radioactifs faisaient de même. Tout cela prit du temps, mais, entre 1903 et 1904, Rutherford avait acquis la conviction que les particules alpha étaient des ions hélium. Ce qu'il fallait maintenant prouver.

Les disciples et la découverte de la transmutation.

Alors que l'étude physique de la radioactivité produisait ces résultats surprenants, les études chimiques révélèrent à leur tour des phénomènes étonnants. Crookes découvrit en 1900 que, si l'on faisait précipiter de l'hydroxyde de fer dans une solution de sel d'uranium, toute la radioactivité allait dans le précipité et que l'uranium restait inactif. Toutefois, au bout de quelques jours, le précipité perdait son activité et l'uranium la regagnait. Des phénomènes semblables se produisaient dans d'autres corps radioactifs, selon des échelles de temps différentes : tantôt des heures, tantôt des minutes. Tout se passait comme s'il y avait dans le laboratoire des démons qui s'amusaient la nuit à remettre ensemble les produits soigneusement séparés durant le jour. Tout cela paraissait bien mystérieux, jusqu'à ce que Rutherford et Soddy, dont nous allons parler bientôt, aient eu l'idée que les corps radioactifs se transmutaient les uns en les autres.

Prenons un exemple de transmutation. L'uranium ordinaire U^{238} ou UI produit continûment, par sa désintégration, un autre corps radioactif, UX, qui à son tour se désintègre. Dans un minerai intact, tout ceci se produit au même régime, c'est-à-dire que le même nombre d'atomes UI et d'atomes UX se désintègrent par seconde. Toutefois, si on sépare chimiquement l'uranium du corps actif UX dont la radioactivité est la seule observable à cause de la nature des

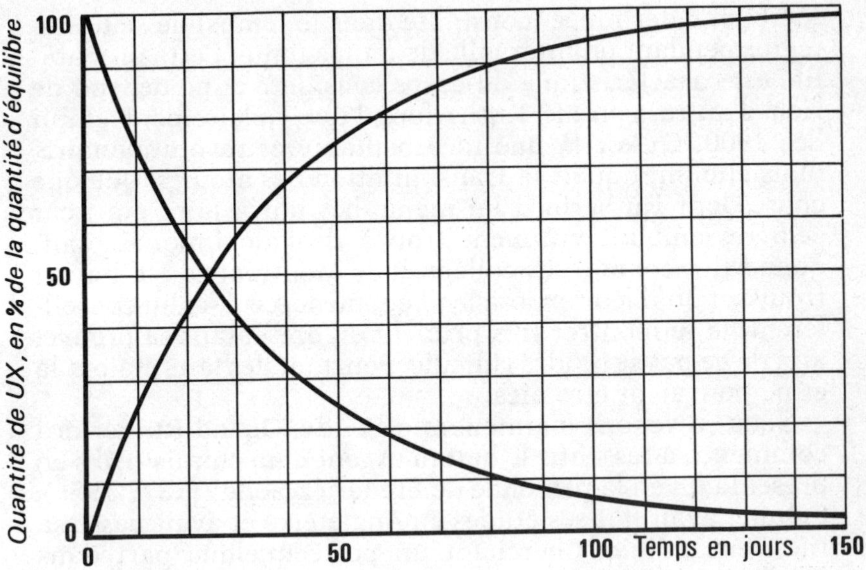

(a)

(b)

Figure 3-6
(a) Courbe de croissance et de décroissance de l'activité de l'uranium X (Th [238]). Les courbes montrent que l'activité de UX, extrait de l'uranium, diminue tandis que celle de l'uranium, qui avait perdu son activité au moment de la séparation de UX, la regagne, de sorte que la somme des deux activités est constante. (b) Plus tard, ces courbes furent reprises pour figurer dans les armes de Lord Rutherford [(b) d'après Eve, *Rutherford*].

rayonnements émis, on trouve que l'activité d'UX décroît avec la demi-vie caractéristique de UX, parce qu'il n'y a plus d'uranium pour fournir à nouveau de l'UX. En même temps, l'uranium qui avait perdu sa radioactivité par la séparation de l'UX, la regagne. On a donc deux courbes d'activité : l'une pour le corps séparé, l'autre pour l'uranium. L'une décroît tandis que l'autre croît *(figure 3-6)*. La somme des activités est constante, car elle correspond à celle de l'uranium en équilibre, autrement dit de l'uranium tel qu'on le trouve dans un minerai intact.

Rutherford et Soddy élucidèrent cet ensemble complexe de phénomènes. Ils le ramenèrent à cette règle fondamentale selon laquelle chaque atome radioactif a une probabilité bien déterminée (constante dans le temps) de se désintégrer pendant un intervalle de temps unité. Cette probabilité est caractéristique du corps considéré et ne dépend de rien d'autre, comme Rutherford l'avait clairement établi dès 1900. C'était là une idée brillante et révolutionnaire, mais elle impliquait la transmutation des atomes, quelque chose dont Rutherford lui-même hésitait à faire état, car cela ressemblait vraiment trop à de l'alchimie. En fait, quand il raconta à ses collègues de Montréal ce qu'il avait trouvé et qu'il leur exposa le phénomène, ceux-ci lui conseillèrent de se montrer très prudent en présentant sa preuve, afin de ne pas se rendre ridicule. Pourtant, les faits étaient là et ne pouvaient être niés.

Nous en venons maintenant à Soddy. Quand Rutherford commença à ressentir le besoin urgent d'un chimiste, il s'en présenta un en la personne de Frederick Soddy (1877-1956). Celui-ci avait fait ses études en Angleterre et avait passé sa thèse en chimie. Cherchant un poste quelque part dans l'Empire britannique, il fut candidat à Toronto, puis, attendant anxieusement une réponse, il écrivit et télégraphia. Comme rien ne venait, Soddy, homme d'action, s'embarqua pour le Canada afin de voir ce qui se passait là-bas. Arrivé à New York, il apprit que le poste qu'il convoitait avait été pourvu. Cependant, comme il avait un billet, il décida de visiter Montréal. Là, il montra ses lettres de recommandation et sollicita un poste à l'Université McGill. Il fut engagé par le département de chimie. Rutherford, qui avait besoin d'aide, parla à Soddy, lui montra ce qu'il faisait et l'invita à travailler avec lui. Ils devinrent bientôt de proches collaborateurs et, de 1900 à 1903, travaillèrent ensemble à établir la théorie des transmutations radioactives. Plus tard, Soddy contribua à créer le concept d'isotopie selon lequel — dans sa version première — il peut exister des corps chimiquement identiques mais qui diffèrent par leurs propriétés radioactives. Soddy forgea aussi le terme « isotopique » pour indiquer que des corps occupent la même place dans la classification périodique des éléments.

Après Soddy, d'autres étudiants débarquèrent à Montréal, y compris quelques futures « vedettes » comme Otto Hahn *(figure 3-7)*. Hahn était né à Francfort dans une famille d'hommes d'affaires. Enfant, puis étudiant, il n'avait montré aucun signe particulier de précocité scientifique. Il fut

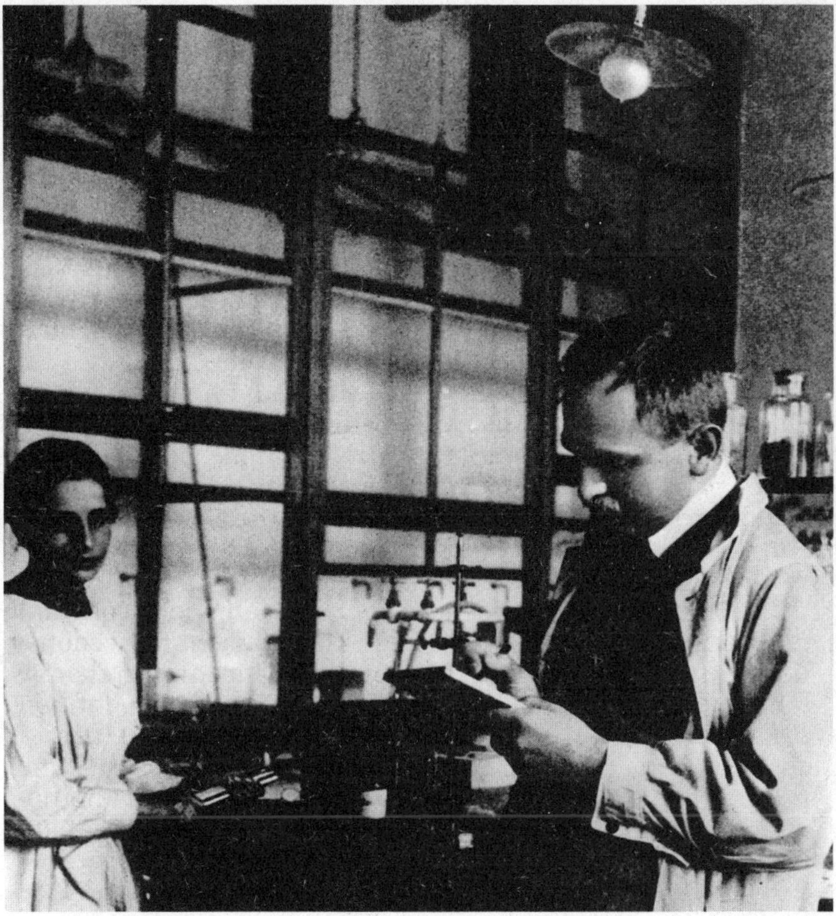

Figure 3-7
Otto Hahn (1879-1968). Cet éminent radiochimiste allemand, élève de Rutherford, laissa sa marque sur toute la radiochimie, de la découverte de nouveaux corps radioactifs à celle de la fission de l'uranium. Avec lui se trouve Lise Meitner (1878-1968). [Ullstein Bilderdienst.]

diplômé à Marburg en 1901, après avoir étudié la chimie organique, et fut pris comme assistant par son professeur Theodor Zincke. Hahn avait prévu de faire une carrière industrielle dans l'une des grandes entreprises chimiques allemandes qui étaient alors à leur apogée. Zincke conseilla à Hahn d'apprendre bien l'anglais et l'envoya travailler avec Sir William Ramsay, spécialiste des gaz rares qui avait découvert le néon, le krypton et le xénon.

Ramsay essayait sans grand succès de travailler en radiochimie et il n'était pas très estimé de Rutherford. Cependant, Ramsay proposa à Hahn un excellent problème : extraire le radium d'une certaine préparation de chlorure de baryum qui en contenait. Ni Ramsay ni Hahn ne se doutaient que cette préparation recélait un autre isotope du radium, Ra^{228}, alors que le radium ordinaire (celui qu'avait découvert les Curie) est l'isotope Ra^{226}. Par la suite, Hahn trouva aussi un autre isotope radioactif du thorium qu'il appella radiothorium (Th^{228}). R. Boltwood, important radiochimiste de l'Université Yale et ami proche de Rutherford, n'était pas convaincu par le travail de Hahn et son commentaire, dans une lettre adressée à Rutherford, était que la radiothorium « était un composé de thorium et de sottise ». Rutherford et Soddy avaient trouvé de surcroît un autre isotope du radium, appelé ThX (Ra^{224}).

Il ne fallut pourtant pas longtemps à Hahn pour convaincre Rutherford et Boltwood qu'il avait raison. Souvenons-nous qu'à cette époque, l'isotopie était inconnue : chaque fois que l'on trouvait un nouveau corps radioactif, on pensait donc qu'il s'agissait d'un élément nouveau, ce qui constituait un casse-tête quand il se trouvait que celui-ci ne pouvait être séparé d'un élément déjà connu. Le radiothorium de Hahn est (pour utiliser le terme moderne) un isotope du thorium, il n'est donc pas directement séparable du thorium par des moyens chimiques. Cependant, comme le thorium Th se désintègre en MsTh, qui est un isotope du radium (Ra^{228}), et que celui-ci à son tour se désintègre en RaTh (Th^{228}), il est d'abord possible de séparer MsTh de Th^{232} et ensuite, une fois que RaTh s'est formé à partir de MsTh, de séparer le premier dans un état relativement pur. On arrive donc finalement à séparer le RaTh du Th, ce qui aurait été impossible à réaliser directement puisqu'il s'agit d'isotopes). On peut s'étonner que Rutherford et Hahn n'aient pas alors élaboré le concept d'isotopie qui était à leur portée, puisqu'ils avaient découvert des exemples clairs d'isotopes ; mais les yeux ne peuvent reconnaître ce à quoi l'esprit n'est pas préparé, nous l'avons maintes fois constaté.

Hahn resta environ un an avec Rutherford. En 1906, il revint en Allemagne, à l'Institut de Chimie organique d'Emil Fischer, mais il continua de travailler en radiochimie. En 1907, il s'associa à une jeune physicienne viennoise, Lise Meitner, qui était l'assistante de Max Planck, et tous deux fondèrent un important centre de recherche nucléaire. Au bout d'un an, Hahn obtint son propre laboratoire au Kaiser Wilhelm Institute de Berlin-Dahlem, toujours avec Meitner. En 1938, Meitner dut fuir le nazisme et elle émigra en Suède, quelque mois avant que Hahn et Strassmann ne découvrent la fission de l'uranium. Hahn avait alors 59 ans et c'est peut-être là un exemple extrême de découverte accomplie à un âge relativement avancé.

Parmi les merveilles signalées en grand nombre durant cette période, les fausses découvertes ne manquaient pas : les rayons « N », avec l'épilogue tragique du suicide de celui qui croyait les avoir découverts, la transmutation du mercure en or, annoncée par un chimiste en quête de publicité, et bien d'autres encore. D'un autre côté, jusqu'en 1904, le grand D. Mendeleev, homme âgé mais toujours plein de hardiesse scientifique, se refusa à croire que l'hélium pût être le produit d'une transmutation atomique.

Rutherford devint un conférencier très recherché et, comme il aimait voyager, il se rendit dans plusieurs universités aux États-Unis et dans le Commonwealth, lorsque son travail le lui permettait. L'Université Yale lui offrit un poste assorti d'un salaire élevé, mais Rutherford le refusa avec ce commentaire : « Ils se comportent comme si l'université était faite pour les étudiants. » Il resta cependant en amitié étroite avec Boltwood. Leur correspondance, longue et intéressante, a été publiée, elle donne une image vivante de la radiochimie à cette époque, bien qu'elle ne mentionne pas les travaux importants des Curie.

L'origine de l'énergie libérée au cours des désintégrations radioactives restait l'un des grands mystères en ce domaine. Rutherford, comme les Curie, A. Laborde et d'autres, mesura cette énergie et lui trouva une valeur étonnamment élevée. Il pensa alors que les matériaux radioactifs que contenait la Terre pouvaient en modifier grandement le bilan thermique, et cela lui donna l'occasion de trancher une vieille controverse entre Lord Kelvin et les géologues. Lord Kelvin avait calculé la vitesse de refroidissement de la

Terre et en avait déduit la durée écoulée entre son état de sphère fondue incandescente et son état présent. Son résultat donnait une valeur beaucoup trop faible en comparaison des indications géologiques, d'où le conflit. Quand Rutherford prit en compte la chaleur fournie par les corps radioactifs présents dans la Terre, cette difficulté se trouva résolue. Rutherford était fier de ce résultat, il décrivit la présentation de ses conclusions à peu près en ces termes :

> « J'entrai dans la salle qui était dans une semi-obscurité, je remarquai tout de suite la présence de Lord Kelvin dans l'assistance et je me rendis compte des problèmes posés par la dernière partie de mon exposé où je traitais de l'âge de la Terre et où mes vues s'opposaient aux siennes. A mon grand soulagement, Kelvin se mit rapidement à somnoler, mais, comme j'en venais au point important, je vis le vieil oiseau se redresser, ouvrir un œil et me jeter un regard sinistre. Il me vint alors une inspiration soudaine et je dis que Lord Kelvin avait fixé la limite de l'âge de la Terre sous réserve qu'aucune source de chaleur nouvelle ne soit découverte. Cette expression prophétique visait ce dont nous parlions ce soir, le radium ! Ah, je vis le visage du vieux s'épanouir ! »
> [Eve, p. 107.]

En 1903, Rutherford fut élu à la Royal Society de Londres et, le 19 mai 1904, il prononça la Conférence Baker intitulée « les Successions de changements dans les corps radioactifs ». La Conférence Baker avait été fondée au XVIIIe siècle par un scientifique amateur qui avait laissé une dotation à cette fin. Le conférencier est invité à passer en revue ses propres travaux et prononcer la Conférence Baker est une des plus hautes distinctions que puisse conférer la Science anglaise. Rutherford donna une seconde fois la Conférence Baker en 1920.

Dans cette Conférence Baker de 1904, il dressait ainsi la liste de ses découvertes :

1. Nomenclature.
2. Taux de décroissance de l'activité induite du thorium et de l'uranium, pour différents temps d'exposition aux émanations et différents types de rayonnement.
3. Théorie mathématique des changements successifs.
4. Application de la théorie pour expliquer les changements : (a) du thorium, (b) de l'actinium et (c) du radium.

5. Problème de la faible vitesse de changement produite par le radium : comparaison avec le radio-tellure de Markwald.
6. Radioactivité apparente de la matière ordinaire, due en partie à un dépôt actif de faible vitesse de changement, venant de l'atmosphère.
7. Comparaison des changements successifs de l'uranium, du thorium, de l'actinium et du radium.
8. Discussion de la signification des changements « sans rayonnement » dans les radioéléments.
9. Rayonnements émis par les produits actifs. Signification de la présence de rayons β et γ dans les derniers changements rapides des radioéléments.
10. Différence entre changement radioactif et changement chimique.
11. Discussion des expériences faites pour mesurer la charge portée par les rayons α.
12. Importance des changements intervenant dans les radioéléments.
13. Origine des radioéléments.

C'est là une récapitulation des travaux de Rutherford jusqu'à cette époque. Il avait de bonnes raisons de parcourir son laboratoire en entonnant : « En avant, soldats chrétiens ! »

Cependant, le séjour de Rutherford au Canada prenait fin. Son retour en Angleterre coïncida avec une nouvelle phase de son activité. Nous devons maintenant abandonner Rutherford pour un moment, afin de ne pas perturber le déroulement historique des événements.

CHAPITRE IV

Planck, le révolutionnaire malgré lui : l'idée de la quantification

Dans les chapitres précédents, j'ai essentiellement traité de grandes découvertes expérimentales, telles que les rayons X et la radioactivité. Nos héros étaient surtout les physiciens qui avaient entrevu ces mondes nouveaux. Nous devons maintenant nous tourner vers une autre face de la physique, d'une égale importance bien qu'elle soit moins accessible au profane. Je veux parler du développement d'idées théoriques qui furent fondamentalement nouvelles et aussi révolutionnaires, dans leur domaine, que la découverte des rayons X et de la radioactivité.

Nous voyons là ce jeu subtil entre théorie et expérience qui poussa la physique en avant, sa progression oscillant entre faits nouveaux et nouvelles théories. Le but ultime de la physique est de décrire la nature et de prévoir les phénomènes. Ce qui est impossible en partant de théories a priori : au bout de quelques pas, nous serions dans l'impasse et chaque erreur, s'ajoutant aux précédentes, nous écarterait davantage de la bonne voie. D'un autre côté, en ne se servant que d'expériences, nous serions bientôt perdus dans un déploiement troublant de faits isolés, sans l'espoir de leur donner un sens quelconque. C'est l'association de la théorie et de l'expérience, opérée en utilisant le langage mathématique, qui a rendu possibles les étonnants résultats obtenus par la physique. L'immortel mérite de Galilée est d'avoir clairement compris la puissance de cette alliance et d'avoir montré la voie de sa mise en œuvre.

Les piliers théoriques de la physique.

A la fin du XIXᵉ siècle, la physique classique avait atteint d'admirables sommets : sa structure était harmonieuse et, dans une certaine mesure, achevée. La mécanique avait accédé à la maturité grâce à Newton, puis Lagrange l'avait systématisée à un point tel qu'elle paraissait offrir un modèle universel. On pouvait escompter que chaque chapitre de la physique pourrait se ramener à la mécanique. Mais cet espoir s'estompa, surtout à compter du jour où l'électromagnétisme de Maxwell ne parut plus devoir se ramener à la mécanique, contrairement à ce que Maxwell lui-même avait d'abord espéré. Il semblait du moins que la structure de l'univers reposait alors sur deux piliers : la mécanique et l'électromagnétisme. Boltzmann avait fait allusion à cette idée en inscrivant en tête de son traité sur la théorie de Maxwell la question du Faust de Gœthe : « *War es ein Gott der diese Zeichen schrieb ?* » (Est-ce un dieu qui écrivit ces signes ?). La Genèse pouvait être récrite en langage moderne : « Que la lumière soit » devenait

$$\nabla . E = 4\,\pi\varrho \qquad \nabla . B = 0$$

$$\nabla \times E = -\frac{1}{c}\,\frac{\delta B}{\delta t} \qquad \nabla \times B = \frac{1}{c}\,\frac{\delta E}{\delta t} + \frac{4\pi}{c}\,j$$

c'est-à-dire les équations de Maxwell qui régissent le champ électromagnétique de la lumière. Quant au mouvement des corps célestes, il y avait

$$F = m\gamma = h'\,\frac{mm'}{r^2}$$

énoncé par Newton.

Un point de vue si extrême est aussi naïf que celui des fondamentalistes qui croient à l'interprétation littérale de la Bible. En outre, malgré tous ces triomphes, comme l'avait donné à entendre Lord Kelvin, il subsistait quelques « nuages ». Il était difficile de réconcilier la mécanique de Newton avec l'électromagnétisme de Maxwell, bien que l'une et l'autre eussent été confirmés par d'innombrables expériences ; Hertz, en particulier, avait montré que les équations de Maxwell s'étendaient au phénomène de la lumière.

Un troisième pilier de la physique, le plus étudié peut-être, était la thermodynamique. Cette science est très différente de la mécanique et de l'électromagnétisme, car elle s'applique à tous les modèles sans en suggérer aucun en particulier. Cette discipline, dans sa forme classique, remontait à l'étude scientifique de la machine à vapeur effectuée par Sadi Carnot (1796-1832). Elle fut ensuite complétée par la découverte de la conservation de l'énergie, due à Robert Mayer (1814-1878), Hermann von Helmholtz et W. Thomson, puis systématisée par R. Clausius. La thermodynamique classique découle de deux propositions apparemment innocentes : (1) Il est impossible de construire une machine qui créerait de l'énergie indéfiniment. C'est là ce qu'on appelle le mouvement perpétuel de première espèce, et la proposition énonce simplement la conservation de l'énergie. (2) Il est impossible de construire une machine qui ne ferait rien d'autre qu'extraire de la chaleur d'une source à température constante et de transformer cette chaleur en travail mécanique. Pour reprendre les termes de Lord Kelvin (1848), « il est impossible, par l'agencement d'objets inanimés, d'obtenir des effets mécaniques à partir d'une quantité quelconque de matière, en la refroidissant au-dessous de la température des objets les plus froids qui l'entourent ». [W. Thomson, *Mathematical and Physical Papers*, vol. 1, p. 174, Cambridge University Press, 1882.] Ce serait le mouvement perpétuel de seconde espèce. Notons que ce dernier serait pratiquement aussi utile que le mouvement perpétuel de première espèce, puisqu'il suffirait, par exemple, d'extraire de l'énergie de la mer pour la transformer en travail. Si c'était possible, tous nos problèmes d'énergie seraient résolus. De ces deux postulats, on déduit des conséquences assez lointaines et inattendues. Par exemple, la thermodynamique prévoit l'abaissement du point de congélation de l'eau sous pression, ce qui explique le glissement des glaciers.

La thermodynamique a le même degré de véracité que ses postulats. Le raisonnement thermodynamique est souvent subtil, mais il est extrêmement solide et probant. Nous verrons comment Planck et Einstein se basèrent en toute confiance sur la thermodynamique, la considérant comme le fondement à toute épreuve sur lequel élaborer une théorie physique. Chaque fois qu'ils rencontrèrent des obstacles insurmontables, ils firent appel à elle.

La thermodynamique distingue les phénomènes réversibles des phénomènes irréversibles. Un exemple des premiers est la collision parfaitement élastique de deux sphères, telle qu'on la considère en mécanique. D'un autre côté, l'expansion d'un gaz dans le vide est irréversible. Notre expérience quotidienne nous a montré des phénomènes pratiquement réversibles qui se déroulent dans les deux sens du temps. Par exemple, dans une collision élastique, on pourrait partir de l'état final, renverser toutes les vitesses et aboutir à l'état initial. Ceci n'est pas possible pour un phénomène irréversible. Personne n'a jamais vu toutes les molécules d'un gaz aller spontanément se rassembler dans un coin du réservoir. Si nous filmons un phénomène, nous pouvons projeter le film en marche avant ou en marche arrière. Si le phénomène est réversible, aucun critère ne nous permet de dire si le film est projeté dans le bon sens ou non. Par contre, si le phénomène est irréversible, nous voyons qu'il n'y a qu'une façon correcte de le projeter. Si une flamme sous une bouilloire refroidit l'eau jusqu'à ce qu'elle gèle, nous concluons que nous avons observé, à l'envers, un phénomène irréversible.

Que l'on puisse passer réversiblement d'un état d'un système à un autre ne dépend que des états initial et final. Le sens du temps, dans un phénomène irréversible, est déterminé. L'idée de réversibilité peut être affinée et exprimée quantitativement par le concept d'entropie. L'entropie d'un système est une quantité qui lui est propre, au même titre que son volume et son énergie ; elle peut être mesurée par des expériences appropriées. Un changement irréversible augmente l'entropie d'un système isolé, et donc cette entropie augmente ou du moins ne diminue pas avec le temps.

Jusqu'ici, tout va bien. Mais tous les phénomènes mécaniques ou électromagnétiques sont réversibles. On se heurte alors à la question suivante : si tous les phénomènes élémentaires sont réversibles et si tous les phénomènes physiques sont des combinaisons de phénomènes élémentaires, d'où vient donc l'irréversibilité manifeste du monde macroscopique ?

Ce problème fondamental préoccupa longtemps quelques-uns des meilleurs esprits du XIXe siècle. La mécanique

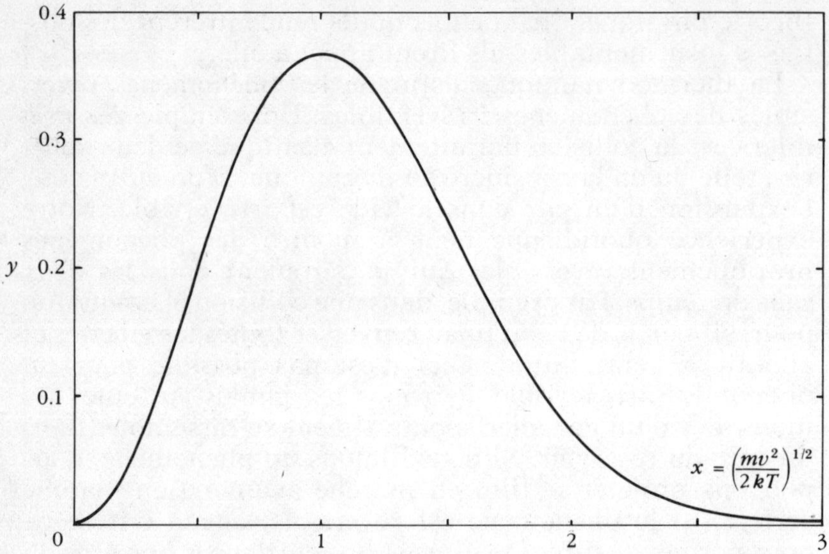

Figure 4-1

a) Courbe de distribution des vitesses pour les molécules d'un gaz donnant le nombre de molécules n dans un intervalle de vitesse unité. Cette courbe est valable pour toute masse moléculaire m et toute température absolue T, pourvu que l'échelle des abcisses soit $x = (m/2k\mathrm{T})^{1/2}\, v$ et celle des ordonnées $y = (\pi k\mathrm{T}/8m)^{1/2}\, n$. L'équation de la courbe est $y = x^2 \exp(-x^2)$. La vitesse la plus probable est $(2k\mathrm{T}/m)^{1/2}$ et l'énergie cinétique moyenne de la molécule est $(3/2)k\mathrm{T}$. Ces résultats furent établis par Maxwell.

statistique, cette nouvelle science qui se dégagea de leurs efforts, introduisit des notions de probabilité et combla ainsi le fossé entre la mécanique et l'électricité d'une part, la thermodynamique de l'autre. Maxwell, R. Clausius, L. Botzmann et J. Gibbs furent parmi les fondateurs de cette mécanique statistique.

On trouva que la seconde loi de la thermodynamique avait une probabilité extrêmement élevée plutôt qu'une validité absolue. Cette probabilité est si grande que, si l'on veut observer une exception à l'échelle macroscopique, il faut attendre un temps plus long que l'âge de l'univers. Par exemple, étant donné un grand nombre de molécules placées dans un récipient, rien ne les empêche de se rassembler dans la partie gauche du récipient. Cependant, pour observer un tel événement, nous devrions attendre un temps

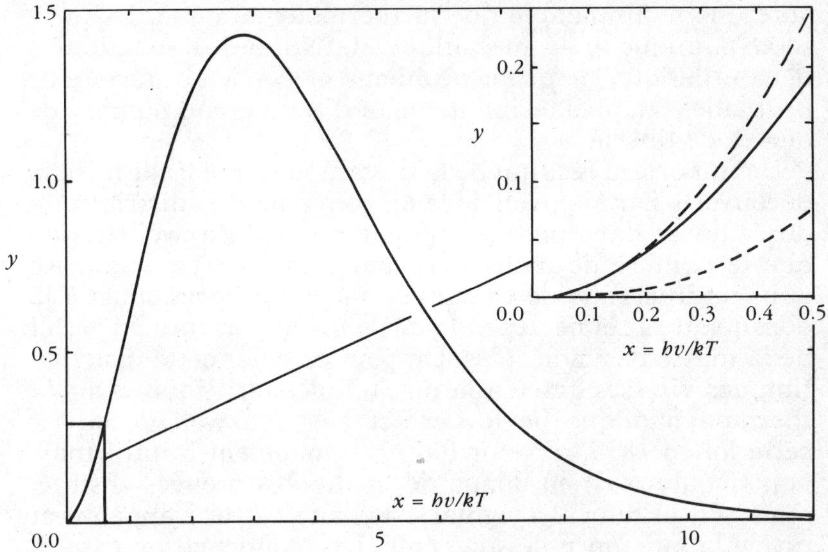

b) On a porté la densité d'énergie pour un intervalle de fréquence unité, $u(\nu, T)$, correspondant au rayonnement du corps noir. La courbe est valable pour toute température pourvu que l'échelle des abcisses soit $x = h\nu/kT$ et celle des ordonnées $y = (h^2c^2/8\pi k^3T^3)u$. L'équation de la courbe est $y = x^3/(\exp x{-}1)$. Les formules limites de Rayleigh et de Wien, à petit x, sont portées dans le cartouche.

extrêmement long par rapport à 10^{10} années, ordre de grandeur de l'âge de l'univers. Et le grand Maxwell écrivit donc à Lord Rayleigh : « *Morale.* La seconde loi de la thermodynamique a le même degré de véracité que l'énoncé selon lequel, si vous jetez un verre d'eau dans la mer, vous ne pourrez pas récupérer exactement le même verre d'eau ensuite. » [Rayleigh, *Life of Lord Rayleigh*, p. 47 (University of Wisconsin Press, 1968).]

L'entropie que considère la thermodynamique est une mesure de la probabilité que le système soit dans un certain état, ainsi qu'une mesure du « désordre » du système.

La mécanique statistique permet de s'attaquer à des problèmes qui sont hors de la portée de la thermodynamique. Cependant, elle requiert des modèles plus détaillés, ou encore d'autres postulats ; elle est par conséquent moins sûre, moins immuable que la thermodynamique. La thermodynamique et la mécanique statistique ne sont toutes deux utiles que lorsque le problème met en jeu beaucoup de particules ou, plus techniquement dit, un grand nombre de degrés de liberté.

Un important résultat de la mécanique statistique a été la découverte par Maxwell de la loi gouvernant la distribution des vitesses dans un gaz monoatomique. Maxwell trouva que le nombre de molécules dont la vitesse est comprise dans un intervalle de valeurs donné est proportionnel à la densité du gaz et ne dépend que de la température du gaz et de la masse des molécules. On peut calculer cette distribution des vitesses grâce à la mécanique statistique, mais la thermodynamique ne le permet pas. Maxwell découvrit cette loi en 1859, à partir d'un raisonnement intuitif mais non rigoureux. Il en donna de meilleures preuves ensuite, mais son argument original est d'une clarté frappante et révèle la puissance de son génie. Une confirmation expérimentale directe ne fut obtenue qu'en 1921 par O. Stern (voir *figure 4-1*).

La mécanique statistique connut de grands succès et fut étudiée intensément par Boltzmann et d'autres après Maxwell. Elle posa un grand nombre de questions difficiles et subtiles. Un de ses résultats théoriques très remarquables fut que tout degré de liberté d'un système à l'équilibre thermique a pour énergie cinétique moyenne $\frac{1}{2}$ kT. On pouvait prouver théoriquement ce résultat en partant de la mécanique classique et, dans plusieurs cas, il fut même vérifié expérimentalement, mais, dans quelques autres cas, il s'avérait en défaut. Ainsi, par exemple, les degrés de liberté internes d'un atome ne se manifestaient pas dans sa chaleur spécifique et un gaz monoatomique avait la même chaleur spécifique que si les atomes étaient ponctuels, ce qu'ils n'étaient certainement pas. Ces paradoxes troublaient ceux qui étudiaient la mécanique statistique ; Boltzmann, Lord Kelvin, Lord Rayleigh et bien d'autres en furent embarrassés. Ils ne se doutaient cependant pas qu'à l'origine de leurs difficultés, il n'y avait rien de moins que la validité de la mécanique classique elle-même.

Le plus parfait traité de mécanique statistique classique fut sans doute celui qu'écrivit Josiah Willard Gibbs en 1902, un petit livre d'une difficulté considérable et subtilement intitulé *Principes élémentaires de mécanique statistique.* L'auteur, le plus grand physicien américain du XIXe siècle, possédait un esprit profondément critique et original. Il menait une vie assez retirée, enseignant à l'Université Yale, et, s'il fut reconnu par des hommes comme Maxwell, il n'était pas tenu en particulière estime aux États-Unis à son époque. Dans la préface à son livre, il déclare :

> « De plus, nous évitons les plus sérieuses difficultés lorsque, renonçant à formuler des hypothèses au sujet de l'organisation des corps matériels, nous menons des recherches statistiques comme s'il s'agissait d'une branche de la mécanique rationnelle. En l'état actuel de la science, il semble difficile de concevoir une théorie dynamique de l'action moléculaire qui englobe les phénomènes de la thermodynamique, du rayonnement et des manifestations électriques qui accompagnent l'union des atomes. Pourtant, une théorie qui ne prend pas en compte tous ces phénomènes est manifestement inadéquate. Même si nous limitons nos préoccupations aux phénomènes nettement thermodynamiques, nous n'échappons pas à des difficultés dans un problème aussi simple que celui du nombre de degrés de liberté dans un gaz diatomique. Il est bien connu que la théorie attribuerait au gaz six degrés de liberté par molécule, alors que dans nos expériences de chaleur spécifique, nous ne pouvons justifier l'existence de plus de cinq. Certainement, celui qui fonde son travail sur des hypothèses concernant l'organisation de la matière est en train de bâtir sur des fondations mal assurées.
>
> Des difficultés de ce genre ont détourné l'auteur d'essayer d'expliquer les mystères de la nature et l'ont forcé à se contenter d'un projet plus modeste, celui d'établir quelques-unes des propositions les plus évidentes ayant trait à la partie statistique de la mécanique. Il ne peut y avoir ici d'erreur en ce qui concerne l'accord entre les hypothèses et les faits de la nature, puisque l'on n'a rien supposé à cet égard. La seule erreur qu'on puisse commettre est le désaccord entre les prémisses et la conclusion, et cela, avec un peu d'attention, on peut espérer pour l'essentiel l'éviter. »

Un problème qui contenait tout : le rayonnement du corps noir.

Il existe un autre problème, assez semblable à celui de la distribution des vitesses des molécules dans un gaz : le

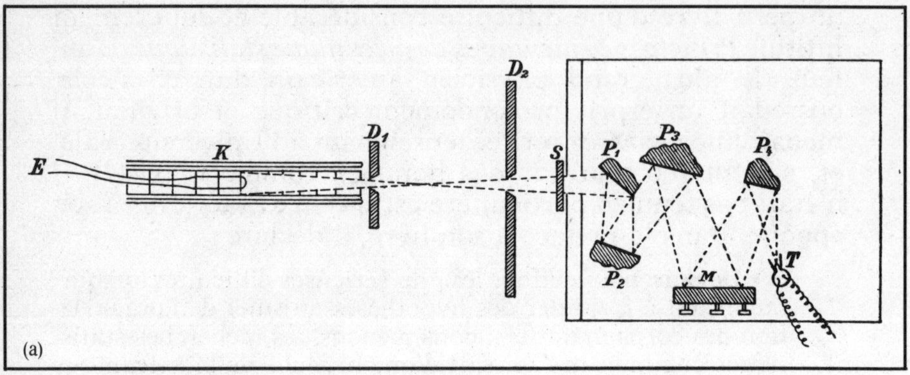

Figure 4-2
a) Appareillage pour mesurer dans l'infrarouge l'intensité de rayonnement émis par le four K (corps noir).

b) Courbes calculées d'émission du corps noir, à fréquence donnée, en fonction de la température, comparées aux résultats expérimentaux. [D'après H. Rubens et F. Kurlbaum in *Annalen der Physik 4*, 649 (1901.)]

problème du corps noir. La thermodynamique classique peut fixer des bornes à sa solution, mais ne peut le résoudre complètement. De remarquables expérimentateurs tels que Heinrich Rubens (1865-1922), Ernst Pringsheim (1859-1917), Otto Lummer (1850-1925), du Physikalisch Technische Reichsanstalt de Berlin, travaillaient sur ce problème au tournant du siècle, tout comme le faisaient des théoriciens tels que W. Wien, Lord Rayleigh et J. Jeans. Et, surtout, un remarquable spécialiste de thermodynamique classique, Max Planck, s'y était attaqué avec obstination. Je vais d'abord expliquer le problème et je parlerai ensuite de Planck.

Un corps noir est un corps qui absorbe complètement le rayonnement électromagnétique. La porte d'un four, par exemple, se comporte pratiquement comme un corps noir. Le pouvoir émissif ou émissivité d'un corps est la puissance du rayonnement électromagnétique émis par unité de surface. Le pouvoir absorbant est la fraction de l'énergie incidente qui est absorbée. Pour un corps noir, le pouvoir absorbant *a* est égal à un, parce qu'il absorbe toute l'énergie incidente, conformément à la définition même du corps noir. Le rayonnement est émis sous la forme d'ondes électromagnétiques d'une certaine fréquence, et toutes les

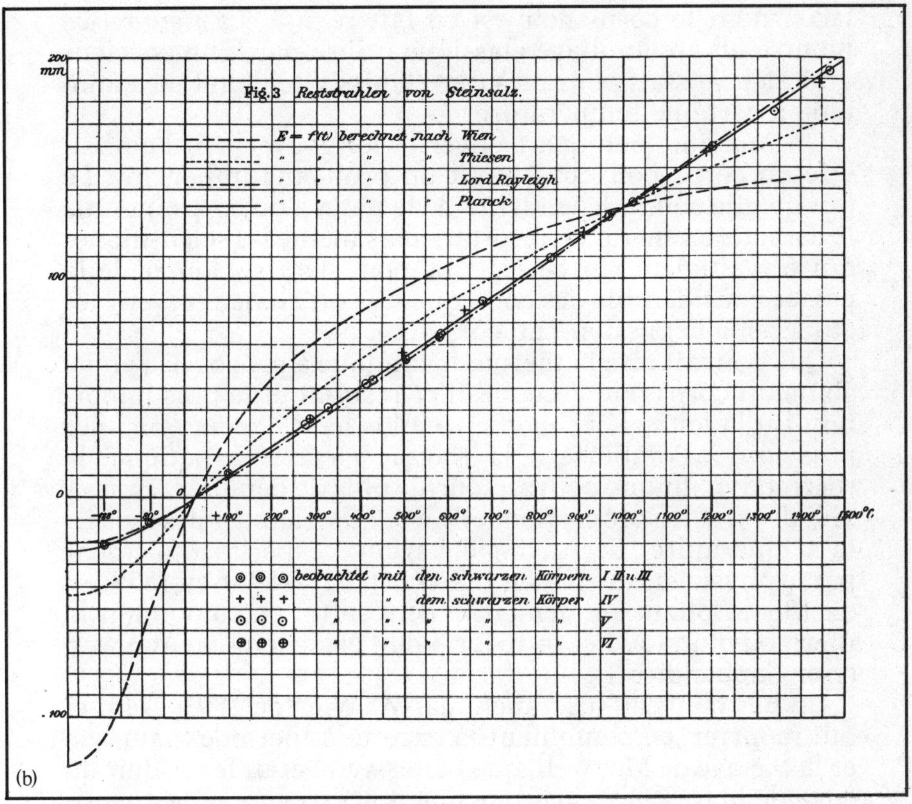

(b)

fréquences sont présentes, chacune avec sa propre intensité. On peut étudier le rayonnement avec un spectroscope et trouver l'énergie contenue dans chaque intervalle de fréquence, c'est-à-dire la distribution spectrale de l'énergie. La température d'un four peut être estimée en regardant à l'intérieur à travers une fenêtre. En 1792 déjà, T. Wedgewood, le fabricant de porcelaine et l'ancêtre de Darwin, avait noté que, chauffés, tous les corps deviennent rouges à la même température. Cette observation sommaire avait été formulée scientifiquement et d'une manière précise par Kirchhoff qui, en 1859, prouva par la thermodynamique que le rapport de l'émissivité au coefficient d'absorption ne dépend que de la fréquence et de la température ; il est indépendant de la nature du corps. Pour un corps noir, qui a un coefficient d'absorption de *un*, l'émissivité ne dépend que de la température et de la fréquence, quelle que soit la façon dont le corps noir est en fait réalisé. La *figure 4-2a* montre un appareillage classique utilisé par les physiciens du Reichsanstalt pour mesurer l'émissivité d'un four maintenu à certaine température.

On imagine bien que trouver la loi gouvernant l'émissivité du corps noir constituait un problème important. Le fait qu'elle soit indépendante de la nature du corps indique le caractère général du résultat, mais même les scientifiques qui travaillaient sur ce sujet ne pouvaient se douter de la portée considérable des conséquences qu'allaient revêtir les études sur l'émissivité du corps noir.

Que pouvait dire la thermodynamique à propos de l'émissivité du corps noir ? Le premier résultat et le plus important fut la loi de Kirchhoff citée plus haut. Pouvait-on aller plus loin ? Combinée à la théorie électromagnétique, la thermodynamique pouvait fournir plus de détails. L'émissivité devait être proportionnelle à la quatrième puissance de la température. Ceci avait été trouvé expérimentalement par le physicien autrichien J. Stefan (1835-1893), en 1879, et, en 1884, Boltzmann démontra ce résultat en combinant la thermodynamique et la théorie de l'électricité de Maxwell (voir l'appendice 1).

Un pas nouveau fut franchi par W. Wien en 1893. Celui-ci put montrer, en combinant là encore la thermodynamique et la théorie de Maxwell, que l'émissivité était le produit du cube de la fréquence par une fonction du rapport fréquence sur température. Partant de la loi de Wien, on démontre facilement la loi de Stefan. La loi de Wien allait aussi loin qu'on pouvait le faire sans introduire d'hypothèses plus détaillées. En fait, toutes les tentatives pour trouver la formule exacte de l'émissivité échouèrent, y compris celles, importantes, de Wien lui-même. Les résultats obtenus étaient incompatibles avec l'expérience, voire même absurdes dans la mesure où ils prévoyaient une émissivité totale infinie. Au lieu de l'émissivité, il est souvent commode de considérer la densité d'énergie dans le volume du corps noir, à l'intérieur du four par exemple. On pouvait aussi analyser cette densité d'énergie en fonction de la fréquence, la densité d'énergie étant simplement proportionnelle à l'émissivité avec un facteur de proportionalité qui est $4\pi/c$, où c est la vitesse de la lumière.

Figure 4-3
Max Planck (1858-1947) vers 1900. Sa découverte du quantum d'action causa, en 1900, une révolution parce qu'elle introduisait la notion de discontinuité dans plusieurs domaines de la physique et obligeait à changer radicalement la description des phénomènes.

(Photo Cavendish Laboratory)

Max Planck.

Revenons maintenant à Planck *(figure 4-3)*. C'est lui qui devait accomplir le progrès décisif en trouvant la loi de l'émissivité et ouvrir par là des perspectives neuves et insoupçonnées à toute la physique. Planck naquit le 18 avril 1858 à Kiel, en Allemagne ; il descendait d'une famille de juristes et de pasteurs protestants. Son père était un éminent professeur de droit. Les Planck donnaient l'exemple des meilleures vertus allemandes : honnêteté, sens profond du devoir. Peut-être aussi une certaine dureté de caractère était-elle caractéristique de la famille. La vie de Planck fut affligée de profonds drames personnels. Ses distractions étaient la musique, dont il jouait en professionnel, et l'alpinisme qu'il pratiqua jusqu'à un âge avancé.

La famille Planck vint s'établir à Munich en 1867, avant l'unification de l'Allemagne. Le jeune Max alla au lycée à Munich. Il y eut un bon professeur de physique, H. Mueller, qui insistait sur le principe de la conservation de l'énergie avec des exemples frappants qui impressionnèrent son jeune élève. A l'Université de Munich, Planck suivit des cours assez dépourvus d'intérêt et, suivant la coutume allemande d'aller d'une université à l'autre, il vint à Berlin où il assista aux cours de deux célébrités : Kirchhoff et Helmholtz. Le premier donnait des exposés parfaitement élaborés qui parfois endormaient les étudiants. Le second ne préparait pas assez ses cours et, souvent, on ne pouvait le suivre. Planck, comme Heinrich Hertz qui eut les mêmes professeurs, en témoigne dans ses lettres à sa famille. Ainsi livré à lui-même, Planck choisit un sujet de thèse sur la thermodynamique et la réversibilité, et obtint son diplôme à Munich en 1879.

La thèse était importante, mais passa inaperçue. Planck dit : « *Eindruck null* » (impression nulle). Helmholtz ne la lut pas, Kirchhoff la désapprouva, et quand Planck essaya de la soumettre à Clausius, il ne put l'approcher. Dans sa thèse, Planck appliquait quelques-unes de ses idées à l'étude de la thermodynamique et il écrivit là une bonne partie de ce qu'il mit ensuite dans son célèbre ouvrage de thermodynamique qui devait devenir un classique pour plusieurs générations d'étudiants. Cependant, Planck ignorait que Gibbs l'avait devancé sur bien des points. L'Américain avait publié ses résultats dans les *Transactions of the Connecticut Academy of Sciences*, publication quasi clandestine, et quand Planck en prit connaissance, il fut dépité.

Le premier poste de Planck fut dans sa ville natale, Kiel. En 1889, quand Kirchhoff mourut, l'Université de Berlin invita Boltzmann à lui succéder. Boltzmann était à Vienne, il accepta d'abord, puis changea d'avis, parce qu'il n'aimait pas l'atmosphère prussienne de Berlin. Après ce refus, l'Université de Berlin, de façon assez inattendue, fit appel à

Planck. Helmholtz était alors la personnalité dominante à Berlin et Planck commença à lier avec lui des relations de collègues ; il lui vouait une grande sympathie et une admiration profondément respectueuse. Dans son autobiographie, il rappelle que Helmholtz le félicita en deux occasions : pour sa théorie des solutions et pour son éloge funèbre de Hertz.

Les goûts de Planck pour les questions générales et fondamentales l'amenèrent à reprendre le problème du corps noir, problème qui ne dépendait d'aucun modèle atomique ni d'aucune hypothèse particulière. Il aimait l'absolu, et c'était là ce que lui proposait le corps noir.

La découverte de la loi de l'émissivité était un but digne de ses efforts et Planck commença d'y travailler en 1897. Wien, qui avait découvert par la thermodynamique quelques-unes des propriétés générales de la loi de l'émissivité, pensa en 1893 qu'il pouvait compléter son œuvre, et donna une formule générale de la loi. Au premier abord, cette formule semblait s'accorder aux données expérimentales. Elle ressemblait un peu à la loi de distribution des vitesses pour les molécules d'un gaz et paraissait somme toute plausible. Planck essaya pendant plusieurs années de la démontrer en combinant rigoureusement l'électrodynamique et la thermodynamique. Toutefois, Boltzmann montra que son raisonnement était faux, car il n'effectuait pas correctement l'analyse statistique nécessaire pour calculer les conditions d'équilibre. De vives controverses publiques commencèrent, au cours desquelles un des élèves de Planck attaqua les fondements mathématiques de la mécanique statistique. Boltzmann répondit sarcastiquement ; il avait raison, comme Planck lui-même dut finalement le reconnaître.

Malgré ses déconvenues, Planck persévéra et obtint un résultat important. La thermodynamique montre que le rayonnement dans un corps noir ne dépend pas de la nature des parois, mais seulement de leur température. Planck eut alors l'idée d'étudier un corps noir aux parois constituées d'oscillateurs de Hertz, dont les propriétés pouvaient être calculées. Il évitait ainsi d'avoir à faire intervenir le détail de l'organisation moléculaire, inconnue à cette époque. Avec cette simplification importante, Planck trouva que l'émissivité devait être proportionnelle à l'énergie moyenne des oscillateurs des parois. D'un autre côté, comme Maxwell et Boltzmann l'avaient montré, la mécanique statistique impose catégoriquement que l'énergie moyenne des oscillateurs soit proportionnelle à la température absolue T. La formule s'écrit :

$$<E> = (R/A)\,T = kT$$

où <E> est la moyenne de l'énergie de l'oscillateur, R la constante universelle qui apparaît dans la relation pV = RT entre la pression p, T et le volume V d'une mole de gaz parfait ; enfin, A est le nombre d'Avogadro, c'est-à-dire le nombre de molécules contenues dans une mole. Autrement dit, pour une seule molécule dans le volume V, on aurait pV = kT. Planck appela le rapport k = R/A, constante de Boltzmann, terme universellement accepté. Boltzmann, lui, n'utilisa jamais k, il écrivait R/A. En combinant le résultat de Planck et l'expression de <E>, on obtenait pour la densité d'énergie u, comme le remarqua Rayleigh :

$$u\,(\nu, T) = \frac{8\pi\nu^2}{c^3}\,kT$$

où ν est la fréquence. Cette loi ne semblait pas en accord avec l'expérience ; bien plus, elle était inadmissible, parce que le pouvoir émissif total obtenu en intégrant toutes les fréquences aurait été infini.

Planck, au début de son travail, voulait prouver la formule proposée par Wien : $u\,(\nu, T) = A\nu^3\, e^{-\beta\nu/T}$, qui paraissait en accord avec l'expérience. Il postulait une expression pour l'entropie des oscillateurs qui devait mener à la formule de Wien, et essayait de montrer que son choix, qui satisfaisait aux exigences de la thermodynamique, était unique.

Entre-temps, les expériences commençaient à inspirer des doutes sur la formule de Wien. Les physiciens du Reichsanstalt trouvèrent à basse fréquence, c'est-à-dire pour le rayonnement infrarouge, un désaccord entre la formule et la valeur expérimentale, laquelle était supérieure aux erreurs expérimentales possibles. Planck connaissait ces résultats, il essaya de modifier son expression de l'entropie du rayonnement en la généralisant (voir l'appendice 2). Partant de la nouvelle expression, il recalcula l'émissivité et trouva une formule qu'il présenta le 19 octobre 1900 au Séminaire de Physique de l'Université de Berlin. La nuit même, Rubens et

Kurlbaum comparèrent la formule de Planck à leurs résultats expérimentaux et obtinrent un parfait accord. Planck avait trouvé la formule du corps noir. Ce n'était peut-être qu'une heureuse interpolation, mais elle semblait correcte.

Il fallait maintenant la justifier. Comme le dit Planck dans sa conférence Nobel, vingt ans plus tard :

> « Mais même si la formule du rayonnement s'était avérée parfaitement correcte, elle n'aurait pu être après tout qu'une formule d'interpolation trouvée grâce à une conjecture heureuse, et ceci nous aurait laissé insatisfait. Dès sa découverte, je m'efforçai donc de lui donner une réelle interprétation physique, et ceci m'amena à réfléchir sur les rapports entre probabilité et entropie, suivant les idées de Boltzmann. Au bout de quelques semaines du travail le plus intense de ma vie, la lumière commença à se faire et des perspectives inattendues se découvrirent. »
> [*Les Prix Nobel en 1920.*]

Qu'avait donc fait Planck ? Il avait d'abord trouvé sans difficultés l'expression de l'entropie du rayonnement correspondant à sa formule pour u (υ, T), mais il devait à présent la justifier. Depuis qu'il s'occupait de thermodynamique classique, Planck y était passé maître et se trouvait en terrain connu, mais sa tâche actuelle dépassait le domaine de la thermodynamique classique. Il devait recourir aux méthodes de la mécanique statistique qui lui étaient moins familières et qui, surtout, lui inspiraient moins confiance. Mais c'était la seule façon de progresser.

Entre probabilité et entropie (mis à part quelques difficultés sérieuses dans la définition de la probabilité), existe cette relation que Boltzmann avait établie le premier (et qui est gravée sur sa tombe à Vienne) :

$$S = k \log W$$

où W est la probabilité thermodynamique et k cette constante universelle que Planck appela constante de Boltzmann.

Les oscillateurs de Hertz des parois d'un corps noir ont une distribution d'énergie et une distribution d'entropie. A l'équilibre, l'entropie doit être maximale et peut être calculée statistiquement en utilisant l'équation fondamentale de Boltzmann. Pour calculer la probabilité avec les méthodes de l'analyse combinatoire, Planck trouva commode de décomposer l'énergie E d'un oscillateur en quantités petites mais finies, de sorte que cette énergie pût s'écrire comme $E = P\varepsilon$, où P est un nombre entier. Grâce à cette hypothèse, Planck pouvait calculer l'énergie moyenne d'un oscillateur et donc trouver la formule du corps noir. Planck s'attendait à ce que ε puisse être pris arbitrairement petit, de sorte que la décomposition de E en quantités finies ne soit qu'un intermédiaire de calcul. Cependant, pour que la formule soit en accord avec la loi thermodynamique de Wien, il fallait que ε soit fini et proportionnel à la fréquence du rayonnement, soit

$$\varepsilon = h\upsilon$$

où h est une nouvelle constante universelle, appelée à bon droit *constante de Planck.*

La densité d'énergie dans le corps noir devenait alors :

$$u\,(\upsilon, \mathrm{T}) = \frac{8\,\pi\upsilon^3}{c^3}\,\frac{h}{e^{h\upsilon/\upsilon\mathrm{T}} - 1}$$

où $h\upsilon$ est une quantité finie, un quantum d'énergie. L'énergie de l'oscillateur harmonique ne pouvait pas prendre n'importe quelle valeur, comme l'enseignaient la mécanique classique et l'électricité, mais seulement des valeurs discrètes, multiples entiers de $h\upsilon$. Pour $h\upsilon/k\mathrm{T} \ll 1$, la formule de Planck a pour expression approchée la limite classique trouvée par Rayleigh ; pour $h\upsilon/\mathrm{kT} \gg 1$, elle donne la formule obtenue par Wien en 1893, et, dans les cas intermédiaires, elle diffère de l'une et de l'autre tout en restant bien sûr corroborée par les mesures expérimentales [voir les *figures 4-1b* (cartouche) et *4-2b*].

Ce résultat est révolutionnaire. Un commentateur compétent et peu suspect de timidité, Albert Einstein, dit : « Toutes mes tentatives pour adapter les fondements théoriques de la physique à ces notions nouvelles échouèrent complètement. C'était comme si le sol s'était effondré, ne nous laissant apercevoir nulle part de fondation solide sur laquelle construire. » [Schilpp, *Albert Einstein, Philosopher-Scientist,* p. 45.]

Il était clair que la théorie n'était ni un cauchemar ni un rêve chimérique, dans la mesure où ses conséquences étaient concrètes, exactes et de grande portée. Dès son

9. ***Ueber das Gesetz der Energieverteilung im Normalspectrum;* von *Max Planck.***

(In anderer Form mitgeteilt in der Deutschen Physikalischen Gesellschaft, Sitzung vom 19. October und vom 14. December 1900, Verhandlungen 2. p. 202 und p. 237. 1900.)

Einleitung.

Die neueren Spectralmessungen von O. Lummer und E. Pringsheim[1]) und noch auffälliger diejenigen von H. Rubens und F. Kurlbaum[2]), welche zugleich ein früher von H. Beckmann[3]) erhaltenes Resultat bestätigten, haben gezeigt, dass das zuerst von W. Wien aus molecularkinetischen Betrachtungen und später von mir aus der Theorie der elektromagnetischen Strahlung abgeleitete Gesetz der Energieverteilung im Normalspectrum keine allgemeine Gültigkeit besitzt.

Die Theorie bedarf also in jedem Falle einer Verbesserung, und ich will im Folgenden den Versuch machen, eine solche auf der Grundlage der von mir entwickelten Theorie der elektromagnetischen Strahlung durchzuführen. Dazu wird es vor allem nötig sein, in der Reihe der Schlussfolgerungen, welche zum Wien'schen Energieverteilungsgesetz führten, dasjenige Glied ausfindig zu machen, welches einer Abänderung fähig ist; sodann aber wird es sich darum handeln, dieses Glied aus der Reihe zu entfernen und einen geeigneten Ersatz dafür zu schaffen.

Dass die physikalischen Grundlagen der elektromagnetischen Strahlungstheorie, einschliesslich der Hypothese der „natürlichen Strahlung", auch einer geschärften Kritik gegenüber Stand halten, habe ich in meinem letzten Aufsatz[4]) über diesen

1) O. Lummer u. E. Pringsheim, Verhandl. der Deutsch. Physikal. Gesellsch. 2. p. 163. 1900.

2) H. Rubens und F. Kurlbaum, Sitzungsber. d. k. Akad. d. Wissensch. zu Berlin vom 25. October 1900, p. 929.

3) H. Beckmann, Inaug.-Dissertation, Tübingen 1898. Vgl. auch H. Rubens, Wied. Ann. 69. p. 582. 1899.

4) M. Planck, Ann. d. Phys. 1. p. 719. 1900.

Annalen der Physik. IV. Folge. 4. 36

Figure 4-4
La page de titre de l'article de Max Planck, publié dans les *Annalen der Physik* [*4*, 553 (1902)] où apparaît pour la première fois la constante *h* qui signale la naissance de la physique quantique.

premier article, Planck remarqua que, de la loi de Stefan et de la relation thermodynamique de Wien, on pouvait déduire les deux constantes universelles *h* et *k* et, partant de là, la charge de l'électron, le nombre d'Avogadro et d'autres

Hierbei sind h und k universelle Constante.

Durch Substitution in (9) erhält man:

$$\frac{1}{\vartheta} = \frac{k}{h\nu} \log\left(1 + \frac{h\nu}{U}\right),$$

(11) $$U = \frac{h\nu}{e^{\frac{h\nu}{k\vartheta}} - 1}$$

und aus (8) folgt dann das gesuchte Energieverteilungsgesetz:

(12) $$u = \frac{8\pi h\nu^3}{c^3} \cdot \frac{1}{e^{\frac{h\nu}{k\vartheta}} - 1}$$

oder auch, wenn man mit den in § 7 angegebenen Substitutionen statt der Schwingungszahl ν wieder die Wellenlänge λ einführt:

(13) $$E = \frac{8\pi c h}{\lambda^5} \cdot \frac{1}{e^{\frac{ch}{k\lambda\vartheta}} - 1}.$$

Figure 4-5
Autre extrait du même article de Planck. Au-dessus, l'équation (12) contient la formule de distribution en énergie du rayonnement du corps noir, en fonction de la fréquence et de la température. La constante *h* y apparaît ainsi que la vitesse de la lumière *c* et la constante de Boltzmann *k*. Avec ces nombres, on peut obtenir la valeur numérique de la charge de l'électron, du nombre d'Avogadro et d'autres constantes universelles. Pendant des années, on n'eut pas de meilleures valeurs.

Hieraus und aus (14) ergeben sich die Werte der Naturconstanten:

(15) $$h = 6{,}55 \,.\, 10^{-27}\ \text{erg}\,.\,\text{sec},$$

(16) $$k = 1{,}346 \,.\, 10^{-16}\ \frac{\text{erg}}{\text{grad}}.$$

Das sind dieselben Zahlen, welche ich in meiner früheren Mitteilung angegeben habe.

---

1) O. Lummer und E. Pringsheim, Verhandl. der Deutschen Physikal. Gesellsch. 2. p. 176. 1900.

(Eingegangen 7. Januar 1901.)

constantes. Dans l'article de Planck daté de 1900, nous trouvons $h = 6{,}55 \times 10^{-27}$ erg.sec, et $k = 1{,}346 \times 10^{-16}$ erg/°C *(figures 4-4 et 4-5).* Nous savons aujourd'hui que $h = 6{,}6262 \times 10^{-27}$ erg.sec et $k = 1{,}380$ erg/°C. Les différences sont minimes. De ces chiffres, Planck déduisait la charge de l'électron et le nombre d'Avogadro. Il fallut presque vingt ans pour obtenir de meilleures mesures. Voilà qui fait grandement honneur à la fois aux physiciens du Reichsanstalt et des autres instituts de Berlin qui mesurèrent les caractéristiques du rayonnement, et à la théorie de Planck qui établit un lien entre les deux domaines si éloignés de la physique.

Planck ajoute cette note poignante : « Cela me donne une satisfaction particulière, en compensation de tous les déboires que j'ai connus, d'apprendre de Ludwig Boltzmann qu'il est intéressé par mon nouveau raisonnement et en complet accord avec lui. » Malgré l'assentiment de Boltzmann, l'argumentation de Planck soulevait néanmoins de nombreuses et sérieuses objections. Des idées aussi révolutionnaires et aussi fondamentales ne sont pas assimilées facilement. Malgré les imperfections signalées plus haut, le travail ne fut pas ignoré, mais il ne se trouvait pas non plus au centre des préoccupations. Il y avait en effet beaucoup de découvertes spectaculaires à cette époque. En outre, Planck lui-même avait si peu confiance en ses méthodes qu'il passa des années à essayer d'expliquer ses résultats de façon moins révolutionnaire.

En 1931, le physicien américain R. Wood demanda à Planck comment il avait inventé une chose aussi incroyable que la théorie quantique. Planck répondit : « C'était un acte de désespoir. Pendant six ans, je m'étais battu avec la théorie du corps noir. Je devais trouver une explication théorique à n'importe quel prix, sauf en renonçant au caractère intangible des deux principes de la thermodynamique. » [Armin Hermann, *The Genesis of Quantum Theory* (MIT Press, 1971), p. 23.]

A la fin de sa vie, il expliquait encore :

> « Mes vaines tentatives pour réconcilier tant soit peu la théorie quantique élémentaire et la théorie classique se poursuivirent pendant des années et me coûtèrent de grands efforts. Plusieurs de mes collègues y voyaient presque un drame, mais j'envisageais les choses différemment, car la profonde clarification de la pensée que j'en tirais eut une grande valeur pour moi. A présent, je sais avec certitude que le quantum d'action a une signification beaucoup plus profonde que je ne l'avais d'abord pensé. »

Cependant, dès les tout débuts, Planck était conscient de l'importance de sa découverte. On raconte qu'au cours d'une promenade, il déclara à son fils qu'il avait fait une découverte digne de Newton.

Le temps passant, Planck devint l'un des physiciens allemands les plus estimés. Il était secrétaire de l'Académie prussienne des Sciences et l'un des représentants les plus influents de la science allemande. Einstein, qui n'avait aucune sympathie pour les milieux officiels allemands, éprouvait un profond respect pour son collègue, même si leurs vues scientifiques et politiques différaient. Leur amitié fut renforcée par leur commun amour pour la musique, dont ils jouaient ensemble. En plus de son importance scientifique, le caractère de Planck inspirait un respect universel. Fermement conservateur lui-même, il s'était trouvé contraint, par la force des preuves matérielles et par sa rigueur logique, de susciter l'une des plus grandes révolutions dans les sciences de la nature.

Planck endura au cours de sa vie de pénibles malheurs personnels. Sa première femme mourut en 1909 et des quatre enfants qu'il avait eus d'elle, trois moururent pendant la Première Guerre mondiale (son fils aîné fut tué au front et ses deux filles moururent en couches). Il se remaria ensuite et eut un autre fils. A soixante-quinze ans, Planck vit la montée de Hitler au pouvoir. Pour un Allemand patriote comme Planck, qui n'était pas aveuglé par la propagande et par les manifestations de masse du dictateur, ce fut un coup terrible. A la demande de ses collègues et amis, il accepta la présidence du Kaiser Wilhelm Gesellschaft, aujourd'hui appelé Société Max Planck, importante institution qui subventionnait une grande partie de la science allemande. La tâche était lourde et, dans ces circonstances, des plus désagréables, mais Planck pensa qu'il était de son devoir d'essayer de sauver ce qui pouvait l'être. Il alla même jusqu'à rencontrer Hitler avec l'espoir de tempérer quelques-unes de ses pires folies, mais le Führer le mit à la porte. Plus tard, en 1944, le fils qui lui restait de son premier mariage fut mis à mort par les nazis pour conspiration contre Hitler. Planck, alors très vieux, perdit sa maison dans un bombardement et se trouva pris entre les troupes allemandes battant en retraite et les Alliés qui avançaient. Un physicien allemand apprit sa pénible situation et persuada les Américains d'envoyer une automobile pour le mettre plus en sûreté à Göttingen. Il survécut à la guerre, et l'Allemagne chercha à marquer sa sortie de la barbarie en lui décernant plusieurs distinctions. De grandes célébrations avaient été préparées pour son quatre-vingt-dixième anniversaire, mais il mourut quelques mois avant, le 4 octobre 1947.

CHAPITRE V

Einstein : de nouvelles façons de penser l'espace, la relativité et les quanta

Dans l'esprit populaire, Albert Einstein (1879-1955) est l'incarnation même de la physique. Je pense que, dans ce cas, l'opinion publique a raison et qu'à moins d'imprévisibles découvertes dans les années à venir, il sera considéré comme le plus grand physicien du XXe siècle et l'un des plus grands de tous les temps. Si Raphaël, revenu en vie, devait peindre pour les physiciens une version moderne de l'*École d'Athènes,* il y ferait figurer, je pense, Einstein avec Galilée, Newton et Maxwell montrant le Ciel tandis que Faraday et Rutherford montreraient la Terre.

Une jeunesse peu ordinaire.

Einstein naquit à Ulm le 14 mars 1879, dans une famille juive allemande aux idées libérales. Son père était ingénieur, mais ne réussissait guère financièrement. Albert passa son enfance à Munich et, bien qu'il montrât dans sa famille des signes de grande intelligence, il ne faisait guère merveille en classe. A l'école secondaire, il détestait les méthodes d'enseignement allemandes et entra en conflit avec ses professeurs qui, en retour, le traitaient fort mal. De ces expériences précoces, il tira pour le reste de sa vie un sentiment d'aversion pour les institutions impériales allemandes. De mauvaises affaires contraignirent la famille à émigrer à Milan en 1894 et Einstein, qu'on avait laissé à Munich pour terminer ses études, se prétendit malade afin de rejoindre ses parents en Italie. Il s'y plaisait plus et, durant son court séjour, se rendit à pied de Milan à Gênes, soit un parcours de 160 kilomètres.

Einstein se présenta ensuite à l'École Polytechnique de Zurich (Eidgenossische Technische Hochschule, ou ETH), mais il n'y fut pas reçu. Non seulement il n'avait le diplôme d'études secondaires requis, mais il échoua à l'examen d'entrée, bien qu'il brillât en mathématiques et en physique. Pour pouvoir être admis, il alla étudier au lycée d'Aarau. Il y fut très heureux et se mit à aimer la Suisse, il prit ultérieurement la nationalité suisse qu'il garda toute sa vie. Lorsqu'il entra finalement à l'École Polytechnique de Zurich, il eut pour professeurs de mathématiques H. Minkowski et A. Hurwitz, tous deux enseignants et mathématiciens de grande classe. Mais il n'en apprit pas grand-chose, et eux-mêmes ne firent guère attention à lui. Pourtant, Einstein avait déjà amorcé ses méditations solitaires sur les grands problèmes de la physique, trouvant son inspiration et ses informations dans ses lectures personnelles. Il devint l'ami d'un de ses camarades, Marcel Grossmann, un Suisse qui devint plus tard universitaire, professeur de mathématiques à la solide réputation. Einstein aimait le laboratoire de physique expérimentale où il pouvait voir de ses propres yeux les phénomènes plutôt qu'à travers des symboles mathématiques.

Une fois diplômé, il eut du mal à trouver un emploi pour subsister ; il travailla d'abord comme enseignant auxiliaire et donnait des leçons particulières de physique. En 1902, la famille Grossmann lui trouva un modeste poste au bureau fédéral des brevets du canton de Berne. Vers cette époque, Einstein se maria avec Mileva Maric. Ils eurent deux fils, dont l'un devint un professeur très estimé de l'Université de Berkeley.

Le travail au bureau des brevets convenait parfaitement à Einstein (*figure 5-1*). Cependant qu'il vaquait à ses occupations, examinant les inventions qui lui étaient soumises, il trouvait le temps de réfléchir en solitaire, sans être distrait. Plus tard, il conseilla aux jeunes de prendre des emplois de ce type, car, à son avis, ils laissaient du temps pour réfléchir et convenaient aux gens ayant des idées originales. Il se mit à écrire des articles de physique qu'il envoyait aux *Annalen der Physik* alors dirigées par Wien, rendu célèbre par le corps noir. Il publia un article en 1901, deux en 1902, un en 1903 et

Figure 5-1
Albert Einstein (1879-1945). Un portrait datant de la période où il était employé au bureau fédéral des brevets à Berne et où il écrivait ses articles impérissables qui parurent dans les *Annalen der Physik* en 1905.

en 1904. C'étaient des études approfondies de thermodynamique et de mécanique statistique. Cependant, à l'insu d'Einstein, ces travaux avaient été précédés par ceux de Gibbs ; Planck, quelques années plus tôt, s'était trouvé dans la même situation.

C'est en 1905 que le génie fulgurant d'Einstein se manifesta avec un éclat insurpassé. En mars, en mai et en juin de cette année, il rédigea trois études dont une seule aurait suffi à le rendre immortel. Seul Newton à vingt-trois ans, isolé à cause de la peste dans son village de Woolsthorpe, avait connu un printemps comparable. Le premier travail — « *Über einen die Erzeugung und Verwandlung des Lichtes betreffenden heuristischen Gesichtspunkt* » (Un point de vue heuristique concernant la génération et la propagation de la

6. *Über einen die Erzeugung und Verwandlung des Lichtes betreffenden heuristischen Gesichtspunkt; von A. Einstein.*

Zwischen den theoretischen Vorstellungen, welche sich die Physiker über die Gase und andere ponderable Körper gebildet haben, und der Maxwellschen Theorie der elektromagnetischen Prozesse im sogenannten leeren Raume besteht ein tiefgreifender formaler Unterschied. Während wir uns nämlich den Zustand eines Körpers durch die Lagen und Geschwindigkeiten einer zwar sehr großen, jedoch endlichen Anzahl von Atomen und Elektronen für vollkommen bestimmt ansehen, bedienen wir uns zur Bestimmung des elektromagnetischen Zustandes eines Raumes kontinuierlicher räumlicher Funktionen, so daß also eine endliche Anzahl von Größen nicht als genügend anzusehen ist zur vollständigen Festlegung des elektromagnetischen Zustandes eines Raumes. Nach der

5. *Über die von der molekularkinetischen Theorie der Wärme geforderte Bewegung von in ruhenden Flüssigkeiten suspendierten Teilchen; von A. Einstein.*

In dieser Arbeit soll gezeigt werden, daß nach der molekularkinetischen Theorie der Wärme in Flüssigkeiten suspendierte Körper von mikroskopisch sichtbarer Größe infolge der Molekularbewegung der Wärme Bewegungen von solcher Größe ausführen müssen, daß diese Bewegungen leicht mit dem Mikroskop nachgewiesen werden können. Es ist möglich, daß die hier zu behandelnden Bewegungen mit der sogenannten „Brownschen Molekularbewegung" identisch sind; die mir erreichbaren Angaben über letztere sind jedoch so ungenau, daß ich mir hierüber kein Urteil bilden konnte.

Figure 5-2

En haut, la page de titre du premier des trois grands travaux de 1905, l'article formulant l'hypothèse des quanta de lumière. L'article était parvenu aux *Annalen der Physik* le 18 mai 1905. En bas, le second grand travail : l'article exposant la théorie du mouvement Brownien, parvenu au journal le 11 mai 1905.

lumière) — contient la découverte des quantas de lumière, et, comme application mineure, l'explication de l'effet photoélectrique (*figure 5-2*). Le second — « *Über die von der molekular kinetischen Theorie der Wärme geforderte Bewegung von in ruhenden Flüssigkeiten suspendierten Teilchen* »(Sur le mouvement des particules en suspension dans un liquide au repos, suivant la théorie cinétique de la chaleur) — contient la théorie du mouvement Brownien, démontre une nouvelle fois l'existence des atomes et donne une détermination nouvelle de la constante de Boltzmann. Le troisième travail (*figure 5-3*) — « *Zur Elektrodynamik bewegter Körper* » (Sur l'électrodynamique des corps en mouvement) — contient la théorie de la relativité restreinte, d'où l'on tire la fameuse formule $E = mc^2$ qui est souvent tout ce que le public a retenu d'Einstein. Il se trouve même des gens pour croire que cette formule est le « secret de la bombe atomique ». Ce secret n'a pas plus d'existence que la licorne et ce ne sont que produits de l'imagination.

Ces travaux sur des sujets très différents ont un trait commun, caractéristique de la personnalité scientifique d'Einstein. Ils sont révolutionnaires, d'une complète absence de préjugés, et ils utilisent des méthodes mathématiques simples. Einstein obtient des résultats tout à fait surprenants grâce à une logique sans concession solidement fondée sur l'expérimentation.

La relativité.

Je vais d'abord aborder le troisième travail, celui sur la relativité. Les conséquences pratiques qui en découlent sont considérables, elles vont du bilan d'énergie dans une bombe atomique à la dynamique mise en jeu dans la construction des grands accélérateurs de particules. Mais, surtout, cet article provoqua une révolution de nos concepts d'espace et de temps. Pendant des siècles, les philosophes avaient essayé d'analyser ces concepts sans jamais obtenir de résultats aussi profonds et définitifs que ceux d'Einstein.

Pour clarifier l'exposé de ce travail et d'autres qu'élabora Einstein, je dois faire une digression au sujet de la lumière. L'étude scientifique de la lumière commença dès la Renaissance et attint un sommet à l'époque de Newton et de

3. *Zur Elektrodynamik bewegter Körper;*
von A. Einstein.

Daß die Elektrodynamik Maxwells — wie dieselbe gegenwärtig aufgefaßt zu werden pflegt — in ihrer Anwendung auf bewegte Körper zu Asymmetrien führt, welche den Phänomenen nicht anzuhaften scheinen, ist bekannt. Man denke z. B. an die elektrodynamische Wechselwirkung zwischen einem Magneten und einem Leiter. Das beobachtbare Phänomen hängt hier nur ab von der Relativbewegung von Leiter und Magnet, während nach der üblichen Auffassung die beiden Fälle, daß der eine oder der andere dieser Körper der bewegte sei, streng voneinander zu trennen sind. Bewegt sich nämlich der Magnet und ruht der Leiter, so entsteht in der Umgebung des Magneten ein elektrisches Feld von gewissem Energiewerte, welches an den Orten, wo sich Teile des Leiters befinden, einen Strom erzeugt. Ruht aber der Magnet und bewegt sich der Leiter, so entsteht in der Umgebung des Magneten kein elektrisches Feld, dagegen im Leiter eine elektromotorische Kraft, welcher an sich keine Energie entspricht, die aber — Gleichheit der Relativbewegung bei den beiden ins Auge gefaßten Fällen vorausgesetzt — zu elektrischen Strömen von derselben Größe und demselben Verlaufe Veranlassung gibt, wie im ersten Falle die elektrischen Kräfte.

Beispiele ähnlicher Art, sowie die mißlungenen Versuche, eine Bewegung der Erde relativ zum „Lichtmedium" zu konstatieren, führen zu der Vermutung, daß dem Begriffe der absoluten Ruhe nicht nur in der Mechanik, sondern auch in der Elektrodynamik keine Eigenschaften der Erscheinungen entsprechen, sondern daß vielmehr für alle Koordinatensysteme, für welche die mechanischen Gleichungen gelten, auch die gleichen elektrodynamischen und optischen Gesetze gelten, wie dies für die Größen erster Ordnung bereits erwiesen ist. Wir wollen diese Vermutung (deren Inhalt im folgenden „Prinzip der Relativität" genannt werden wird) zur Voraussetzung erheben und außerdem die mit ihm nur scheinbar unverträgliche

Figure 5-3
Le troisième grand travail de 1905. Intitulé « Sur l'électrodynamique des corps en mouvement », c'est l'article sur la relativité. Il fut reçu aux *Annalen der Physik* le 30 juin 1905 et publié dans le volume 17, p. 891. Les deux travaux précédents parurent dans le même volume, respectivement aux pages 132 et 549.

Huyghens. Ces deux grands chefs de file de la physique post-galiléenne avaient énoncé sur la lumière des théories opposées. D'après Newton, la lumière était faite de projectiles se déplaçant très rapidement ; d'après Huyghens, elle était faite d'ondes se propageant dans un milieu très subtil, l'éther. Ces théories s'opposèrent pendant nombre d'années, mais, tout au début du XIXe siècle, on montra que la lumière pouvait donner lieu à des phénomènes d'interférence, c'est-à-dire qu'en ajoutant une lumière à une autre, on obtenait l'obscurité. Ce fait est bien expliqué par la théorie ondulatoire dans la mesure où deux ondes de phase opposée et d'amplitude égale peuvent se détruire mutuellement, comme des vagues dont la crête de l'une comblerait le creux de l'autre. En outre, la théorie ondulatoire implique que dans les phénomènes de réfraction, la lumière se propage plus lentement dans le milieu le plus dense, alors que c'est le contraire dans la théorie corpusculaire. A cet égard aussi, l'expérience penchait du côté de la théorie ondulatoire.

Plus tard, on rendit compte de tous les phénomènes lumineux connus grâce aux équations de Maxwell dont la puissance et la généralité semblaient quasi surhumaines. La vitesse de propagation de la lumière pouvait être reliée à des quantités électriques, mesurables en laboratoire avec des appareils tels que des condensateurs, des galvanomètres et des aimants, et qui n'avaient apparemment aucun lien avec la lumière. Comme la lumière se ramenait aux vibrations de l'éther, on se posa alors le problème de déterminer les propriétés de celui-ci. Dans certaines théories, on lui attribuait des propriétés mécaniques telles qu'un coefficient d'élasticité. Quoi qu'il en fût, les théories impliquaient une variété ou une autre d'éther.

Si une source lumineuse ou un observateur se déplacent par rapport à l'éther, ce mouvement doit se manifester d'une façon ou d'une autre. Dans le cas du son se propageant dans l'air, on sait que, lorsque la source se déplace par rapport à l'air au repos à la vitesse du son (mach 1) des effets spectaculaires se produisent : c'est ce qu'on appele le *mur du son*. En revanche, on n'avait jamais observé de phénomènes qui auraient indiqué un mouvement par rapport à l'éther. Par exemple, on avait trouvé que la vitesse de propagation de la lumière dans le vide est toujours $c = 2{,}997924 \times 10^{10}$ cm/sec. Ce résultat avait été vérifié avec précision par Michelson, puis par Michelson et Morley qui avaient effectué des mesures avec un interféromètre de Michelson, orienté de différentes façons par rapport à la direction du mouvement de la Terre.

A. Michelson (1852-1931) naquit à Strelno (alors en Prusse), mais sa famille avait émigré en Californie alors qu'il était enfant, et il grandit dans une ville de mines d'or comme on en voit dans les westerns. Il fréquenta l'Académie navale d'Annapolis et en sortit enseigne de vaisseau. Sa formation militaire fut suivie d'une longue et brillante carrière scientifique qui en fit l'un des plus célébres physiciens américains, et le premier Américain à obtenir le Prix Nobel. Ses mesures de la vitesse de la lumière sont, ainsi qu'on l'enseigne habituellement, l'un des piliers de la théorie de la relativité ; elles ne semblent pas pourtant avoir influencé Einstein en 1905.

Einstein était probablement convaincu a priori que les équations de Maxwell devraient avoir exactement la même forme dans tous les systèmes de référence effectuant un mouvement rectiligne uniforme les uns par rapport aux autres. Peut-être avait-il abouti à cette conclusion dans sa jeunesse, alors qu'il méditait sur la façon dont une onde électromagnétique serait perçue par un observateur qui la suivrait à la vitesse *c*. Pour lui, en tout cas, la constance de la vitesse de la lumière était indiscutable ; elle devait rester la même dans tout système de référence. Ceci, alors qu'Einstein n'avait probablement pas eu connaissance de la confirmation directe de Michelson, puisqu'il n'en fait nulle mention dans son article de 1905. La formulation axiomatique du principe de la relativité rappelle les principes de la thermodynamique et s'énonce ainsi :

(1) *Postulat de la relativité.* Il n'est pas possible de distinguer un système de référence d'un autre se déplaçant par rapport au premier avec une vitesse constante en grandeur et en direction. De tels systèmes sont appelés *inertiels.* Le terme *distinguer* veut dire que toute expérience effectuée dans le premier ou dans le second système donne le même résultat pour un observateur lié au système considéré.

(2) *Postulat de la constance de la vitesse de la lumière :* la vitesse de la lumière est indépendante du mouvement de sa source.

Avant Einstein, les physiciens s'étaient battus avec les difficultés présentées par l'électrodynamique des corps en mouvement. Hertz, parmi d'autres, avait essayé d'en donner une formulation. Lorentz, G. FitzGerald et Poincaré y avaient profondément réfléchi. Lorentz avait trouvé que les équations de Maxwell ne conservent pas leur forme quand on passe d'un système de référence à un autre suivant les règles posées par Galilée et apparemment fondées sur le bon sens. Appelons x la coordonnée d'espace et t le temps dans le premier système, x' et t' les quantités correspondantes dans le second système qui se déplace à la vitesse v par rapport au premier ; les équations de la transformation de Galilée sont :

$$x' = x - vt$$
$$t' = t$$

En transformant les coordonnées d'un système à l'autre selon ces règles, on trouverait des changements observables des équations de Maxwell. Notons en particulier que le temps est le même dans les deux systèmes.

Lorentz avait découvert un mode de transformation des coordonnées : la célèbre transformation de Lorentz, qui laisse invariantes les équations de Maxwell et qui, pour $v<<c$, se ramène à la transformation de Galilée. Elle s'exprime grâce aux équations :

$$x' = \frac{x - v\,t}{\sqrt{1 - (v/c)^2}}$$

$$t' = \frac{t - \mathrm{v}\,x/\mathrm{c}^2}{\sqrt{1 - (v/c)^2}}$$

Cette transformation de Lorentz est exacte, mais, à l'époque, elle ne parut pas représenter beaucoup plus qu'un artifice mathématique.

Einstein s'attaqua au problème de la transformation de l'espace et du temps avec un regard neuf confinant à l'ingénuité enfantine. Avec sa logique puissante, il analysa soigneusement les concepts de temps et d'espace, utilisant un mode opératoire qui exige, pour chaque concept introduit, qu'on spécifie rigoureusement et concrètement comment est mesurée la grandeur concernée. Il ne se préoccupait bien sûr pas des instruments de mesure, ni de leur fonctionnement, mais de la logique de l'expérience. De cette analyse découlèrent des résultats tout à fait inattendus. Par exemple, il découvrit le caractère relatif de la simultanéité : des événements qui se produisent en des lieux différents et au même instant pour un observateur n'apparaissent pas simultanés à un autre observateur qui se déplace par rapport au premier. Il en va de même avec le paradoxe des jumeaux : un des jumeaux est placé dans un système de référence tandis que l'autre est d'abord soumis à un mouvement rectiligne uniforme, puis on inverse la direction de son mouvement et le second jumeau revient au point de départ. Quand le second jumeau retrouve le premier, il le trouve plus vieux que lui-même. Si vous êtes sceptique, sachez que l'expérience a été effectuée avec des particules qui se désintègrent et que les résultats confirment les prévisions de la relativité. Surtout, il devint clair que ce n'était pas la transformation de Galilée qui correspondait à la façon exacte de mesurer l'espace et le temps, mais celle de Lorentz.

La logique d'Einstein est irréfutable, bien qu'à l'époque elle ait déplu à beaucoup de physiciens, car elle contredisait apparemment l'expérience quotidienne. J'insiste sur « apparemment », car en réalité il n'existe là aucune contradiction.

Un des anciens professeurs d'Einstein, Hermann Minkowski (1864-1909), élabora une élégante expression mathématique pour la transformation des coordonnées d'espace et de temps. Il introduisit un espace à quatre dimensions : trois dimensions pour l'espace et une pour le temps. La caractéristique particulière de cet espace est que la distance s entre deux points n'y est pas donnée par le théorème de Pythagore, c'est à dire $s^2 = x^2 + y^2 + z^2$. L'espace de Minkowski utilise une forme légèrement différente : $s^2 = x^2 + y^2 + z^2 - c^2 t^2$. C'est l'introduction du temps dans l'espace à quatre dimensions et le signe *moins* placé devant le dernier terme qui changent radicalement les choses. En 1908, dans une conférence qui devait faire date, Minkowski présenta ses nouveaux concepts dans les termes suivants :

> « Messieurs, les idées d'espace et de temps que je voudrais vous présenter ont germé dans le sol de la physique expérimentale et c'est de là qu'elles tirent leur force. Elles sont

radicales. Désormais, l'espace en soi et le temps en soi sont des notions condamnées à périr et ce n'est qu'une sorte d'union des deux qui restera une réalité autonome. »

[Conférence à la 80e Versammlung Deutscher Naturforcher und Aertze, Cologne, 1908.]

Quand Minkowski prit connaissance du travail original d'Einstein, il se souvint de son ancien étudiant et ses propres termes furent : « Voyez-vous cela ! Je n'aurais jamais attendu de ce garçon une chose aussi brillante ! »

Les conséquences de la théorie de la relativité sont vastes, profondes et inattendues. Selon le mode de pensée introduit par Einstein, la vitesse de la lumière apparaît comme une constante universelle, et son caractère fondamental dépasse son lien historique avec l'électromagnétisme. Cette vitesse de la lumière relie l'espace au temps dans la transformation de Lorentz, c'est la vitesse-limite qu'on ne peut dépasser dans la transmission d'un signal et elle apparaît dans la relation entre la vitesse v, l'énergie E et le moment p d'un point matériel dont la masse au repos est m. Cette relation est donnée par les formules $E = mc^2/\sqrt{1-v^2/c^2}$ et $p = mv/\sqrt{1-v^2/c^2}$. Les masses des corps, définies comme le rapport entre force et accélération, se mettent à varier avec la vitesse. La conservation de la masse cesse d'être une loi exacte, elle est remplacée par une généralisation de la conservation de l'énergie dans laquelle la masse peut se transformer en énergie suivant la formule

$$E = mc^2$$

Les physiciens modernes ont même découvert des « particules » sans masse, la plus connue étant le quantum de lumière (voir la section suivante). Pour ces particules, $E = cp$ et elles se déplacent avec la vitesse de la lumière par rapport à tout système inertiel.

Ces concepts nouveaux perturbèrent les physiciens. Un théoricien aussi important que Lorentz, qui avait lui-même trouvé la transformation qui est à la base de la relativité, eut du mal à accepter des idées aussi nouvelles. Les obstacles ne venaient pas des mathématiques, les difficultés en ce domaine étaient mineures. C'était le mode de pensée lui-même qui constituait une barrière, et les physiciens ne commencèrent à se familiariser avec cette théorie qu'au bout d'une génération. Les idées vraiment nouvelles font lentement leur chemin en physique, essentiellement parce que la génération qui les a produites ne les « sent » pas. Des physiciens d'âge mûr peuvent apprendre, mais la véritable assimilation des idées nouvelles ne vient que quand les contemporains sont morts et que leurs successeurs ont retenu ces notions comme allant de soi. J'ai été clairement témoin de cela avec la mécanique quantique. J'ajouterai que la nouvelle génération, formée dès le début à la nouvelle doctrine, ignore la plupart des dilemmes et des objections auxquels ses créateurs ont été confrontés.

La relativité ne fut acceptée que très lentement. Par exemple, en 1922 encore, l'Académie suédoise décerna le Prix Nobel à Einstein « pour les services qu'il a rendus à la physique théorique et en particulier pour sa découverte de la loi sur l'effet photoélectrique ». Il peut paraître étrange que la relativité ne soit pas ici mentionnée mais, rétrospectivement, il me semble qu'il y avait quelque sagesse dans ce choix. Ce n'est pas que la relativité soit une mince affaire, mais les autres « services » rendus par Einstein n'étaient pas moins immenses.

Grains de lumière et chocs moléculaires.

Revenons maintenant au premier des articles qu'Einstein écrivit au cours de cette stupéfiante année 1905. Pour moi, c'est une des plus grandes œuvres de la physique. A cette époque, les scientifiques savaient que la lumière était constituée d'ondes électromagnétiques ; si l'on pouvait être sûr de quelque chose, c'était bien de cela. Néanmoins, Einstein en douta et il révéla la double nature de la lumière : onde et corpuscule. Cette découverte, allant de pair avec la dualité de la matière qui lui correspond, devint la grande conquête du siècle. Newton et Huyghens se trouvèrent réconciliés de façon inattendue par une révolution profonde de la physique montrant que tous deux avaient partiellement raison.

Planck avait quantifié l'énergie des oscillateurs formant les parois du corps noir qu'il étudiait. En ce qui concerne le rayonnement proprement dit, il pouvait seulement donner l'expression de $u(\upsilon, T)$. Je crois que Planck personnellement ne doutait pas que les équations de Maxwell décrivissent avec précision les ondes électromagnétiques qui remplissent la cavité. Einstein se demanda néanmoins si la description de Maxwell était compatible avec la formule du corps noir donnée par Planck, et il aboutit à cette conclusion surprenante que la lumière elle-même devait être composée de quanta quasi-corpusculaires. Il m'est impossible de ne pas citer son raisonnement tellement il me frappe quasi physiquement, à la lecture, par sa puissance et sa simplicité (voir appendice 3).

Einstein remarqua que la démonstration de Planck, en considérant les échanges d'énergie entre oscillateurs et rayonnement, « présuppose implicitement que l'énergie peut être absorbée ou émise par les résonateurs individuels seulement par quanta de grandeur $h\upsilon$, c'est-à-dire que l'énergie de la structure mécanique susceptible d'osciller aussi bien que l'énergie du rayonnement peuvent être transférées seulement par ces quantas, en contradiction avec les lois de la mécanique et de l'électrodynamique ».

La physique classique nous conduit inévitablement à l'approximation de Rayleigh-Jeans pour la formule de Planck. Ceci est valable pour $h\upsilon/k\mathrm{T} \ll 1$, et alors h n'apparaît pas. Pour $h\upsilon/k\mathrm{T} \gg 1$, la formule de Wien est valable et les concepts classiques sont alors en défaut. Einstein concentra son attention sur la formule de Wien et en déduisit une expression pour l'entropie d'un rayonnement d'une certaine fréquence contenu dans un certain volume ou, plus précisément, une expression de la variation d'entropie associée à un changement de volume, l'énergie étant maintenue constante. Il remarque que « cette équation montre que l'entropie d'un rayonnement monochromatique de densité suffisamment faible varie avec le volume comme l'entropie d'un gaz parfait... ». Il calcule ensuite l'entropie par la méthode de Bolzmann, concluant :

> Si un rayonnement monochromatique de fréquence υ et d'énergie E est enfermé dans un volume v_0 aux parois parfaitement réfléchissantes, alors la probabilité (relative) qu'à un moment quelconque, toute l'énergie du rayonnement soit contenue dans le volume partiel v du volume v_0, est donnée par

$$\mathrm{W} = \left(\frac{v}{v_0}\right)^{E/h\upsilon}$$

D'où nous concluons que le rayonnement monochromatique de faible densité d'énergie (dans le domaine de validité de la formule du rayonnement de Wien) se comporte, d'après la théorie thermodynamique, comme s'il était constitué de quanta d'énergie indépendants et distincts de grandeur $h\nu$ *.

Einstein prit ce résultat très au sérieux, en dépit des preuves écrasantes que tous les phénomènes de propagation apportaient à la théorie ondulatoire de la lumière. Il dit :

> « Si, en ce qui concerne la variation de l'entropie avec le volume, le rayonnement monochromatique de densité suffisamment faible se comporte comme un milieu discontinu, constitué de quanta d'énergie de grandeur $h\nu$, il est alors raisonnable de se demander si les lois de l'émission et de la transformation de la lumière ne correspondent pas à ce qu'elles seraient si la lumière était constituée de ces mêmes quanta d'énergie.
>
> Nous nous préoccuperons de cette question dans la section suivante. »
>
> [Einstein, *Annalen der Physik 19*, 143 (1905)]

Dans la section suivante, il étudiait l'effet photoélectrique et développait des considérations photochimiques et d'autres idées. Tous ces exemples confirmaient son hypothèse des quanta de lumière.

Le progrès par rapport aux idées de Planck est énorme. Planck avait seulement quantifié les oscillateurs matériels constituant les parois du corps noir, peut-être ne croyait-il même pas à la réalité des niveaux d'énergie. La tonalité d'ensemble de la première étude de Planck, et même de ses travaux ultérieurs, donne l'impression que la quantification était à peine plus pour lui qu'un moyen de calcul. Pour Einstein, au contraire, c'était un phénomène fondamental ; en particulier, la lumière, c'est-à-dire le champ électromagnétique lui-même, était quantifiée. Naturellement, des difficultés formidables se présentent si l'on essaie de concilier la quantification et les phénomènes de propagation de la lumière. Plutôt que d'échapper à ces problèmes, Einstein reconnut leur caractère fondamental et il ne cessa jamais

* Pour le lecteur moderne, j'ai utilisé les constantes h et k ; Einstein utilisait d'autres notations.

d'y réfléchir jusqu'à ce qu'ils fussent résolus, en partie par lui, en partie par d'autres.

Nous en venons au second article publié par Einstein en 1905. En 1827, un botaniste écossais, Robert Brown (1773-1858), avait observé que des grains de pollen ou d'autres petits objets en suspension dans l'eau se déplaçaient de façon erratique. Ce mouvement, appelé mouvement Brownien, est dû à l'impact des molécules du fluide entourant l'objet. Einstein présente une théorie du mouvement Brownien basée sur la théorie cinétique des gaz. Il donne une méthode nouvelle et directe pour déterminer la constante de Boltzmann, et donc le nombre d'Avogadro. Il apporte aussi une preuve presque tangible de l'existence des molécules (voir l'appendice 4).

Du bureau des brevets à la célébrité mondiale.

Ces travaux extraordinaires furent remarqués par la communauté scientifique ; en fait, dès mars 1906, Planck avait publié un article sur la théorie de la relativité d'Einstein. Cependant, personne n'avait encore vu l'auteur. L'auteur non plus n'avait pas quitté son bureau des brevets pour aller discuter avec les principaux théoriciens. Tout de même, un petit nombre de physiciens allemands aventureux décidèrent de se rendre à Berne pour savoir qui était ce M. Albert Einstein. Il le trouvèrent à son bureau. Sa vie domestique semblait un peu bohème, mais il était courtois et disposé à dissiper les doutes concernant ses idées. Einstein commença à correspondre avec Planck et Lorentz, et bientôt les autorités suisses lui offrirent un poste modeste à l'Université de Berne. Au début, on ne voulut pas qu'il soit *Privat Dozent,* pour les raisons de forme, mais, en 1909, l'Université de Zurich lui accorda ce titre. L'Université allemande de Prague lui offrit une chaire en 1911, et il accepta. Toutefois, Einstein ne fut pas heureux à Prague, dans l'Autriche des Habsbourg. Il y était heurté par l'atmosphère bigote et antisémite. Einstein avait peu de sympathies pour les religions officielles et était foncièrement agnostique, du moins en ce qui concerne toute théologie formelle. Il fut soulagé lorsque, en 1912, il put s'en revenir dans sa chère

Suisse, cette fois pour enseigner à l'École Polytechnique de Zurich où il avait été étudiant.

A Prague, Einstein était devenu l'ami d'Ehrenfest ; par la suite, cette amitié devint très étroite et dura jusqu'à la mort de ce dernier. Paul Ehrenfest (1880-1933) était un physicien théoricien autrichien qui avait été l'élève de Boltzmann. Il s'était marié à une physicienne russe, Tatiana, et ils avaient écrit ensemble un célèbre article sur la mécanique statistique pour l'*Encyclopédie des Mathématiques*. Ehrenfest était plus adroit pour élucider des points obscurs de physique que pour créer des théories originales. C'était un enseignant exceptionnel et il avait de grandes aptitudes à découvrir les talents nouveaux. Il était connu pour l'affection avec laquelle il encourageait les jeunes et ses nombreux étudiants et amis l'appréciaient pour sa chaleur humaine. Il succéda à Lorentz à Leyde en 1912 et y fonda une école florissante. Malheureusement, Ehrenfest était sujet à de profonds accès de dépression et, au cours de l'un d'eux, il se suicida.

Un étudiant en physico-chimie, issu d'une riche famille, se rapprocha d'Einstein à Prague. C'était Otto Stern (1888-1969) dont je parlerai plus tard. Stern avait compris qu'Einstein était le physicien du futur, ou plutôt du présent, et il profita de son indépendance financière pour étudier et travailler à ses côtés. Ceci est un autre exemple d'entrecroisement des carrières de grands physiciens.

Einstein était alors devenu un important physicien professionnel, reconnu comme tel. En 1909, dans une conférence à Salzbourg, il rencontra Planck, Wien, Sommerfeld, Rubens, Nernst et tous les principaux physiciens modernes. Entre-temps, il avait développé et approfondi ses idées de 1905.

Comme je l'ai indiqué plus haut, en calculant l'entropie du rayonnement et en prenant pour $u(\nu, T)$ la loi de Wien, Einstein avait abouti à l'idée des quanta de lumière et avait relié cette idée aux faits expérimentaux. L'entropie du rayonnement est associée directement aux fluctuations de l'énergie à l'intérieur d'un volume donné et l'hypothèse des quanta de lumière donne une expression très simple pour ces fluctuations. Mais que se passe-t-il si l'on reprend le calcul en utilisant non pas la formule approchée de Wien, qui n'est valable que pour $h\nu \ll kT$, mais celle de Planck qui est exacte ? Einstein refit le calcul et obtint une remarquable formule pour les fluctuations de l'énergie à l'intérieur d'un volume fixé et dans un certain intervalle d'énergie de fréquence autour de υ.

Einstein trouva qu'il devait additionner deux termes (voir l'appendice 5). Le premier est celui obtenu en 1905 avec la formule de Wien et il est strictement semblable à l'expression de la fluctuation du nombre de molécules d'un gaz dans un volume fixé. Ce terme indique bien que l'énergie du rayonnement a une structure granulaire et confirme que $E = nh\upsilon$, c'est-à-dire que la lumière se comporte comme si elle était constituée de quanta d'énergie $h\upsilon$. D'un autre côté, le second terme est exactement l'expression que donnerait la pure théorie électromagnétique et il est dû aux interférences constructives et destructives des ondes. Ce fait remarquable — la présence des deux termes — indique la double nature de la lumière : onde et corpuscule. Les idées de Newton et celles de Huyghens, qui semblaient s'exclure mutuellement, se trouvaient toutes deux confirmées. Comme l'écrivit Einstein en 1909 :

> « Il est indéniable qu'il y a un ensemble considérable de données concernant le rayonnement qui montre que la lumière a certaines propriétés fondamentales qui peuvent être comprises beaucoup plus directement du point de vue de la théorie newtonienne de l'émission que du point de vue de la théorie ondulatoire. Mon opinion, par conséquent, est que la phase suivante du développement de la physique théorique nous amènera une théorie de la lumière que l'on pourra interpréter comme une sorte de fusion de la théorie ondulatoire et de celle de l'émission (de corpuscules)... »

Entre-temps, en 1907, Einstein avait trouvé une autre application importante des idées quantiques. En 1819, Dulong et Petit avaient énoncé que, d'après leurs mesures, « les atomes de tous les corps simples ont exactement la même capacité pour la chaleur », et Boltzmann avait expliqué ce fait avec le principe de l'équipartition de l'énergie. Toutefois, lorsque, grâce à l'air liquide et aux autres méthodes cryogéniques devenues disponibles, il fut possible de mesurer les chaleurs spécifiques à basses températures, on trouva que la loi de Dulong et Petit rencontrait beaucoup d'exceptions. Einstein donna la raison de cette variation de la chaleur spécifique avec la température en représentant les atomes d'un cristal comme des oscillateurs à fréquence donnée (voir l'appendice 6). D'après la théorie quantique, ils ne pouvaient avoir que l'énergie $nh\nu$, où n est un entier. Si $h\nu << k\mathrm{T}$, nous sommes dans le domaine de la physique classique et les oscillateurs ont une énergie moyenne égale à $3k\mathrm{T}$. La chaleur spécifique rapportée à un atome est alors $3k$, ce que Dulong et Petit avaient trouvé. Toutefois, si $h\nu >> k\mathrm{T}$, la quantification a un effet appréciable et l'on obtient une chaleur spécifique très différente de la valeur classique. Qualitativement, lorsque les oscillateurs sont très fortement excités, l'addition d'un quantum d'énergie entraîne une variation minime de l'énergie, en comparaison de celle qui est déjà présente dans l'oscillateur. C'est-à-dire que l'on n'est pas très loin de la situation classique où l'on admet que l'énergie varie continûment. Pour que cela se produise, il faut que la température des oscillateurs voisins soit $k\mathrm{T} >> h\nu$. En fait, l'énergie des oscillateurs est alors à peu près égale à $k\mathrm{T}$, ce qui est grand par rapport au saut d'énergie possible, $h\nu$. Dans l'autre limite $k\mathrm{T} << h\nu$, au contraire, l'agitation thermique est insuffisante pour provoquer des sauts quantiques de l'oscillateur qui se trouve donc incapable d'absorber de l'énergie émanant de son environnement. Le comportement des oscillateurs est dominé par leurs propriétés quantiques et la chaleur spécifique tend vers zéro.

La théorie fut améliorée par Debye et d'autres, et elle est en accord avec l'expérience.

Ces considérations furent importantes en ce qu'elles montrèrent que la constante h jouait un rôle capital dans la mécanique des atomes et des molécules. Le succès de ces concepts contribua à attirer davantage l'attention sur les idées quantiques qui étaient alors réservées à un cercle restreint d'initiés.

L'ordre du monde s'effondre et l'espace est courbe.

En 1911 se tint le premier Conseil Solvay, consacré au rayonnement et aux quanta *(figure 5-4)*. Ces conférences doivent leur nom à Ernest Solvay, inventeur d'une méthode industrielle de préparation de la soude. Il fonda et finança une série de réunions internationales de physique dont les

Figure 5-4
Les participants au Congrès Solvay en 1911. Debout, de gauche à droite : O. Goldschmidt, M. Planck, H. Rubens, A. Sommerfeld, T. Lindemann, M. de Broglie, M. Knudsen, F. Hasenöhrl, H. Hostelet, T. Herzen, J. Jeans, E. Rutherford, H. Kamerlingh Onnes, A. Einstein, P. Langevin. Assis, de gauche à droite : W. Nernst, M. Brillouin, E. Solvay, H. Lorentz, E. Warburg, J. Perrin, W. Wien, M. Curie, H. Poincaré. (Institut Solvay.)

thèmes étaient définis à l'avance et auxquelles les principaux physiciens du domaine retenu étaient conviés. Ces conférences, limitées à une trentaine de participants, avaient lieu à Bruxelles. La participation réduite à ces conférences et la liste des invités à la première furent en grande partie établies par H. Walther Nernst (1864-1941),

professeur de chimie-physique à Berlin, l'un des chefs de file de la thermodynamique de son temps et une autorité de la science allemande. Nernst avait découvert un important théorème, parfois appelé troisième principe de la thermodynamique, suivant lequel, au zéro absolu, tous les corps purs ont la même entropie : zéro. Son théorème a des fondements profonds dans la théorie quantique. Lorentz était un invité permanent aux conférences Solvay, à cause de sa stature en physique, de ses capacités diplomatiques et linguistiques et de son prestige ; il présida souvent les réunions. Le nombre limité de participants et la qualité des exposés garantissaient des discussions vivantes et profitables. Traditionnellement, les souverains belges manifestaient leur intérêt pour ces conférences en donnant un dîner en l'honneur des participants. A la suite de ces rencontres, Einstein se lia d'amitié avec la reine Élisabeth de Belgique et correspondit avec elle pendant nombre d'années.

A la conférence de 1911, Planck exprima des vues prudentes et conservatrices tandis qu'Einstein, qui commençait à apparaître comme la personnalité dominante, montra un esprit plus ouvert. Peu après, quand le nom d'Einstein fut avancé pour une chaire à l'École Polytechnique de Zurich, Marie Curie et Poincaré, qui l'avaient rencontré à la réunion Solvay, manifestèrent clairement, dans des lettres de recommandation, la haute estime qu'ils avaient de lui.

Einstein vint à l'École Polytechnique de Zurich en 1912, mais son séjour y fut bref. Les principaux physiciens de Berlin le voulaient pour la capitale du Reich, aussi lui arrangèrent-ils des propositions très séduisantes, soit au Kaiser Wilhelm Institute, soit à l'Académie Prussienne, selon ce qu'il préférerait. Les obligations d'enseignement étaient minimales, il aurait la plus grande liberté de travail, un salaire généreux, entre autres avantages. Nernst et Planck vinrent en personne à Zurich pour présenter cette offre — fait en lui-même exceptionnel. On dit qu'Einstein prit une journée pour se décider. Il prévint ses visiteurs qu'il irait faire une promenade et reviendrait avec une rose : rouge s'il acceptait, blanche s'il refusait. Il revint avec une rose rouge. Mais Einstein posa une condition : il voulait garder la nationalité suisse. Cette insistance suscita certaines difficultés, Einstein se considérant comme suisse tandis que la Prusse le considérait comme prussien.

Malgré sa brillante situation, Einstein était mal à l'aise dans l'Allemagne impériale. Il appréciait la compagnie de ses collègues et les autres avantages de Berlin, non le militarisme prussien. Pour échapper à l'atmosphère de caserne qu'il ressentait à Berlin, il se rendait souvent en Hollande, rejoindre ses amis Lorentz et Ehrenfest *(figure 5-5)*. Au début de cette période allemande de sa vie, Einstein divorça ; plus tard, il épousa une de ses cousines avec laquelle il vécut jusqu'à ce qu'elle mourût.

Nous approchons du fatal mois d'août 1914. Einstein était très absorbé par les recherches qu'il avait amorcées sur la relativité généralisée, importante généralisation du principe de la relativité à des mouvements quelconques. Il est

Figure 5-5
De gauche à droite : Zeeman, Einstein et Ehrenfest vers 1920. Einstein et Ehrenfest étaient de vieux amis et c'est probablement au cours d'une des visites d'Einstein à Ehrenfest qu'il se rendit au laboratoire de Zeeman. (Musée Boerhaave, Leyde, Pays-Bas.)

clair que deux systèmes, soumis à un mouvement accéléré l'un par rapport à l'autre, ne sont pas équivalents. En réalité, il apparaît dans l'un des forces d'inertie qui sont absentes dans l'autre. Un exemple simple est celui d'un ascenseur tombant en chute libre vers le sol. Pour un observateur placé dans cet ascenseur, la gravité disparaît. Ceci est manifestement différent de la situation dans le même ascenseur au repos, pour lequel la gravité existe bien. Einstein remarqua cependant qu'en introduisant des champs gravitationnels appropriés, on pouvait rendre les deux systèmes accélérés équivalents l'un de l'autre. Pour y parvenir, il était nécessaire que la masse d'inertie qui apparaît dans l'équation $F = m\gamma$ fût égale à la masse gravitationnelle qui est présente dans l'équation $F = kmm'/r^2$. Ce fait remarquable est souvent exprimé en disant que la

La théorie atomique de Bohr existait déjà à cette époque, mais le mécanisme de l'émission de lumière par un atome restait un mystère. Einstein réussit à soulever un coin du voile qui enveloppait le phénomène et ses articles de 1917, d'une grande hauteur de vue, marquèrent une étape de la théorie moderne. Il y abandonnait la causalité propre à la physique classique pour mettre au premier plan la notion de probabilité. Cette étude contenait donc des germes de la mécanique quantique et de la révolution profonde qu'elle suscita. De plus, sans qu'il fût fait explicitement mention des applications, elle comportait aussi les idées de base du fonctionnement des lasers et masers que nous utilisons tellement aujourd'hui.

Là encore, l'idée profonde d'Einstein est si simple qu'elle peut être énoncée en mots, sans passer par des formules. Pour une esquisse plus détaillée, on consultera l'appendice 7.

Einstein considérait un corps noir à l'équilibre thermique contenant, en plus du rayonnement, des atomes particulièrement simples qui ne comportaient que deux niveaux d'énergie, E_1 et E_2. On peut passer d'un niveau à l'autre en émettant ou en absorbant un quantum de lumière de fréquence $\upsilon = (E_1 - E_2)/h$. En supposant que les atomes et le rayonnement soient en équilibre statistique, c'est-à-dire que le nombre d'atomes allant par seconde de l'état inférieur à l'état supérieur et vice versa soit le même, il obtenait des relations remarquables entre les probabilités de transition et l'émissivité du rayonnement. Avec des modifications appropriées, son calcul reproduisait celui de la probabilité d'une désintégration radioactive. Cette façon d'aborder le problème différait radicalement de la méthode électromagnétique classique. Einstein appelait A le taux auquel l'atome passe spontanément du niveau supérieur au niveau inférieur, et Bu (υ, T) le taux auquel s'effectue ce passage sous l'effet du rayonnement d'émissivité $u(\nu, T)$. Entre autres choses, il montra que les taux correspondant à l'absorption et à l'émission forcées étaient égaux. Les A et B d'Einstein sont maintenant des notions courantes en physique.

L'introduction des coefficients A et B et leur interprétation en termes de probabilité, en relation avec l'émission de lumière, constituent un point de départ tout à fait nouveau et l'annonce de découvertes futures.

Dans le même article de 1917, Einstein fournissait également une preuve nouvelle du résultat qu'il avait obtenu des années auparavant, à savoir que les quanta de lumière, en plus de leur énergie $h\nu$, ont un moment $h\nu/c$ dans la direction de propagation de la lumière. Il est remarquable qu'il ait abouti à ce résultat, qui découle directement de la relativité, à partir de considérations subtiles et assez compliquées sur les fluctuations d'énergie et de densité de moment.

Les dernières années et la solitude d'Einstein.

Tandis qu'Einstein s'absorbait dans ses études, la guerre suivait son cours. Elle se termina en 1918 par la défaite de l'Allemagne et la ruine du vieux régime du Kaiser, qu'Einstein ne regretta pas. Après une période révolutionnaire, la République de Weimar apporta de grands espoirs de démocratie pour l'Allemagne. En réalité, cependant, le gouvernement était extrêmement faible, attaqué de l'intérieur et de l'extérieur, incapable d'agir avec la vigueur nécessaire.

En 1919, il y eut une éclipse totale du Soleil qui donna la possibilité de vérifier quelques-unes des conséquences de la relativité généralisée. Différentes expéditions furent entreprises dans ce but et les résultats, sans être d'une clarté absolue, penchaient en faveur des théories d'Einstein. Ce fut à ce moment que la popularité d'Einstein explosa. Pour des raisons qui ne me sont pas claires, il devint alors immensément populaire, même auprès de gens qui ne connaissaient rien de son œuvre. Il fut traité comme une grande vedette de spectacle. Rapidement aussi, et sans cause rationnelle, il se fit des ennemis acharnés. Il y eut même une société scientifique anti-Einstein où, pour un temps, des personnalités respectables et respectées côtoyèrent des démagogues, des fous et de futurs adeptes du nazisme. Einstein fut invité à donner des conférences publiques sur la relativité. Il accepta, mais elles furent perturbées par ses contradicteurs et transformées en grossières manifestations politiques. Einstein était imprudent et réagissait dans la

Figure 5-6
Einstein en discussion avec le mathématicien italien F. Enriques dans la cour de l'Université de Bologne, pendant une visite en octobre 1921.

presse d'une façon dont, selon ses amis proches, il aurait dû se garder.

La situation évoluait fâcheusement, en particulier depuis que les extrémistes n'hésitaient plus à assassiner leurs adversaires. Le meurtre de W. Rathenau, ministre des Affaires étrangères de la République de Weimar, fut un avertissement de ce qui pouvait advenir. Ce chef de file de l'industrie allemande était profondément patriote et il avait travaillé sans relâche et avec succès à l'organisation de l'économie de guerre, puis était devenu ministre. C'était un ami personnel d'Einstein et son assassinat, venant après ceux des socialistes K. Liebknecht et Rosa Luxembourg, entre autres personnalités, ne fut qu'un prélude à ce qui devait se faire jour sous le nazisme.

Einstein en eut assez et partit pour un long tour du monde. Ses amis Planck, von Laue et d'autres, le pressaient de ne pas abandonner l'Allemagne en ces temps difficiles et de ne pas accepter les nombreuses offres qu'il recevait de l'étranger. Leyde l'attirait particulièrement, à cause de son amitié avec Ehrenfest et parce que Lorentz insistait pour qu'il y

Figure 5-7
Portrait d'Einstein par le célèbre artiste Max Liebermann (1847-1935) à Berlin, en 1925. (Avec l'autorisation de l'Institute for Advanced Study, Princeton.)

vînt. Cependant, au terme de ses voyages, Einstein s'en revint à Berlin non sans s'être fait des relations personnelles aux États-Unis et en d'autres pays. Les choses apparaissaient plus calmes autour de 1924, et Einstein connut à Berlin une vie sociale très animée. Chez lui, il recevait diverses personnalités comme le peintre Sleevogt, le médecin Plesch, le chimiste F. Haber, les musiciens F. Kreisler et A. Schnabel, l'industriel et ancien ministre Graf Rantzau et le peintre M. Liebermann *(figure 5-7)*. Pendant ses loisirs, Einstein continuait à jouer du violon, ce qu'il fit toute sa vie. Il ne détestait pas non plus jouer le rôle du grand savant ; manifestement, il s'y complaisait. Peut-être cela explique-t-il certaines de ses affectations, sa curieuse façon de s'habiller, certaines de ses habitudes qui relevaient de la représentation. Après tout, il était admirateur et ami de Charlie Chaplin.

Cependant, aucune de ses activités ne distrayait Einstein de ses très sérieuses études. L'année 1922 avait apporté une confirmation spectaculaire de ses idées sur les quanta, lorsque le physicien américain Arthur Holly Compton (1892-1967 ; *figure 5-8*) découvrit que les électrons libres diffusaient les rayons X comme s'il s'agissait de particules

Figure 5-8
Arthur Holly Compton (1892-1967) sur une photographie prise par F. Rasetti pendant une excursion sur le lac de Côme, organisée pour les participants au Congrès Volta en 1927. En 1922, Compton avait fait des études expérimentales sur les collisions photons-électrons. (Par aimable autorisation de F. Rasetti.)

d'énergie $h\nu$ et de moment $h\nu/c$, ainsi qu'Einstein l'avait prévu. En particulier, le quantum diffusé avait une fréquence qui variait avec l'angle de diffusion. C'étaient là des faits qui ne pouvaient être expliqués par la théorie ondulatoire.

La dualité onde-corpuscule de la lumière devint encore plus manifeste lorsqu'un physicien indien inconnu, Satiendranath Bose (1894-1974), soumit à Einstein un manuscrit pour recueillir son avis. Ce texte contenait une nouvelle démonstration de la formule du corps noir, déduite de la mécanique statistique. Toutefois, Bose ne dénombrait pas les quanta de lumière dont il faisait la statistique suivant la méthode usuelle. La différence essentielle est que, dans la statistique de Boltzmann, chaque molécule a son individualité, on peut donc lui attribuer un nom et la reconnaître. Chez Bose, au contraire, les quanta de lumière étaient absolument indiscernables. Alors que, pour Boltzmann, échanger la molécule A pour la molécule identique B donne une configuration nouvelle, qui doit être comptée séparément, pour Bose, l'échange de deux quanta identiques ne donne pas une configuration nouvelle. De cela découlait une nouvelle démonstration de la formule du corps noir. Einstein lut le travail que Bose lui avait envoyé, le traduisit et le fit publier dans une revue allemande. Il y ajouta quelques mots d'éloge et un commentaire : ce que Bose avait fait pour les quanta de lumière, lui, Einstein, montrerait que c'était aussi possible pour les molécules. Einstein tint parole et, en 1924, publia une étude sur ce sujet. Ainsi était née une nouvelle statistique qui fut complétée deux ans plus tard par les travaux de Fermi et de Dirac, montrant que la statistique de Bose et d'Einstein n'était pas la seule possible et qu'il en existe deux dans la nature. Nous aborderons cette question plus loin à propos de Fermi.

Comme on pouvait s'y attendre, Einstein calcula aussi les fluctuations d'un gaz de Bose-Einstein et de nouveau trouva là une indication de la double nature — onde et corpuscule — non seulement des quanta, mais — c'était le point nouveau — des molécules.

La dualité onde-corpuscule émergeait de plus en plus clairement du voile de mystères qui l'enveloppait. Vers cette époque, Louis de Broglie accomplit des progrès décisifs en ce domaine. Nous en parlerons plus tard mais, là encore, la contribution d'Einstein fut très importante, en particulier pour le rôle qu'il joua en donnant son appui à ces idées neuves et surprenantes.

Sa célébrité grandissant, Einstein fit de plus en plus fréquemment des déclarations humanitaires et politiques. Il prit aussi fermement position comme pacifiste et comme partisan de l'État d'Israël. Lorsque, bien des années plus tard, Israël fut fondé, on en offrit la présidence à Einstein, mais, connaissant ses qualités et ses limites, il déclina cette proposition. Toute bonne cause pouvait obtenir le soutien d'Einstein, exactement comme tout bon physicien qu'il connaissait pouvait obtenir de lui une recommandation. Ainsi, de façon paradoxale, une recommandation d'Einstein qui, à première vue, aurait dû être d'un grand poids, perdit peu à peu de sa valeur.

Dès 1927, la mécanique quantique non relativiste pouvait être considérée comme achevée et les grandes lignes de son interprétation, selon ce qu'on appelle l'esprit de Copenhague, avaient été formulées. Bohr fit un exposé là-dessus à Côme, au Congrès international de Physique commémorant le centenaire de Volta. Einstein n'assistait pas à la conférence, car il ne voulait pas se rendre dans l'Italie fasciste, mais un peu plus tard, quand Bohr répéta les mêmes idées à un Conseil Solvay, Einstein s'opposa à lui. Bohr, qui avait maintes fois puisé son inspiration chez Einstein, le vénérait et Einstein avait donné de nombreuses expressions de son admiration et de son affection pour Bohr. La réfutation par Einstein de ses idées les plus chères préoccupa et troubla Bohr. Un long débat se développa, au cours duquel Bohr ne réfutait toutes les objections d'Einstein que pour s'en voir opposer de nouvelles, sans être capable de le convaincre. A la fin de sa vie, Einstein, un des grands créateurs de la physique quantique, restait sceptique quant à l'interprétation de Copenhague, se trouvant de plus en plus isolé sur ses positions.

Avec l'avènement du nazisme, Einstein émigra finalement d'Allemagne où il aurait sans nul doute été tué. Après quelques pérégrinations, il se fixa à l'Institute for Advanced Study, à Princeton. La flamme de son génie s'était affaiblie et Einstein, qu'on avait vu pendant des décennies devancer de loin tout le monde, et qui avait introduit en physique quelques-unes des idées les plus fructueuses et les plus profondes, se consacra à des problèmes qui semblaient ne pas avoir de solutions et qui n'étaient peut-être que mal posés. Le phare de la nouvelle physique, qui avait tant brillé depuis Berne, Zurich et Berlin, ne jeta plus d'éclats à Princeton.

Il appartenait néanmoins à Einstein de jouer encore un rôle important, quoique paradoxal de la part d'un pacifiste : celui d'inciter les États-Unis à construire la bombe atomique. Je dis paradoxal, mais, dans les circonstances de la Seconde Guerre mondiale, ses positions s'accordèrent à ses principes. C'était cependant une démarche plus politique que technique : Einstein n'était certainement pas au courant de l'état de la physique nucléaire dans les années 40, et ne contribua pas au développement de l'énergie nucléaire. Le 18 avril 1955, à Princeton, sa vie prit fin tranquillement à l'âge de soixante-seize ans.

Il disait de lui-même : « Dieu est inexorable en nous dispensant ses dons. Il ne m'a donné que l'entêtement d'une mule. Non, il m'a aussi doté d'un bon flair ! »

CHAPITRE VI

Sir Ernest et Lord Rutherford de Nelson

A travers les travaux de Planck et d'Einstein, nous avons décrit l'état de la physique théorique jusqu'à la Première Guerre mondiale et un peu au-delà. Mais nous avons laissé la physique expérimentale autour de 1907, à l'époque où Rutherford quittait le Canada pour s'en revenir en Angleterre comme professeur à l'Université de Manchester. De là jusqu'à la Première Guerre mondiale, la recherche expérimentale progressa rapidement, Rutherford en étant la personnalité dominante. Ce chapitre traite de son œuvre et des autres découvertes expérimentales de cette période.

Retour en Angleterre.

La chaire de Physique de Manchester, l'une des principales universités de province anglaise, était devenue vacante, son titulaire, Sir Ernest Schuster (1851-1934), un bon spectroscopiste, ayant décidé de démissionner à condition que Rutherford lui succédât. Malgré ses origines allemandes, Schuster s'était parfaitement anglicisé. Il avait hérité d'une certaine fortune qu'il avait partiellement consacrée à monter un excellent laboratoire de physique. Bien que le domaine d'étude de Rutherford fût éloigné du sien, Sir Ernest pensait qu'il ne pourrait trouver meilleur successeur et il fit tout son possible pour convaincre Rutherford d'accepter. Il avait prévu une dotation pour l'Institut de Physique et avait également financé une bourse destinée à un théoricien ; plus tard, celle-ci profita à H. Bateman, à

G. Darwin (petit-fils du naturaliste) et à Niels Bohr. Schuster avait aussi un assistant allemand, Hans Geiger (1882-1945), qui passa sous la direction de Rutherford et devint un physicien nucléaire de premier plan. Geiger resta toujours en contact étroit avec Rutherford et, revenu dans son Allemagne natale, il y contribua à l'épanouissement des études nucléaires. Son nom est familier à tous ceux qui ont eu affaire à des corps radioactifs et qui ont probablement utilisé son invention, le compteur Geiger, l'un des instruments les plus utiles pour détecter la radioactivité. Parmi le personnel du laboratoire se trouvait aussi un technicien, W. Kay, qui assista Rutherford pendant tout son séjour à Manchester.

Le laboratoire de Manchester possédait néanmoins peu de radium, moins de 20 milligrammes, et Rutherford en avait besoin. A cette époque, ce corps provenait exclusivement des mines de Joachimstal en Autriche (aujourd'hui en Tchécoslovaquie). L'Académie des Sciences de Vienne prêta 350 milligrammes de bromure de radium à Ramsay, de l'University College à Londres. Il était entendu que ce prêt était à la fois destiné à Ramsay et à Rutherford, mais il y avait des frictions entre eux et aucun ne voulait partager. Heureusement, Rutherford s'arrangea pour obtenir pour lui-même 350 milligrammes supplémentaires, toujours prêtés par l'Académie des Sciences de Vienne, et le problème fut ainsi résolu. A la fin de la guerre, le gouvernement britannique voulut confisquer ce radium comme bien ennemi, mais Rutherford soutint formellement qu'on devait le lui acheter et le payer à sa valeur marchande. Avec le produit de la vente, il put aider l'Institut de Physique de Vienne et son directeur, le professeur Stefan Meyer, qui avait été ruiné par la guerre. Cet acte juste et généreux émut profondément les scientifiques autrichiens.

S'étant installé à Manchester et procuré le radium nécessaire, Rutherford relança ses recherches. Au début, il reprit l'étude d'anciens sujets. En utilisant des méthodes spectroscopiques, il obtint confirmation définitive que les particules alpha étaient bien de l'hélium ionisé. Il réalisa cette expérience avec l'aide de T. Royd, autre lauréat de la bourse de l'Exposition de 1851 *(figure 6-1)*.

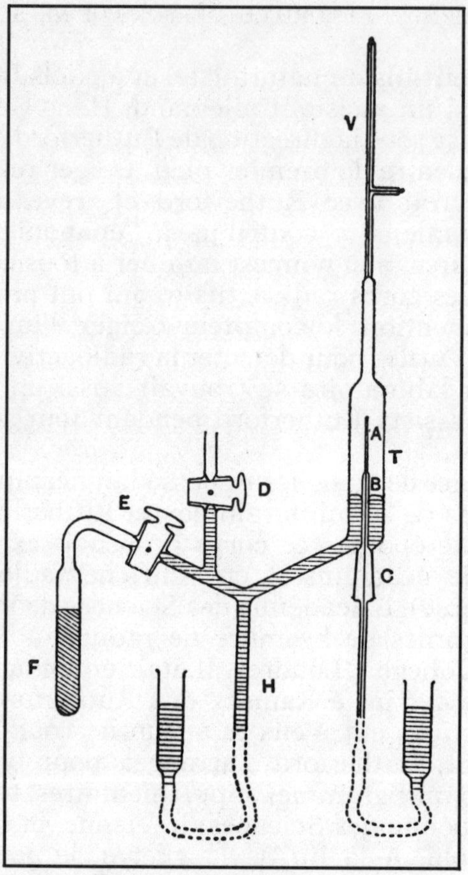

Figure 6-1
L'appareil utilisé par Rutherford et Royds pour établir la nature des particules alpha. L'aiguille A contient le radon dont les particules alpha sortent du verre et remplissent le tube T d'hélium à basse pression. L'hélium, poussé par le mercure dans le tube à décharge V, se manifeste par son spectre d'émission caractéristique. [D'après *Philosophical Magazine, 17,* 281 (1909).]

Un éclairage nouveau sur les particules alpha.

En 1908, Rutherford reçut le Prix Nobel de chimie. Dans son discours de réception intitulé « La nature chimique des particules alpha émises par les corps radioactifs », il rapporte qu'il comptait les particules alpha en utilisant la méthode de scintillation, autrement dit qu'il comptait les atomes un à un en regardant, à travers un microscope de faible grossissement, les éclairs produits par l'arrivée des particules alpha sur du sulfure de zinc. Geiger prit une part active à ce travail pénible qui imposait de passer de longues heures dans l'obscurité absolue.

Si le lecteur veut voir des scintillations, il n'a qu'à prendre une montre à cadran lumineux et à regarder les chiffres à la loupe. Il convient de le faire après être resté quelque temps dans l'obscurité. En comptant les atomes, Rutherford et Geiger avaient les moyens de déterminer le nombre d'Avogadro, la charge de l'électron et d'autres constantes universelles qu'on peut aussi bien obtenir par des expériences tout à fait différentes, par exemple en étudiant le rayonnement du corps noir. Les chiffres obtenus à partir des deux méthodes correspondaient bien, et ces expériences convainquirent les physiciens les plus sceptiques de l'existence réelle des atomes, bousculant l'arrière-garde des conservateurs les plus obstinés.

Ces expériences contribuèrent également à persuader les Anglais des mérites de la théorie quantique, la charge de l'électron et les autres constantes déterminées par Rutherford s'avérant tellement proches de celles données quelques années auparavant par Planck à partir de la théorie du rayonnement du corps noir.

Dans leurs comptages, Rutherford et Geiger utilisaient une méthode fort ingénieuse qui, par la suite, se répandit et s'améliora. Les scintillations produites par les particules alpha sur l'écran de sulfure de zinc sont difficiles à distinguer et l'on peut attribuer à chaque observateur une efficacité définie comme le rapport η entre le nombre de scintillations qui se sont produites. Supposons que deux observateurs (Rutherford et Geiger) regardent le même écran et que chacun compte les scintillations qu'il perçoit en les enregistrant par pression d'un interrupteur (comme lorsqu'on envoie un message télégraphique), enregistrant ainsi l'instant de l'observation. Il existe trois sortes de signaux : (1) ceux enregistrés par le premier observateur seul, leur nombre est n_1 ; (2) ceux enregistrés par le second observateur seul, soit n_2 ; et (3) ceux enregistrés simultanément par les deux, soit n_{12}. Si η_1 et η_2 sont les efficacités respectives des observateurs et si n est le nombre réel de scintillations à déterminer,

$$n_1 = \eta_1 n \quad n_2 = \eta_2 n \quad \text{et } n_{12} = \eta_1\eta_2 n$$

d'où l'on tire $n = n_1n_2/n_{12}$. Aujourd'hui, les yeux des observateurs sont remplacés par des compteurs Geiger ou des dispositifs électroniques, mais le principe de la méthode est resté le même.

Rutherford rencontra un autre problème apparemment plus modeste que le comptage des atomes : décrire et expliquer le phénomène qui accompagne le passage de particules alpha à travers la matière. Il s'attaqua à cette question, aidé de divers étudiants. Vers 1904, W.H. Bragg et R. Kleeman avaient trouvé que des particules d'une énergie donnée avaient un parcours constant et les deux Bragg (père et fils) avaient étudié l'ionisation produite le long de leur trajectoire. Ernest Marsden (1889-1970), un étudiant de Nouvelle-Zélande venu en 1909 travailler auprès de son célèbre compatriote, observa par hasard que les particules alpha, au lieu d'aller tout droit ou presque tout droit, étaient parfois déviées par la matière avec un écart angulaire considérable. Lorsque Marsden rapporta cette observation à Rutherford, le patron lui fit répéter l'expérience pour la confirmer. L'importance de cette déviation stupéfia Rutherford. Il raconta plus tard que c'était comme si quelqu'un lui avait dit qu'en tirant au pistolet sur une feuille de papier, la balle avait rebondi.

Plusieurs semaines passèrent. Puis, un beau jour de 1911, Rutherford annonça qu'il savait désormais pourquoi les particules de Marsden étaient déviées aux grands angles. Bien plus encore, qu'il connaissait la structure de l'atome.

Le noyau atomique.

Qu'était-il arrivé ? A l'époque, plusieurs modèles atomiques étaient en circulation. Lorentz utilisait l'idée d'un électron lié élastiquement à un centre fixe, expliquant par là l'effet Zeeman. Il y avait l'oscillateur de Planck et d'autres modèles, comme celui de J.J. Thomson qui imaginait un atome fait d'une charge positive diffuse à l'intérieur d'une sphère dans laquelle se répandaient les électrons, comme les raisins dans un pudding. Thomson avait développé ce modèle en détail. Il avait essayé de déterminer le nombre d'électrons présents dans l'atome et avait conclu qu'il était à peu près égal au nombre de masse A. Il pouvait aussi rendre compte de l'instabilité atomique et de la désintégration spontanée. Tout ceci était surtout qualitatif, et un atome de ce type n'aurait pas pu diffuser les particules alpha aux grands angles : en effet, si la particule alpha rentrant dans le pudding s'approchait de son centre, elle se serait trouvée dans une région de champ électrique moyen nul et n'aurait donc pu être déviée. Le même argument s'appliquait si la particule restait loin du centre, à l'extérieur de l'atome.

Différents scientifiques, notamment le physicien japonais H. Nagaoka, avaient songé à la possibilité d'un atome construit sur le mode planétaire, mais cela restait très vague et spéculatif. Rutherford fournit une base expérimentale solide à sa théorie en créant un modèle atomique encore valable même aujourd'hui. Bien que l'on doive recourir à présent à la mécanique quantique plutôt qu'à la physique classique pour décrire l'atome, l'une et l'autre donnent heureusement le même résultat dans le cas de l'expérience de Rutherford. L'hypothèse de Rutherford était que toute la charge positive Ze et la masse se trouvaient concentrées dans un petit volume situé au centre, qu'il appelait le *noyau*. Ce noyau était entouré par Z électrons tournant autour de lui. L'attraction électrostatique entre le noyau positivement chargé et les électrons négativement chargés les maintenaient ensemble dans l'atome. Rutherford reconnut explicitement qu'il ne se préoccupait pas de la stabilité du système ; c'était un point faible suscitant de graves difficultés. Si une particule alpha, considérée comme une charge ponctuelle massive, tombait sur le noyau, elle était repoussée conformément à la loi de Coulomb, et, comme Newton l'avait déjà calculé, elle suivait une orbite hyperbolique dont le noyau occupait un des points focaux *(figure 6-2)*. Il semble que Rutherford l'ait appris alors qu'il était étudiant en Nouvelle-Zélande. Les électrons, des milliers de fois plus légers que le noyau, n'affectaient pas quant à eux la trajectoire de la particule alpha. A partir de ce modèle, on pouvait déterminer la probabilité qu'une particule alpha soit déviée d'un angle θ à la traversée d'un écran de matière.

En termes concrets, le nombre de particules alpha qui tombent sur un écran dans l'angle solide $d\omega$ sous-tendu par la cible, rapporté au nombre de particules tombant sur une cible contenant n atomes par unité de volume et d'épaisseur t, est donné par $nt\,d\sigma/d\omega$, avec

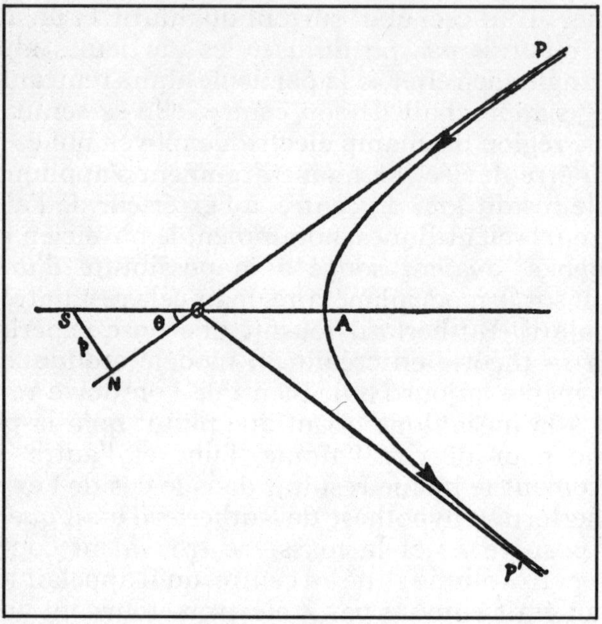

Figure 6-2
Trajectoire (de P à P') d'une particule alpha déviée par un noyau. Les déviations de particules alpha passant à travers une mince lame de métal suivent la loi qui est calculée sur la base de cette figure. Ce qui prouve l'existence d'un centre diffusant chargé à l'intérieur de l'atome ; plus tard, ce centre sera appelé le noyau. [D'après l'article de Rutherford dans le *Philosophical Magazine, 21*, 669 (1911).]

$$\frac{d\sigma}{d\omega} = \left(\frac{2Ze^2}{mv^2}\right)^2 \frac{1}{\sin^4(\theta/2)}$$

où θ est l'angle de diffusion, v la vitesse des particules et m leur masse. La masse du noyau était considérée comme infinie par rapport à m. Rutherford envoya le manuscrit exposant son travail au *Philosophical Magazine* en avril 1911.

En utilisant le dispositif simple de la *figure 6-3*, Geiger et Marsden confirmèrent la formule dans tous ses détails, en variant le corps sur lequel les particules alpha étaient projetées — ce qui modifiait Z —, en changeant la vitesse des particules alpha, l'épaisseur de l'écran de matière ou l'angle d'observation θ.

Le nombre Z, caractéristique de la nature chimique de la cible, fut appelé numéro atomique. Il représente la charge électrique du noyau, exprimée dans une unité égale à la charge de l'électron changée de signe. Pour l'hydrogène, $Z = 1$, pour l'hélium, $Z = 2$, etc. Cette découverte jetait un éclairage nouveau sur la définition d'un élément chimique. A chaque élément, on pouvait associer un nombre Z qui donne aussi le nombre d'électrons tournant autour du noyau. Lorsque, vers 1869, Mendeleev avait développé avec une intuition brillante son système périodique, il avait rangé les éléments d'après leur masse atomique. Le modèle de Rutherford montrait désormais que c'était le numéro atomique — et non la masse — qui comptait. Ce qui fut souligné pour la première fois par Antonius Van den Broek (1870-1926), scientifique amateur hollandais, en 1913.

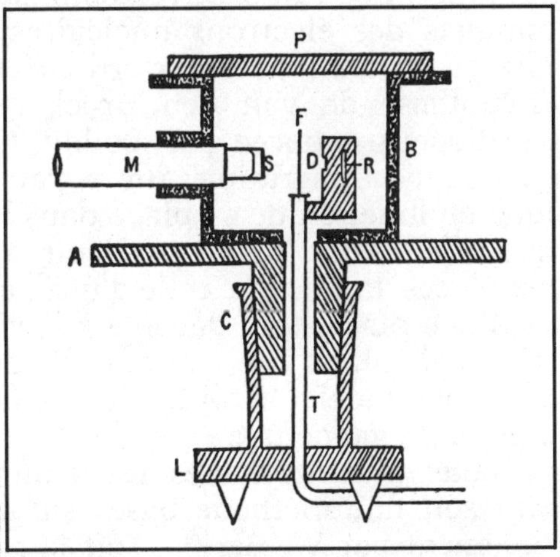

Figure 6-3
L'appareillage utilisé par H. Geiger et E. Marsden pour étudier la diffusion des particules alpha. R est la source de particules alpha contenue dans un support en plomb dans le réservoir à vide B. Un étroit faisceau de particules alpha passe à travers la fente et frappe une mince feuille de métal F. Les particules alpha qui passent à travers la feuille frappent l'écran fluorescent S et sont observées à travers le microscope M qui, comme B, peut être déplacé le long de T. [D'après *Philosophical Magazine, 25,* 604 (1913).]

L'atome planétaire.

Arrivé à ce point du récit, il est difficile de suivre en détail les découvertes quasi simultanées des caractéristiques de l'atome à structure nucléaire. On peut avoir une idée de la situation à laquelle on était alors parvenu en lisant par exemple un article rédigé par Rutherford en février 1914 et intitulé « La Structure de l'atome » (*Philosophical Magazine,* VI, *27,* 488). Il y aborde la diffusion des particules alpha et bêta et les conclusions qui peuvent en être tirées en ce qui concerne le caractère localisé des charges positives. Il s'intéresse alors particulièrement au passage des particules alpha à travers l'hydrogène et à leurs collisions avec les noyaux d'hydrogène qu'aujourd'hui nous appelons protons. Étudiant ensuite les dimensions et la constitution du noyau, il remarque que N. Bohr a avancé des arguments permettant d'attribuer une origine nucléaire aux électrons émis au cours d'une désintégration radioactive, distinguant ainsi les électrons atomiques des électrons nucléaires. En ce qui concerne la charge nucléaire, Rutherford établit une relation entre l'hypothèse de van den Broek et la loi du déplacement radioactif énoncée par Soddy. Cette loi dit qu'au cours d'une désintégration, un noyau change de nature chimique en fonction de sa place dans la classification périodique : l'émission d'une particule alpha le fait reculer de deux places, tandis que celle d'une particule bêta le fait avancer d'une place. Ceci découle à l'évidence de la charge de la particule alpha $Z = 2$ et de celle de l'électron, —1. En émettant une particule alpha, le noyau perd deux unités de charge, il en gagne une en émettant un électron.

Les rayons X peuvent servir à mesurer le numéro atomique en utilisant soit une méthode basée sur la diffusion, proposée initialement par W. Barkla, soit la méthode très puissante que venait d'inventer H. Moseley. On lit enfin le passage suivant :

> « Bohr a attiré l'attention sur les difficultés rencontrées pour construire des atomes avec la théorie du " noyau ", et il a montré que la position stable des électrons externes ne peut être déduite de la mécanique classique. Par l'introduction de notions reliées au quantum de Planck, il a montré que,

moyennant certaines hypothèses, il est possible de construire des atomes et des molécules simples à partir de noyaux positifs et négatifs, par exemple l'atome et la molécule d'hydrogène et l'atome d'hélium, et que ceux-ci se comportent à bien des égards comme les vrais atomes ou les vraies molécules. Bien qu'il puisse y avoir de grandes divergences d'opinion quant à la validité des hypothèses émises par Bohr et à leur signification physique sous-jacente, il ne fait pas de doute que les théories de Bohr sont, pour les physiciens, d'un intérêt et d'une importance considérables, comme la première tentative précise pour construire des atomes et des molécules simples et pour expliquer leurs spectres. »

Pour la clarté de l'exposé, je ne donnerai plus de détails sur le travail de Bohr qu'au chapitre suivant.

Le même mais différent : le concept d'isotopie.

Vers cette époque, il devint de plus en plus manifeste qu'il pouvait exister des atomes chimiquement identiques mais différents en termes de radioactivité. Déjà, à Yale en 1906, Boltwood avait démontré que l'ionium ne pouvait être séparé du thorium. De même, Marckwald, Soddy et Hahn avaient trouvé que MsTh (découvert par Hahn) était inséparable du radium, et on trouva ultérieurement d'autres exemples. En 1912, Rutherford posa à deux étudiants en recherche le problème consistant à séparer RaD du plomb. G. de Hevesy et F. Paneth étaient des Austro-Hongrois en stage dans son laboratoire. Il leur dit : « Si vous êtes des chimistes dignes de ce nom, séparez-les. » Au bout de deux ans de travail au cours desquels ils avaient tout essayé, les deux malheureux renoncèrent.

Cependant, de Hevesy et Paneth transformèrent leur défaite en victoire en inventant la méthode des traceurs qui, enrichie par la découverte ultérieure de la radioactivité artificielle, devint l'une des techniques les plus puissantes de la science moderne, comparable en importance au microscope. Voilà comment ça marche : étant donné des corps chimiquement identiques mais qui se distinguent par leur radioactivité, on peut mener des expériences au cours desquelles les atomes radioactifs peuvent toujours être reconnus, même après que des réactions complexes ont eu lieu. Si, par exemple, quelqu'un mange du sel ordinaire mélangé à du sel contenant du sodium radioactif, un examen de la radioactivité d'une goutte de sang ou d'un échantillon d'urine peut indiquer quelle quantité du sodium ingéré s'est trouvée dans l'échantillon mesuré. La possibilité de reconnaître des atomes marqués par leur radioactivité permet de résoudre des problèmes très importants qui auraient été totalement inaccessibles autrement.

Ainsi, le concept d'isotopie dans les corps radioactifs était en train de s'affirmer ; Soddy en forgea le terme en 1913. Il veut dire : « même place » dans la classification périodique. L'isotopie fut bientôt étendue aux noyaux stables. J.J. Thomson trouva des indices que ce phénomène n'était pas limité aux éléments radioactifs, mais qu'il était une propriété générale de nombreux éléments. Il mesura le rapport de la charge à la masse pour des ions positifs selon la méthode dite de la parabole. Dans celle-ci, grâce à des champs magnétiques et électriques parallèles entre eux et perpendiculaires à la vitesse des ions dans un faisceau, on provoque une déflection du faisceau. Si e est la charge des ions et m leur masse, si le champ électrique E et le champ magnétique B sont dirigés suivant l'axe x, et si les ions se déplacent dans la direction z, alors la déflection est telle que des ions de même rapport e/m, indépendamment de leur vitesse, tombent sur une parabole située dans le plan perpendiculaire à la direction du faisceau (voir l'appendice 8).

Quand J.J. Thomson appliqua sa méthode au néon, il trouva que cet élément contenait des ions de masse 20 et 22 fois supérieure à celle de l'hydrogène. Thomson envisagea la possibilité que les ions de masse 22 puissent provenir du composé NeH_2, mais il estima que cette hypothèse présentait des difficultés considérables. En 1913, différentes tentatives pour séparer le néon en différents isotopes ne réussirent que partiellement. Les recherches de Thomson ouvrirent la voie à la spectroscopie de masse. De grands succès devaient y être obtenus, après la Première Guerre mondiale, par F. Aston (1877-1945) qui développa des spectroscopes donnant la masse ionique avec une précision de plus en plus grande.

Un des importants résultats d'Aston fut de montrer que les masses de tous les atomes examinés, à l'exception de l'hydrogène et du lithium, se trouvèrent, à la précision de la mesure près, soit une partie pour mille, égales à des nombres entiers si on les rapportait à 1/16 de la masse de l'oxygène 0^{16} prise comme unité. On admit alors que les noyaux étaient constitués de protons et d'électrons. Les protons fournissaient la masse, les électrons ajustaient la charge et, étant 1 840 fois plus légers que le proton, ne changeaient guère la masse nucléaire. Les écarts à la « règle des nombres entiers » furent attribués à la perte de masse qui se produit quand des particules libres s'assemblent, suivant la loi $E = mc^2$ d'Einstein.

Mais revenons à Manchester. Le modèle atomique, après qu'il eut été élaboré par Rutherford, fut ensuite développé par Bohr plus que par Rutherford. Au lieu de cela, ce dernier poursuivit ses études sur les rayonnements bêta et gamma, obtenant des résultats pleins d'intérêt, mais non révolutionnaires. Entre-temps, l'Angleterre était entrée dans la Première Guerre mondiale et il y avait de moins en moins de monde au laboratoire de Manchester. Rutherford fut à son tour de plus en plus accaparé par des travaux destinés à l'Amirauté et à la défense de l'Empire. Ces engagements l'amenèrent en Amérique où il passa un temps considérable à Washington. Entre-temps, il était devenu Sir Ernest. Signe de ces temps encore relativement civilisés : pendant la guerre, Rutherford put entretenir une correspondance avec Stefan Meyer en Autriche et avec Geiger en Allemagne. Geiger, de son côté, s'arrangea pour que J. Chadwick, un des meilleurs étudiants de Rutherford, qui avait été fait prisonnier en Allemagne, puisse y continuer ses recherches.

La désintégration du noyau.

En 1917, Rutherford restait l'un des rares scientifiques présents au laboratoire de Manchester avec son technicien Kay. Il manquait d'étudiants capables à qui confier des expériences. Marsden, le fidèle Marsden, avant de revenir comme professeur dans sa Nouvelle-Zélande natale, avait observé un phénomène étrange : la présence, quand on bombardait de l'air par des particules alpha, de particules dotées de parcours excessivement longs. Une explication possible était qu'il s'agissait là de noyaux d'hydrogène, des

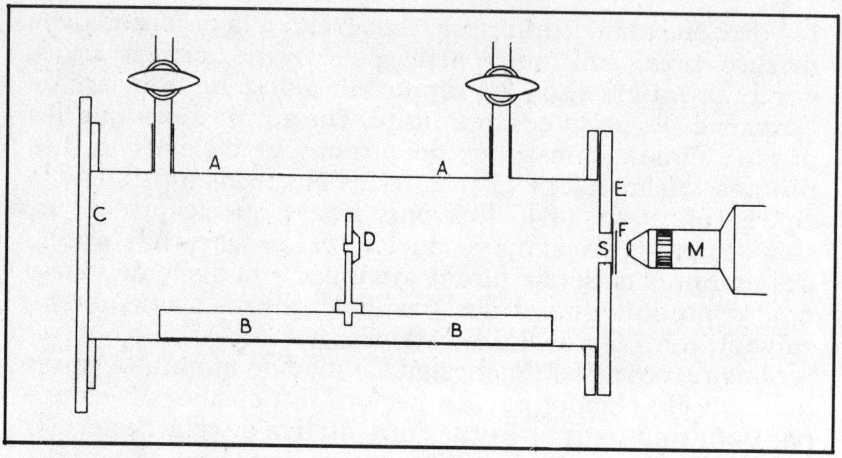

Figure 6-4
L'appareil utilisé par Rutherford pour observer la première désintégration nucléaire. Le dessin est tiré du livre de Rutherford, Chadwick et Ellis, *Radiations from Radioactive Substances* (Cambridge University Press, 1931) où il apparaît en fait deux fois ! Il montre un réservoir étanche à l'air qui peut être rempli d'un gaz (l'azote), et contient une source de particules alpha placée en D. Comme le parcours DS est plus grand que celui des particules alpha, on peut conclure que les particules qui provoquent les scintillations sur l'écran F sont émises au cours de la désintégration des noyaux du gaz azote, par choc avec les particules alpha. Une étude détaillée montre que les fragments de désintégration sont des protons.

parcours de recul aussi longs apparaissant lorsque l'hydrogène est bombardé par des particules alpha. Mais Rutherford soupçonnait qu'il s'agissait d'autre chose, d'une importance colossale, et, au cours d'une étude longue et patiente, menée lorsque ses obligations officielles lui en laissaient le temps, il s'employa à vérifier la nature des particules projetées au cours du bombardement. Dans un article de novembre 1917, il se demanda si ce n'étaient pas des atomes de N, He, H ou Li.

Dès juin 1919, Rutherford était mûr pour publier un article intitulé « Les collisions des particules alpha avec les atomes légers ». Ce travail comprenait quatre parties. Les trois premières étaient d'excellentes recherches, plus ou moins de routine, mais la quatrième, sous-titrée « Un effet anormal dans l'azote », énonçait ceci :

« Nous pouvons conclure que l'azote est désintégré sous l'effet des forces intenses développées au cours d'une collision

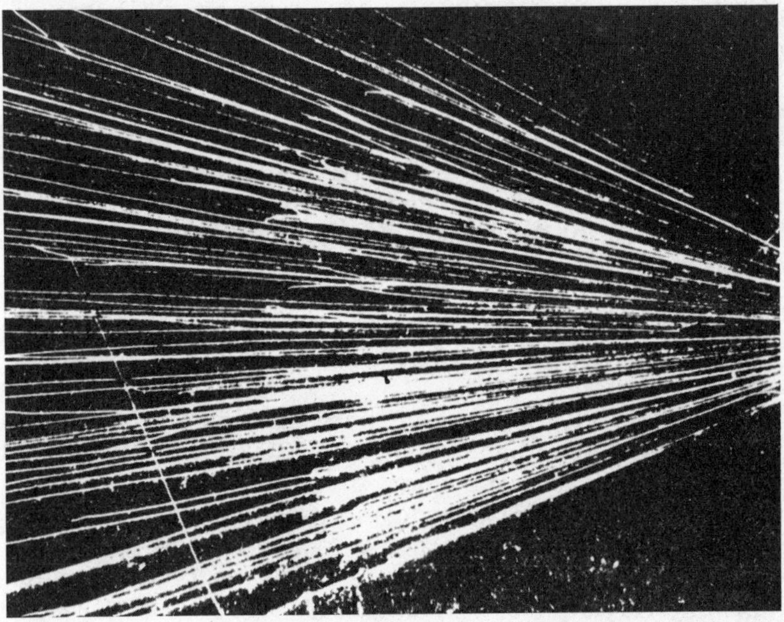

Figure 6-5
La désintégration d'un noyau d'azote dans une chambre à détente telle que l'observa Blackett. La source contient Pb^{212} + Bi^{212} + Po^{212} en équilibre radioactif et émet des particules alpha de deux parcours : 8,6 et 4,8 cm. Une des particules ayant le plus long parcours heurte un noyau d'azote et le brise suivant la réaction ${}_7N^{14} + {}_2He^4 = {}_8O^{17} + {}_1H^1$. La plus longue trace transverse est celle du proton, les autres sont celles de ${}_8O^{17}$. [D'après P. Blackett et D. Lea dans les *Proceedings of the Royal Society*, Londres, *136*, 325 (1932).]

avec la particule alpha rapide, et que l'atome d'hydrogène qui est libéré était un constituant du noyau d'azote (...). Dans l'ensemble, les résultats suggèrent que si des particules alpha ou des projectiles similaires d'énergie encore plus grande étaient disponibles pour des expériences, on pourrait s'attendre à briser la structure nucléaire de beaucoup d'atomes légers. »

[*Philosophical Magazine*, VI, *37*, 581 (1919).]

C'était bien la désintégration nucléaire, le rêve des alchimistes dans sa forme moderne. Rutherford procéda à toutes les expériences de contrôle possibles avant d'annoncer sa découverte. Il voulait être absolument certain de ses résultats, et cela lui prit environ trois ans. La *figure 6-4* montre l'appareil qu'utilisa Rutherford. Il coûtait moins de la millionième partie de ce que coûte un accélérateur moderne ; mais il fallait rien de moins que l'œil de Rutherford au microscope, ce qui n'était pas peu.

Les expériences de Rutherford furent répétées à Vienne et les scientifiques autrichiens trouvèrent davantage de désintégrations que lui. Une controverse animée s'éleva, mais on estima finalement que Rutherford avait raison. Au laboratoire Cavendish, avec la chambre à détente de Wilson, P. Blackett obtint des images qui confirmaient les résultats de Rutherford *(figure 6-5)*.

Directeur du Laboratoire Cavendish.

A la fin de la guerre, J.J. Thomson prit sa retraite du Laboratoire Cavendish *(figure 6-6)* et devint Master de Trinity College à Cambridge. Il fallait trouver un digne successeur à la chaire Cavendish et à la direction du laboratoire, ce qui n'était pas chose facile. Le nouveau directeur aurait une impressionnante lignée de prédécesseurs : Maxwell, Rayleigh et J.J. Thomson. Sa stature scientifique désignait manifestement Rutherford. Mais le successeur devait également avoir une très forte confiance en soi, eu égard aux parallèles possibles avec ses devanciers. Rutherford n'avait pas peur et, à juste titre, n'était guère modeste. Cependant, il voulut s'assurer que J.J. Thomson n'essaierait pas de garder trop d'influence au laboratoire. De la façon la plus ouverte, il écrivit à son ancien professeur et ces deux fortes personnalités clarifièrent la situation et se mirent d'accord, évitant ainsi des désagréments ultérieurs.

Rutherford fut invité à donner pour la seconde fois la Conférence Baker en 1920. Comme la première fois (en 1904), il récapitula le travail qu'il avait accompli, traitant cette fois de la période de Manchester, allant de la formulation du modèle de l'atome nucléaire à la désintégration du noyau. Décrivant l'atome, il cita des détails de ses expériences sur la diffusion des particules alpha, puis évoqua les travaux de Barkla et de Moseley qui avaient établi l'existence du numéro atomique. Il était encore très réservé vis-à-vis du travail de Bohr. Il décrivit ensuite en détail son travail sur la désintégration. Dans cette conférence, il avança également quelques conjectures sur l'existence d'une particule neutre de masse semblable à celle du proton

Figure 6-6
La façade du Laboratoire Cavendish telle qu'elle apparaît depuis l'époque de Maxwell. Le bâtiment est aujourd'hui consacré à d'autres fonctions universitaires et le Laboratoire Cavendish reconstruit ailleurs. (Laboratoire Cavendish, Université de Cambridge.)

(terme qu'il avait forgé pour désigner le noyau d'hydrogène). Il considérait plutôt cette particule hypothétique comme un atome d'hydrogène dans le noyau duquel l'électron serait tombé, le neutralisant électriquement. Cette hypothèse devait se révéler importante, comme nous le verrons plus loin. Il spéculait aussi sur un isotope possible, de masse 2, de l'hydrogène (le deutérium).

Au Laboratoire Cavendish, Rutherford ne travaillait plus de ses propres mains, à sa manière d'antan. A présent, il avait dépassé la cinquantaine et était entouré d'une nouvelle génération de jeunes scientifiques revenus de la guerre. Ses responsabilités principales à Cambridge consistaient à

Figure 6-7

La photographie historique de groupe prise au Cavendish Laboratory en 1932. Au dernier rang, de gauche à droite, N. Alexander, P. Wright, A. Hill, J. Pawsey, G. Occhialini, H. Miller. Troisième rang, W. Ducanson, E. Childs, T. T. Tarrant, J. McDougall ; R. Evans, E. Shire, E. White, F. Nicholl, R. Chaudri, B. Bowden, W. Lewis. Second rang, P. Ho, C. Mohr, H. Massey, M. Oliphant, E. Walton, C. Wynn-Williams, J. Roberts, N. Feather, Miss Davies, Miss Sparshott, J. Gott. Premier rang, J. Ratcliffe, P. Kapitza, J. Chadwick, R. Ladenburg, le professeur Sir J.J. Thomson, le professeur Lord Rutheford, le professeur C. Wilson, F. Aston, C. Ellis, P. Blackett, J. Cockcroft. À l'époque, le groupe comprenait déjà quatre lauréats du Prix Nobel (Thomson, Rutheford, Wilson et Aston), assis ensemble au milieu du premier rang. Les lauréats ultérieurs du Prix Nobel sont Walton, Kapitza, Chadwick, Blackett et Cockcroft.
(Photo Cavendish Laboratory).

fournir inspiration et encadrement à une pléiade d'excellents jeunes physiciens, comprenant J. Chadwick, P. Blackett, C. Ellis, J. Cockcroft, E. Walton, M. Oliphant, C. Wynn-Williams et d'autres qui travaillaient sur des problèmes de physique nucléaire *(figure 6-7)*.

Dans le même bâtiment, ou tout près, se trouvaient d'autres physiciens qui n'évoluaient pas dans l'orbite de Rutherford. Parmi eux, J.J. Thomson qui avait gardé son propre laboratoire, F. Aston, C. Wilson et, plus tard, le Russe P. Kapitza. Quoique Rutherford n'effectuât plus d'expériences lui-même, il suivait de près ce qui se passait au laboratoire et apportait souvent des idées à ceux qui en avaient besoin, y compris à propos de subtils détails de leur travail. Mais, avant tout, il imprimait sa direction générale au laboratoire et décidait des lignes de recherche.

Je me rappelle l'atmosphère qui régnait au Laboratoire Cavendish quand, en 1934, E. Amaldi et moi-même y séjournâmes quelques semaines. Notre travail à Rome sur les neutrons nous valut une chaleureuse réception et Rutherford manifesta un vif intérêt pour nos résultats, nous questionnant sur plusieurs points. Il prit notre manuscrit et, dès le lendemain, nous le ramena avec de nombreuses corrections écrites de sa main, visant surtout à améliorer notre anglais. Quand je lui demandai s'il pouvait s'arranger pour le faire paraître rapidement, il rit et répondit incisivement : « Pourquoi donc croyez-vous que je sois président de la Royal Society ? »

Quand il parcourait le laboratoire, on pouvait le voir s'asseoir sur un tabouret, sortir un bout de crayon de son gilet et vérifier les résultats d'une expérience en cours. Les chercheurs, quand il s'adressait à eux, se mettaient presque au garde-à-vous et couraient plutôt qu'ils ne marchaient. Ces attitudes n'étaient certes pas dictées par une discipline formelle, mais par le respect que Rutherford lui-même inspirait. Une remarque de Rutherford, bonne ou mauvaise, n'était jamais prise à la légère. Ailleurs, j'ai vu de célèbres directeurs de laboratoire traités de façon presque condescendante par de jeunes chercheurs ; ce n'était certainement pas le cas avec Rutherford.

La *figure 6-8*, où l'on voit Rutherford et Ratcliffe, est d'une tonalité un peu ironique, car elle montre un amplificateur servant à détecter les particules alpha qui ne pouvait tolérer aucun bruit. Pour bien fonctionner, il requérait le silence ou du moins une voix étouffée, ce qui n'était pas une des caractéristiques de Rutherford !

L'attitude de Rutherford envers les théoriciens était très particulière. Il n'en était certainement pas un lui-même, et n'était pas le dernier à se moquer des théories et des théoriciens. Pourtant, il était extrêmement attentif aux résultats théoriques et les traduisait en termes concrets qui avaient sa préférence : il alla un jour jusqu'à dire en plaisantant que les particules alpha étaient rouges, comme tout un chacun savait ! Bohr, qui respectait beaucoup Rutherford, avait été son protégé et sans doute avaient-ils

« Je sais ce que sont les particules. C'est de l'hélium de masse 3. » Oliphant, encore endormi, répondit de but en blanc : « Bien, monsieur, mais pour quelles raisons pensez-vous que ce soit de l'hélium 3 ? » A quoi Rutherford répliqua : « Des raisons ? Des raisons ? J'ai senti cela en pissant. » Naturellement, Rutherford n'avait pas tort, comme Oliphant put le vérifier dès le lendemain.

D'après Kapitza, ami proche de Rutherford, l'extraordinaire intuition de ce dernier peut en partie être expliquée par l'énorme activité intellectuelle qu'il poursuivait. Il formulait hypothèse sur hypothèse, les rejetant ou les modifiant suivant ses besoins, déployant en tout une énergie inépuisable. Il travaillait tout le temps, et même ses amis et collègues ne connaissaient qu'une faible fraction de ses réflexions scientifiques. Quelquefois, à de petites allusions, ils se rendaient compte qu'il avait tenté en vain quelque expérience. Cette explication de son « intuition » me semble recevable, et je suis sûr qu'elle s'applique de même à d'autres grands savants.

Rutherford avait reçu les plus hautes distinctions de tous les pays du monde et fut président de la Royal Society de 1925 à 1930. Le 1er janvier 1931, il fut élevé à la pairie. Il envoya un télégramme à sa mère, alors âgée de presque quatre-vingt-dix ans et qui vivait toujours en Nouvelle-Zélande. Il y disait : « Devenu Lord Rutherford — Un honneur plus pour vous que pour moi — Ernest. » Les armes du nouveau baronnet de Nelson montrent une interprétation stylisée des courbes de croissance et de décroissance radioactives remontant à ses années canadiennes (voir *figure 3-6b*). Politiquement, Rutherford était plutôt conservateur, mais ce n'était pas un activiste. Quand Hitler commença à persécuter les Juifs, un Conseil d'Entraide universitaire fut constitué en Angleterre pour prêter secours aux victimes des nazis et Rutherford en devint président.

Dans ses dernières années *(figure 6-9)*, Rutherford assista en physique à des changements qui peut-être ne lui convenaient guère. Les expériences se faisaient plus compliquées, les accélérateurs étaient nés, la théorie devenait de plus en plus abstraite. Cette nouvelle ère de la physique, qui s'amorça pour une part au Laboratoire Cavendish, sera abordée plus tard. Bien que certains de ses protagonistes eussent été des élèves de Rutherford, beaucoup avaient

Figure 6-9
Ernest Rutherford dans ses dernières années avec J.J. Thomson, son prédécesseur à la direction du Laboratoire Cavendish. Thomson survécut de quelques années à Rutherford. (Laboratoire Cavendish, Université de Cambridge.)

d'autres origines et provenaient d'un cercle scientifique plus large.

En 1937, au cours d'une conférence réunie à Bologne, on apprit que Rutherford souffrait gravement d'une hernie étranglée. Le 19 octobre 1937, il en mourut. Sa mort fut annoncée par Bohr, d'une voix brisée de larmes. Parmi les participants, beaucoup ne connaissaient de Rutherford que ses travaux, mais l'expression des visages montra combien grande était cette perte. Il est enterré à l'abbaye de Westminster, près de la tombe de Newton.

CHAPITRE VII

Bohr et les modèles atomiques

Les jeunes physiciens qui entouraient Rutherford à Manchester étaient presque tous des expérimentateurs. Rutherford lui-même éprouvait des sentiments mitigés vis-à-vis de la théorie : il était trop intelligent pour ignorer son importance, mais lui-même pensait de façon intuitive et utilisait des modèles simples, suivant la tradition anglaise. L'immense succès remporté par des méthodes aussi simples dans les domaines de l'expérience et de la réflexion renforcèrent peut-être à l'excès sa confiance en ce style et sa méfiance envers la théorie. Il semble que Rutherford ne vouait qu'un intérêt très limité aux quanta et aux grandes idées nouvelles qui révolutionnèrent la physique théorique : il était trop absorbé par la révolution que lui-même accomplissait. Un échange d'idées sur la physique entre Einstein et Rutherford paraît difficilement concevable, du moins du point de vue du second. Pourtant, c'est dans son laboratoire à Manchester que commença la nouvelle révolution théorique, mise en œuvre par un visiteur qui participait très activement à la vie du laboratoire : Niels Bohr (1885-1962).

Le jeune Bohr et l'atome d'hydrogène.

Niels Bohr *(figure 7-1)*, né à Copenhague le 7 octobre 1885, était le fils d'un éminent physiologiste, Christian Bohr, et d'Ellen Adler, fille d'un riche banquier juif. La famille dispensa tous les avantages d'une éducation brillante et les meilleures études à Niels et à son frère Harald, lequel devint

Figure 7-1
Niels Bohr (1885-1962) vers l'époque où il développait son modèle atomique : l'atome de Bohr. (Niels Bohr Institute).

un mathématicien célèbre. Les deux enfants furent cajolés par leur mère et ses sœurs. Les Bohr appartenaient à une famille de la haute bourgeoisie danoise et, dans un si petit pays, ils pouvaient rencontrer toutes les personnalités intellectuelles marquantes de l'époque : ils étaient particulièrement liés aux milieux philosophiques et médicaux. Rien ne laisse entendre que Bohr ait été un enfant prodige, bien qu'il ait réalisé alors des dessins d'une précision remarquable. Si j'ai bien compris ce qu'il me raconta un jour, Bohr éprouva des difficultés pour apprendre à écrire.

Dans leur jeunesse, Niels et son frère devinrent des athlètes remarquables. Ils jouaient au football presque comme des professionnels et je me rappelle Bohr, ayant largement dépassé la soixantaine, skiant avec vivacité sur les pentes de Los Alamos. Au lycée, les deux frères commencèrent à devancer leurs camarades et, en 1904, alors que Niels avait dix-neuf ans et son frère Harald seize, un de leurs condisciples parlait déjà d'eux comme de génies.

L'intérêt du jeune Niels pour la physique fut éveillé par son père alors qu'il était encore à l'école élémentaire. Quand il dut décider des études qu'il allait faire à l'Université de Copenhague, il choisit la physique qu'il étudia avec le professeur C. Christiansen. Il travailla sur les jets de liquide et la tension superficielle, pour participer à un concours organisé sur ce sujet par l'Académie danoise des Sciences. Il obtint le prix grâce à une étude théorique et expérimentale effectuée dans le laboratoire de son père. Par la suite, cependant, il se concentra de plus en plus sur la théorie. Il rédigea une thèse de doctorat sur la théorie électronique des métaux et, peu après, en 1911, vint travailler sous la direction de J.J. Thomson au Laboratoire Cavendish. Thomson le reçut courtoisement et écouta avec intérêt les explications qu'il lui fournit sur son travail, mais il ne put trouver le temps de lire sa thèse. Rien de bien étonnant à cela si l'on imagine l'emploi du temps de Thomson et le nombre d'étudiants qu'il devait diriger. A Cambridge, Bohr rencontra Rutherford et fut impressionné par lui au point de venir, en novembre 1911, suivre au laboratoire de Rutherford un cours expérimental sur les mesures radioactives. Dans l'attente de la livraison d'une source radioactive, il travailla d'abord sur un sujet très à la mode à Manchester : le passage des particules alpha à travers la matière. Il obtint quelques résultats intéressants et ce sujet resta jusqu'à la fin de sa vie l'un de ses favoris. Bientôt, cependant, il se tourna vers un domaine beaucoup plus important, lié lui aussi aux activités de Rutherford.

Comme nous l'avons vu, Rutherford avait imaginé un modèle atomique qui pouvait expliquer les grandes déviations que subissaient parfois les particules alpha en traversant la matière. Pour rendre compte de ce phénomène, Rutherford avait développé un modèle « saturnien » de l'atome — en langage moderne, un modèle nucléaire. Bohr prit ce modèle très au sérieux, malgré les difficultés que présentait son absence de stabilité mécanique et électrique. Cette difficulté, déjà signalée par Rutherford, avait certaines caractéristiques intéressantes. On savait — ou on admettait — que tous les atomes d'un corps étaient de même dimension, mais il n'existait rien dans le modèle qui pût assurer cette égalité ; en particulier, il n'y avait rien qui pût fixer le rayon atomique. Pour que le modèle survive, il fallait donc trouver un remède radical, capable de lui assurer à la fois la stabilité et un rayon fixé. La charge et la masse de l'électron étaient les ingrédients de tous les calculs, mais que pouvait bien être l'autre constante universelle (indépendante du corps considéré) capable de donner la longueur ?

Pour une personne au courant des idées « modernes » de 1911, la réponse n'était point trop mystérieuse. Le quantum d'action, la constante de Planck, devait jouer un rôle. Plusieurs possibilités se faisaient jour. L'idée que le rayon de l'atome était la constante fondamentale et que le quantum d'action en dérivait avait été proposée par le physicien autrichien A. Haas. L'astronome anglais J. Nicholson avait également essayé d'introduire h dans les modèles atomiques, ce qu'avait fait de son côté le chimiste danois N. Bjerrum pour les molécules. Cependant, ces tentatives restaient vagues ou avaient entraîné dans des directions fausses.

Bohr soupesait ces problèmes et ces idées et il en fait état dans une lettre à son frère datée du 19 juin 1912. En juin ou juillet, il prépara une note en vue d'une discussion avec Rutherford sur ce sujet. Manifestement, il avait beaucoup d'enthousiasme pour le modèle, mais il n'avait pas encore pris en considération le spectre de l'hydrogène. Les spectres devinrent la clé d'une grande partie des développements ultérieurs, mais, à l'époque, on considérait ce domaine comme beaucoup trop complexe et apparemment inaccessible. C'est en 1913 qu'un ami étudiant, Hans Magnus Hansen, demanda à Bohr si son modèle pouvait dire quelque chose sur les spectres ; Bohr lui ayant répondu par la négative, il lui conseilla de jeter un coup d'œil sur la formule de Balmer. « Dès que je vis la formule de Balmer, tout devint clair pour moi », dit Bohr bien des années plus tard.

Qu'était-ce donc que cette formule de Balmer ? Johan Jakob Balmer (1825-1898), professeur de lycée suisse, passait pour un spécialiste de nombres et avait remarqué une régularité frappante dans les fréquences des raies spectrales de l'hydrogène. Elles sont données par la formule :

$$\upsilon = R\left(\frac{1}{n_1{}^2} - \frac{1}{n_2{}^2}\right)$$

où n_1 et n_2 sont des n entiers positifs et où $n_1 < n_2$ (je me sers d'une notation plus moderne que Balmer qui utilisait les longueurs d'onde à la place des fréquences). Les raies de l'atome d'hydrogène vérifient très précisément cette formule qui devint la pierre de touche de toute théorie de l'atome d'hydrogène. A l'époque de Balmer, on connaissait seulement la série visible pour laquelle $n_1 = 2$, et c'est sur elle que la régularité fut remarquée *(figure 7-2)*. Plus tard, la série ultraviolette, $n_1 = 1$, fut découverte par Lyman, puis les séries infrarouges, $n_1 = 3$, par Paschen et $n_1 = 4$ par Brackett. Les *figures 7-3* et *7-4* montrent graphiquement ces résultats. La constante R, appelée constante de Rydberg en l'honneur du grand spectroscopiste suédois, fixe l'échelle.

Les orbites d'un point attiré par un centre fixe avec une force inversement proportionnelle au carré de la distance au centre, sont, comme dans le cas des planètes, des ellipses dont le centre ocupe un des foyers, mais, pour la simplicité, nous ne considérerons que des orbites circulaires. Pour un tel système, les rayons r possibles sont ceux pour lesquels la vitesse v est telle que la force centrifuge compense exactement l'attraction du centre, c'est-à-dire que :

$$\frac{mv^2}{r} = \frac{e^2}{r^2}$$

Tous les rayons sont donc possibles à condition de choisir la vitesse convenable : il faut introduire une autre condition pour fixer le rayon. Bohr donna des critères permettant de

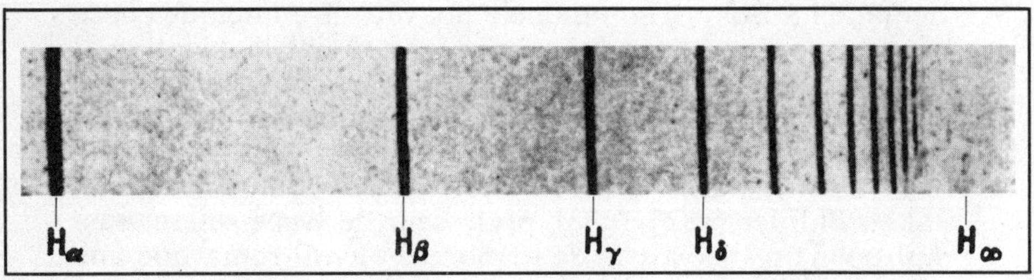

Figure 7-2
Le spectre de l'hydrogène. Les fréquences des raies correspondent à la formule de Balmer. Les fréquences des raies se rapprochent les unes des autres, tendant vers la valeur limite H∞ au-delà de laquelle le spectre devient continu.

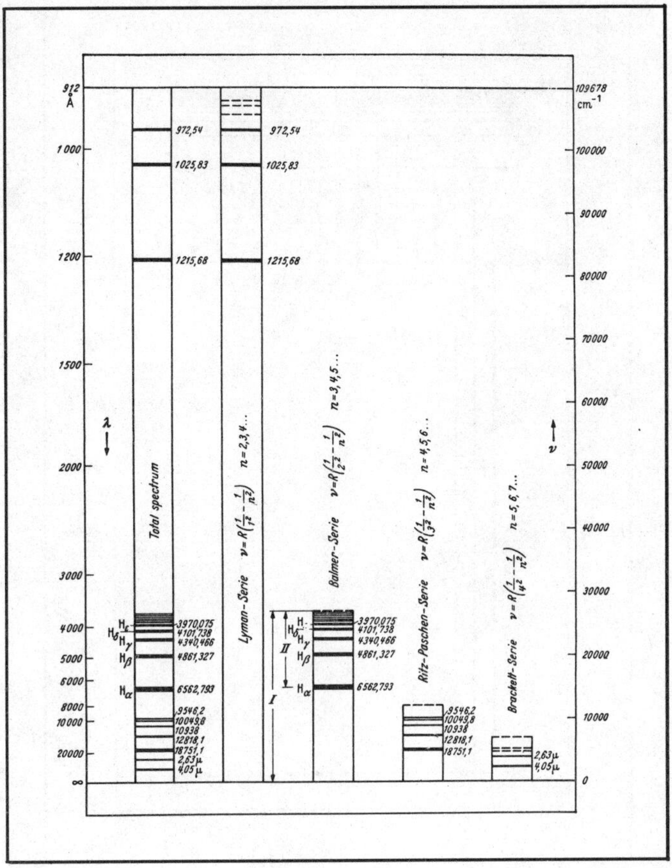

Figure 7-3

Le spectre de l'hydrogène. Les raies spectrales ont la fréquence $\upsilon_{ij} = (E_i - E_j)/h$ où $E_i = R/n_i^2$ et $E_j = R/n_j^2$, où n_i et n_j sont des nombres entiers positifs avec $n_i < n_j$. Pour n_i égal à 1, 2, 3..., on a les séries spectrales de Lyman, Balmer, Paschen, Brackett, Pfund, etc. R est égal à $2\pi^2 Z^2 e^4 m/h^3$ où m est la masse réduite. [D'après W. Grotian, *Graphische Darstellung der Spektren* (Berlin, 1928).]

choisir, parmi l'infinité d'orbites qui semblent possibles *(figure 7-5)*, les orbites privilégiées, appelées *états stationnaires*. Bohr formula en outre deux postulats en ces termes :

1. Que l'équilibre dynamique du système des états stationnaires peut être calculé par la mécanique classique alors que le passage d'un état à un autre ne peut pas être traité sur cette base.

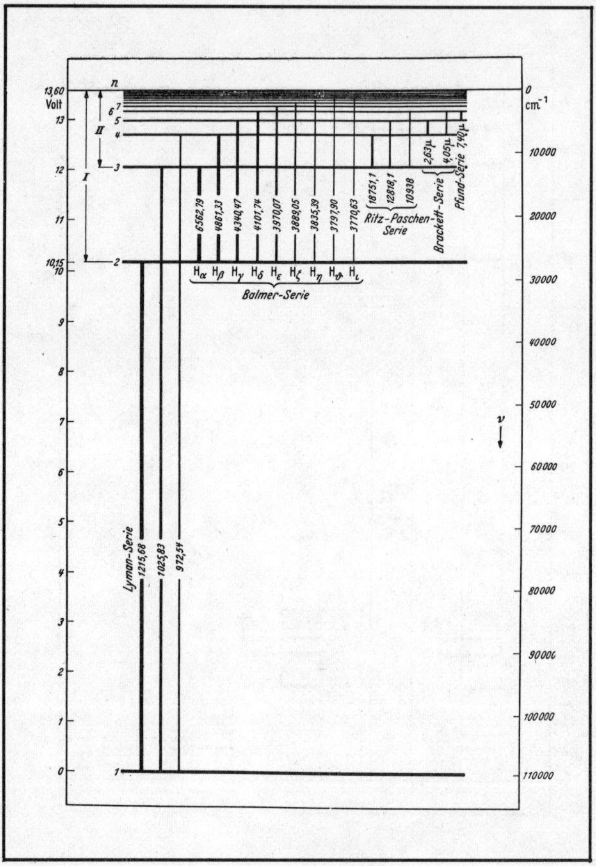

Figure 7-4
Niveaux d'énergie de l'atome d'hydrogène suivant le modèle de Bohr. Les énergies (échelle de gauche) sont en électron-volts, les « fréquences » sont en nombre d'ondes $1/\lambda$ (échelle de droite). La vraie fréquence est la pseudo-fréquence multipliée par c, puisque $\nu = c/\lambda$. [D'après W. Gotrian, *Graphische Darstellung der Spektren* (Berlin, 1928).]

2. Que le processus précédent (de passage d'un état à un autre) est accompagné de l'émission d'un rayonnement *homogène* dont la fréquence est liée à l'énergie émise par la relation donnée par Planck (c'est-à-dire $E_1 - E_2 = h\nu$).

Ces deux hypothèses contredisent la physique classique

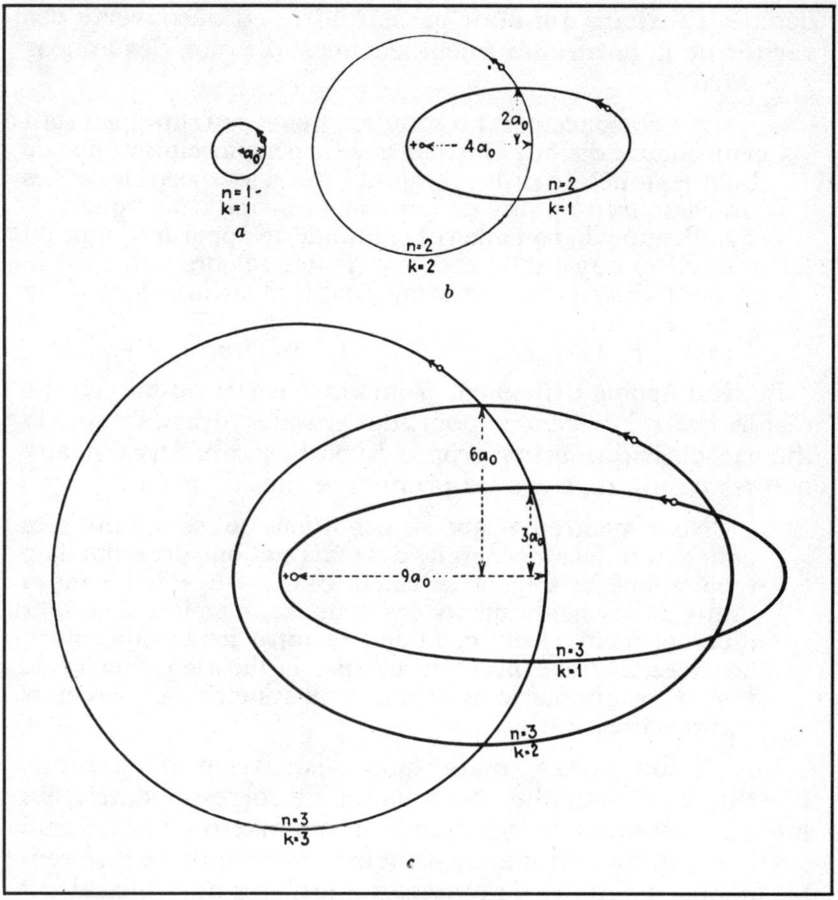

Figure 7-5
Les orbites électroniques dans l'atome d'hydrogène d'après la théorie de Bohr et Sommerfeld. L'unité de longueur $a_o = (h/2\pi e)^2(1/m)$ est le premier rayon de Bohr et vaut $0{,}53 \times 10^{-8}$ cm. n est appelé nombre quantique total et détermine les axes principaux des orbites et l'énergie. Le nombre quantique $k \leqslant n$ donne l'excentricité de l'orbite ; $k—1 = l$ donne le moment angulaire en unité de $h/2\pi$.

et, en les posant, ensemble ou séparément, nous entrons dans un labyrinthe dont il semble impossible de sortir. Poincaré avait un jour observé qu'en formulant des hypothèses contradictoires, on peut tout prouver. Cet énoncé est mathématiquement correct. Seule son intuition exceptionnelle et mystérieuse évita à Bohr de se perdre dans ce dédale. Einstein, qui était passé maître en découverte des vérités de la nature les mieux cachées, dit bien des années plus tard

> « que ces fondements contradictoires et peu sûrs aient suffi à un homme doué de l'instinct et de la perspicacité uniques de Bohr pour découvrir la loi capitale des raies spectrales et des couches électroniques de l'atome en même temps que leur signification du point de vue chimique, m'apparut comme un miracle et apparaît encore comme tel aujourd'hui. C'est la forme la plus élevée de la musicalité dans la sphère de la pensée. »
>
> [Schilpp, *Albert Einstein Philosopher-Scientist,* p. 46.]

Le fil d'Ariane utilisé par Bohr pour sortir du labyrinthe réside dans l'exigence, pour de grandes orbites, que la théorie classique et sa propre hypothèse aboutissent aux mêmes résultats. Dans les propres termes de Bohr :

> « Nous montrerons que les conditions qui seront utilisées pour déterminer les énergies des états stationnaires sont d'un type tel que les fréquences calculées ($E_1 - E_2 = h\nu$), dans la limite où les mouvements des états stationnaires successifs diffèrent relativement peu l'un de l'autre, tendront à coïncider avec les fréquences prévues par la théorie ordinaire du rayonnement pour le mouvement du système dans ces états stationnaires. »

Révolution certes, mais sans destruction irréparable. C'est un cas particulier du principe de correspondance qui indique comment passer d'un système macroscopique à un système microscopique. Ce principe fut formulé de différentes façons et élaboré de toutes les manières possibles avant la découverte de la mécanique quantique. Il est des plus utiles comme guide pour l'intuition, mais on ne peut l'énoncer rigoureusement comme, par exemple, les principes de la thermodynamique. En exagérant un peu, on peut plutôt le réduire à une manière de dire : « Bohr aurait procédé de cette façon. »

Avec les deux hypothèses énoncées plus haut, il n'est pas difficile d'obtenir les rayons des orbites et les énergies des états stationnaires, et, de là, le spectre de l'hydrogène (voir les *figures 7-4* et 7-5).

Dans l'Appendice 9, nous donnons les principaux points du calcul de Bohr, basé sur le principe de correspondance. Les résultats finaux sont que les rayons r_n des orbites augmentent comme 1, 4, 9, etc..., ou plus précisément que

$$r_n = \frac{n^2h^2}{4\pi^2mZe^2}$$

où n est un entier positif, h la constante de Planck, m et e la masse et la charge de l'électron, et Z un entier positif (le numéro atomique) tel que Ze soit la charge nucléaire changée de signe. Les énergies des états stationnaires sont alors

$$E_n = -\frac{Ze^2}{2r_n} = -\frac{2\pi^2Z^2me^4}{h^2n^2}$$

où le zéro d'énergie correspond à l'électron au repos à très grande distance du centre. Des énergies des niveaux et de l'hypothèse 2, il découle immédiatement les fréquences des raies spectrales :

$$\nu_{nm} = \frac{E_n - E_m}{h}$$

Nous avons donc expliqué la formule de Balmer et la constante qui y figure peut s'exprimer en fonction de e m et h, comme

$$R = \frac{2\pi^2Z^2me^4}{h^3}$$

Un pont est ainsi jeté entre différents chapitres de la physique, très éloignés les uns des autres : la spectroscopie, la radioactivité et la théorie du corps noir. Cette unification de domaines apparemment si distincts est toujours un signe que l'on est sur la bonne voie, et c'est en soi le résultat le plus important. Les *figures 7-3, 7-4* et *7-5* résument graphiquement l'ensemble : les niveaux d'énergie, les raies spectrales et les orbites.

Au début de 1913, Bohr commença à écrire une formidable trilogie d'articles. Dans le premier, il prévoyait de fournir une explication générale de l'organisation des atomes et des molécules. Le second aurait été consacré aux systèmes à plusieurs degrés de liberté, et le troisième aurait traité de systèmes à plus d'un noyau. Le projet ne fut jamais intégralement réalisé et une partie seulement parut en 1918. En août 1918, Bohr écrit à son ami le physicien O. Richardson : « Je sais que vous comprenez comment les choses arrivent et comment ma vie, du point de vue scientifique, passe par des périodes de bonheur exalté et de désespoir, d'impressions de vigueur et d'épuisement, d'articles commencés et non publiés, parce qu'en permanence je modifie graduellement mes vues sur cette terrible énigme qu'est la mécanique quantique. » [Bohr, *Collected papers,* vol. 3, p. 141.]

Le premier article de Bohr, daté du 5 avril 1913 et publié dans le volume 26 du *Philosophical Magazine,* est facile à lire pour quelqu'un qui a quelques rudiments de physique. Le lecteur expert admirera la dextérité avec laquelle Bohr, sûrement guidé par le principe de correspondance, navigue dans une mer semée de dangereux écueils. A la fin de l'article, étant déjà au port, il ajoute une remarque d'une grande importance : « Pour les orbites permises, le moment angulaire est un multiple entier de $h/2\,\pi$, et ce fait peut être utilisé comme un critère de quantification donnant les états stationnaires. »

La théorie de Bohr révèle une puissance extraordinaire en prévoyant de nouvelles séries spectrales en sus de celle de Balmer, en prévoyant le spectre de l'hélium ionisé, l'effet sur les raies spectrales de la masse finie du noyau, etc... Toutefois, Bohr se rendit compte de ses graves imperfections et de ce qu'elle pouvait au mieux représenter un stade intermédiaire avant qu'une théorie solide ne soit trouvée. Il mit toujours l'accent sur cette vérité désagréable. Cependant, les résultats théoriques et expérimentaux, parfois seulement approchés, mais toujours impressionnants, s'accumulaient. En dehors de la spectroscopie, je ne citerai que deux résultats qui touchent aux fondements de la physique. Ce sont l'expérience de Frank et Hertz et celle de Stern et Gerlach, dont je parlerai plus loin.

Comment la théorie de Bohr fut-elle reçue ? Les témoignages après coup ne sont pas toujours sûrs, mais le fait que Rutherford transmit l'article de Bohr au *Philosophical Magazine,* malgré les « idées sauvages » qu'il contenait, montre qu'il estimait que l'auteur avait quelques mérites. Bohr lui avait envoyé son manuscrit du Danemark et Rutherford, avec son bon sens, objecta que, dans cette théorie, un électron devait savoir au préalable sur quelle orbite il voulait sauter. Cette sérieuse difficulté ne fut pas élucidée avant un certain temps. L'étape décisive fut franchie par Einstein en 1917 lorsque, comme nous l'avons vu, il introduisit des notions de probabilité basées sur une analogie avec la radioactivité. Quoi qu'il en soit, cette objection mise à part, Rutherford trouva l'article un peu long et essaya de le raccourcir. Il en fit part à Bohr d'une façon un peu désinvolte. La réaction fut inattendue : Bohr prit le bateau et vint à Manchester. Là, il défendit son article ligne à ligne contre les critiques de Rutherford, jusqu'à l'emporter. J'aurais aimé assister à la scène. Bohr était un homme au caractère doux, il était courtois et fort respectueux vis-à-vis de Rutherford. Ce dernier était plus âgé que Bohr, il avait l'habitude de donner des ordres et bénéficiait d'une situation scientifique bien assise, considérable. Dans une de ses lettres, Rutherford déclare qu'il ne se serait jamais attendu à tant d'obstination chez Bohr.

Pour donner quelque idée des raisons motivant la critique de Rutherford, voici les conclusions d'une des parties de l'article de Bohr :

> « Le caractère préalable et hypothétique des considérations précédentes n'a pas besoin d'être souligné. Cependant, l'intention avait été de montrer que l'esquisse de généralisation de la théorie des états stationnaires peut fournir une base simple pour représenter un certain nombre de faits expérimentaux qui ne peuvent être expliqués grâce à l'électrodynamique classique, et que les hypothèses utilisées ne semblent pas incompatibles avec les expériences touchant des phénomènes pour lesquels une explication satisfaisante a été donnée par la dynamique classique et la théorie ondulatoire de la lumière. »

Le style peut paraître guindé, mais chaque terme a été pensé et soigneusement pesé. Inutile de dire que Rutherford et Bohr restèrent amis toute leur vie. Bien qu'ils fussent très différents dans leur abord comme dans leur style scientifique, chacun éprouvait pour l'autre l'estime et l'affection la plus grande, et ils pouvaient mutuellement se comprendre sur le plan scientifique. Un témoignage éloquent de leurs relations est fourni par Bohr dans ses « Souvenirs sur le fondateur de la science nucléaire et quelques développements basés sur son œuvre », qu'on trouve dans le livre *Rutherford at Manchester* (voir la bibliographie). Bohr y raconte une anecdote illustrant leurs rapports : « A un dîner du club de la Royal Society, conversant avec quelques-uns de ses amis, je parlais de lui à la troisième personne en l'appelant Lord Rutherford ; furieux, il se tourna vers moi et me dit : Vous voulez m'en imposer *(do you lord me) ?* ».

L'écriture était une expérience douloureuse pour Bohr, comme le constatèrent ses collaborateurs. Un article était commencé, écrit puis réécrit peut-être une douzaine de fois. Dans chaque version, il changeait une phrase de-ci de-là, clarifiait un énoncé, améliorait la définition d'un concept. A la fin, l'article était envoyé par exemple à l'Académie danoise des Sciences. Quand les épreuves étaient retournées à l'auteur, elles étaient pratiquement réécrites pour peaufiner la précision de l'expression ou parce que des idées nouvelles étaient venues à Bohr. L'imprimeur se tourmentait et les responsables de l'Académie étaient embarrassés, mais on acceptait ces façons de faire : Bohr était Bohr. Avec plusieurs mois de retard, le volume de *Comptes-Rendus* pouvait enfin paraître, mais sans l'article de Bohr, et des années plus tard l'article pouvait encore se trouver en chantier alors que collaborateurs et collègues en avaient vu diverses versions provisoires. Quand l'article paraissait, s'il paraissait jamais, ce n'était pourtant pas un modèle de clarté, même s'il brillait par sa profondeur. En fait de profondeur et de clarté des articles, Bohr avait toujours sous la main quelques citations allemandes, comme celle qui est donnée page 233. Peut-être est-ce là un trait de l'homme déjà âgé, davantage que du Bohr de trente ans, mais la lettre à Richardson citée page 173 et les archives Bohr témoignent amplement que même le jeune Bohr écrivait de cette façon.

Revenons à l'accueil réservé au grand article de 1913. En septembre de cette année se tint à Birmingham une réunion de la British Association à laquelle assistaient Rutherford, Lorentz, O. Lodge, Lord Rayleigh, Jeans et d'autres scientifiques importants. L'article de Bohr fut remarqué et discuté. Lord Rayleigh déclara : « Je l'ai regardé, mais j'ai vu qu'il n'y avait là rien d'utile pour moi. Je ne dis pas qu'on ne puisse pas faire des découvertes de cette façon. Je pense qu'il est très probable qu'on puisse y arriver. Mais cela ne me convient pas. » [Rayleigh, *Life of Lord Rayleigh,* p. 357.] Rayleigh avait soixante-et-onze ans et avait fait le vœu depuis longtemps de ne plus ouvrir la bouche sur les développements nouveaux de la physique. Il tint parole.

Cependant, le succès de la nouvelle théorie était incontestable. A Göttingen, P. Debye était enthousiaste, et il semble qu'A. Sommerfeld ait dit à L. Brillouin que c'était là un article d'une importance historique. De leur côté, à Zurich, O. Stern et M. von Laue, qui devaient tant faire pour le progrès des idées de Bohr, étudièrent l'article et déclarèrent que si d'aventure il s'avérait exact, eux-mêmes renonceraient alors à la physique. George Hevesy, qui était devenu un ami proche de Bohr à Manchester, rendit visite à Einstein et lui parla du travail de Bohr. Einstein s'enthousiasma aussitôt ; il dit qu'il avait eu une fois des idées semblables, mais qu'il n'avait osé les approfondir. Avec une satisfaction évidente, Hevesy se précipita pour faire part de l'opinion d'Einstein à Rutherford en même temps qu'à Bohr.

La découverte de Bohr ne précéda la Première Guerre mondiale que de quelques mois. Le Danemark pouvait rester neutre, mais Bohr sympathisait avec la cause des Alliés. Il occupait une fonction modeste et assez insatisfaisante à Copenhague ; en 1914, il accepta un poste au laboratoire de Rutherford à Manchester, jusqu'en 1916 où on le rappela au Danemark pour lui offrir une chaire de physique théorique. Bohr avait toujours gardé un contact étroit avec la physique expérimentale et il entreprit d'obtenir un laboratoire associé à sa chaire. Après la guerre, il y réussit et un nouvel institut fut construit à Copenhague. Au début, les Bohr vivaient à l'institut. Plus tard, en 1932, ils furent la seconde famille invitée à occuper la « Maison d'honneur », un hôtel particulier bâti par J. Jacobsen, fondateur des fameuses brasseries Carlsberg.

Cette maison est aujourd'hui une résidence semi-officielle pour le citoyen danois le plus éminent dans les arts ou les sciences. C'est une maison princière, pour l'entretien de laquelle son fondateur a laissé une dotation. Elle est située près de la brasserie, bâtie dans un style néo-classique adapté cependant au climat danois ; elle dispose aussi d'un jardin magnifique. Mme Bohr était une hôtesse raffinée et, pendant des années, les Bohr invitèrent de nombreuses hautes personnalités, comprenant des membres de familles royales, des premiers ministres et nombre de grands scientifiques, notamment Rutherford. Ils accueillaient aussi un flot de jeunes physiciens brillants qui travaillaient à Copenhague ou y séjournaient.

La réputation de Bohr s'élargit rapidement et il commença bientôt à recevoir des invitations à donner des conférences dans le monde entier. En 1920, il vint en Allemagne et, pour la première fois, rencontra Planck, Einstein et autres théoriciens allemands éminents. En Hollande, il rencontra H. Lorentz et Paul Ehrenfest avec qui il se lia d'emblée d'une solide amitié. Einstein aussi aimait bien Bohr ; après son passage à Berlin, il lui écrivit : « Rarement dans la vie une personne, par sa seule présence, m'a donné autant de joie que vous. Je comprends maintenant pourquoi Ehrenfest a tant d'attachement pour vous. Je suis en train d'étudier vos grands articles et, quand j'achoppe sur un passage, j'ai le plaisir de voir votre visage juvénile devant moi, souriant et m'expliquant... » [Bohr, *Collected Works*, vol. 3, pp. 22, 634.]

Bohr et son institut de Copenhague remplirent aussi une noble fonction que les conséquences de la guerre avaient rendue nécessaire. Cette guerre avait laissé tout un héritage de désirs revanchards et de règlements de comptes haineux, puérils mais dangereux. Ces sentiments n'étaient pas étrangers à certains scientifiques. Certains, du côté des Alliés, voulaient exclure leurs collègues allemands de la communauté scientifique internationale ; de l'autre côté, de façon injustifiée, les Allemands posaient aux victimes. Ce genre d'attitudes étaient plus répandues dans le monde scientifique officiel, composé de gens plus âgés et qui souvent ne travaillaient plus scientifiquement, que parmi les plus jeunes absorbés par leur recherche. Bohr essaya de combattre ces excès et de rétablir de bonnes relations entre les fractions divisées. Sa personnalité et son appartenance à un pays neutre l'aidèrent dans cette entreprise.

L'activité scientifique de Bohr prit une tournure particulière. Ses habitudes de travail consistaient souvent à penser tout haut et à mener d'interminables discussions pour lesquelles il avait besoin d'un interlocuteur. C'était une sorte de méthode socratique au gré de laquelle il développait ses idées tout en parlant. Le premier assistant de Bohr fut le Hollandais H. Kramers. Il fut suivi de bien d'autres qui plus tard devinrent célèbres. Parmi ceux qui firent des séjours prolongés à Copenhague figurent les Anglais P. Dirac et N. Mott, l'Allemand W. Heisenberg, l'Autrichien W. Pauli, les Russes G. Gamov et L. Landau, les Américains J. Slater, et H. Urey, le Japonais Y. Nishina et les Scandinaves O. Klein et S. Rosseland. Dirac écrit à propos de ses conversations avec Bohr :

> « Très souvent je n'étais que son auditeur dans un processus de réflexion à voix haute. J'admirais beaucoup Bohr. Il me semblait être le penseur le plus profond que j'eusse jamais rencontré. Je dirais que ses pensées étaient d'un genre plutôt philosophique. Je ne les comprenais pas tout à fait, bien que je me sois démené comme un beau diable pour y parvenir. Ma propre façon de penser consistait plutôt à mettre l'accent sur les idées qui pouvaient être exprimées en termes d'équations, alors que nombre de pensées de Bohr avaient un caractère plus général, et étaient plutôt éloignées des mathématiques. Mais j'étais néanmoins fort heureux d'avoir ce contact étroit avec Bohr et, comme je l'ai déjà dit, je ne sais exactement dans quelle mesure le fait d'écouter ces réflexions de Bohr n'a pas influencé mon œuvre personnelle. »
>
> [Dirac, *Proc. of the Intl. School of Physics*, « Enrico Fermi », vol. 57, p. 134.]

En raison de son mode particulier d'écriture, Bohr lui-même ne publiait pas beaucoup, mais il n'en était pas moins au centre de toute activité. De plus, il voyageait fréquemment et était invité à répandre ses idées en divers centres scientifiques, en Europe comme aux États-Unis.

Bohr était beaucoup plus prudent et critique vis-à-vis du type de mécanique quantique basée sur les modèles qui prévalait avant 1924, que d'autres scientifiques éminents tels qu'Arnold Sommerfeld. Il insistait toujours sur la nécessité de faire reposer la théorie sur des bases solides et soulignait les contradictions dominantes.

A Copenhague, Bohr se mit aussi à organiser une série annuelle de petites conférences privées, tenues à son institut. Il y conviait une trentaine de physiciens, choisissant certains parmi les plus célèbres, notamment Heisenberg, Pauli et Stern qui assistèrent pratiquement à toutes les réunions. En outre, il invitait un certain nombre de jeunes physiciens actifs venus de tous pays. C'était une occasion de rencontrer des jeunes pleins de promesses, de leur faire connaître Copenhague et de leur faire faire mutuellement connaissance. Ces conférences servirent souvent à établir des amitiés durables entre physiciens des nouvelles généra-

Figure 7-6
Les participants à une réunion organisée par Bohr à Copenhague en 1937. Au premier rang, de gauche à droite : N. Bohr, W. Heisenberg, W. Pauli, O. Stern, L. Meitner, R. Ladenburg, J. Jacobsen. Au second rang, assis en partant de la gauche : V. Weisskopf, C. Møller, H. Euler, R. Peierls, F. Hund, M. Goldhaber, W. Heitler, E. Segrè... Au troisième rang, assis en partant de la gauche : G. Placzek, C. von Weizsäcker, H. Kopfermann... Debout, H. Jensen, L. Rosenfeld, G. Wick. (Par aimable autorisation de E. Segrè.)

tions. Il est très peu de physiciens importants, travaillant entre 1920 et la Seconde Guerre mondiale, qui ne se soient pas vu offrir une ou plusieurs occasions de participer à ces conférences *(figure 7-6)*.

Les rayons X reçoivent leur place.

Même si les principaux thèmes de la physique furent énoncés peu avant la Première Guerre mondiale par Planck, Einstein, Rutherford et Bohr, nous ne devons pas omettre l'orchestration qui les accompagna et qui vint renforcer considérablement la musique.

Depuis un siècle, la structure cristalline avait été attribuée à un arrangement régulier des atomes la composant. R. Hauy (1743-1822) avait dessiné de magnifiques images de ces arrangements hypothétiques d'atomes. Leurs versions modernes sont appelées « réseaux d'espace » et, à titre d'exemple, nous pouvons imaginer tous les atomes situés en des points dont les coordonnées sont des nombres entiers. Bien des lois de la cristallographie pouvaient être justifiées en faisant appel à ces structures hypothétiques, mais ce n'est qu'en 1912 qu'elles furent réellement perçues et leur existence établie.

A Munich, à l'institut de Sommerfeld, P. Ewald étudiait pour sa thèse de doctorat la propagation des ondes électromagnétiques dans les réseaux d'espace. A cette époque, vers 1911, les idées touchant les rayons X s'étaient développées et répandues. L'hypothèse selon laquelle il s'agissait de vibrations électromagnétiques de courte longueur d'onde, semblables à la lumière, semblait plausible. Des estimations, faites en utilisant certains phénomènes de diffraction dus au passage de rayons X à travers une fente étroite, pouvaient être interprétées, leur attribuant une longueur d'onde comparable à la distance interatomique dans un réseau.

Max von Laue (1879-1960) procéda alors à une étude théorique des phénomènes de diffraction auxquels on pouvait s'attendre en faisant passer des rayons X à travers un cristal. Ces résultats furent immédiatement contrôlés par W. Friedrich et P. Knipping qui utilisèrent un appareillage disponible dans le laboratoire de Röntgen. Ils obtinrent bientôt d'excellentes images de diffraction qui confirmaient entièrement les calculs de von Laue *(figures 7-7 et 7-8)*. Le cristal se comporte comme un réseau de diffraction à trois dimensions dont la périodicité est définie par la distance

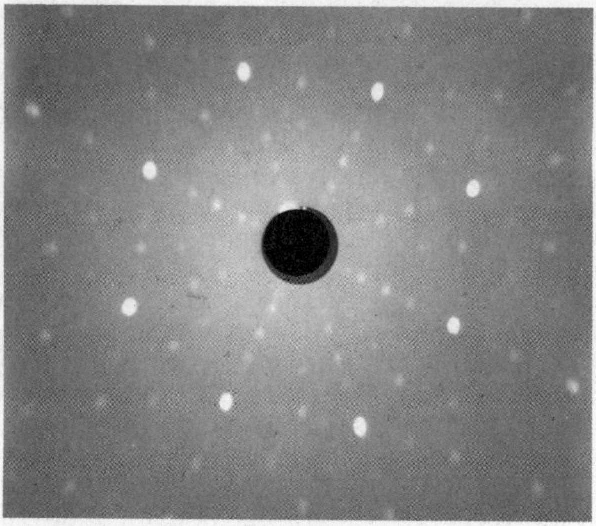

Figure 7-7
Cliché de diffraction d'un monocristal de tungstène obtenu grâce à la méthode de von Laue, Friedrich et Knipping. (Par aimable autorisation du laboratoire C.N.R.-LAMEL de Bologne.)

constante entre atomes dans l'arrangement cristallin. De tels réseaux naturels sont environ cent fois plus fins que les réseaux artificiels tracés régulièrement, en leur temps, par Rowland, Michelson et d'autres, et ils servent pour les rayons X aussi bien que les réseaux tracés artificiellement servent pour la lumière visible.

La découverte de von Laue connut d'innombrables ramifications. Presque immédiatement, à Leeds, en Angleterre, W.H. Bragg et W.L. Bragg, le père et le fils, utilisèrent des cristaux pour construire un vrai spectrographe à rayons X et commencèrent à étendre l'étude des raies spectrales à un domaine de longueur d'onde environ cent fois inférieur à celui de la lumière visible.

Le spectre visible est dû aux mouvements des électrons les plus externes de l'atome, tandis que les spectres de rayons X correspondent aux électrons des couches les plus profondes. En conséquence, les spectres de rayons X montrent des régularités inconnues dans les spectres optiques. Leur comportement est régi par le numéro atomique, c'est-à-dire par la charge nucléaire, comme le montra H. Moseley

Figure 7-8
Max Planck (à gauche) et Max von Laue (à droite) pendant une excursion sur le lac de Côme organisée pour les participants à la conférence Volta de 1927. (Par aimable autorisation de F. Rasetti.)

(1887-1915) immédiatement après la découverte des Bragg.

L'histoire de Moseley est poignante et tragique. Du côté paternel comme du côté maternel, il descendait de familles scientifiques. Il avait été élevé à Eton, dans la meilleure tradition des public schools anglaises. A l'Université de Manchester, il commença son travail de recherche sous la direction de Rutherford, puis il passa à Oxford. Manifestement, parmi les scientifiques britanniques, il était une étoile montante de première grandeur et il travaillait avec une ardeur extrême *(figure 7-9)*. Au cours d'une carrière expérimentale qui ne dura que bien peu d'années, il obtint des résultats encore valables et qui resteront fameux. Au début de la Première Guerre mondiale, il s'enrôla comme volontaire et, malgré les tentatives de Rutherford et d'autres pour le soustraire à des périls mortels et le garder pour la science anglaise, il exigea de remplir ses obligations de combattant. Il fut tué au combat, à l'âge de vingt-sept ans, dans l'expédition des Dardanelles décidée par Churchill.

Avant la guerre, Moseley avait montré que les rayons X fournissent une méthode simple pour mesurer la charge

Figure 7-9
H. Moseley (1887-1915) d'après l'un des rares portraits existants de lui. Il fut tué au combat à l'âge de vingt-sept ans pendant l'expédition anglaise aux Dardanelles. Sa découverte du numéro atomique — le nombre entier mesurant la charge du noyau en prenant la charge du proton comme unité — clarifia définitivement le concept d'élément chimique. (Université de Manchester.)

nucléaire *Z*, autrement dit le numéro atomique. Certaines raies dominantes dans le spectre de rayons X ont des fréquences proportionnelles à Z^2. Par suite, si l'on porte la racine carrée de l'inverse de la longueur d'onde en fonction du numéro atomique, on obtient une droite *(figure 7-10)*. Si le spectre de rayons X d'un élément manquait, on pouvait aisément le prévoir par interpolation. De cette façon, en un après-midi, Moseley put résoudre ce problème qui avait déconcerté les chimistes pendant des décennies, et établir le véritable nombre des terres rares qui peuvent exister. Quand le célèbre chimiste français P. Urbain lui apporta les échantillons de terres rares sur lesquels il avait peiné des années durant, Moseley put les analyser en quelques heures

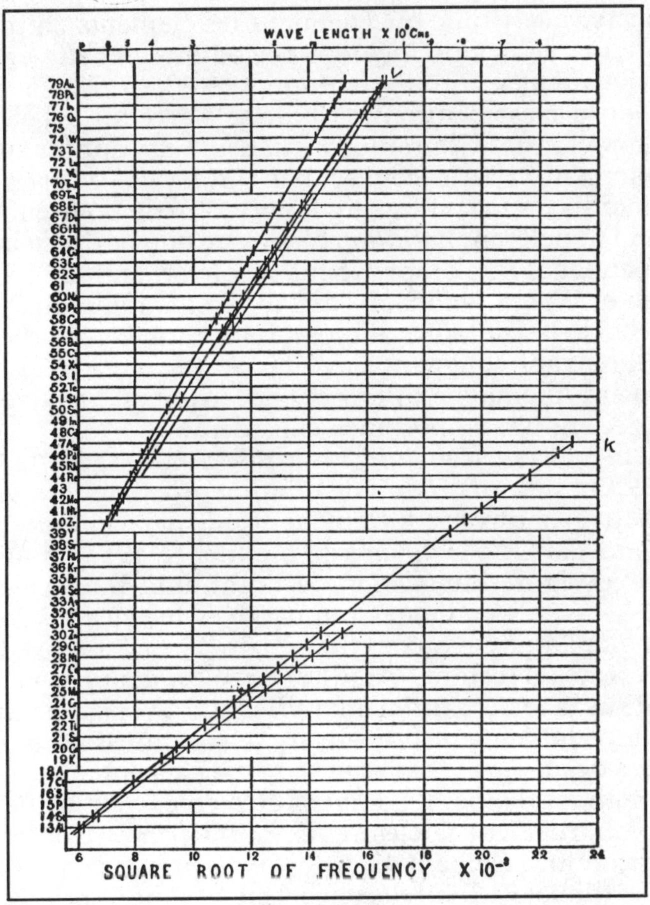

Figure 7-10

Un diagramme de Moseley. L'abscisse donne la racine carrée de la fréquence du rayonnement caractéristique X émis. L'ordonnée donne le numéro atomique. Pour la raie K_3, la fréquence est donnée avec une bonne approximation par la formule $\frac{}{4}RZ^2$. [D'après *Philosophical Magazine 27,* 703 (1914).]

et révéler leur contenu au chimiste stupéfait. La découverte de Moseley est directement liée au modèle d'atome de Bohr, comme le reconnut d'emblée Moseley. Il suffit que, dans la formule générale donnant les raies spectrales de l'hydrogène, on prenne $n_1 = 1$ et $n_2 = 2$, pour obtenir la loi de Moseley avec la constante de proportionnalité correcte.

La découverte de Moseley fournit aussi une méthode pour

établir avec certitude quels étaient les éléments chimiques manquants de la classification périodique. A cette époque, ceux-ci avaient les numéros atomiques 43, 61, 72, 75, 85, 87 et 91, et la classification périodique s'arrêtait à l'élément pour lequel $Z = 92$ (l'uranium). Au cours des années suivantes, l'élément 72 fut découvert par Hevesy et D. Coster dans les minerais de zirconium, au laboratoire de Bohr en 1923 ; ceux-ci l'appelèrent *hafnium*, d'après le nom latin de la ville de Copenhague. L'élément 75 fut découvert en 1925 à Berlin par Ida et Walter Noddack dans différents minéraux ; dans un accès de patriotisme allemand, ils l'appelèrent *rhenium* (le Rhin ayant longtemps été cause de tension entre la France et l'Allemagne). Dans ces découvertes, l'analyse aux rayons X eut une importance considérable.

L'élément 87, le *francium*, fut trouvé par Marguerite Perey en 1939, comme un produit de filiation rare dans une famille radioactive naturelle. L'élément 91, le *protoactinium*, fut découvert par Otto Hahn et Lise Meitner en 1917, comme un produit de la désintégration de l'uranium. Dans ces deux derniers cas, les méthodes radioactives furent plus importantes que l'analyse aux rayons X.

Les éléments restants, 43, 61 et 85, n'existent pas naturellement sur la terre, car ils sont radioactifs et connaissent des périodes relativement brèves ; ils se sont ainsi désintégrés au cours des temps géologiques, même s'ils ont été présents à un moment donné. Ils doivent être créés artificiellement par bombardement nucléaire. Le premier à être obtenu de cette façon fut l'élément 43, le *technetium* (qui vient du mot grec « artificiel »). Il fut découvert en 1937 par Carlo Perrier et E. Segrè dans du molybdène bombardé dans le cyclotron de Berkeley. L'élément 61, le *promethium*, fut préparé artificiellement par Charles Coryell et d'autres dans des réacteurs nucléaires en 1946. L'élément 85, l'*astatine*, fut également préparé grâce au cyclotron par Corson, Mackenzie et Segrè en 1940. L'extension de la classification périodique suivit ensuite, après la découverte par Hahn et Strassmann de la fission du noyau.

La nouvelle science de la spectroscopie de rayons X ne permet pas seulement l'étude des couches électroniques profondes et l'analyse des éléments chimiques effectuée avec un degré de précision et de certitude sans précédent, elle ouvre aussi la voie à l'exploration des réseaux cristallins et, plus généralement, à celle de l'architecture des solides et des molécules. Ces techniques ont conduit à la science nouvelle et active de l'analyse des structures, fondamentale pour diverses disciplines allant de la minéralogie à la biologie moléculaire.

En fait, la biologie moléculaire a amené en biologie une révolution comparable à celle provoquée par la mécanique quantique en physique ; elle a ouvert des horizons entièrement nouveaux. Cette nouvelle branche de la science a reçu une aide indispensable de la physique moderne, grâce à l'emploi des traceurs radioactifs mentionnés page 151, et à celui de l'analyse des structures aux rayons X.

Nous avons vu que le concept d'isotopie s'était lentement imposé pour les noyaux radioactifs et que J.J. Thomson l'avait étendu aux noyaux stables en prouvant l'existence de deux espèces d'atomes de néon identiques en tout du point de vue chimique, mais différents par leur masse atomique. Immédiatement après la guerre, F. Aston se mit à construire une série de spectrographes de masse de précision qui mesuraient les masses et les abondances des isotopes. Pendant des années, Aston régna en maître sur ce type de recherches qui fournirent beaucoup de résultats intéressants. Nous avons mentionné la « règle du nombre total ». Des mesures précises de masse couplées à l'équation d'Einstein $E = mc^2$ donnent des informations sur l'énergie libérée ou absorbée dans une réaction nucléaire, et sont devenues vitales en physique nucléaire. Aujourd'hui, la combinaison de données de spectroscopie de masse et de celles fournies par les réactions nucléaires permet d'établir les masses nucléaires avec une précision qui atteint une partie pour 10^9 dans les cas favorables. L'étude des isotopes s'est cependant répandue bien au-delà, et elle a reçu d'innombrables applications allant de la géologie à l'archéologie et de la technologie du vide à la biologie.

Ce sont là des exemples remarquables d'interdépendance des différentes sciences. Ils font songer à l'observation d'un organisme vivant dans lequel différents organes coopèrent de façon complexe et souvent impénétrable.

L'atome quantifié sur une base solide.

Après la découverte fondamentale de Bohr, les physiciens, expérimentateurs aussi bien que théoriciens, mirent au centre de leurs préoccupations les atomes et les molécules. D'autres secteurs de la physique restèrent étudiés par des scientifiques éminents tels que Rutherford, qui n'abandonna jamais les études nucléaires, ou le groupe d'expérimentateurs de Leyde qui se concentrait sur les basses températures. Mais les atomes et les molécules étaient pratiquement devenus l'axe de toute activité. Avant Bohr, la spectroscopie était un sujet presque complètement empirique et qui n'allait guère plus loin que le répertoire des nombreuses raies spectrales et l'observation des conditions dans lesquelles elles étaient produites. Les études de décharges électriques dans les gaz, qui remontaient à Faraday et même avant lui, étaient elles aussi surtout empiriques. La nouvelle théorie atomique fournissait un guide pour expliquer nombre de phénomènes et en prévoir de nouveaux ; la théorie et l'expérience se mirent à marcher la main dans la main, à toute vitesse. L'Allemagne fut le centre de ces études. Un des pas les plus importants fut franchi avant la Première Guerre mondiale par James Franck et Gustav Hertz (neveu du Heinrich Hertz des ondes électromagnétiques). Avec des expériences concluantes, ils montrèrent l'existence des états stationnaires postulée par Bohr. A cette fin, ils avaient provoqué des sauts entre états stationnaires, en fournissant l'énergie nécessaire grâce à des collisions avec des électrons accélérés. Ils observèrent la perte d'énergie subie par les électrons et qui ne se produit que lorsque ceux-ci ont l'énergie suffisante pour projeter l'atome-cible dans un état excité. De plus, ils notèrent que la vapeur bombardée émettait les raies spectrales correspondant au retour de l'état excité vers des états de plus basse énergie. Les fréquences émises suivaient la loi fondamentale

$$h\nu = E_1 - E_2$$

postulée par Bohr. Ces expériences établissaient de façon tangible certaines des plus étranges hypothèses de Bohr.

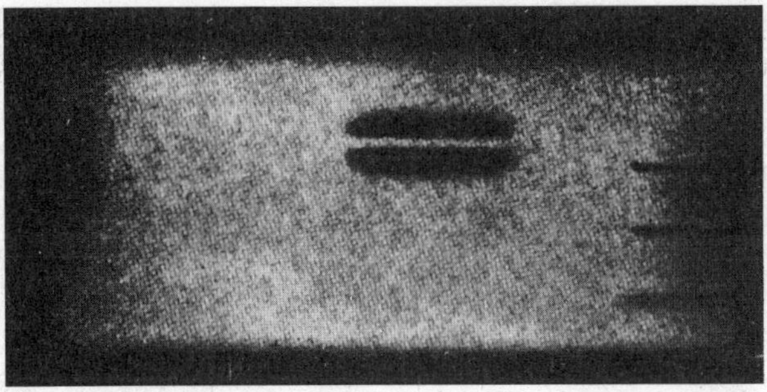

Figure 7-11
Le résultat de l'expérience de Stern et Gerlach sur la quantification de l'espace, en 1921. Les deux taches noires sont dues aux atomes (d'un jet d'atomes de lithium) ayant des orientations opposées dans un champ magnétique.

Peu après la fin de la guerre, en 1921, une autre expérience effectuée par Otto Stern et Walter Gerlach démontra une conséquence supplémentaire de la théorie de Bohr ; c'était un fait qui paraissait contraire au bon sens ou, mieux, contraire aux perceptions macroscopiques ordinaires. On l'appelle quantification dans l'espace *(figure 7-11)*. Nous avons vu que les conditions quantiques de Bohr peuvent être formulées en disant que les orbites doivent avoir un moment angulaire qui soit un multiple entier de $h/2\pi$, soit $lh/2\pi$. Des perfectionnements des conditions quantiques, découvertes par Bohr, Sommerfeld et d'autres, exigeaient non seulement la quantification du moment angulaire, mais celle de ses composantes dans une direction donnée, définie par exemple par la présence d'un champ magnétique. Cette composante ne peut avoir que les valeurs $mh/2\pi$ où m est un nombre entier positif ou négatif dont la valeur absolue est inférieure ou égale à l. Il en découle qu'un atome ne peut avoir que certaines orientations dans l'espace. Par exemple, si $l = 1$, m ne peut avoir que les valeurs —1, 0 ou 1, et l'atome ne peut avoir que trois orientations : son moment angulaire étant parallèle, perpendiculaire ou antiparallèle au champ magnétique. On peut vérifier ce fait extraordinaire en envoyant un jet moléculaire — c'est-à-dire un courant raréfié de molécules ou d'atomes — à travers un champ magnétique convenable et en observant la déflection des particules. La déflection est produite par l'action du

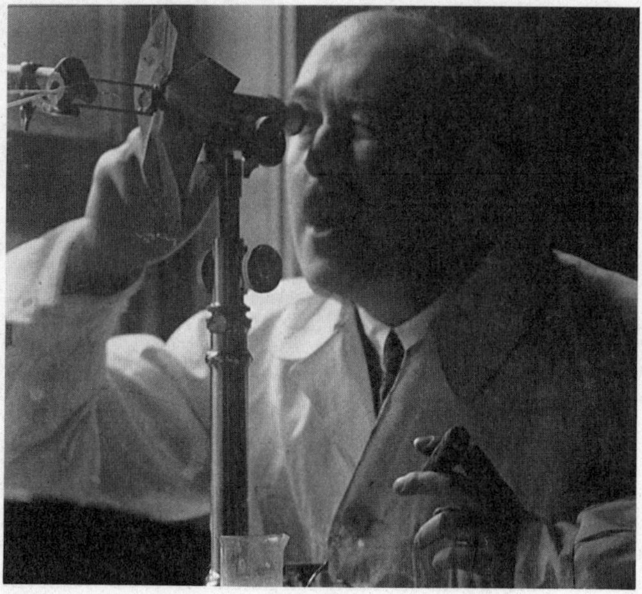

Figure 7-12
Otto Stern, l'un des grands physiciens expérimentateurs de la période de l'entre-deux-guerres. Il fut le responsable des expériences classiques sur la quantification dans l'espace, sur les ondes de de Broglie et sur le moment magnétique du proton. Ces expériences furent toutes effectuées en utilisant la méthode des jets moléculaires. (Université de Hambourg.)

champ magnétique inhomogène sur le moment magnétique de l'atome, lui-même associé au moment angulaire. On voit ainsi que les atomes ne prennent que des positions discrètes, ne s'orientant donc pas de façon continue.

Otto Stern (1888-1969), qui combina l'expérience sur la quantification dans l'espace, est cet homme que nous avons déjà rencontré à Prague comme disciple d'Einstein, et à Zurich où il avait fait vœu d'abandonner la physique si les idées de Bohr s'avéraient fondées. Je le considère comme l'un des principaux physiciens du siècle *(figures 7-12* et *7-13)*. A partir de 1920, il se consacra à la méthode des jets moléculaires. Avec cette méthode, on produit un courant peu dense de molécules dans un vide élevé et on soumet les particules, dans cet état libre, à des champs magnétiques ou électriques ou à quoi que ce soit qu'on souhaite étudier.

Figure 7-13
Otto Stern en train de discuter avec le physicien américain I. Langmuir pendant une excursion sur le lac de Côme organisée pour les participants à la conférence Volta en 1927. (Par aimable autorisation de F. Rasetti.)

L'importance de la méthode vient de ce que les molécules sont libres et que les conditions expérimentales deviennent alors très voisines de celles qu'on considère dans la plupart des traitements théoriques.

Le physicien français L. Dunoyer fut le premier, en 1910, à produire un jet moléculaire. Cependant, la méthode fut surtout développée et utilisée par Stern, ses élèves et ses collaborateurs. Ils étudièrent les hypothèses fondamentales de la théorie cinétique des gaz et en particulier la distribution maxwellienne des vitesses, la quantification dans l'espace, le moment magnétique de nombreux atomes, le moment magnétique du proton, la relation de de Broglie entre le moment et la longueur d'onde pour les atomes d'hélium, etc... Stern fut lui aussi exilé et son institut fut pratiquement démantelé par les nazis. Il devait se réinstaller aux États-Unis, mais la plus grande partie de son œuvre avait été accomplie avant l'exil. La tradition de Stern fut reprise et étendue grâce à l'utilisation de techniques avancées de vide et de radio-fréquences par I. Rabi et son école, surtout à l'Université Columbia de New York. Ceux-ci s'avérèrent capables d'améliorer énormément les résultats de Stern et de s'attaquer à des problèmes entièrement nouveaux. Rabi avait séjourné dans le laboratoire de Stern grâce à une bourse post-thèse en 1930. Il avait été impressionné par la puissance de la méthode de Stern, mais ne s'était livré à aucune expérience dans le laboratoire de ce dernier.

L'effet Zeeman, alors vieux d'environ trente ans, continuait d'être étudié avec passion, en particulier en Allemagne par F. Paschen, E. Back et d'autres. Ce fut une source régulière de résultats précis et importants qui contribuèrent grandement à élucider la structure d'atomes plus complexes. L'explication du triplet Zeeman, donnée en termes classiques par Lorentz, pouvait être traduite en termes quantiques et reliée à la quantification dans l'espace. Toutefois, de nombreux atomes montraient une structure Zeeman beaucoup plus complexe que le triplet de Lorentz. On donna à ce fait l'appellation d'*effets Zeeman anormaux*. Leur interprétation était une vraie gageure pour la théorie atomique.

Alfred Landé, d'abord à Munich, puis à Tubingen, trouva des formules semi-empiriques qui décrivaient très précisément ces effets, mais qui étaient très difficiles à comprendre, quel que fût le modèle retenu. Par exemple, dans la mécanique atomique basée sur le principe de correspondance, on pouvait s'attendre à ce qu'intervînt dans certaines formules le carré du moment angulaire exprimé en unités de $h/2\pi$. Nous savons déjà que le moment angulaire est un nombre entier, *1*, mais les formules n'étaient en accord avec les résultats expérimentaux que si l'on y remplaçait 1^2 par $1(1 + 1)$. Quand *1* est grand, les deux expressions coïncident, mais quand *1* est petit, elles sont radicalement différentes. En outre, on trouvait souvent des moments angulaires multiples de $h/4\pi$ et non de $h/2\pi$. En d'autres termes, on eût dit qu'apparaissaient des demi-quanta. Les formules de Landé étaient en accord avec les résultats expérimentaux, mais leur justification était un mystère aux yeux de scientifiques tels que Pauli. Un ami de Pauli le vit assis sur un banc, dans un parc de Copenhague, il paraissait accablé et cet ami lui demanda ce qui le rendait si malheureux. Pauli répondit : « Comment s'empêcher d'être accablé quand on réfléchit à l'effet Zeeman anormal ! ».

Pour expliquer le terme $l(l + 1)$, la mécanique quantique était nécessaire ; pour expliquer les demi-quanta, on avait besoin du spin de l'électron. Les deux concepts étaient juste sur le point d'apparaître. Le spin de l'électron, dans sa formulation initiale, est plus simple et plus intuitif que la mécanique quantique dont nous traiterons au chapitre suivant.

En novembre 1925, George Uhlenbeck (né en 1900) et Sam Goudsmit (1902-1978), deux jeunes physiciens qui travaillaient à Leyde, firent une découverte des plus importantes. Ils trouvèrent que l'électron, qui avait jusqu'alors été considéré comme une charge électrique ponctuelle, ou peut-être comme une petite sphère chargée, avait un moment angulaire intrinsèque, un spin. En d'autres termes, il tournait sur lui-même comme le fait la Terre. En outre, l'électron a un moment magnétique intrinsèque associé à son spin. Le spin, comme on peut s'y attendre, est lié à l'unité naturelle de moment angulaire $h/2\pi$, mais voici une nouveauté : ce n'est pas un multiple entier de cette unité, mais un multiple demi-entier. D'autre part, le moment magnétique associé au spin est égal au moment magnétique associé à une unité de moment angulaire *orbital*. Cette unité est $eh/4\pi mc$, et elle est appelée le magnéton de Bohr. Le rapport entre le moment angulaire et le moment magnétique pour le spin est deux fois supérieur à celui des quantités orbitales correspondantes. Uhlenbeck et Goudsmit déduisirent tout cela de leur étude des spectres atomiques.

Uhlenbeck avait passé quelque temps en Italie comme précepteur du fils de l'ambassadeur de Hollande, il y avait rencontré Fermi et s'était lié d'amitié avec lui. Uhlenbeck et Goudsmit étaient tous deux des étudiants d'Ehrenfest à Leyde quand l'idée du spin de l'électron leur était venue. R. de L. Kronig, Américain d'origine hongroise, lui aussi ami de Fermi avec qui il avait passé quelque temps dans les Dolomites italiennes, eut indépendamment la même idée à peu près au même moment qu'Uhlenbeck et Goudsmit. Malheureusement pour lui, il sollicita de Pauli son opinion sur le sujet. Pauli était déjà connu pour ses réalisations et pour sa perspicacité critique, mais, cette fois, il se trompa lourdement et convainquit Kronig que son hypothèse était sans fondement. Quand Uhlenbeck et Goudsmit apprirent cette critique de Pauli, elle leur sembla à première vue justifiée et ils voulurent retirer leur article qu'Ehrenfest avait déjà envoyé à une revue. Cependant, Ehrenfest riposta et leur expliqua qu'ils étaient si jeunes qu'un article mal fondé ne pouvait leur nuire. L'article ne fut donc pas retiré et parut dans une revue de physique. Il fut bientôt prouvé, notamment par H. Thomas, que les critiques de Pauli étaient injustifiées. L'objection de Pauli était qu'un facteur 2 dans les formules semblait faire disparaître l'accord avec les faits expérimentaux ; Thomas montra qu'un subtil argument relativiste rétablissait le facteur 2 manquant. Uhlenbeck et Goudsmit peuvent donc être à bon droit considérés comme les découvreurs du spin de l'électron, qui constitua une avancée considérable en physique. Malheureusement, ils ne reçurent pas le Prix Nobel qu'ils auraient pourtant bien mérité.

La physique en République de Weimar et à Copenhague. Le principe d'exclusion.

C'est surtout avec l'atome d'hydrogène que Bohr avait initialement connu le succès mais, dès le début, il s'était aussi préoccupé des atomes à plus d'un électron. Les problèmes mécaniques deviennent considérablement plus compliqués lorsqu'on passe d'un système à deux corps à un système à plusieurs corps. Les règles de quantification devaient être généralisées et les orbites hypothétiques complexes qui en découlaient devaient être calculées. La généralisation des règles de quantification fut essentiellement effectuée par Arnold Sommerfeld (1868-1951), professeur de physique théorique à Munich. A l'origine, Sommerfeld était un pur mathématicien et il avait travaillé avec Felix Klein à Göttingen. Klein était convaincu que les relations entre les mathématiques et les disciplines techniques avaient besoin d'être renforcées et il convertit Sommerfeld à ses idées. Sommerfeld abandonna son intérêt pour les mathématiques pures et devint un spécialiste de mathématiques appliquées de premier rang, introduisant de puissantes techniques mathématiques dans des problèmes d'ingénieurs tels que la lubrification et la propagation des ondes électromagnétiques.

En 1906, Sommerfeld fut appelé à l'Université de Munich comme professeur de physique théorique et il y fonda un centre théorique important. Il attirait beaucoup d'étudiants doués et avait pour assistant Peter Debye, qui éveilla son intérêt pour la théorie quantique. Sommerfeld s'était déjà converti un peu plus tôt à la relativité. C'est sous la direction de Sommerfeld que la physique théorique prospéra à Munich. Ses étudiants acquéraient une grande dextérité mathématique et s'initiaient à la physique la plus moderne. L'influence de Sommerfeld s'étendit très largement et, sur plus de quarante ans, il eut en physique théorique une lignée d'étudiants dont l'éclat fut comparable à celui de la succession d'expérimentateurs disciples de Rutherford. Dans ses propres études, Sommerfeld appliqua la relativité à l'atome de Bohr, introduisant la « constante de structure fine », $2\pi e^2/hc$, un nombre sans dimension qui joue un rôle très important en physique. Sa valeur, aujourd'hui connue avec grande précision, est 1/137 03596. On a assisté à de nombreuses tentatives pour la déduire de théories aussi globales qu'audacieuses, mais aucune jusqu'à présent n'a réussi. Comme le dit Sommerfeld dans son célèbre texte. « Raies spectrales et structure atomique », texte dans lequel une génération d'étudiants se sont initiés à cette question : « Dans la constante de structure fine, *e* est le représentant de la théorie électronique, *h* est le représentant qualifié de la théorie quantique, *c* vient de la relativité et caractérise le contraste avec la théorie classique. »

A bien des égards, Sommerfeld incarnait le professeur allemand dans ce qu'il avait de meilleur. Derrière son maintien rigide et solennel se cachait une personnalité chaleureuse qui prenait généreusement soin des jeunes étudiants. Sommerfeld était un très bon skieur et il possédait une maison dans les Alpes bavaroises où il se rendait durant l'hiver avec ses étudiants. En ces occasions, il perdait jusqu'à l'apparence d'un *Geheimrat* et conjuguait l'art de skier et les longues discussions sur la physique de la façon la plus familière. En fait, son intérêt pour les jeunes physiciens prometteurs s'étendait bien au-delà de l'Allemagne. Quand Hitler accéda au pouvoir, Sommerfeld, lui-même homme d'un grand patriotisme, ne se laissa pas abuser par le Führer. Je me rappelle l'avoir rencontré en 1934, en Hollande, où il était venu donner une conférence. A cette occasion, il reçut des honoraires confortables et, tout jubilant, observa à mon intention : « Je vais immédiatement envoyer cela à Rutherford au profit des savants exilés. Je ne pourrais le faire d'Allemagne, mais c'est une occasion que je ne manquerai pas. »

De nombreux physiciens appliquèrent les méthodes de Bohr et de Sommerfeld à des phénomènes tels que la séparation des raies spectrales sous l'action d'un champ électrique, découverte par Johannès Stark en 1913, phénomène semblable à l'effet Zeeman (action d'un champ magnétique). Ces méthodes furent également appliquées pour débrouiller les détails des spectres de rayons X, sujet dans lequel W. Kossel accomplit des progrès décisifs, ainsi que pour calculer l'intensité des raies spectrales. De Munich, Sommerfeld influença beaucoup de ces travaux, même s'ils étaient effectués ailleurs. Les résultats étaient toujours qualitativement corrects mais, quantitativement, ils n'étaient souvent qu'approchés. Là encore, les formules étaient souvent en accord avec l'expérience dès lors que l^2 était remplacé par $l(l + 1)$. Toutes ces considérations et toutes ces tentatives étaient guidées par le principe de correspondance. Toutefois, il subsistait encore des problèmes qui s'avéraient réfractaires à tout traitement théorique, même s'ils paraissaient simples en apparence. Un exemple marquant en est le problème de l'atome d'hélium.

L'explication de la classification périodique des éléments fut un des succès majeurs de cette période. Bohr s'était toujours efforcé d'expliquer cette classification périodique en affectant des orbites aux électrons atomiques, mais il utilisait des critères qui étaient loin d'être simples et qui n'étaient pas fiables. Partant de ses premiers articles, il avait gardé le problème à l'esprit et avait essayé différentes solutions *(figure 7-14)*. Dès 1922, il avait affecté intuitivement aux électrons des orbites qui étaient essentiellement correctes, mais en utilisant des arguments qui, avec le recul, manquent de solidité. Il rendit notamment compte du nombre des éléments de terres rares et de leur place dans la classification périodique. C'était là un problème difficile, et il était fier de sa réussite. Dans sa conférence Nobel de 1922,

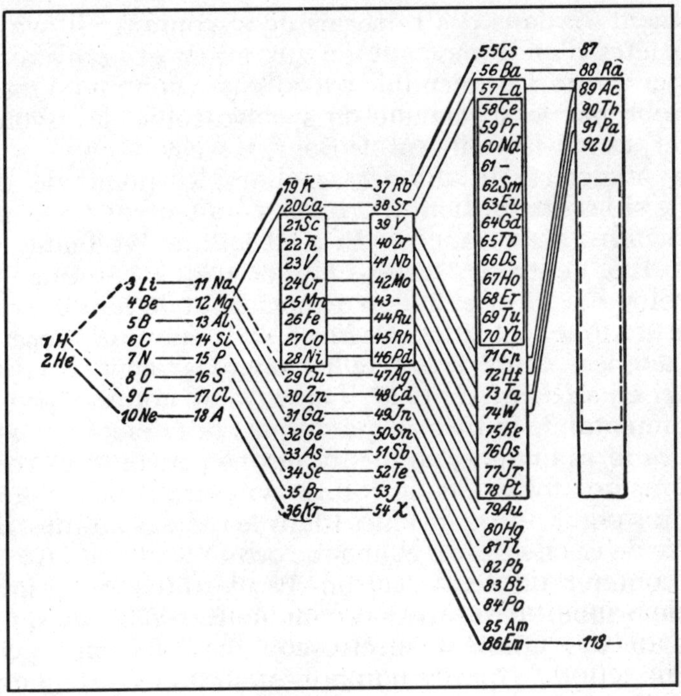

Figure 7-14
La classification périodique des éléments d'après Bohr (1921). Le tableau est essentiellement correct, bien qu'il ait été établi avant la découverte du principe de Pauli. [D'après *Annalen der Physik 71*, 228 (1923).]

il déclara : « En fait, il est à peine exagéré de dire que si l'existence des terres rares n'avait été établie par l'étude expérimentale directe, la présence d'une famille d'éléments ayant ce caractère, à l'intérieur de la sixième période du système naturel des éléments, aurait pu être prévue théoriquement » [*Les Prix Nobels en 1922*.] Il s'ensuivit une confirmation spectaculaire de l'exactitude des attributions d'orbites effectuées par Bohr. Selon lui, l'élément 72 n'aurait pas dû être une terre rare, mais plutôt un métal semblable au zirconium. On avait annoncé à plusieurs reprises la découverte d'une terre rare de numéro atomique 72 et P. Urbain l'avait même appelée *celtium*, bien que Moseley ne l'eût jamais trouvée dans ses échantillons. C'était là l'occasion de confirmer ou d'infirmer les idées de Bohr. On montra, avec une facilité inattendue, qu'on trouvait l'élément 72 dans des minerais de zirconium ; il avait les propriétés d'un homologue du zirconium et ce n'était pas une terre rare. Ce splendide travail fut accompli à l'institut de Bohr par le spécialiste de spectroscopie de rayons X, Coster, et par le vieil ami de Bohr, Hevesy.

En Angleterre, E. Stoner améliora le travail de Bohr, même si les attributions d'orbites n'étaient pas faites selon des critères bien tranchés. Et c'est ici que Wolfgang Pauli (1900-1958) entre en scène. Celui-ci avait mené une étude approfondie de l'effet Zeeman anormal et du nombre quantique attribué aux différents niveaux. Il examina l'ensemble des données empiriques telles que les avait classifiées Stoner et, au début de 1925, il formula un nouveau principe fondamental de la théorie quantique : deux électrons ayant des nombres quantiques identiques ne peuvent pas coexister dans un atome. Chaque orbite doit être caractérisée par certains nombres quantiques (dans le cas des atomes, il y a quatre de ces nombres) et chaque orbite peut soit être vide, soit contenir un seul électron. Pauli trouva ce principe, appelé principe d'exclusion, avant la découverte du spin, en étudiant des données spectroscopiques. Le spin permit l'introduction de quatre nombres quantiques de façon plus naturelle qu'en suivant la conjecture de Pauli. L'application du principe d'exclusion — ou principe de Pauli, comme on l'appelle souvent — s'étend bien au-delà des systèmes atomiques. C'est lui qui fournit la clé de l'explication du paramagnétisme, du comportement des électrons dans les métaux et de nombre de phénomènes qui se produisent à basse température. Plus tard, il s'appliqua aussi à la physique nucléaire.

En 1926, Enrico Fermi (1901-1954 ; *figure 7-15*) introduisit l'une des applications les plus fructueuses du principe de Pauli en l'incorporant à la mécanique statistique. Il obtint ainsi un nouveau type de statistique qui, comme celle de Bose et d'Einstein, est applicable dans la nature. Certaines particules, les électrons par exemple, obéissent à la statistique de Fermi ; d'autres, comme les particules alpha, obéissent à la statistique de Bose-Einstein. Bien des années plus tard, en 1940, Pauli donna une justification théorique à une relation empirique qui avait été précédemment établie. Les particules de spin entier obéissent à la statistique de Bose-Einstein (et sont appelées *bosons*), tandis que les parti-

Figure 7-15
Enrico Fermi vers 1928.
(Photo de G. Trabacchi.)

cules de spin demi-entier obéissent à la statistique de Fermi (et sont appelées *fermions*). La preuve de cette relation apportée par Pauli montre qu'elle a des racines très profondes dans la relativité et la causalité.

En 1926, Dirac donna la formulation du principe de Pauli fondée sur la mécanique quantique et, dans le même article, établit le fondement quantique de la statistique de Fermi sans connaître le travail antérieur de ce dernier. Les articles précédents de Pauli et de Fermi avaient été élaborés sur une base semi-classique, modifiée par les principes de Bohr.

Je n'ai mentionné que quelques-unes des applications des modèles atomiques. Cet art florissant s'épanouissait dans les traités de l'époque ; en premier lieu dans l'*Atombau und Spektrallinien* et, par la suite, dans les nombreux ouvrages qui en dérivèrent.

La vigoureuse activité intellectuelle qui devait finalement aboutir à la mécanique quantique avait son centre en Allemagne. Le journal qui faisait autorité était probablement le *Zeitschrift für Physik*, qui avait été fondé après la guerre. L'Allemagne comptait alors deux écoles de physique théorique particulièrement importantes : celle de Munich, dirigée par Sommerfeld, et celle de Göttingen, conduite par Max Born. Le traité *Atombau und Spektrallinien* était le texte que tout un chacun étudiait. Une édition suivait l'autre et il était toujours remis à jour. C'était un travail admirablement clair, facile à lire et relativement complet. A cette époque, un bon étudiant, ayant assimilé le livre de Sommerfeld, pouvait se lancer directement dans la lecture des articles qui paraissaient et entamer une recherche originale.

Un troisième centre était Copenhague, autour de Bohr. Les meilleurs étudiants allemands faisaient souvent le pèlerinage de Munich à Göttingen avant de se rendre finalement à Copenhague. Naturellement, ces trois centres de physique théorique n'étaient pas les seuls. Il en existait d'autres en Allemagne, en Angleterre, en France, en Hollande et dans les pays scandinaves. Après 1927, Rome commença à prendre de l'importance lorsque Fermi y obtint une chaire.

Les professeurs des instituts dominants se rencontraient fréquemment, ils n'échangeaient pas seulement des informations sur des problèmes techniques, mais aussi sur les nouvelles recrues qui promettaient. Aux États-Unis, la fondation Rockefeller finança nombre de jeunes scientifiques qu'elle choisissait avec une sagacité aussi remarquable que mystérieuse. Parmi eux se trouvèrent plusieurs des fondateurs de la mécanique quantique, tels que Heisenberg et Pauli. Au cours de réunions, de séjours financés par des bourses, de brèves visites, les physiciens établissaient souvent entre eux de durables amitiés. Parmi les professeurs et directeurs d'école plus âgés, Sommerfeld, Ehrenfest et Bohr se distinguaient pour l'intérêt qu'ils portaient à leurs élèves et la qualité des spécialistes qu'ils leur faisaient rencontrer. Non seulement ils leur obtenaient des bourses, mais ils les recommandaient à leurs collègues et aux autres universités. Je me souviens encore de la bienveillance que me témoigna Zeeman en me laissant disposer des moyens de son laboratoire et en m'aidant par la suite à obtenir une bourse, et je me rappelle la joie et la fierté que je ressentis lorsqu'une nouvelle édition d'*Atombau* fit favorablement mention de quelques-uns de mes travaux. Pour un débutant, c'était une promotion sans prix. Rutherford dispensait aussi des encouragements de ce genre, mais il avait tendance à se limiter au territoire de l'Empire britannique, ce qui n'était d'ailleurs pas un mince domaine.

Le nombre total de physiciens de par le monde était relativement faible, environ un dixième de ce qu'il est actuellement. Les États-Unis apparaissaient déjà à l'horizon, en particulier dans le domaine expérimental. Comme on l'a déjà indiqué, Millikan et Compton effectuèrent tous deux des expériences fondamentales : le premier par sa mesure de la charge de l'électron et de la constante de Planck, le second par la confirmation spectaculaire de l'existence de quanta de lumière et de leur collision élastique avec les électrons libres. Les théoriciens américains étaient néanmoins peu nombreux. Ils vinrent étudier à Göttingen, à Copenhague et plus particulièrement à Cambridge où n'existait pas de barrière linguistique. J.R. Oppenheimer, J.C. Slater et E.U. Condon, entre autres, vinrent en Europe et transplantèrent ensuite la théorie moderne aux États-Unis. Quelques étudiants vinrent aussi du Japon, un des plus importants fut Y. Nishina qui devint ensuite un des scientifiques les plus influents de son propre pays. D'Union Soviétique vinrent A. Ioffé, J. Fraenkel et D. Landau, tous trois futures têtes de file de la recherche scientifique dans leur pays.

Entre eux, les physiciens s'écrivaient des lettres tout aussi souvent qu'ils se servent aujourd'hui du téléphone. Certaines correspondances ont été publiées, un plus grand nombre a été conservé en différents lieux tels que l'American Institute of Physics et l'Institut Bohr. La correspondance publiée entre Born et Einstein et celle échangée entre Einstein et Sommerfeld offrent de vivants témoignages sur le cours des événements.

L'activité de Bohr se poursuivit longtemps après que les premiers modèles essayant de tenir compte de la théorie quantique eurent été dépassés. Il joua un rôle important dans le développement de la mécanique quantique, non seulement par son œuvre personnelle mais aussi grâce à l'esprit de recherche et à la méthode critique qu'il cultivait dans son institut, et grâce à l'hospitalité qu'il offrit à plusieurs jeunes théoriciens parmi les plus créateurs de tous

Figure 7-16
Enrico Fermi et Niels Bohr en discussion au cours d'une promenade le long de la Voie Appienne, en 1931. (Photo de S. Goudsmit.)

les pays *(figure 7-16)*. En outre, ses visites aux autres centres stimulaient grandement les scientifiques et contribuaient à la diffusion des idées nouvelles. Sa première tournée aux États-Unis en 1923 est un exemple d'une telle visite qui amenait au Nouveau Monde un vivant représentant de la théorie quantique.

Avec l'avènement du nazisme, Bohr devint l'un des protecteurs les plus actifs et les plus efficaces des scientifiques déracinés par cette forme moderne de barbarie. Les conférences de Copenhague servirent aussi d'occasions pour trouver des postes, même s'ils n'étaient que temporaires, aux « universitaires déplacés », en d'autres termes à ceux qui avaient été chassés principalement — mais non pas exclusivement — par Hitler. Bohr, avec son large réseau international de relations, s'employa activement à cette mission, il y réussit souvent, pour le plus grand profit du bénéficiaire et du nouvel employeur. Rutherford, comme nous l'avons vu, était le président du comité britannique qui se consacrait à la même tâche et son amitié avec Bohr aida grandement à cette entreprise.

Plus tard, Bohr apporta en théorie nucléaire des idées fructueuses et originales mais dont l'importance n'est pas comparable à celle de ses premiers articles de jeunesse qui avaient révolutionné la physique. Néanmoins, en recherche nucléaire, son intuition conduisit à des modèles simples mais riches de développements, tel que celui du noyau composé et son application à la fission nucléaire. Ses vues ont exercé leur influence sur la nouvelle génération de physiciens nucléaires, y compris sur son fils Aage qui est aujourd'hui le remarquable président du Niels Bohr Institute (l'ancien institut de Bohr) et qui, de différentes façons, y maintient les traditions.

Au cours de la Seconde Guerre mondiale, Bohr connut des aventures dramatiques. Averti par des amis qu'il était sur le point d'être arrêté par les nazis qui occupaient le Danemark, il quitta le pays de nuit, sur une barque de pêcheurs non pontée, et débarqua finalement en Suède. Peu après, il fut emmené en Angleterre à bord d'un petit avion militaire qui volait très haut. Au cours du vol, il perdit conscience, son masque à oxygène étant mal ajusté, et l'équipage, un moment, le crut mort. D'Angleterre, il se rendit aux États-Unis et, un jour, à notre grande surprise, nous le vîmes débarquer à Los Alamos dans le laboratoire où se construisait la bombe atomique. Plusieurs Européens qui étaient là furent invités en grand secret dans la maison d'Oppenheimer (le directeur du laboratoire) pour rencontrer un Mr Baker qui s'avéra être Bohr (et son fils Aage), voyageant sous de faux noms. Là, dans une sombre atmosphère, nous entendîmes des informations de première main sur l'Europe occupée. C'était la première fois que nous recevions un témoignage aussi direct et autorisé sur les réalités de l'occupation nazie.

Bohr s'inquiétait profondément des conséquences des

armes atomiques et il tenta d'influencer le président Roosevelt et Churchill pour les amener à révéler au plus tôt le projet atomique aux Soviétiques, espérant que ce geste pourrait frayer les voies d'un accord avec l'Union soviétique. Il souhaitait tempérer la course aux armements et les autres périls qu'il voyait se profiler à l'horizon. En même temps, il espérait que l'énergie nucléaire pourrait être transformée en bienfaits pour l'humanité. Ses démarches restèrent vaines. Ses idées à ce sujet furent exprimées plus tard dans une lettre ouverte aux Nations-Unies, en 1950.

Dans sa vieillesse, les intérêts de Bohr avaient largement dépassé le cadre de la physique. Il vivait avec sa femme dans leur résidence splendide de Copenhague et l'hospitalité princière qu'on y recevait, ainsi que les personnalités qu'on y rencontrait, n'étaient pas sans rappeler la cour d'un prince de la Renaissance.

Bohr mourut brusquement le 18 novembre 1962 ; il avait 78 ans.

CHAPITRE VIII

Enfin une vraie mécanique quantique

Le chapitre précédent traitait des tribulations et triomphes des modèles atomiques. Nul mieux que Niels Bohr ne se rendait peut-être compte des faiblesses des méthodes qui avaient si bien réussi à débrouiller quelques-uns des mystères de l'atome. J'ajoute un « peut-être » à ma phrase, parce qu'Einstein avait lui aussi des idées originales et profondes sur cette question ; pendant vingt ans, il les avait retournées dans sa tête sans réussir à trouver la bonne direction. Dès le début des années vingt, les vieilles méthodes avaient atteint leurs limites ; il fallait une nouvelle génération et des forces nouvelles pour résoudre le problème d'une mécanique quantique cohérente. C'était la plus importante gageure du siècle et pour gagner le pari, on avait besoin de nouvelles façons de penser. Et nous voyons ici se produire une chose étrange. En très peu d'années, le mystère fut attaqué sous trois angles distincts, et il parut d'abord qu'il n'y avait pas une, mais trois formes de mécanique quantique, différentes quoique toutes cohérentes. Ce ne fut qu'un peu plus tard que l'on reconnut qu'elles n'étaient que trois formulations mathématiques différentes de la même théorie, et qu'en fait elles étaient équivalentes.

Une fois le problème mathématique formel résolu, un problème épistémologique nouveau se posa, car l'interprétation des formules mathématiques demandait une révision profonde et complète des concepts fondamentaux de causalité et de déterminisme en physique. Elle requérait aussi une nouvelle analyse philosophique qui n'était pas moins fracassante et révolutionnaire que celle accomplie par Einstein dans son analyse de l'espace et du temps en 1905.

Figure 8-1
Louis de Broglie. Avec son hypothèse sur la nature ondulatoire de l'électron et sa célèbre formule $\lambda = h/p$, de Broglie ouvrit la voie de la mécanique ondulatoire.

Louis de Broglie : les ondes de matière.

Le premier à franchir un pas révolutionnaire fut un aristocrate français, le prince Louis de Broglie (né en 1892), qui, à l'époque, était presque un inconnu pour les physiciens *(figure 8-1)*. La famille de Broglie, originaire de Chieri, dans le Piémont, avait tenu une place importante dans l'histoire de France depuis le XVIIIe siècle ; elle avait donné plusieurs maréchaux, des ambassadeurs, des ministres et — ce n'est pas le moindre — le duc Maurice de Broglie, frère aîné du prince Louis. Maurice de Broglie était un remarquable physicien et l'auteur des premières études classiques sur les rayons X, études qu'il avait effectuées dans son hôtel particulier, rue Byron à Paris, dont une partie avait été transformée en laboratoire. En cela, il me rappelle Lord

Rayleigh, son ami, qui avait modifié sa résidence à la campagne, Terling Place, pour en faire un laboratoire.

Les parents des deux frères moururent alors que Louis de Broglie était encore jeune, et Maurice, plus âgé que lui de dix-sept ans, s'occupa paternellement de son frère. Louis de Broglie s'intéressa d'abord à l'histoire et se forma sérieusement à cette discipline. Cependant, son intérêt pour les études d'archives s'estompa peu à peu. En 1911, il entendit son frère, qui avait été le secrétaire du premier Conseil Solvay, parler de la nature de la lumière, de rayonnement et des quanta, et l'intérêt scientifique s'éveilla en lui. Pendant la Première Guerre mondiale, on lui confia un rôle de radio dans l'armée française. A la fin de la guerre, il se mit à étudier la physique, avec un net penchant pour la théorie.

De Broglie commença à méditer sur le dilemme que représentait la double nature de la lumière. D'après toutes les expériences sur les interférences et la diffraction, la lumière consistait en ondes mais, selon l'hypothèse d'Einstein, pour tout ce qui touchait les échanges d'énergie avec la matière, elle était corpusculaire. Les deux points de vue étaient soutenus par un ensemble considérable de preuves expérimentales : les résultats les plus anciens montraient le caractère ondulatoire, les plus nouveaux celui de quanta. Quelques-unes des données les plus récentes venaient du laboratoire de son frère et d'expériences auxquelles Louis de Broglie avait participé. Comment pouvait-on concilier ces deux aspects qui apparaissaient si contradictoires ? Comme nous l'avons vu à la page 126, Einstein avait déjà souligné que c'était là un des problèmes majeurs auxquels se trouvait confrontée la physique.

Louis de Broglie aurait aimé participer au troisième Conseil Solvay de 1921, mais il ne parvint pas à décrocher une invitation à y assister. Stimulé par ce refus, il se jura d'être invité comme participant à part entière à la conférence suivante, par suite de ses découvertes. C'est bien ce qui se produisit à la cinquième réunion en 1927.

De Broglie amorça ses réflexions révolutionnaires en considérant le paradoxe suivant :

> « D'un côté, on ne peut pas considérer la théorie quantique de la lumière comme satisfaisante, puisqu'elle définit l'énergie d'un corpuscule de lumière par l'équation $W = h\upsilon$ qui contient la fréquence υ. Or une théorie purement corpuscu-

laire ne contient rien qui nous permette de définir une fréquence ; donc, pour cette seule raison, nous sommes contraints, dans le cas de la lumière, d'introduire simultanément la notion de corpuscule et celle de périodicité. D'un autre côté, la détermination des mouvements stables des électrons dans l'atome introduit des nombres entiers et, jusqu'ici, les seuls phénomènes mettant en jeu des nombres entiers en physique, sont ceux d'interférence et de modes normaux de vibration. Ce fait me suggéra l'idée que les électrons eux aussi ne pouvaient pas être considérés simplement comme des corpuscules, mais qu'une périodicité devait aussi leur être attribuée. »

[*Les Prix Nobel en 1929*.]

Il utilisait alors la relativité pour affiner ses arguments et aboutissait à la relation fondamentale

$$\lambda = \frac{h}{p}$$

qui relie le moment $p = mv$ d'une particule à la longueur d'onde λ qui lui est associée.

De Broglie remarqua ensuite que l'optique avait deux aspects : il y avait l'optique géométrique, qui présente de grandes analogies formelles avec la mécanique classique du point, et il y avait l'optique des ondes qui mettait l'accent sur le caractère ondulatoire des ondes lumineuses. On peut cependant montrer que l'optique géométrique peut être déduite de l'optique ondulatoire comme une approximation de celle-ci. L'optique géométrique est celle qu'utilisent couramment les constructeurs d'appareils lorsqu'ils dessinent des « rayons » de lumière, et elle est valable aussi longtemps que les longueurs considérées sont grandes par rapport à la longueur d'onde de la lumière. Quand nous analysons le comportement d'une lentille, nous parlons de rayons lumineux et non de lignes perpendiculaires au front des ondes.

Depuis un siècle, les analogies mathématiques étroites entre rayons lumineux et trajectoires des particules étaient bien connues. Vers 1835, le mathématicien irlandais William Hamilton écrivit les équations de mouvement d'un point matériel dans un champ de forces sous une forme très semblable aux équations d'un rayon lumineux se propageant dans un milieu d'indice de réfraction variable. En fait, les équations sont les mêmes, il suffit de donner une signification différente aux symboles utilisés. Une variation de l'indice de réfraction courbe les rayons lumineux de la même façon qu'une variation du potentiel courbe les trajectoires des points matériels.

Comment construire une mécanique qui aurait avec la mécanique ordinaire le même rapport que l'optique ondulatoire avec l'optique géométrique ? Voilà le problème auquel était confronté de Broglie. En se plaçant de ce point de vue, il retrouva la relation $\lambda = h/mv$ indiquée plus haut. Un autre résultat important est fondé sur l'idée que, si l'on veut établir un système d'ondes stationnaires sur une orbite, l'orbite doit contenir un nombre entier de longueurs d'onde. C'est ici que les nombres entiers apparaissent et qu'il se présente donc des règles de quantification qui, dans certains cas, donnent le même résultat que les règles de quantification de Bohr et Sommerfeld. La relation entre longueur d'onde et moment est vraie en général, tandis que la méthode de quantification n'est valable que dans des cas particuliers et a besoin d'être améliorée.

Des phénomènes d'interférences produits par les ondes électroniques *(figure 8-2)* furent observés pour la première fois dès 1921-1923 par C. Davisson et C. Kunsman, aux laboratoires Bell de New York, mais ils ne furent pas reconnus pour ce qu'ils étaient. Ayant lu les articles de de Broglie, Walter Elsasser, alors physicien débutant, expliqua ces expériences en 1925 comme étant de la diffraction d'électrons. Quand il fit part de ses résultats à Einstein, celui-ci lui répondit : « Jeune homme, vous êtes assis sur une mine d'or ! » [W. Elsasser, *Memoirs of a Physicist*, p. 66 (New Yor, Science History Publications, 1978).] Cependant, une preuve expérimentale ne fut obtenue de manière irréfutable qu'en 1927 par Davisson et L. Germer aux laboratoires Bell, et par G. Thomson, le fils de J.J. Thomson dont parlait Rutherford (voir page 75). Ainsi le père et le fils devinrent tous deux célèbres pour des découvertes touchant l'électron : le père pour l'aspect corpusculaire, le fils pour l'aspect ondulatoire. Les discussions dans la famille étaient intéressantes et vivantes, comme on peut le lire dans la vie de J.J. Thomson écrite par son fils.

La seconde partie de la découverte de de Broglie — sa méthode de quantification — était rudimentaire mais, en le

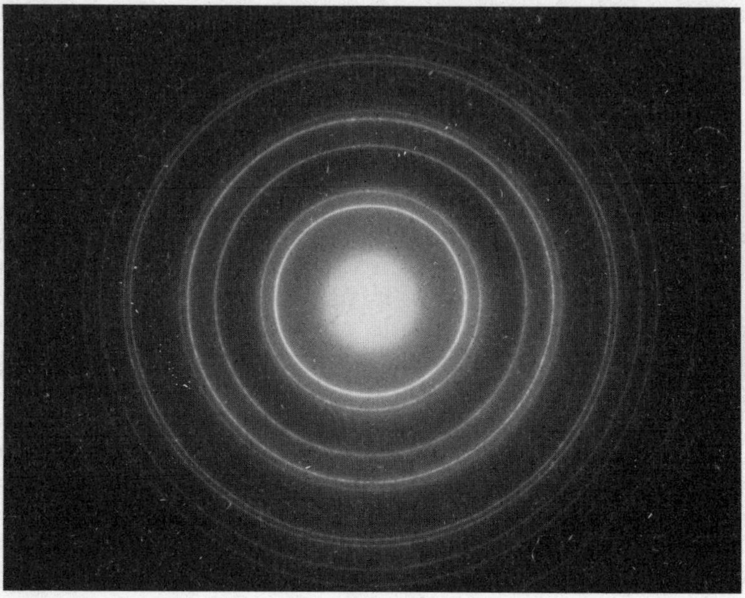

Figure 8-2
Anneaux de diffraction électroniques pour des électrons de 100keV. Leur longueur d'onde, donnée par la formule de de Broglie, est d'environ $3{,}7 \times 10^{-10}$ cm. (Photo de A. Chambers.)

stimulant, elle aida Erwin Schrödinger à découvrir la véritable équation d'onde de l'électron.

Le prince de Broglie développa ses idées dans plusieurs notes publiées aux *Comptes Rendus* de l'Académie des Sciences de Paris entre 1923 et 1924. Il les réunit ensuite dans un article plus complet dont il comptait faire sa thèse de doctorat. Les professeurs de la Sorbonne furent bien embarrassés, car ils ne savaient trop comment juger cette thèse. Un extrait de leur verdict dit : « Nous le félicitons d'avoir poursuivi avec une capacité remarquable un effort qui devait être tenté pour surmonter les difficultés qui assaillent les physiciens. » Paul Langevin, l'ami de Marie Curie et d'Einstein, fut impressionné et envoya une copie de l'article de de Broglie à Einstein. Il reçut une réponse très positive ; d'après Einstein, l'article contenait des découvertes très importantes.

Nous devons maintenant quitter temporairement de Bro-

Figure 8-3
Werner Heisenberg (1901-1976) vers 1924. Sa découverte de la mécanique des matrices et de la relation entre une coordonnée q et son moment conjugué p, $pq - qp = h/2\pi i$, fit connaître la première forme complète de la mécanique quantique. (Université de Hambourg.)

glie, et nous verrons plus tard ce qu'il advint de sa méthode. Entre-temps, nous devons passer à l'histoire d'un autre physicien, de dix ans environ plus jeune que de Broglie, Werner Heisenberg.

Werner Heisenberg et Wolfgang Pauli : les matrices magiques.

Werner Heisenberg (1901-1976) naquit à Würzburg le 5 décembre 1901 ; il était le fils d'un professeur de grec à l'Université de Munich *(figure 8-3)*. Il fit ses études à Munich et, à l'Université, devint élève d'Arnold Sommerfeld sous la direction duquel il rédigea une thèse de doctorat sur l'hydrodynamique. Cependant, avant même d'obtenir son diplôme, il s'était tourné vers les études de physique atomique et avait essayé de trouver des régularités empiriques dans les spectres ; cette étude fit de lui un maître des données numériques disponibles. A Munich, Heisenberg consacrait ses loisirs aux sports qui le mettaient en contact avec la nature, surtout le ski et la montagne. A bien des égards, c'était un Allemand romantique et animé de sentiments patriotiques, avec une touche d'esprit boy-scout ou de celui des *Wandervögel*. Heisenberg a écrit un livre autobiographique dans lequel il décrit les moments importants de sa vie tels qu'ils lui apparurent dans son âge mûr. Ce livre reflète en maints endroits son amour de la nature et rapporte des souvenirs de ses impressions de montagne.

Heisenberg ne fut pas seulement le pionnier de la mécanique quantique, mais, pendant de nombreuses années, il apporta des idées neuves et brillantes à plusieurs branches de la physique. Avant d'avoir atteint trente ans, il avait fondé une école de physique à Leipzig où il avait été nommé à la chaire de physique théorique ; plusieurs des meilleurs théoriciens, à peine plus jeunes que lui, furent formés à cette école.

Quand les nazis vinrent au pouvoir, Heisenberg, qui n'était pas personnellement en danger, décida de rester dans cette Allemagne à laquelle il vouait une loyauté profonde. L'espoir de sauver la science allemande, ou ce qui pouvait l'être, fut l'une de ses motivations, mais il avait une vision trop optimiste de la situation et se trouva lui-même engagé dans de difficiles conflits. Pendant la guerre, il fut l'un des directeurs du projet allemand de bombe atomique ; les résultats en furent assez médiocres. Après la guerre, il se donna beaucoup de mal pour aider à la reconstruction de la science allemande. Il vint à Munich où il dirigea un grand institut de recherche en physique mais, comme cela arriva à d'autres grands physiciens, la physique avait évolué dans des directions qui ne lui étaient plus ouvertes. Il mourut en 1976.

Alors qu'il était encore étudiant à Munich, Heisenberg avait rencontré Wolfgang Pauli dont nous avons déjà parlé, et il était devenu son ami intime. Pauli avait le même âge que Heisenberg. Il devint célèbre à vingt et un ans en rédigeant un article sur la relativité pour l'*Encyklopädie der mathematischen Wissenschaften* (Encyclopédie des mathématiques, vol. V, 19). Il était censé aider Sommerfeld dans sa tâche, mais le maître reconnut bientôt la qualité de l'élève Pauli et lui abandonna le travail. Einstein fut impressionné par l'article et ahuri quand il apprit l'âge de l'auteur. L'article fut traduit en anglais, republié en 1958, et c'est encore l'un des meilleurs textes consacrés à la relativité.

Pauli était gros, détestait les sports, et, sur nombre de points, était presque aux antipodes de Heisenberg. En outre, il avait une attitude de critique cinglante et une culture impressionnante. Il jouait un rôle d'oracle et de juge pour mettre à l'épreuve les idées et les résultats de ceux qui avaient découvert ou croyaient avoir découvert quelque chose de nouveau en physique. L'oracle, toutefois, n'était pas infaillible, comme nous l'avons vu dans le cas de la découverte du spin de l'électron par Uhlenbeck et Goudsmit. Lorsqu'en 1932, quelques jeunes physiciens rassemblés autour de Bohr décidèrent de monter une parodie du *Faust* de Goethe adaptée à la situation de la physique théorique moderne, Pauli reçut le rôle de Mephistophelés, « *der Geist der stets verneint* », l'Esprit qui dit toujours non.

Après une période à Göttingen et un séjour à Copenhague en 1923, Pauli prit un poste à Hambourg où il se lia d'amitié pour toute sa vie avec Otto Stern. Plus tard, Pauli succéda à Schrödinger à Zurich et, hormis les années de guerre qu'il passa à l'Institute for Advanced Study à Princeton, il resta à Zurich jusqu'à sa mort en 1958. Il fut l'un des très grands physiciens théoriciens de ce siècle. Parmi ses découvertes figurent le principe d'exclusion, l'hypothèse du spin nucléaire, l'hypothèse du neutrino et l'analyse de la relation existant entre le spin d'une particule et sa statistique. Comme écrivain scientifique, il publia, outre le traité sur la relativité déjà cité, l'un des meilleurs exposés sur la mécanique quantique.

Pauli avait des manières assez particulières. Par exemple, après avoir écouté un exposé, prononcé lors d'une conférence internationale et dans lequel je décrivais des travaux réalisés sur la diffusion proton-proton, Pauli quitta la salle de conférence avec moi, accompagné d'un autre physicien. Il se tourna vers moi et me dit : « Je n'ai jamais entendu un discours pire que le vôtre. » Il réfléchit un moment, puis se tourna vers notre collègue et ajouta : « Excepté quand j'écoutais votre leçon inaugurale à Zurich. » Connaissant bien Pauli, je ne fus point trop troublé par sa remarque. Le balancement de son corps au cours de mon exposé était bien la preuve qu'il avait écouté, et comme le savaient tous ceux qui le connaissaient, cela en disait plus long que tous ses commentaires. Quand on lui présentait une nouvelle idée ou une nouvelle théorie, Pauli répondait presque automatiquement : « Sottise ! » (*Quatsch* en allemand). Cependant, si on revenait sur cette idée et qu'il devenait possible de le convaincre de sa validité, alors il se montrait coopératif et apportait de nouveaux points de vue. Il comptait beaucoup d'amis qui avaient appris à le manier, et la haute opinion qu'ils avaient de lui compensait son abord plutôt rébarbatif.

Quand ils ne pouvaient se parler directement, Pauli et Heisenberg étaient continuellement en correspondance et leurs lettres constituent une vivante chronique du développement de la mécanique quantique. Pauli évoluait entre l'enthousiasme et la critique acerbe de son ami. Pauli vouait aussi un intérêt constant pour la psychologie, il correspondait avec Carl Gustav Jung et écrivit même quelques articles sur des sujets psychologiques. Bien qu'apparemment il y tînt beaucoup, il garda néanmoins pour lui cet autre aspect de sa personnalité.

En 1922, alors qu'il était encore étudiant de Sommerfeld, Heisenberg accompagna son mentor à Göttingen pour écouter des conférences de Bohr. Après l'une d'elles, Heisenberg eut une longue discussion avec Bohr, discussion qui se prolongea au cours d'une randonnée qu'ils firent dans les environs de Göttingen. Bohr fut impressionné par le jeune étudiant et l'invita à Copenhague. Heisenberg obtint son doctorat à Munich et se rendit aussitôt après à Göttingen pour poursuivre ses études avec Born. Il resta à Göttingen jusqu'à l'automne de 1924, mise à part une visite à Copenhague à Pâques de la même année.

En 1924, après une étude de la théorie de la dispersion de la lumière entreprise avec Bohr et Kramers, Heisenberg se mit à nourrir des doutes sur certains concepts intuitifs qu'on utilisait dans la théorie quantique, tels que la représentation littérale des orbites électroniques dans les atomes. Dans sa correspondance avec Heisenberg, Pauli exprimait des doutes similaires. Heisenberg s'efforça alors de formuler une théorie évitant l'emploi de représentations des orbites, concrètes mais inobservables, et utilisant seulement des quantités observables telles que les probabilités de transi-

Figure 8-4
Max Born (1882-1970) au lac de Côme, en 1927, au cours d'une excursion organisée pour les participants à la conférence Volta. Il venait juste d'apporter l'interprétation probabiliste de la mécanique ondulatoire. (Par aimable autorisation de F. Rasetti.)

tions pour les sauts quantiques. Cette formulation amenait à utiliser des quantités repérées par deux indices correspondant respectivement à l'état initial et à l'état final du système considéré ; ces quantités étaient aussi reliées au développement en série de Fourier des coordonnées représentant le mouvement périodique dans le modèle orbital. Ce schéma conduisait à un type d'algèbre qui, à la surprise de Heisenberg, n'était pas commutative, c'est-à-dire que le produit de deux quantités dépendait de l'ordre dans lequel on les multipliait. Heisenberg écrivit un article développant ces idées en mai 1925, pendant un séjour sur l'île de Helgoland, en mer du Nord, où il s'était retiré pour échapper aux pollens qui lui infligeaient de douloureuses allergies.

A cette époque, Heisenberg ne connaissait pas la théorie mathématique des matrices mais, quand il parla à Max Born (1882-1970) de quantités qui ne commutaient pas, ce dernier reconnut rapidement qu'ils avaient affaire à une algèbre de matrices, notion que Born connaissait bien depuis le temps de ses études *(figure 8-4)*. Heisenberg, Born et Pascual Jordan, autre étudiant de Born mathématiquement très doué, joignirent leurs forces et obtinrent bientôt un schéma cohérent de mécanique quantique qui donnait des résultats corrects. Leur méthode reposait sur un raffinement et une interprétation plus profonde du principe de correspondance, en même temps que sur l'utilisation de matrices pour la représentation des variables de mouvement. Cette méthode avait aussi des liens avec la mécanique classique de Hamilton. Toutefois, les coordonnées q et leurs moments conjugués p n'étaient pas des nombres ordinaires variant avec le temps, mais des matrices, c'est-à-dire des réseaux de nombres complexes disposés en carré. La position de chaque nombre dans le carré est repérée par deux indices, le premier correspondant à la ligne et le second à la colonne dans lesquelles se situe le nombre. Dans cette application physique spécifique, les indices correspondaient à l'état initial et à l'état final du système. Des objets mathématiques tels que des matrices peuvent être additionnés ou soustraits suivant des règles simples semblables à celles qui opèrent pour les nombres ordinaires. Par contre, la règle de multiplication est particulière. La multiplication de la matrice p par la matrice q ne donne pas le même résultat que la multiplication de q par p. Au contraire, les matrices obéissent à l'étrange règle de commutation :

$$pq - qp = \frac{h}{2\pi i}$$

De façon plus détaillée, pour les éléments de matrice p_{mr} et q_{mr}, cette équation s'écrit :

$$\sum_r (p_{mr}\, q_{rn} - q_{mr}\, p_{rn}) = \frac{h}{2\pi i}\, \delta(m,n)$$

où δ (m,n) est un symbole de Kronecker, égal à 1 si n = m et égal à zéro autrement. En termes de physique classique, pour un point se déplaçant dans une dimension, q est la coordonnée x, p est le moment $m\dot{x} = mv$. En physique classique, quand p et q sont des nombres, manifestement $pq - qp = 0$. Toutefois, en mécanique quantique, p et q sont des expressions plus complexes, des matrices, et ils obéissent aux règles de commutation données plus haut.

Cette nouvelle mécanique, appelée *Matrizenmechanik* ou *Quantenmechanik*, était loin d'être simple et présentait des difficultés de calcul considérables. En sus de leur étude consacrée à la théorie générale, Heisenberg et ses collègues l'avaient appliquée, comme exemple spécifique, à l'oscillateur harmonique et à l'oscillateur anharmonique, ainsi qu'à quelques autres problèmes simples. En se donnant un mal de chien, Pauli était parvenu à appliquer cette mécanique à l'atome d'hydrogène, obtenant par la nouvelle méthode les résultats que Bohr avait obtenus en 1912 en utilisant des hypothèses non cohérentes.

La *Quantenmechanik* contenait des idées fondamentalement neuves et elle était on ne peut plus séduisante. Elle semblait ouvrir de nouvelles perspectives, en particulier parce qu'elle offrait la possibilité d'abandonner le concept d'orbite et de n'utiliser que des quantités observables, mais les notions physiques sous-jacentes étaient quelque peu nébuleuses. De plus, au début tout au moins, elle ne résolvait pas de nouveaux problèmes concrets. Tout compte fait, sa séduction restait cantonnée à un petit groupe d'initiés.

Paul Adrien Maurice Dirac : l'abstraction et la beauté mathématique.

Cependant que ces événements se déroulaient entre Göttingen et Copenhague, une surprise se préparait à Cambridge. Une mécanique quantique nouvelle, à première vue différente, s'y développait. Une fois encore, son inventeur était un jeune homme peu connu des physiciens : Paul Dirac *(figure 8-5)*. Né le 8 août 1902 à Bristol en Angleterre, d'un père suisse et d'une mère anglaise, Dirac était un contemporain de Heisenberg, de Pauli et de Fermi. Il avait commencé des études d'ingénieur électricien à Bristol, mais il changea pour les mathématiques pures qu'il aborda à Bristol et poursuivit ensuite au St. John's College de Cambridge ; il y devint étudiant de recherche au titre de la bourse de l'Exposition de 1851. A Cambridge, il avait pris connaissance de la théorie atomique de Bohr et avait écrit quelques articles sur ce sujet. En 1925, après une visite de Heisenberg à Cambridge, il reçut les épreuves du premier article de celui-ci sur la *Matrizenmechanik*, qui constituait le premier contact de Dirac avec la mécanique quantique. Ayant étudié ces épreuves pendant environ dix jours, il aboutit à la conclusion que la nouvelle idée clé était la non-commutation. Voici ses propres termes :

Figure 8-5
Paul Dirac (né en 1902), en 1934. Dirac donna la formulation générale de la mécanique quantique et son équation relativiste pour l'électron eut des conséquences profondes et durables. (Photo Ramsey & Muspratt.)

« Depuis quelque temps, j'étais intrigué par cette relation très générale et je cherchais à voir comment établir un lien entre elle et les lois de la mécanique qui étaient déjà bien comprises. A cette époque, le dimanche, j'avais l'habitude de faire de longues promenades seul, réfléchissant à ces problèmes, et c'est au cours d'une de ces promenades que l'idée me vint que le commutateur A multiplié par B moins B multiplié par A était très semblable au crochet de Poisson que l'on rencontre en mécanique classique lorsqu'on exprime les équations sous la forme hamiltonienne. Je sautai sur cette idée aussitôt qu'elle me vint. Mais je fus alors retenu par le fait que je ne savais pas très bien ce qu'était un crochet de Poisson. J'avais lu des choses là-dessus dans de savants traités de dynamique, mais elles n'étaient vraiment pas très utiles et, ces lectures faites, elles m'étaient sorties de l'esprit et je ne me souvenais pas très bien de quoi il retournait. Il devint nécessaire de vérifier si le crochet de Poisson pouvait vraiment correspondre au commutateur, et j'avais besoin pour cela d'une définition précise du crochet de Poisson.

Bon, je courus chez moi et regardai dans tous mes livres et articles si je pouvais y trouver quelque référence aux crochets de Poisson. Les livres que j'avais étaient tous trop élémentaires. C'était un dimanche, je ne pouvais pas aller en bibliothèque, tout ce qu'il me restait à faire était d'attendre impatiemment, pendant la nuit et le début de la matinée, que les bibliothèques ouvrent. J'y allai, vérifiai ce qu'était vraiment un crochet de Poisson, trouvai que c'était bien ce que j'avais pensé et qu'on pouvait établir un lien entre un crochet de Poisson et un commutateur. Ceci assurait une relation très étroite entre la mécanique classique ordinaire, à laquelle les gens étaient habitués, et la nouvelle mécanique, mettant en jeu des quantités qui ne commutaient pas, laquelle avait été introduite par Heisenberg.

Tout le travail découla assez directement de cette première idée. Il ne se présenta vraiment aucune difficulté sérieuse pendant un certain temps. On pouvait élaborer les équations de la nouvelle mécanique, tout ce que l'on avait à faire consistait à généraliser convenablement les équations classiques exprimées sous la forme hamiltonienne. Je continuais à développer ce travail tandis qu'indépendamment, à Göttingen, Heisenberg et ses collaborateurs développaient le point de vue matriciel ; nous correspondîmes un peu, mais, pour l'essentiel, nous travaillâmes de façon autonome. »

[*Proceedings of the International School of Physics « Enrico Fermi »*, vol. 57, p. 134.]

Pour la formulation de la mécanique quantique selon Dirac, il est nécessaire de se servir de certaines expressions mathématiques appelées des q-nombres pour les distinguer des nombres ordinaires ou c-nombres. Les q-nombres ne sont pas des nombres au sens ordinaire du mot, mais de nouveaux objets mathématiques obéissant à une algèbre non-commutative, et qui sont directement liés aux matrices de Heisenberg et aux opérateurs de Schrödinger dont nous allons parler. La lettre q signifie quantique, alors que c signifie classique.

Ainsi, dès 1925, Dirac réussit à donner une formulation complète de la mécanique quantique qui, à bien des égards, était plus générale que celle de ses contemporains. Elle est remarquable par sa formulation axiomatique et par les généralisations qu'elle permet.

En 1932, Dirac devint professeur de mathématiques à Cambridge, titulaire de la chaire Lucasienne, celle-là même qu'avait occupée Newton au XVIIIe siècle ; il y resta jusqu'à sa retraite. Homme d'un caractère plutôt taciturne, il exerça une influence profonde, grâce à ses articles de recherche et à son livre *The Principles of Quantum Mechanics*. Ses écrits se caractérisent par un style profond et concis qui exige souvent du lecteur un effort assidu. Une anecdote qui est peut-être authentique aidera à décrire l'homme. A la fin d'un séminaire, Dirac demanda comme à l'accoutumée s'il y avait des questions. Dans l'auditoire, quelqu'un se risqua et dit, montrant deux équations : « Je n'ai pas compris comment vous passiez de A à B. » Dirac répondit calmement : « Ceci est une constatation, ce n'est pas une question. »

Erwin Schrödinger.

A Zurich, à l'insu des chercheurs de Göttingen, de Copenhague et de Cambridge, un autre physicien nommé Erwin Schrödinger (1887-1961) était lui aussi en train de découvrir la mécanique quantique, quoique sous une forme différente. Schrödinger *(figure 8-6)*, né à Vienne, était déjà un physicien connu, ayant des résultats importants à son actif. Il avait un tempérament d'artiste et écrivait facilement et clairement. Son père était un « honnête homme » très cultivé, versé en différentes sciences, notamment la chimie et la botanique ; sa mère était anglaise. Le jeune Erwin avait fait ses études à Vienne, où la mémoire et l'esprit de Boltzmann étaient encore vivants. Le professeur de Schrödinger y avait été Fritz Hasenoehrl, lui-même élève de Boltzmann et physicien très prometteur. Malheureusement, Hasenoehrl fut tué pendant la Première Guerre mondiale. Schrödinger lui-même avait combattu dans l'armée autrichienne pendant la guerre. Il avait ensuite travaillé dans plusieurs universités avant de se fixer à l'Université de Zurich où il avait accompli son œuvre capitale. Impressionné par les idées de de Broglie et par les commentaires favorables que Debye et Einstein en avaient faits, il les développa en une véritable théorie ondulatoire. Au début, il essaya de tout traiter de façon relativiste, mais ses résultats étaient en désaccord avec les faits expérimentaux ; il se découragea et renonça temporairement.

Au bout de quelques mois, Schrödinger revint sur le sujet en utilisant une approximation non relativiste et trouva des

Figure 8-6
Erwin Schrödinger (1887-1961), qui formula la version ondulatoire de la mécanique quantique et trouva l'équation qui porte son nom. Cette équation constituait un instrument riche et d'une grande souplesse d'emploi qui explique un grand nombre de phénomènes. (Par aimable autorisation de W. Scott.)

résultats qui, cette fois, s'accordaient aux données expérimentales. La raison pour laquelle sa théorie relativiste ne marchait pas était qu'elle ne tenait pas compte du spin de l'électron. L'idée du spin était alors neuve et les théoriciens n'y étaient pas encore habitués.

Il publia son travail en janvier 1926 [*Annalen der Physik* *79*, 361 (1926)] et écrivit la fameuse équation de Schrödinger :

$$\nabla^2\psi\ (x,y,z) + \frac{8\pi^2 m}{h^2}\ [E-U\ (x,y,z)]\ \psi\ (x,y,z) = 0$$

Cette équation a une forme bien connue de tous les physiciens mathématiciens qui, très tôt, avaient étudié les ondes. En fait, c'est l'équation caractéristique de tous les mouvements ondulatoires : ondes acoustiques, ondes électromagnétiques, etc., sont toutes traitées par des équations mathématiquement très semblables à celle de Schrödinger. En outre, juste avant la parution de l'article de Schrödinger, Richard Courant et David Hilbert, deux mathématiciens célèbres de Göttingen, avaient publié un livre, intitulé *Methoden der Mathematischen Physik*, qui contenait toutes les bases mathématiques nécessaires pour comprendre l'article de Schrödinger. En fait, Schrödinger lui-même trouva dans le livre de Courant et Hilbert la solution mathématique de problèmes qui étaient des cas particuliers de ses équations.

Dans l'équation de Schrödinger, ∇^2 est l'opérateur laplacien, $\delta^2/\delta x^2 + \delta^2/\delta y^2 + \delta^2/\delta z^2$, E est l'énergie du système et U (x,y,z) est le potentiel qui caractérise le système. Par exemple, pour un atome d'hydrogène, $U\ (x,y,z) = Ze^2/r = Ze^2/\sqrt{(x^2 + y^2 + z^2)}$. La fonction $\psi\ (x,y,z)$ fut appelée le *scalaire de champ* par Schrödinger. Son interprétation sera discutée plus loin. L'équation de Schrödinger a des « solutions acceptables », c'est-à-dire des solutions telles que $|\psi\ (x,y,z)|^2\ dx\ dy\ dz$ ne prenne de valeurs finies que pour certaines valeurs particulières de E. Ces valeurs sont appelées *valeurs propres* et leur ensemble forme un spectre. Dans le cas de l'hydrogène, il y a d'abord un spectre discret, identique aux niveaux d'énergie de Bohr, et ensuite un continuum pour les énergies positives. La quantification intervient aussi automatiquement. Les niveaux d'énergie deviennent semblables aux fréquences propres d'une corde vibrante, c'est-à-dire à l'échelle des sons émis par un instrument à cordes.

Schrödinger fit paraître une série d'articles dans les *Annalen der Physik*, la même revue qui avait publié les découvertes de Planck et d'Einstein. Le titre de la série est : « La quantification comme problème aux valeurs propres » ; ces articles suscitèrent immédiatement l'intérêt et l'admiration générale. Les lettres échangées entre Schrödinger, Einstein, Planck et autres célébrités en portent témoignage. Planck invita Schrödinger à Berlin pour parler à son séminaire, et il fut émouvant de voir Planck, déjà âgé, se réjouir d'entendre enfin donner une forme définitive et cohérente de la mécanique quantique.

Pourquoi le succès de Schrödinger fut-il aussi immédiat et universel, par comparaison avec l'accueil plus modeste réservé au travail antérieur de Heisenberg ? Une raison en est certainement que le type de mathématiques qu'utilisait Schrödinger était familière à tous les physiciens, et que, dans l'ensemble, sa méthode n'était pas mathématiquement différente de la théorie ondulatoire classique. Même le jeune Fermi éprouva de sérieuses difficultés à comprendre les idées de Heisenberg ; au contraire, il assimila immédiatement les articles de Schrödinger et, dès leur parution, les expliqua à ses amis et à ses élèves. Fermi se trouvait embarrassé non point par les mathématiques de Heisenberg, qu'il maîtrisait aisément, mais par ses idées physiques. Une autre raison du succès de Schrödinger est que sa méthode pouvait être appliquée à des problèmes concrets beaucoup plus facilement que celle de Heisenberg, et qu'elle pouvait ainsi être confrontée aux expériences.

Il restait cependant une grande question non résolue. Qu'était donc le ψ, ce mystérieux scalaire de champ qui se propageait comme une onde ? Schrödinger et d'autres pensèrent un certain temps que le carré du module du nombre complexe ψ était la densité de charge électrique, comme si l'électron s'était dissous lui-même dans un nuage. Cette interprétation était néanmoins très douteuse, car il y avait de bonnes raisons de penser que les électrons étaient localisés dans de très petites régions de l'espace, quasiment comme des points. Pour l'atome d'hydrogène, la *figure 7-5* montre les orbites de Bohr et la *figure 8-7* les nuages d'électricité de Schrödinger : ni les unes ni les autres n'existent réellement, le seul concept solide est celui qui est incorporé dans les formules. Les formules peuvent être traduites en des termes qui s'appliquent à la situation expérimentale, mais les autres notions ne le peuvent pas.

A Copenhague, on admira la théorie de Schrödinger, mais on rejeta son interprétation du ψ. Bohr invita Schrödinger à discuter les problèmes liés à sa théorie et le confronta aux critiques et objections suscitées par l'interprétation. Ces

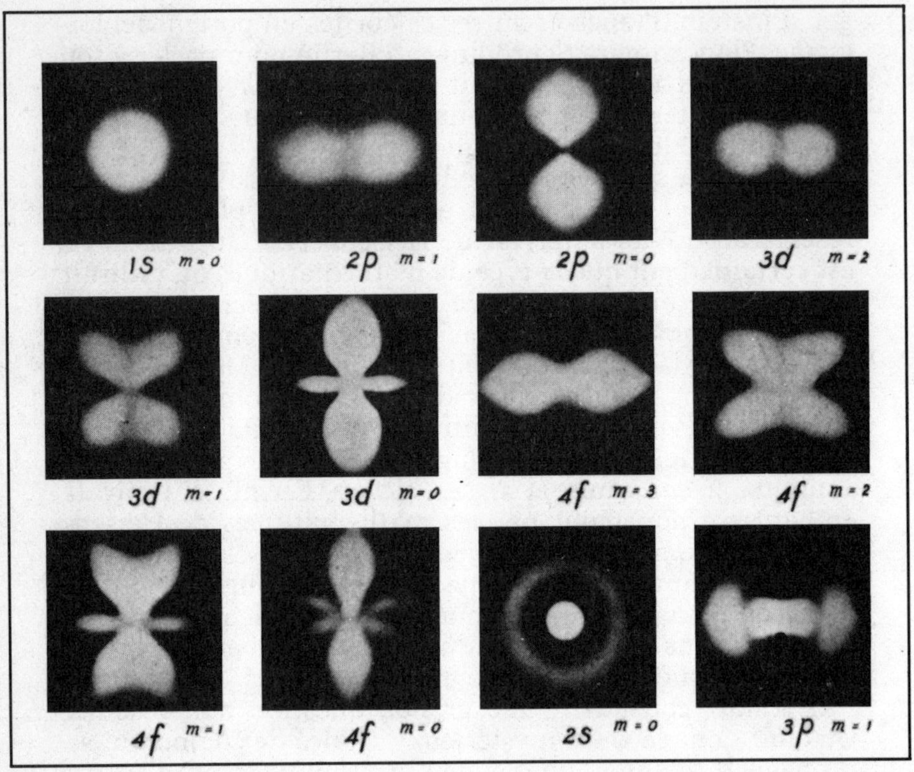

Figure 8-7

Les nuages électroniques de Schrödinger, correspondant aux états stationnaires de l'atome d'hydrogène. Ils montrent la « densité électronique », c'est-à-dire la probabilité ψ^2 de trouver un électron en un certain point lorsque l'atome est dans les états spécifiés par les nombres quantiques indiqués. Le premier nombre est n, le nombre quantique principal ; pour des raisons historiques, les lettres *s, p, d, f indiquent la valeur du moment angulaire en unités de* $h/2\pi$; *s* correspond à $l = 0$, *p* à $l = 1$, *d* à $l = 2$, *f* à $l = 3$; *m* est le nombre quantique magnétique qui donne l'orientation de l'atome. [D'après H. White, *Physical Review* 37, 1 416 (1937).]

discussions prolongées furent si pénibles qu'à la fin, Schrödinger tomba malade d'épuisement et alla se coucher dans la résidence de Bohr où il séjournait. Cela n'arrêta pas son hôte qui continua, dans la chambre de Schrödinger, à argumenter avec lui. Souvenons-nous que Bohr était d'un commerce aimable, courtois, et qu'il se préoccupait sincèrement du bien-être de ses invités, mais, à propos d'un

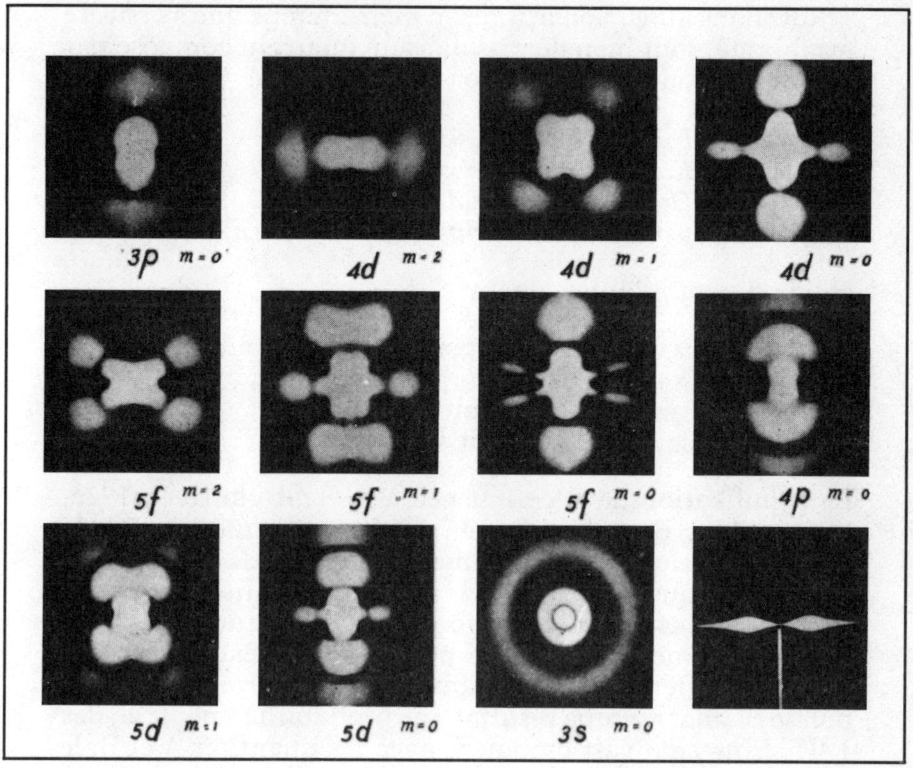

problème de physique aussi vital, il ne pouvait se contrôler.

Par la suite, la carrière de Schrödinger est un reflet de son époque. Il succéda à Planck à Berlin, mais, en 1933, dégoûté par l'avènement du nazisme, il quitta l'Allemagne et vint à Oxford. Imprudemment, il revint à Graz, dans son Autriche natale, en 1936, et ce fut pour être chassé de son pays en 1938, lorsque Hitler annexa l'Autriche à l'Allemagne. Il débarqua à Rome avec un sac à dos contenant tout ce qu'il avait pu prendre avec lui, et chercha à rencontrer Fermi pour lui demander de le mener au Vatican où il trouva protection et asile pour quelque temps. De là, il gagna l'Institute for Advanced Study de Dublin où il resta jusqu'en 1955. A Dublin, il rédigea un petit livre, *Qu'est-ce que la vie ?*, qui exerça une influence considérable sur les biophysiciens. Il revint ensuite à Vienne et y mourut en 1961.

Revenons au ψ. Son utilité, en même temps que sa nature troublante, sont bien décrits dans un quatrain composé par Walter Hückel, jeune collaborateur de Debye :

Erwin Kann mit seinem psi
Kalkulieren wie noch nie,
Doch wir jeder leidet einsehen
psi lässt sich nicht rechet verstehen,

que l'on peut adapter ainsi :

Erwin, avec son psi, peut accomplir
Des calculs à n'en plus finir,
Personne pourtant n'a expliqué
Ce que le psi peut signifier.

La signification de ψ commença à devenir claire en 1926, lorsque Max Born l'interpréta non comme une densité de charge électrique, mais comme une densité de probabilité, c'est-à-dire que $|\psi(x,y,z)|^2 d\tau$ est la probabilité de trouver l'électron dans l'élément de volume $d\tau$ de coordonnées x,y et z. Naturellement, cette idée posait de graves problèmes ; c'était en effet une nouveauté qu'une théorie mécanique puisse donner comme résultat une probabilité, même si, dès 1917, Einstein avait préfiguré, avec ses quantités A et B, le rôle des probabilités dans les phénomènes atomiques.

Restait un grand obstacle qui fut franchi lorsque Schrödinger, le jeune Américain Carl Eckart et d'autres auteurs, travaillant indépendamment, reconnurent que les théories de Heisenberg et de Schrödinger étaient mathématiquement équivalentes. Si l'on savait résoudre l'équation de Schrödinger pour un certain problème, on pouvait calculer les matrices de Heisenberg et vice versa. C'était presque comme de résoudre le même problème par une méthode géométrique ou par une méthode analytique. La mécanique ondulatoire et la *Matrizenmechanik* étaient donc équivalentes, ou plutôt étaient une seule et même chose.

La théorie de Dirac est elle aussi équivalente à celles de Heisenberg et de Schrödinger. Pour toutes trois, la relation essentielle qui produit la quantification est

$$pq - qp = \frac{h}{2\pi i}$$

Pour Heisenberg, p et q sont des matrices ; pour Schrödinger, q est un nombre et p est l'opérateur différentiel

$$p = \frac{h}{2\pi i} \frac{\delta}{\delta q}$$

Pour Dirac, p et q sont des nombres spéciaux obéissant à une algèbre non commutative. Dans un problème concret, le résultat d'un calcul quelconque est le même quel que soit celle des trois méthodes qu'on emploie.

La signification des équations.

Le problème de l'interprétation physique des formules mathématiques de la mécanique quantique est un des plus difficiles qui soient. C'est un fait que la lumière comme la matière ont des caractéristiques de particules et des caractéristiques d'ondes. Nous parlons ici de particules macroscopiques classiques et d'ondes macroscopiques classiques. Nous pouvons alors nous demander si la lumière est un phénomène ondulatoire ou si elle est composée de particules. La même question peut être posée pour, disons, un électron.

Pour répondre à de telles questions, nous devons faire appel à une façon de penser et à des méthodes introduites par Einstein en 1905, lorsqu'il montra comment analyser le concept, apparemment simple, de simultanéité, et quand il aboutit aux résultats cohérents mais stupéfiants que l'on sait.

Comme Heisenberg le montra le premier dans un article célèbre de 1927, en utilisant des méthodes similaires, on découvre que des notions classiques comme celle d'orbite d'une particule, ou encore la notion classique d'onde, n'opèrent plus lorsqu'on essaie de les appliquer à des objets microscopiques. En faisant certaines expériences, on peut « montrer » qu'on a affaire à une onde, mais il devient alors impossible d'effectuer sur le même objet l'expérience nécessaire pour montrer qu'on a affaire à un corpuscule et vice versa. Les conditions quantiques sont au cœur de ce dilemme.

Si nous essayons de déterminer simultanément la coordonnée et le moment d'une particule, nous nous heurtons à des contradictions qui ont leur origine dans la double nature — corpusculaire et ondulatoire — de la particule. De façon à illustrer cette difficulté, Heisenberg discuta de nombreuses expériences qui montrent que la mesure est impossible à réaliser, justement à cause de la double nature d'une particule telle que l'électron. La précision des résultats est limitée par une relation célèbre, appelée principe d'incertitude et établie par Heisenberg. Appelons Δq l'erreur inévitable qui affecte la mesure de la coordonnée et Δp l'erreur analogue portant sur la mesure simultanée du moment ; nous avons :

$$\Delta p \, \Delta q \simeq \frac{h}{2\pi}$$

Le terme *erreur*, bien sûr, ne désigne pas l'erreur causée par l'imperfection de notre instrument de mesure concret, mais l'erreur inhérente à des phénomènes inévitables tels que le recul à l'émission d'un quantum ou la diffraction d'une onde à travers une fente.

L'équation d'incertitude est strictement liée à la condition quantique $pq\text{-}qp = h/2\,\pi\,i$. Les relations d'incertitude ne sont valables que pour des grandeurs dont les matrices représentatives ne commutent pas. L'article dans lequel Heisenberg énonçait ces idées fit date, Bohr l'acclama ; Pauli, qui en avait eu communication par lettre, applaudit aussi.

Dans notre vie quotidienne où nous avons affaire à des objets de dimensions humaines, nous n'avons aucune occasion de ressentir les limitations imposées par le principe d'incertitude et nous en sommes inconscients. Si nous observons un objet macroscopique, la perturbation de son comportement introduite par l'observation est tout à fait négligeable et nous échappons donc aux restrictions logiques imposées par le principe d'incertitude. Le recul lors de l'émission d'un quantum qui atteint mon œil (et dont j'ai besoin pour percevoir l'objet) est négligeable, même si l'émetteur n'est qu'un petit cristal, et je n'ai donc pas à me préoccuper du changement de moment que mon observation a induit sur lui. Mais quand la particule émettrice est un électron atomique, le recul est suffisamment grand pour perturber le mouvement ultérieur, et l'observation perturbe donc l'objet observé. Dans ce cas, un examen critique des procédures que l'on peut théoriquement utiliser pour mesurer la coordonnée et le moment conduit à la relation d'incertitude.

Nous sommes mieux à même de le comprendre en recourant à un exemple. Supposons que nous ayons un grand nombre de systèmes identiques ou que nous répétions un grand nombre de fois la même expérience sur le même système. Nous utilisons des instruments parfaits, en ce sens que nous ne tenons pas compte de leurs limitations techniques. Toutefois, nous ne pouvons ignorer les limitations imposées par les lois de la nature. Mesurons un grand nombre de fois la coordonnée d'un électron : à chaque fois, nous trouvons une valeur q ; la valeur moyenne de q est $<q>$. Nous définissons Δq comme $\sqrt{\overline{<(q - <q>)^2>}}$, ou comme la racine de l'écart quadratique moyen de q ; nous faisons de même pour p. Maintenant, supposons que notre mesure consiste à observer que l'électron passe à travers une fente de largeur a dans la direction x, alors $\Delta x = a$. Admettons que l'électron soit envoyé à travers la fente à la vitesse v_y dans la direction y parfaitement perpendiculaire au plan de la fente. Toutefois, après son passage à travers la fente, l'électron peut avoir une direction différente de celle qu'il avait initialement, les électrons étant soumis à la diffraction. Il acquiert donc une vitesse dans la direction x, donnée par la largeur de diffraction, qui est approximativement $(\lambda/a)\, v_y$. Pour λ, nous prenons la longueur d'onde de de Broglie h/mv_y et, à partir de ces relations, nous obtenons immédiatement :

$$\Delta x\, \Delta p_x = am \frac{\lambda}{a} v_y = h$$

Si nous rétrécissons la fente et rendons a plus petit, Δp_x augmente d'autant. Le fond de l'affaire est que des points matériels se comportent à la fois comme des particules et comme des ondes et qu'il n'est pas possible d'en donner une description précise d'un seul point de vue.

Il existe une autre relation d'incertitude qui établit que, dans l'intervalle de temps Δt, on peut mesurer une énergie avec une précision ΔE telle que

$$\Delta t\, \Delta E \simeq h$$

En plus de ces limitations, inconnues en physique classique, et à cause d'elles, les problèmes de mécanique quantique sont formulés de façon tout à fait différente de la formulation macroscopique habituelle. Prenons comme exemple un système mécanique tel qu'un atome d'hydrogène (nous négligerons les spins pour la simplicité de l'exposé). Il est superflu de se poser des questions à propos des orbites ou d'autres notions qui ne sont pas susceptibles d'être mesurées par suite de la double nature de l'électron. Par contre, nous pouvons étudier l'énergie ou le moment angulaire, ou d'autres quantités encore qui sont mesurables. La théorie nous donne un catalogue des valeurs possibles des résultats de nos mesures. Dans le cas spécifique de l'énergie de l'atome d'hydrogène, il s'agit des valeurs négatives $-2\pi z^2 e^4/hn^2$ et de toutes les valeurs positives (le zéro d'énergie étant pris quand l'électron est au repos, à grande distance du noyau). Pour le moment angulaire, le catalogue nous donne $1h/2\pi$, où 1 est un nombre entier positif ou nul. En outre, la théorie nous donne la *probabilité* de trouver, dans des circonstances données, une valeur donnée spécifiée dans le catalogue. D'autre part, en physique classique, le catalogue contient un continuum de valeurs et nous pouvons spécifier exactement laquelle sera obtenue dans des circonstances données.

Pour un résumé plus technique et très condensé de la formulation des problèmes physiques en mécanique quantique, on se reportera à l'appendice 10.

Un nouveau regard sur la réalité : la complémentarité.

En approfondissant encore les idées de base de la mécanique quantique, Bohr atteignit la notion de complémentarité. Deux grandeurs sont complémentaires lorsque la mesure de l'une exclut la mesure précise de l'autre au même instant. De la même façon, deux concepts sont complémentaires si l'un d'eux impose des limitations à l'autre. Exactement comme le principe de correspondance, si difficile à formuler et qui représentait plutôt la façon de penser de Bohr, la complémentarité est plus un mode de pensée qu'un concept précis.

En 1930, Heisenberg résuma les relations entre les différents points de vue dans le tableau ci-dessous [Heisenberg, *Les principes physiques de la théorie des quanta*] :

Théorie classique	Théorie quantique		
	Alternative I		Alternative II
Description dans l'espace-temps	Description dans l'espace-temps	relations statistiques	Organisation mathématique abstraite. Pas de description dans l'espace-temps.
Causalité	Relation d'incertitude		Causalité.

La nouvelle formulation des problèmes physiques qui est caractéristique de la mécanique quantique et le type de réponse qu'elle donne peuvent apparaître à première vue insatisfaisants. Ceci essentiellement parce qu'ils ne correspondent pas aux images ordinaires que nous avons à l'esprit et qui, elles, sont fondées sur nos sensations macroscopiques quotidiennes. Cependant, si l'on définit la réalité comme ce qui peut être observé expérimentalement, alors la théorie se conforme strictement à cette définition. Dans cette façon de penser, le concept de probabilité joue un rôle essentiel, même si parfois la probabilité peut être égale à un, en d'autres termes quand elle est une certitude. Ceci exige un abandon de nos habitudes de pensée, semblable à celui qu'avait requis, en 1905, l'analyse effectuée par Einstein des notions d'espace-temps, fondée sur la relativité restreinte.

Tout le monde n'aime pas les bouleversements de ce genre. Einstein, qui pourtant avait ouvert la voie, s'opposa à la fois à la physique probabiliste et à la formulation de la mécanique quantique avancée par Bohr et les autres physiciens de l'école de Copenhague. Il ne l'aimait pas et pensait qu'elle pourrait être remplacée par quelque chose de plus déterministe, quoique, bien sûr, il reconnût sa cohérence logique et l'accord qu'elle présentait avec les faits expérimentaux. Cependant, avec le temps, les nouvelles générations s'adaptèrent à la mécanique quantique. Ceux qui se cantonnèrent dans une attitude sceptique furent, de façon

Figure 8-8
De gauche à droite : Fermi, Heisenberg et Pauli au lac de Côme, en 1927. Heisenberg avait récemment découvert la mécanique des matrices et le principe d'incertitude. Pauli venait juste de découvrir le principe d'exclusion et Fermi venait de découvrir la statistique fondée sur ce principe. (Par aimable autorisation de F. Rasetti.)

significative, quelques-uns des fondateurs de la nouvelle doctrine : de Broglie, Schrödinger et, dans une certaine mesure, Dirac.

La Mécanique quantique reçut une consécration quasi-officielle en 1927 à la Conférence internationale de Physique tenue à Côme, en Italie, pour le centième anniversaire de la mort de Volta (Volta était originaire de Côme). La plupart des physiciens les plus importants de l'époque y étaient présents, y compris plusieurs chercheurs de la jeune génération *(figure 8-8)*. Bohr parla de la mécanique quantique, insistant particulièrement sur les questions épistémologiques. L'absence d'Einstein, irrémédiable, fut très remarquée, mais Einstein ne voulait pas mettre les pieds au pays de Mussolini. Cependant, quelques semaines plus tard, Einstein assista au Conseil Solvay à Bruxelles, et avec lui se trouvaient réunies toutes les sommités de la mécanique quantique : Heisenberg, Dirac, Pauli, Bohr, Born et bien d'autres *(figure 8-9)*. Einstein essaya par tous les moyens d'élaborer des contre-exemples du principe d'incertitude, tentant ainsi de saper les fondements de la nouvelle théorie. Chaque matin, au petit déjeuner, il présentait à Bohr un ingénieux exemple qui, pensait-il, devait mettre la théorie en contradiction. Bohr étudiait le problème jusqu'à réussir à trouver une faille dans la critique d'Einstein, et ce n'était que pour constater que ce dernier avait déjà préparé un autre exemple. Un de ces cas parmi les plus subtils et les plus difficiles ne pouvait être résolu qu'en faisant appel à la relativité généralisée, la propre création d'Einstein. A la fin, Einstein dut admettre qu'il n'avait pas trouvé de contre-exemple valable, mais il persista dans sa conviction que, comme il l'écrivit dans une lettre privée à Born, « Dieu ne joue pas aux dés ».

Heisenberg, Pauli, Dirac et les autres fondateurs de la mécanique quantique passèrent un temps considérable à l'institut de Bohr à Copenhague, au cours de la période décisive du développement de la théorie. Leurs longues discussions, avec Bohr et entres eux, contribuèrent à clarifier les idées et à cristalliser la doctrine. La communion intellectuelle, le souvenir de difficultés surmontées grâce à l'entraide, la vie en commun engendrèrent un esprit de corps et débouchèrent sur un « esprit de Copenhague » scientifique. Comme il arrive souvent en de telles circonstances, cet esprit manifestait une certaine propension à se transformer en orthodoxie. Cependant, l'orthodoxie n'était pas absolument rigide et tendait, conformément au propre style de Bohr, à présenter plusieurs variantes. Ce n'était pas pour rien que Bohr aimait les contours flous. Je dirais presque qu'il aimait les brouillards danois, et je cite l'un de ses dictons favoris

Nur die Fuelle fuehrt zur Klarheit
Und im Abgrund liegt die Wahrheit,

soit :

Seule la perfection apporte la clarté
Et la vérité réside dans les abîmes.

J'ajouterai une petite anecdote sur Bohr, même si elle a été racontée bien des fois, parce qu'elle illustre sa personnalité et son genre d'humour. Bohr avait une résidence d'été où il passait ses vacances ; sur une porte de cette demeure, il avait fixé un fer à cheval. Un de ses visiteurs, un peu surpris,

Figure 8-9
Les participants au Conseil Solvay de 1927. Il était consacré à la mécanique quantique et ce nouveau domaine fut, si l'on peut dire, inauguré officiellement au cours de cette réunion. C'est là qu'eurent lieu les discussions entre Einstein et Bohr. Au premier rang, de gauche à droite : I. Langmuir, M. Planck ; M. Curie, H. Lorentz, A. Einstein, P. Langevin, C. Guye, C. Wilson, O. Richardson. Second rang, de gauche à droite : P. Debye, M. Knudsen, W.L. Bragg ; H. Kramers, P. Dirac, A. Compton, L. de Broglie, M. Born, N. Bohr. Debout, de gauche à droite : A. Piccard, E. Henriot, P. Ehrenfest, E. Herzen T. De Donder, E. Schrödinger, E. Verschaffelt, W. Pauli, W. Heisenberg, R. Fowler, L. Brillouin. (Institut Solvay.)

lui demanda s'il croyait qu'un fer à cheval portait bonheur. Bohr répondit : « Non, mais on m'a dit que cela porte aussi bonheur aux gens qui n'y croient pas. »

Jusqu'en 1927, il n'existait aucune forme de mécanique quantique qui fût relativiste. Les physiciens, à commencer par de Broglie, avaient essayé en vain de trouver une théorie relativiste. Toutes les tentatives conduisaient à des résultats absurdes ou bien s'écartaient des faits expérimentaux.

En 1928, Dirac trouva finalement une manière mathématique d'écrire, pour un électron, une équation qui fût invariante du point de vue relativiste. Il découvrit que les mathématiques introduisaient un nouveau degré de liberté interne pour la particule. Ce degré de liberté se trouvait avoir toutes les propriétés du spin de l'électron, à commencer par sa valeur, $h/4\pi$. Il donnait aussi à l'électron un moment magnétique valant $eh/4\pi mc$. Ce résultat quasi miraculeux conféra une force considérable à la théorie de Dirac. Dans toutes les théories non-relativistes précédentes, le spin et le moment magnétique devaient être introduits de façon ad hoc, comme des éléments d'information disjoints ; ici, tout se mettait en place automatiquement. Mais il y avait mieux. L'équation de Dirac ne décrivait pas seulement le mouvement de l'électron, mais celui d'une particule dotée de la même masse que l'électron, quoique d'une charge positive. Dirac essaya d'identifier ces particules superflues aux protons, mais il rencontra de graves difficultés. Pauli, dans son *Treatise on Quantum Mechanics*, exprima l'opinion suivante : « Une tentative pour sauver la théorie dans sa forme actuelle apparaît sans espoir, eu égard à ses conséquences... ». Comme nous le verrons plus tard, les électrons positifs existent bien en réalité et, lorsqu'en 1932 on en découvrit dans les rayons cosmiques, le défaut de la théorie de Dirac se transforma en l'un de ses triomphes. La théorie de Dirac exige l'emploi de nouveaux outils mathématiques, appelés *spineurs*, et qui ressemblent un peu à des vecteurs à quatre composantes.

Avec ces articles de Dirac, les grandes lignes de la mécanique quantique étaient établies. Le résultat en est une description de la nature qui est à la fois plus abstraite que celle qui s'exprime à travers la mécanique classique, et plus proche de l'expérience.

On peut observer un parallèle curieux entre le monde de l'art et celui de la science. Au cours de la vie de Planck, les Impressionnistes avaient développé un nouveau style de peinture. A peu près à l'époque de la constitution de la mécanique quantique, des artistes tels que Picasso se mirent à évoluer encore davantage vers l'abstraction, en représentant par exemple un visage avec deux faces. Il serait néanmoins difficile de prétendre qu'une de ces faces est ondulatoire et l'autre corpusculaire !

Les mystères sont expliqués, mais des doutes subsistent.

En physique, toutes les percées (je déteste ce mot dont on a abusé, mais il faut bien l'employer quand il est vraiment approprié) n'amènent pas seulement des théories générales, mais aussi l'explication d'une variété de phénomènes spécifiques qui étaient connus expérimentalement mais qu'on ne savait traiter que de façon phénoménologique, souvent grâce à l'introduction d'hypothèses ad hoc ou de coefficients empiriques. Cette floraison d'applications se produisit aussi avec la mécanique quantique. Par applications, je n'entends pas les applications technologiques : elles vinrent plus tard. Je veux parler de l'explication de phénomènes connus depuis longtemps mais qui étaient restés inexpliqués.

La théorie de l'atome d'hélium fut l'un des premiers succès de Heisenberg. Nous y rencontrons pour la première fois plusieurs caractéritiques inattendues. Par exemple, dans l'atome d'hélium, il y a deux familles de niveaux d'énergie et il n'est pas possible de passer de l'un à l'autre par l'émission d'un rayonnement. Dans l'un des systèmes, les spins des deux électrons sont parallèles ; dans l'autre, ils sont antiparallèles. La différence d'énergie entre les deux types de niveaux était totalement inexplicable dans les anciens modèles de type Bohr. Mais Heisenberg calcula simplement les fonctions d'onde et les énergies d'après les règles de la mécanique quantique, sans se préoccuper de comprendre le phénomène d'un point de vue orbital, et il trouva la bonne réponse. La différence d'énergie, liée à l'identité des électrons, est basée sur un phénomène qui n'a pas d'interprétation classique.

Cette explication fut suivie de la théorie de la liaison chimique homéopolaire dans les molécules telles que la molécule d'hydrogène. On savait depuis le temps d'Avogadro que la molécule d'hydrogène est diatomique, mais pourquoi deux atomes d'hydrogène s'attirent-ils et se lient-ils l'un à l'autre alors qu'un troisième atome ne se lierait pas à eux ? Pourquoi l'hydrogène ou l'oxygène forment-ils des molécules alors que les gaz rares ne le font pas ? C'étaient là quelques-unes des questions les plus simples posées en chimie théorique, mais, jusqu'en 1927, elles n'avaient pas reçu de réponses. Sous l'impulsion de Heisenberg, Walter Heitler et Fritz London présentèrent la première théorie de la liaison chimique d'atomes identiques. Cette théorie se développa ensuite comme une branche à part entière de la science et produisit en son temps des résultats spectaculaires. Du côté des chimistes, Linus Pauling en fut l'un des pionniers.

Beaucoup d'autres problèmes anciens durent capituler sous les assauts de la nouvelle mécanique quantique. Born traita la théorie des collisions et ce fut son étude qui mit sur la voie de l'interprétation statistique fondamentale de ψ. Dirac donna, en termes de mécanique quantique, une interprétation pénétrante du principe d'exclusion de Pauli et, en même temps, redécouvrit la statistique de Fermi. La théorie du paramagnétisme fut élucidée par Pauli. Félix Bloch fit faire un pas de géant à la théorie des métaux en calculant comment une onde électronique pouvait se déplacer dans un potentiel périodique. Heisenberg expliqua le ferromagnétisme en justifiant une précédente théorie phénoménologique qui faisait intervenir arbitrairement, dans des corps ferromagnétiques comme le fer, un champ magnétique interne énorme. Enfin, Georges Gamow d'une part, E. V. Condon et R. Gurney d'autre part, découvrirent indépendamment que des barrières de potentiel pouvaient être traversées, et ils appliquèrent cette découverte à l'explication du paradoxe apparent que constituait la désintégration nucléaire alpha. Ce résultat impressionna profondément Rutherford qui s'était montré quelque peu sceptique vis-à-vis d'une théorie mettant en jeu tant de mathématiques et si peu d'intuition.

Il y eut une période de quelques années au cours de laquelle, pour être capable de faire de réelles découvertes, il suffisait de comprendre la mécanique quantique et d'en manier les techniques à peu près aussi bien qu'un bon étudiant le fait aujourd'hui. Certes, il n'était pas facile à cette époque de maîtriser ne fût-ce que les éléments de la mécanique quantique. Après une période de développement tumultueux, on éprouvait un besoin urgent de systématisation. Les comptes rendus originaux de découvertes étaient souvent difficiles à lire, mais, vers 1929, les livres et les monographies commencèrent à paraître et les différents points de vue y étaient expliqués de façon plus systématique. Dirac, Heisenberg, Born, Jordan et Pauli écrivirent chacun soit un livre, soit une monographie sur ce sujet. Ces travaux forment la base des modernes traités qu'utilisent aujourd'hui les étudiants. Sommerfeld ajouta lui aussi un volume supplémentaire à son *Atombau und Spektrallinien*.

La mécanique quantique non relativiste est aujourd'hui, au moins dans son principe, une discipline achevée. C'est une généralisation grandiose de la mécanique classique sur laquelle elle a très largement pris modèle, et elle rend justice au principe de correspondance puisque, pour les objets macroscopiques, elle donne les mêmes réponses que la théorie classique.

La mécanique quantique relativiste est beaucoup moins avancée. La théorie de Dirac est limitée aux particules de spin $\frac{1}{2}$; pour les autres spins, des difficultés subsistent. Mais même pour des particules de spin $\frac{1}{2}$ dans un champ électromagnétique fixé à l'avance, on rencontre certains problèmes. Il est possible de développer une théorie de perturbation, cependant celle-ci diverge. On peut y remédier en introduisant une coupure à haute énergie mais cela brise l'invariance relativiste. On atteint néanmoins, une précision extrêmement grande et, par exemple, le moment magnétique du muon ou de l'électron peuvent être calculés avec une précision de 0,3 partie par milliard. Les résultats sont en accord avec l'expérience moyennant une erreur de 0,2 partie par milliard. Ce sont, en physique, les nombres les mieux calculés et les mieux mesurés.

Cependant, en 1972, au terme d'une conférence consacrée au développement de la mécanique quantique, Dirac concluait par ces mots :

> « Que peut-on faire maintenant de cette situation ? Il me semble évident que nous ne possédons pas encore les lois fondamentales de la mécanique quantique. Les lois que nous utilisons aujourd'hui nécessitent des modifications importantes qui doivent être apportées avant que nous disposions d'une théorie relativiste. Il est très probable que cette modification conduisant de la mécanique quantique actuelle à la mécanique relativiste du futur sera tout aussi radicale que celle qui a mené de la théorie orbitale de Bohr à la mécanique quantique actuelle. Bien sûr, quand nous accomplissons des

changements aussi dramatiques, nos idées sur les interprétations physiques de la théorie, avec ses calculs statistiques, pourraient bien se trouver modifiées. »

[Dirac, *The Developments of Quantum Mechanics*, Ac. Naz. Lincei, Rome, 1974.]

CHAPITRE IX

La prodigieuse année 1932 : le neutron, le positron, le deutérium et autres découvertes

De la publication de Planck en 1900 à celle de Bohr en 1913, l'étude de la mécanique quantique n'avait absorbé que relativement peu de physiciens. Au contraire, de 1913 à l'achèvement de la théorie en 1928, elle mobilisa toutes les forces de la nouvelle génération de physiciens, à l'exception peut-être de ceux qui étaient regroupés autour de Rutherford. Tout au cours de cette période, la théorie l'emporta sur l'expérience, alors que, sans soutien expérimental, rien ne saurait tenir. Pour pouvoir ajouter foi aux stupéfiants résultats théoriques qui différaient tellement des expériences quotidiennes et de bon sens portant sur des objets macroscopiques, des preuves expérimentales étaient absolument nécessaires : l'expérience de Stern et Gerlach, apparemment paradoxale, en est un bon exemple.

Après la théorie relativiste de l'électron, élaborée par Dirac en 1928, on eut le sentiment qu'un tournant de la physique avait été atteint. Ce sentiment a réellement été éprouvé à l'époque et n'a pas été imaginé après coup. C'est ce que montre par exemple l'intéressant discours du professeur Orso Corbino (1876-1937), alors directeur de l'Institut de Physique de l'Université de Rome. La Société italienne pour le Progrès des Sciences tenait une réunion annuelle au cours de laquelle on avait entrepris d'informer les « profanes intelligents » de ce qui se passait dans les différentes sciences. Fermi, E. Persico et d'autres avaient à plusieurs reprises parlé de la nouvelle physique, en tentant d'expliquer ses résultats au public italien. En 1929, Corbino décida de passer en revue des questions plus générales concernant l'avenir de la physique et, après des discussions prolongées avec Fermi, il fit, le 21 septembre 1929, un discours intitulé « Les nouveaux objectifs de la physique expérimentale », qui se trouva être à maints égards prophétique. J'en cite ici quelques extraits :

« Un domaine d'études dont la théorie va s'élaborer est celui qui est consacré aux mécanismes des arrangements atomiques ou moléculaires dans les solides ou les liquides. On a montré que les forces de cohésion moléculaires sont d'origine électrique. Les études aux rayons X nous ont quasiment appris à avoir les arrangements d'atomes ou de groupes d'atomes dans l'ordre cristallin. Mais les calculs numériques concernant les constantes physiques des ensembles atome-électrons commencent à peine. Il y a donc là énormément à faire pour les physiciens théoriciens. Mais, du côté expérimental, le domaine est très loin d'être épuisé. Laissez-moi citer un vieux problème non résolu. Si, dans la structure de ces ensembles, on pouvait apporter quelques-unes de ces modifications qui se produisent spontanément dans la nature, on pourrait, par exemple, transformer du charbon ou du graphite en diamant, ce qui ne serait pas dépourvu d'intérêt, même pour la science. La physique, s'occupant des états solides ou liquides de la matière ou des effets de pressions élevées et de très haute ou très basse température, doit donc être considérée comme un domaine prometteur aussi bien pour les physiciens théoriciens que pour les expérimentateurs d'aujourd'hui ou de demain. En outre, ses applications sont d'une importance pratique considérable...

Venons-en maintenant à la catégorie la plus élevée des recherches en physique : la découverte de phénomènes nouveaux tels que le courant électrique et ses différents effets, les rayons X et la radioactivité, qui, en leur temps, furent des nouveautés. Après y avoir bien réfléchi, je n'hésite pas à avancer une opinion qui pourra paraître trop osée. Je crois que la physique moderne possède déjà les connaissances de base touchant les phénomènes qui peuvent se développer ou que l'on peut produire expérimentalement sur terre. En conséquence, *mis à part le domaine des modifications artificielles du noyau atomique* (sur lequel je reviendrai bientôt), nos descendants n'auront pas la possibilité de participer à de grandes découvertes nouvelles en physique. Ils ne partageront pas les sentiments de ceux qui assistèrent à la naissance de la science électrique, ou au développement de l'optique, ou à la découverte des nouveaux rayonnements.

(...) Par suite, la seule possibilité de grandes découvertes nouvelles en physique réside dans la capacité de s'attaquer au noyau interne de l'atome. Ce sera une noble tâche pour la physique du futur.

(...) Ainsi les expériences de Rutherford nous ont offert la seule possibilité de transmutations artificielles des éléments chimiques. Cependant, cet effet se produit tellement rarement que nous n'avons été capables que de trouver des cas individuels de désintégrations, atome par atome. Il faudrait donc des milliers de siècles pour obtenir ainsi une quantité d'hydrogène décelable par des moyens chimiques. Manifestement, la méthode d'attaque de Rutherford, bien qu'elle soit la plus puissante actuellement disponible, est encore inadaptée à nos besoins. Sera-t-il possible de s'attaquer à l'atome d'une autre façon ?

(...) Sur la voie de ce grand projet, je ne vois que des difficultés techniques ou financières qui sont en principe surmontables. L'objectif n'est pas seulement la transmutation de quantités appréciables d'éléments chimiques, mais aussi l'observation de phénomènes mettant en jeu des quantités colossales d'énergie et qui se produisent dans certains cas de fragmentation ou de reconstitution du noyau atomique.

Le noyau des différents éléments est composé de protons, ou noyaux d'hydrogène, et d'électrons. Cependant, dans la combinaison de plusieurs protons, de quatre, par exemple, pour former un noyau d'helium, la masse du composé est légèrement inférieure à la somme des masses des quatre protons. Cette diminution est appelée le défaut de masse du noyau. Comme le veut la théorie de la relativité, cette perte de masse doit être accompagnée de la libération d'une énorme quantité d'énergie. Ainsi, dans la formation d'un noyau d'hélium à partir de quatre protons, pour chaque gramme d'hélium formé, environ un milliard et demi de grandes calories devraient être produites, c'est-à-dire l'équivalent de deux millions de kilowatts-heure. Naturellement, le phénomène inverse, c'est-à-dire la rupture d'un gramme d'hélium en noyaux d'hydrogène, exigerait l'emploi d'autant d'énergie. Dans le cadre de ces phénomènes nucléaires dont l'importance n'a pas besoin d'être soulignée, on pourrait transformer de la matière en énergie et vice-versa, au rythme de 25 millions de kilowatts-heure par gramme de matière transformée. On peut donc conclure qu'alors que de grands progrès de la physique expérimentale sont improbables dans son domaine ordinaire, nombre de possibilités lui sont ouvertes si elle s'attaque au noyau atomique. C'est le champ le plus attrayant pour les futurs physiciens. Pour participer au mouvement général, soit dans la ligne actuelle, soit dans les directions futures que j'ai indiquées, il est indispensable que les expérimentateurs s'assurent la maîtrise des résultats de la physique théorique et qu'ils disposent également de moyens expérimentaux de plus en plus considérables. Tenter de faire de la physique expérimentale sans une connaissance opérationnelle des résultats de la physique théorique et sans de gros équipements de laboratoire reviendrait à essayer de gagner une guerre moderne sans aviation ni artillerie.

(...) Ainsi, même si la physique devait tendre vers un niveau de saturation, l'étude de ses applications à d'autres disciplines telles que la biologie, si elle était menée par de véritables experts maîtrisant toutes les ressources de la physique moderne, pourrait conduire à des résultats de la plus grande valeur, scientifique et pratique. Plutôt que d'avoir une superposition de techniques, il vaudrait encore mieux obtenir une fusion, dans les mêmes cerveaux, de l'attitude biologique et de celle de la nouvelle physique.

A l'âge de 50 ans, Hermann von Helmholtz, le grand naturaliste du siècle dernier, quitta sa chaire de physiologie pour venir à Berlin et y enseigner la physique. L'époque permettait, elle encourageait même une rupture aussi osée. Elle fut couronnée du plus grand succès pour lui-même et pour la science. Aujourd'hui, la situation est inversée. La physique expérimentale est en train d'atteindre à un état de maturité et d'achèvement qui semble difficile à dépasser. D'un autre côté, elle a en main tous les outils nécessaires pour aider les autres sciences moins avancées. »

Corbino exprimait ouvertement ses propres idées touchant les nouvelles directions à emprunter en physique, mais il n'était certainement pas le seul à pressentir le début d'une ère nouvelle. Paris et Cambridge voyaient leur position de quasi-monopole ébranlée et des noms nouveaux remplaçaient ceux de Marie Curie et de Rutherford. Walther Bothe, James Chadwick et Frédéric Joliot s'approchaient du devant de la scène. En outre, les États-Unis, qui avaient relativement peu contribué au développement de la mécanique quantique, augmentaient leurs moyens matériels. De nouveaux centres expérimentaux se créaient aussi en Europe ; à Rome, par exemple, qui s'était déjà acquis une réputation de centre théorique grâce à Fermi.

Toutes ces initiatives nouvelles connurent une extraordinaire floraison en 1932, année qui, par coïncidence, vit se produire un groupe de découvertes historiques, rappelant par leurs répercussions celles qui s'étaient produites vers 1895 et que nous avons décrites au début de ce livre. Par ordre chronologique, les découvertes principales furent le neutron, l'isotope de l'hydrogène de masse 2 ou deutérium, l'électron positif ou positron, la mise en œuvre d'accélérateurs évolués, et, bientôt, la découverte de la radioactivité artificielle et la théorie du rayonnement bêta. Je crois que j'entendis annoncer deux de ces découvertes au cours d'une même assemblée autour de tasses de thé, avant un séminaire de physique à l'Université de Hambourg.

La découverte du neutron.

Le premier événement fut la découverte du neutron. Son histoire est complexe et dramatique. A la différence d'autres découvertes comme celle des rayons X, qui se firent d'un seul coup, la découverte du neutron prit deux ans. Elle avait même une préhistoire importante. A plusieurs reprises, Rutherford avait pensé à l'existence d'une particule neutre ayant la masse du proton. Il la concevait comme un atome d'hydrogène dans le noyau duquel un électron serait tombé de façon à en neutraliser la charge. Les spéculations de Rutherford concernant le comportement de cette particule hypothétique avaient été exprimées dans sa Conférence Baker de 1920, nous l'avons vu, et ceci entretenait dans l'esprit de ses élèves la possibilité de l'existence d'une telle particule.

Walther Bothe *(figure 9-1)* et son disciple H. Becker firent en 1928 le premier pas vers la découverte réelle du neutron, lorsqu'ils bombardèrent du beryllium avec des particules alpha émises par du polonium *(figure 9-2)*. Leur but était de confirmer les désintégrations observées par Rutherford et de trouver si elles étaient accompagnées par l'émission de rayons gamma de haute énergie. En utilisant des méthodes de comptage électriques, ils trouvèrent un rayonnement pénétrant qu'ils interprétèrent comme étant des rayons gamma. Ils essayèrent de mesurer le coefficient d'absorption du rayonnement de façon à évaluer son énergie. Ils étendirent leurs observations au lithium et au bore, et conclurent que les rayons gamma observés avaient une énergie plus grande que celle des particules alpha inciden-

Figure 9-1
Walther Bothe (1891-1957) (à gauche) et C. Ellis à Rome en 1931. Au fond, de gauche à droite : E. Amaldi, G. Placzek et G. Wick. (Photo de E. Segrè.)

tes. L'énergie devait donc provenir de la désintégration nucléaire. Cette recherche dura deux ans.

Walther Bothe (1891-1957), né à Oranienburg, près de Berlin, était l'un des quelques élèves de Max Planck. Il avait commencé sa carrière au Reichsanstalt de Berlin sous la direction de Geiger, mais, au cours de la Première Guerre mondiale, il fut fait prisonnier par les Russes et expédié en

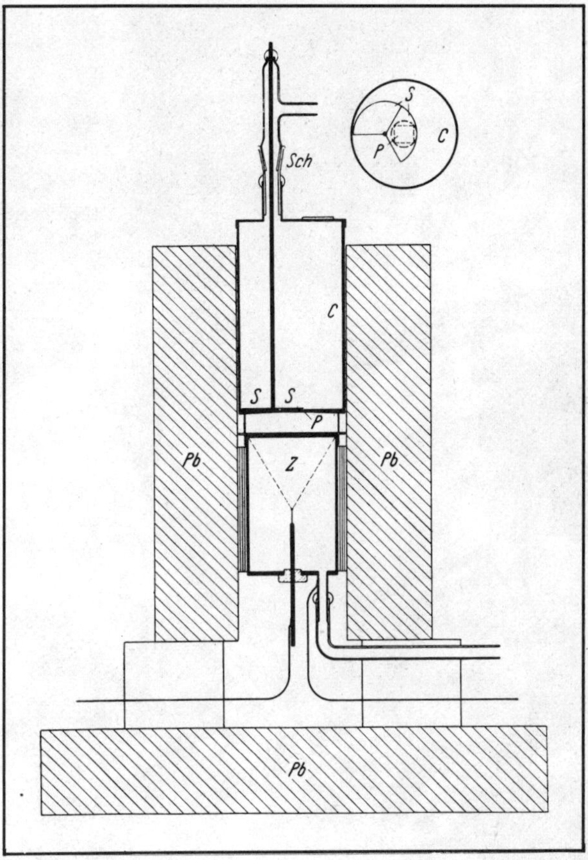

Figure 9-2
Dessin schématique de l'appareil utilisé par Bothe et Becker avec lequel ceux-ci mirent en évidence le rayonnement pénétrant émis par du béryllium bombardé par des particules de polonium. Z désigne le compteur Geiger. [D'après *Zeitschrift für Physik 66*, 289 (1930).]

Sibérie. Là, il étudia les mathématiques et différents sujets théoriques et il se maria à une Russe. A la fin de la guerre, il reprit son poste au Reichsantalt et développa des méthodes de comptage électrique. En particulier, il fut le premier à remplacer le pénible comptage des scintillations en coïncidence, effectué à l'œil par Rutherford et Geiger, par l'emploi d'un circuit électrique qui renforçait considérablement la puissance de la méthode. Plus tard, lui-même et ses collabo-

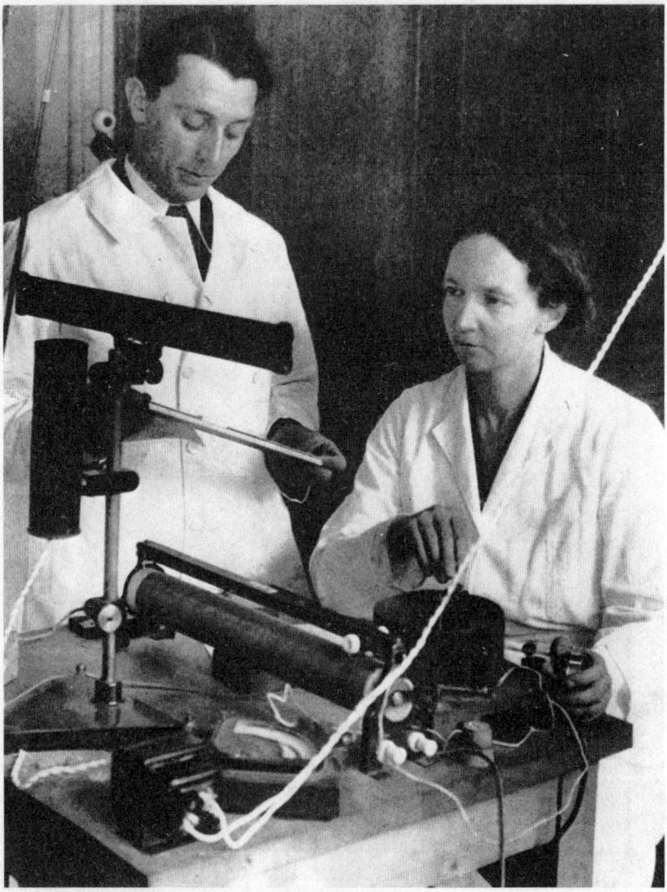

Figure 9-3
Frédéric Joliot (1900-1958) et Irène Curie (1897-1956). La jeune femme de la *figure 2-8* est désormais une scientifique indépendante et, avec son mari, elle se prépare à accomplir de grandes expériences. [F. et I. Joliot-Curie, *Œuvres scientifiques complètes* (Paris, Presses Universitaires de France, 1965).]

rateurs Kohlhoerster et Rossi, entre autres, appliquèrent la méthode de coïncidence a de nombreux problèmes de physique nucléaire, pour les rayons cosmiques et l'étude de l'effet Compton. Bothe était un physicien de grande classe — un physicien pour physiciens, plus connu de ses collègues que du grand public. Ses dons s'étendaient aux arts et il jouait du piano et peignait comme un professionnel. C'était un homme d'un caractère un peu difficile, mais sa solide intelligence et son intégrité scientifique lui valaient un grand respect parmi la communauté des physiciens.

Vers 1931, deux nouveaux scientifiques de grande importance entrèrent en scène : Irène Curie et son mari Frédéric Joliot *(figure 9-3) Irène* (1897-1956) était la fille de Marie et de Pierre Curie et elle ressemblait à sa mère à la fois par son physique et par son caractère ; elle avait été élevée avec un soin extrême par sa mère (son père était mort alors qu'elle n'avait que neuf ans). Marie Curie et un groupe de savants et d'intellectuels avaient fondé une école élémentaire pour leurs propres enfants, où eux-mêmes enseignaient ; Marie Curie, par exemple, était professeur de sciences. Pendant la Première Guerre mondiale, lorsque Marie Curie organisa le service radiologique de l'armée française, elle prit Irène comme assistante. Avec son hérédité et une telle éducation, il n'est pas étonnant qu'Irène se soit orientée vers la science, tout naturellement dans le laboratoire de sa mère.

Frédéric Joliot (1900-1958) avait été recommandé à Marie Curie par son vieil ami Langevin, surtout à cause de ses capacités techniques exceptionnelles. Une de ses premières tâches fut de préparer une source de polonium extrêmement puissante, puis de construire une chambre à détente. Joliot *(figure 9-4)* s'acquitta brillamment de ces deux missions et, par ailleurs, il épousa Irène, la fille de la patronne, en 1927. La nouvelle génération était donc bien préparée à suivre les traces de la précédente. Joliot était gai, vivant, cordial et plein d'imagination ; il me rappelait Maurice Chevalier (bien que je n'aie que peu connu Joliot et que je n'aie vu Chevalier que dans ses films).

Joliot et sa femme firent toutes leurs grandes découvertes avant la Seconde Guerre mondiale. Sous l'occupation allemande, Joliot se trouva dans une position très délicate. Il souhaitait sauver tout ce qui pouvait l'être de la science française, il était animé de sentiments patriotiques, mais il était difficile de déterminer quelle conduite adopter. Il avait des contacts avec les Allemands et le gouvernement de Vichy, mais l'assassinat par les nazis de F. Holweck, collaborateur de M. Curie, et plus tard de Jacques Solomon, physicien et gendre de Langevin, lui fit rejoindre la Résistance et sa composante la plus organisée, le Parti Communiste. A la fin de la guerre, il avait une place importante dans

Figure 9-4
Frédéric Joliot d'après un dessin de Pablo Picasso. (Par aimable autorisation de J. Hurwic.)

l'une et l'autre organisation. Après la guerre, il devint Haut Commissaire à l'Énergie atomique, mais ses opinions politiques d'extrême-gauche furent jugées incompatibles avec cette fonction par le Gouvernement français qui le limogea. Il resta l'un des principaux chefs de file des mouvements ou campagnes communistes internationaux, en même temps que le directeur du nouveau laboratoire scientifique d'Orsay. Pour une courte période, Irène Joliot-Curie avait été ministre de la Recherche scientifique dans le gouvernement Léon Blum. L'un et l'autre moururent jeunes, et il est probable qu'ils furent victimes du peu de précautions qu'ils avaient prises vis-à-vis du rayonnement et des corps radioactifs.

Les Joliot décidèrent d'utiliser leur échantillon exception-

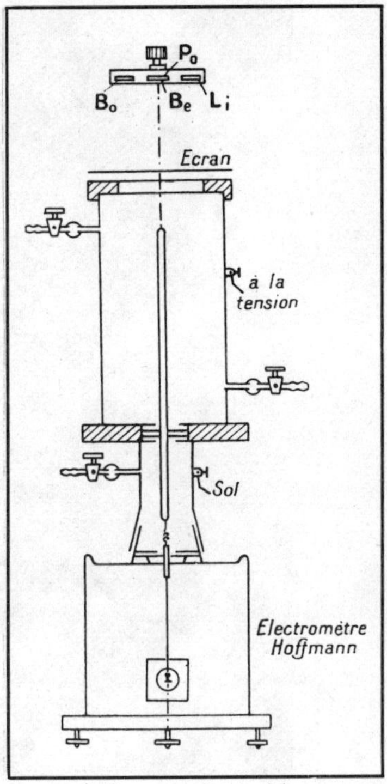

Figure 9-5
Un dessin schématique de l'appareillage utilisé par Joliot et Curie pour mettre en évidence les protons de recul dus au rayonnement neutre émis par la source Po-Be. En haut se trouve la source, au centre la chambre d'ionisation reliée à un électromètre (en bas). [D'après les *Comptes Rendus de l'Académie des Sciences, Paris, 194,* 273 (1932).]

nellement puissant de polonium pour étudier le rayonnement pénétrant de Bothe. Le 18 janvier 1932, ils publièrent une observation surprenante et de grande importance. Le rayonnement était capable d'éjecter des protons hors d'une couche de paraffine. Ils avaient fait cette découverte avec une chambre d'ionisation reliée à un électromètre, mais le résultat était si étrange qu'ils essayèrent de le confirmer aussitôt en utilisant une chambre à détente, et le 22 février, ils publiaient le second résultat, confirmant l'éjection de protons *(figures 9-5, 9-6)*. Pourquoi était-il si étrange que les rayons gamma pénétrants de Bothe puissent éjecter des protons ? La projection d'une particule libre par un photon incident est une forme d'effet Compton, bien connue dans le cas des électrons. Cependant, dans l'effet Compton ordinaire, les électrons qui rebondissent sont légers (mc^2 = 0,51 MeV et rebondissent facilement, mais les protons sont 1 836 fois plus lourds et ne rebondissent pas aussi aisément. Si

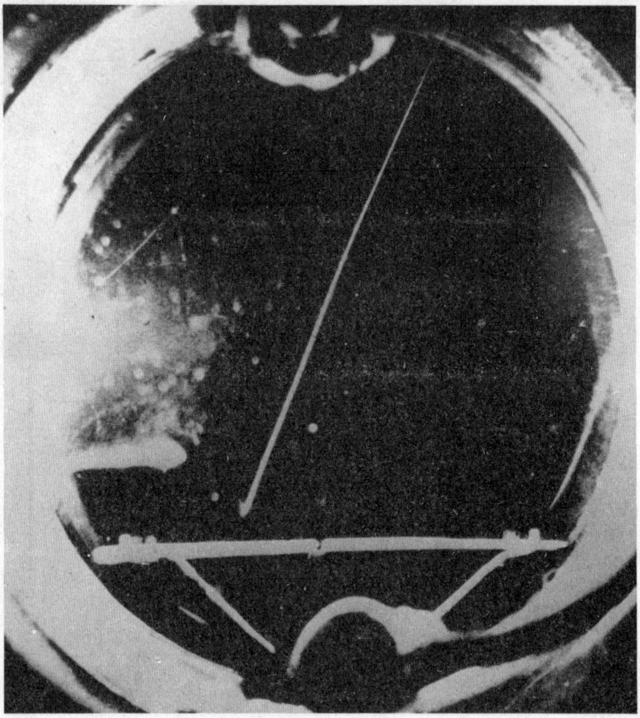

Figure 9-6
La trace, dans une chambre à détente, d'un proton de recul mis en mouvement par la collision avec un neutron. [D'après les *Comptes Rendus à l'Académie des Sciences, Paris, 194*, 847 (1932).]

une boule de billard en cogne une autre, elles rebondissent facilement, mais si c'est une automobile qui est heurtée par une boule de billard, elle n'est pas mise en mouvement de façon appréciable.

Curie et Joliot essayèrent d'interpréter leurs observations comme un effet Compton, mais leur proposition était fort peu probable pour deux raisons: l'énergie que les « rayons gamma » devaient avoir, et la section efficace de collision qu'il fallait leur attribuer. Cette section efficace était environ trois millions de fois plus grande que celle que prévoyait une simple extension du calcul valable pour un électron. James Chadwick (1891-1974) signala à Rutherford la publication Curie-Joliot du 18 janvier, et, lorsque le noble lord

Figure 9-7
James Chadwick (1891-1974). Étudiant puis collègue de Rutherford, Chadwick fut l'un des plus grands physiciens nucléaires. Sa découverte du neutron fut essentielle pour tous les développements ultérieurs de la physique nucléaire.
(Bibliothèque Niels Bohr.)

entendit l'explication proposée, il semble qu'il ait dit avec une véhémence inhabituelle : « Je n'y crois pas. » En lisant le même article, Ettore Majorana, jeune physicien de Rome à l'esprit particulièrement sarcastique, dit : « Quels idiots ! Ils ont découvert le proton neutre et ils ne l'ont pas reconnu ! » Chadwick, au Cavendish, fit mieux. Il répéta l'expérience en utilisant comme source du polonium avec du beryllium, mais il fit entrer le rayonnement émergent en collision non seulement avec de l'hydrogène, mais avec de l'hélium et de l'azote *(figures 9-7, 9-8)*. En comparant les reculs, il put alors prouver que le rayonnement contenait un composant électriquement neutre et dont la masse était approximativement égale à celle du proton. Il l'appela *neutron* et publia son résultat dans une lettre à *Nature* du 17 février 1932. Curie et Joliot venaient juste de manquer une grande découverte.

Une des raisons de la rapidité de Chadwick et de son succès était qu'il était intellectuellement préparé au concept de neutron. Il avait fait auparavant plusieurs tentatives pour produire des neutrons dans de fortes décharges et par d'autres méthodes. Dans un article sur la découverte du neutron, il mentionne que « certaines de ces expériences étaient vraiment sauvagement absurdes ». Son

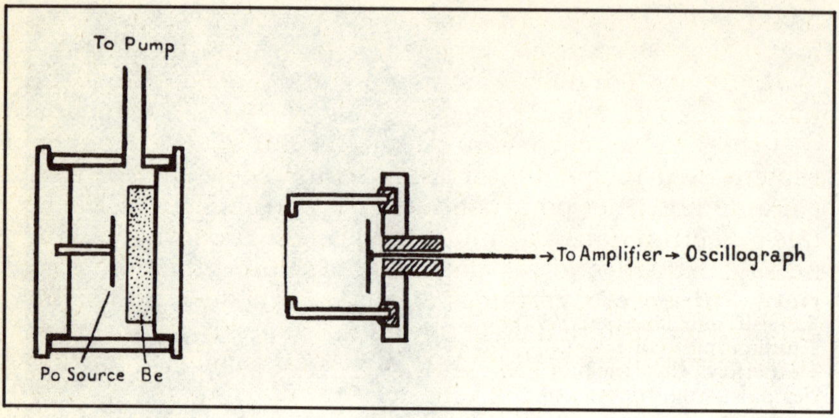

Figure 9-8
L'appareillage avec lequel Chadwick découvrit le neutron. A gauche, la source Po-Be, à droite, la chambre d'ionisation reliée à un électromètre. [D'après les *Proceedings of the Royal Society, Londres 136*, 692 (1932).]

grand mérite fut, quand il n'y avait pas de neutrons, de n'en pas détecter, et quand il y en eut finalement, de le reconnaître immédiatement, de façon claire et convaincante. Ce sont là les caractéristiques d'un grand expérimentateur.

On raconte que Rutherford tenait à ce que le Prix Nobel pour la découverte du neutron allât à Chadwick, qui le méritait tout à fait. A quelqu'un qui lui faisait remarquer que les Joliot avaient aussi apporté une contribution essentielle, Rutherford, dit-on, répliqua : « Pour le neutron, c'est à Chadwick tout seul ; les Joliot sont si brillants qu'ils le mériteront vite pour quelque chose d'autre. »

La découverte du neutron eut, pour la physique nucléaire, des conséquences profondes. Tout le monde, jusqu'en 1930, avait accepté l'hypothèse suivant laquelle le noyau était constitué d'électrons et de protons (comme le disait Corbino dans le discours cité au début de ce chapitre). Cette hypothèse semblait plausible, puisqu'on voyait les électrons émis par les noyaux dans la désintégration bêta et que les protons étaient les plus légers noyaux connus. En outre, les masses nucléaires était approximativement des multiples entiers de la masse du proton. D'après cette hypothèse, le noyau d'azote de masse 14 aurait contenu quatorze protons et sept électrons, donnant une masse de quatorze protons et neutralisant la charge de sept d'entre eux par sept électrons. La masse des électrons est négligeable par rapport à celle des protons, et l'on doit aussi tenir compte de l'énergie de liaison d'après l'équation d'Einstein $E = mc^2$. Cependant, cette hypothèse rencontrait de sérieuses difficultés. Premièrement, le principe d'incertitude requiert une énorme barrière de potentiel pour confiner une particule aussi légère que l'électron dans un volume de la taille du noyau, et l'on ne savait quelles forces pouvaient produire une telle barrière. Pire encore, certaines expériences, dans un domaine entièrement différent de la physique, la spectroscopie moléculaire, montrait indubitablement que le noyau d'azote devait contenir un nombre *pair* de fermions. Or les protons et les électrons sont des fermions, et dans l'hypothèse d'un noyau constitué de protons et d'électrons, leur nombre aurait été de vingt et un, un nombre *impair*. C'était là une contradiction aussi nette que grave. Cette difficulté, ainsi que d'autres concernant les spins, furent supprimées d'un seul coup par l'hypothèse que le noyau était composé de neutrons et de protons, fermions les uns et les autres : d'après cette hypothèse, le noyau d'azote de masse 14 contenait sept protons et sept neutrons, soit un nombre pair de fermions. Cette hypothèse fut proposée indépendamment par D. Ivanenko en Union Soviétique et par Heisenberg en Allemagne. Majorana avait abouti à la même conclusion, mais il ne publia ses idées que plus tard.

Le modèle nucléaire basé sur la composition neutron-proton est aujourd'hui universellement accepté et semble devoir le rester. Pour atteindre à une compréhension complète du modèle, il est alors important d'étudier les interactions proton-proton, proton-neutron et neutron-neutron, avec l'espoir de déduire finalement toutes les propriétés nucléaires de ces interactions. Ce programme ambitieux n'a pas encore complètement abouti, malgré des succès partiels significatifs. Des expériences commencées en 1930 et approfondies et étendues pendant des années ont montré que les forces nucléaires spécifiques entre neutron et neutron, proton et proton, et proton et neutron, sont les mêmes. Heisenberg, E. Condon, Eugène Wigner et d'autres donnèrent une formulation théorique de ce fait en considérant le neutron et le proton comme une seule et même particule (le nucléon) dans deux états quantiques distincts, différents par la valeur d'une coordonnée interne. Cas parfaitement analogue à celui d'un électron ayant soit un spin parallèle, soit un spin antiparallèle à une direction donnée, fixée par un champ magnétique. A cause de son analogie avec le spin, la coordonnée interne du nucléon a été appelée spin isotopique, et elle est souvent désignée par le symbole T. On ne doit pas concevoir ce spin isotopique dans l'espace ordinaire, mais dans un espace abstrait particulier. Mathématiquement, le spin isotopique a des propriétés quantiques, telles que des règles de commutation identiques à celles d'un moment angulaire. Dans son propre espace, c'est un vecteur à trois composantes, la troisième composante, T_3, étant reliée à la charge électrique par l'équation :

$$Q = T_3 + \frac{N}{2}$$

où Q est la charge électrique (1 pour le proton) et N le nombre de nucléons contenus dans le système.

Ainsi la découverte du neutron supprimait nombre de difficultés désagréables et ouvrait la voie à une compréhension nouvelle du noyau. Elle ne résolvait pas un autre problème fondamental qui obsédait la physique nucléaire, celui de la désintégration bêta dont nous reparlerons aussi par la suite.

La découverte du deutérium.

Le lendemain du jour où Chadwick envoyait à *Nature* son annonce de la découverte du neutron, la *Physical Review* américaine recevait un autre article très important signalant la découverte de l'isotope de l'hydrogène de masse 2. Les auteurs en étaient Harold Urey, alors professeur de chimie à l'Université Columbia de New York, F. Brickewedde, chef de la section cryogénique du National Bureau of Standards de Washington, et G. Murphy, de l'Université Columbia.

Harold Urey (1893-1980) était le fils d'un pasteur de l'Indiana. Son père était mort alors qu'il n'avait que six ans, et sa mère se remaria, encore avec un pasteur. La famille était très pauvre et Harold dut subvenir à ses besoins à un âge précoce. Il fréquenta l'université d'État du Montana où il obtint un diplôme de bachelier en chimie en 1917. Il prit alors un emploi dans une usine chimique qui travaillait pour la production de guerre, mais, dès que cela s'avéra possible, il revint à l'Université du Montana comme répétiteur de chimie. Ce n'est qu'en 1921 qu'il rejoignit un véritable institut de recherche en venant travailler à Berkeley pour faire un doctorat sous la direction du brillant Gilbert Newton Lewis (1875-1946). Lewis était avant tout un physico-chimiste et un thermodynamicien, mais son esprit curieux et imaginatif embrassait une grande variété de sujets, d'une façon stimulante sinon toujours critique. Il dominait le département de chimie de Berkeley qui était dans une large mesure sa création propre. Lewis eut, dans des domaines très différents liés à la chimie, un certain nombre d'élèves remarquables ; Urey fut l'un d'eux.

Ayant achevé son doctorat, Urey se rendit à Copenhague grâce à une bourse. Là, il apprit la physique atomique telle qu'on la connaissait en 1924, et il écrivit avec A. Ruark un livre qui eut une grande influence pour la diffusion des idées nouvelles chez les chimistes américains. En 1929, il devint professeur de chimie à l'Université Columbia et il y découvrit le deutérium. Au cours de la Seconde Guerre mondiale, il fut, dans le cadre du Manhattan Project, le responsable de la séparation isotopique par la méthode de diffusion. Après la guerre, il se rendit à l'Université de Chicago, puis à l'Université de Californie à San Diego. Son activité d'après-guerre fut surtout consacrée aux problèmes de la Lune et des planètes. Urey avait une personnalité enthousiaste, il était toujours prêt à soutenir les bonnes causes, suivant une tradition bien répandue aux États-Unis.

La composition isotopique des éléments naturels et la mesure précise des masses atomiques des isotopes individuels avaient montré, depuis l'époque d'Aston, que même les isotopes individuels n'avaient pas des masses entières. Ici nous admettons, comme on le fait d'habitude, que l'unité de masse atomique est telle que la masse de C^{12} est exactement 12. La valeur non entière des masses des isotopes individuels est due à l'énergie de liaison nucléaire. D'autre part, le fait que les masses atomiques *chimiques* aient des valeurs non entières est principalement dû à ce

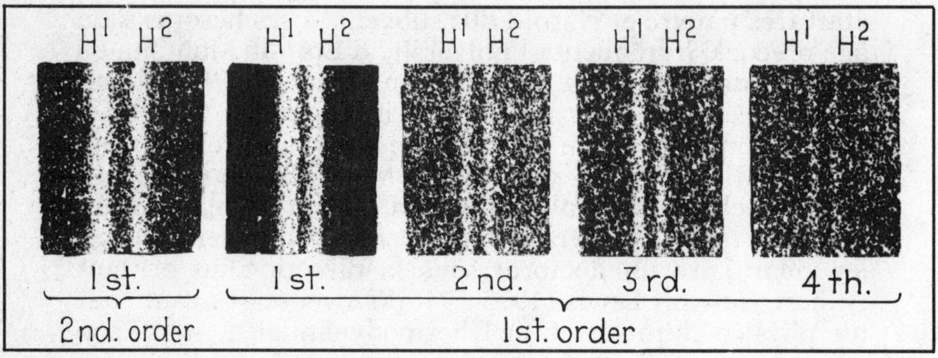

Figure 9-9
Les séries spectrales de Lyman des isotopes de l'hydrogène. On voit le déplacement des raies du deutérium par rapport à celles de l'hydrogène ordinaire, déplacement qui est dû au changement de la masse nucléaire. La formule qui, dans la *figure 7-3,* donne la fréquence des raies, contient la « masse réduite » qui est différente pour le deutérium et pour l'hydrogène.

que les « éléments » chimiques sont en fait des mélanges isotopiques. Par exemple, le chlore a une masse atomique chimique de 35,46, et c'est un mélange de deux isotopes de masse atomique 34,97 et 36,97. En 1919 déjà, Otto Stern avait envisagé l'hypothèse que l'hydrogène, avec sa masse atomique de 1,0079, soit un mélange de deux isotopes. Il étudia cette possibilité avec son collègue M. Volmer : le résultat fut négatif. Ils avaient supposé que toute la différence entre 1 et 1,0079 devait être due au mélange avec un hypothétique isotope nouveau de masse 2 qui aurait dû se trouver présent dans une proportion d'environ un pour cent. L'idée était fondamentalement correcte, mais qualitativement fausse, puisque les atomes de deutérium ne sont présents que dans la proportion de 0,015 pour cent.

Plus tard, des études méticuleuses des spectres de bandes de certains éléments conduisirent à la découverte d'isotopes rares dans l'oxygène et l'azote, et le cas de l'hydrogène fut alors reconsidéré par Urey et ses collègues. Ils enrichirent l'isotope rare par une distillation fractionnée de l'hydrogène liquide et, finalement, réussirent à montrer par des méthodes spectroscopiques la présence du deutérium *(figure 9-9).* Le deutérium est un isotope d'une importance exceptionnelle en physique nucléaire et il a même des applications pratiques considérables dans les réacteurs nucléaires.

La prodigieuse année 1932 vit aussi le début des bonnes performances obtenues par les accélérateurs de particules qui devaient transformer la physique nucléaire. Par hasard, l'un des articles de base sur ce sujet, rédigé par M. Livingston et E.O. Lawrence, parut dans les pages suivant celles qui étaient consacrées à l'annonce de la découverte du deutérium ; l'article avait été reçu par la *Physical Review* le 20 février 1932, deux jours après celui de Urey et une semaine après l'annonce par Chadwick de la découverte du neutron.

Le positron.

L'excitation provoquée par ces découvertes n'était pas encore retombée qu'une nouvelle merveille apparut, venant cette fois du domaine des rayons cosmiques. Les rayons cosmiques étaient connus depuis le début du siècle. Vers 1912, on avait établi leur origine extra-terrestre, principalement grâce aux vols en ballon de V. Hess (1883-1964) qui, en mesurant la décharge spontanée d'électroscopes à différentes altitudes, avait été capable de distinguer entre l'ionisation produite par les corps radioactifs présents dans la Terre et celle qui est due à un rayonnement pénétrant d'origine extraterrestre. D'autres études remarquables, en physique et en géophysique, contribuèrent à établir qu'un rayonnement isotrope envahissait l'univers tout entier. On supposa que ce rayonnement était composé d'électrons et de rayons gamma de haute énergie. Toutes les analyses et interprétations se heurtaient cependant à de sérieures difficultés car le rayonnement observé à la surface de la Terre n'est pas le rayonnement primaire provenant de l'espace, mais plutôt celui qui est produit par ce rayonnement primaire au cours de sa traversée de l'atmosphère terrestre. Des observations en haute altitude, sur des montagnes ou à bord de ballons, pouvaient aider à séparer les rayonnements primaire et secondaire imbriqués, mais le problème restait très complexe.

Une très active école d'étude des rayons cosmiques prospéra autour de Robert Andrews Millikan, à Pasadena, en Californie. Il avait développé d'admirables techniques et avait organisé des expéditions scientifiques et des groupes de recherche qui avaient grandement contribué à l'étude des rayons cosmiques. Cependant, toutes les idées de Millikan n'étaient pas correctes, il en était souvent imbu et se montrait peu disposé à accepter les preuves qui s'opposaient à ses idées préconçues.

R. Millikan (1868-1953), comme tant de scientifiques américains, était le fils d'un pauvre pasteur doté d'une nombreuse famille. Sa jeunesse s'écoula dans de petites bourgades du Midwest. Il fréquenta le Oberlin College où, comme répétiteur, on lui demanda d'enseigner la physique qu'il n'avait jamais étudiée auparavant (sa spécialité était la gymnastique !). Il continua d'enseigner jusqu'à ce que, nanti d'une bourse, il pût se rendre à l'Université Columbia où il obtint un doctorat en 1895. Après un séjour en Allemagne, il devint l'assistant de Michelson à Chicago. Ce n'est qu'en 1909 qu'il lui fut possible de lancer un programme de recherche de grande envergure sur la détermination de la charge de l'électron, puis sur celle de la constante de Planck, réussites expérimentales de première grandeur dans les deux cas. De Chicago, il gagna en 1921 le California Institute of Technology, à Pasadena, où il fonda un grand laboratoire de physique, le meilleur des États-Unis à une certaine époque. Les caractéristiques de Millikan étaient peu fréquentes chez les physiciens. C'était un homme d'une habileté extraordinaire dans le domaine des relations publiques, il était capable de collecter des fonds considérables, même pendant les périodes difficiles. Il n'hésitait pas à faire sa propre publicité ; il aimait à parler de science et de religion et se référait aux rayons cosmiques comme « aux cris de naissance des atomes » ou à « la musique des sphères ». Aussi, lorsqu'une secte religieuse plaça au CalTech un grand panneau avec ces mots : « Jésus sauve * », quelques étudiants y ajoutèrent cette phrase : « Et Millikan en profite. »

L'autopublicité de Millikan avait cependant une base très solide dans ses réalisations scientifiques et administratives. Ses propres recherches expérimentales furent étendues à d'autres domaines par les nombreux et remarquables grou-

* Jeu de mots sur les deux sens du verbe « *save* » : sauver (les âmes) et épargner (l'argent) (N.d.T.).

Figure 9-10
Carl Anderson (à droite) qui découvrit le positron, et son élève Donald Glaser, l'inventeur de la chambre à bulles, vers 1950. (Photo E. Segrè.)

pes du CalTech. La physique des rayons cosmiques, celle de la spectroscopie, des rayons X et la physique nucléaire prospéraient. Sous son administration, des laboratoires de chimie, de biologie, d'ingéniérie, entre autres disciplines, furent créées et pourvues d'un personnel de scientifiques pleins de promesses ; plusieurs d'entre eux acquirent une célébrité mondiale. Les observatoires du Mont Wilson et du Mont Palomar furent des chefs de file en astronomie.

Les origines et la formation de Millikan se reflétaient dans sa personnalité. Il avait grandi dans l'atmosphère rurale du Midwest pendant une période que Mark Twain a bien décrite. Sa mobilité intellectuelle, manifeste d'après les travaux variés qu'il entreprit, est celle d'un expérimentateur exceptionnel. Ses vues simples et parfois naïves sur la religion et la philosophie, ainsi que son style scientifique, où la capacité technique passait avant les idées théoriques, sont caractéristiques de l'Amérique de son temps. Malgré ses faiblesses et sa simplicité, il avait son propre idéal moral et n'était pas dépourvu d'une certaine noblesse.

Un des plus importants protégés de Millikan fut Carl Anderson *(figure 9-10)*, né en 1905 à New York de parents suédois. Anderson passa entièrement sa longue et brillante

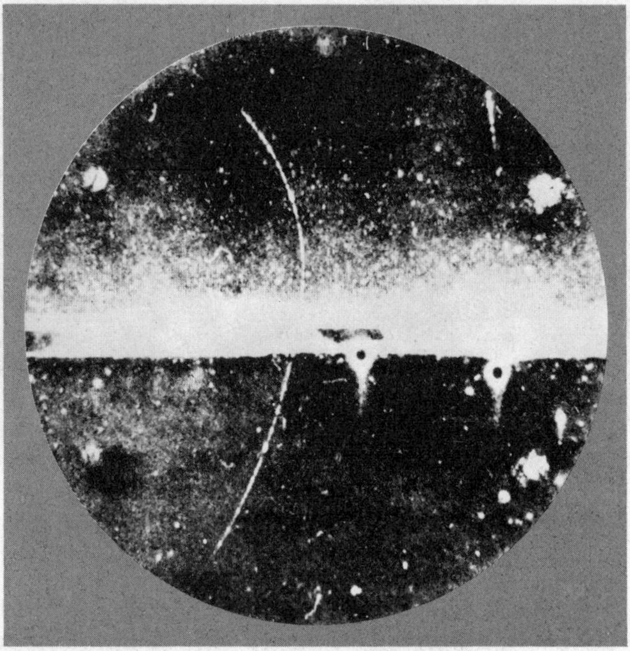

Figure 9-11
Un positron de rayons cosmiques photographié dans une chambre à condensation soumise à un champ magnétique. Les orientations mutuelles du rayon de courbure de la trajectoire, du champ magnétique et de la vitesse de la particule indiquent que la charge est positive. Le positron vient du bas et traverse la plaque de plomb dans laquelle il est ralenti. La réduction de la vitesse est visible d'après l'augmentation de la courbure sur la partie supérieure de la photographie. [Photo de C. Anderson, d'après la *Physical Review 43*, 491 (1933).]

carrière au California Institute of Technology. En 1930, il se mit à construire des chambres à détente placées dans des champs magnétiques et contenant des plaques métalliques à travers lesquelles les particules observées devaient passer.

En utilisant cette technique, ses améliorations ou ses variantes, Anderson et ses élèves (S. Neddermeyer et d'autres) firent sur une longue période maintes découvertes importantes. L'une des premières eut lieu le 2 août 1932. Ce jour-là, ils obtinrent le cliché reproduit sur la *figure 9-11*, qui montre un électron traversant une plaque de plomb et s'arrêtant dans la chambre à détente. La direction du mouvement est certaine, car en traversant la plaque de plomb, l'électron perd du moment et, en conséquence, la courbure de sa trajectoire augmente. L'électron doit donc se déplacer vers le haut. Cependant, étant donné la direction du mouvement et la direction du champ magnétique, la courbure est celle d'une particule chargée positivement, et non pas celle d'un électron ordinaire chargé négativement. Est-ce un proton ? C'est impossible, puisque la trajectoire d'un proton ayant un moment suffisant pour traverser la plaque de plomb ne montrerait aucune courbure visible dans le champ magnétique de la chambre ; au contraire, si la trajectoire était courbée, elle n'aurait pas un moment suffisant pour traverser la plaque. Un examen détaillé du cliché conduit inévitablement à la conclusion que l'on a vraiment affaire à un électron positif, à un *positron*, comme on l'appelle aujourd'hui. En 1932, Anderson n'était pas au courant de la théorie de Dirac et il ignorait que ce dernier avait prévu le positron. Il publia un court article assorti de preuves expérimentales si convaincantes qu'il persuada immédiatement tous les physiciens qu'il avait observé un électron positif. Bien sûr, c'était aussi un triomphe pour la théorie de Dirac.

A la suite de la découverte d'Anderson, d'autres physiciens découvrirent des traces de positron dans des clichés qu'ils avaient obtenus antérieurement. A l'époque, les traces avaient échappé à leur attention, elles avaient été mal interprétées ou elles n'étaient pas suffisamment convaincantes pour prouver l'existence du positron.

Quelque temps avant le travail d'Anderson, Bruno Rossi avait observé des coïncidences entre trois compteurs Geiger-Mueller placés suivant un arrangement triangulaire et entourés de plomb. Ces coïncidences étaient difficiles à expliquer sans admettre la présence simultanée d'au moins deux particules chargées sortant du plomb. Les résultats de cette expérience parurent si incroyables que la première revue scientifique à laquelle ils furent soumis en vue d'une publication rejeta le manuscrit, qui fut envoyé à une autre revue. Pour élucider le mystère, P. Blackett et G. Occhialini déclenchèrent une chambre à détente en utilisant la triple coïncidence entre les compteurs qui l'entouraient. Ils assis-

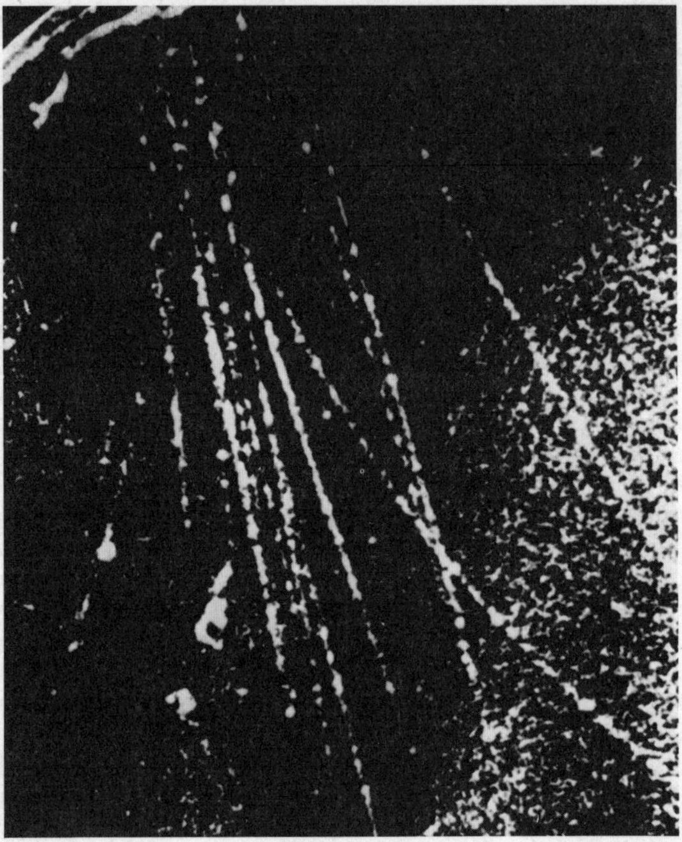

Figure 9-12
Une gerbe d'électrons et de positrons produite par des rayons cosmiques. La gerbe est due à la création par les rayons cosmiques de paires électron-positron. Le cliché fut pris par P. Blackett et G. Occhialini dans une chambre à détente contrôlée par un compteur Geiger. [D'après les *Proceedings of the Royal Society 139*, 699 (1933).]

tèrent alors à une véritable gerbe de particules positives et négatives dans la chambre à détente *(figure 9-12)*. Le travail fut accompli au Laboratoire Cavendish. D'après un récit de la découverte, peut-être enjolivé, lorsque Occhialini vit le cliché qu'il avait développé, il courut à la maison de Rutherford. La domestique ouvrit la porte et, dans son enthousiasme, Occhialini l'embrassa. Quand Rutherford vit le cliché, il fit un chèque de cinquante livres à Occhialini qui connaissait à l'époque des ennuis financiers.

Le phénomène de gerbe est expliqué par la matérialisation — c'est ainsi qu'on l'appelle — de rayons gamma en paires électron-positron qui produisent plus de rayons gamma, et ainsi de suite. La matérialisation ne peut se produire qu'en présence de noyaux, lourds de préférence, qui sont nécessaires pour assurer la conservation de l'énergie et du moment dans le processus.

Irène Curie et Joliot, avant Anderson, avaient vu des positrons dans une chambre à détente alors qu'ils étudiaient le rayonnement produit par leur source polonium-plus-béryllium. Cependant, ils les avaient interprétés comme des électrons allant vers la source, plutôt que comme des positrons venant de la source. Certes, il restait à comprendre d'où venaient alors ces électrons qui se dirigeaient vers la source... Curie et Joliot durent regretter d'avoir manqué le neutron, mais aussi le positron. En avril 1933, ils remirent en marche leur chambre à détente et, le 23 mai, démontrèrent que les rayons X durs de leur source polonium-plus-béryllium (qui étaient émis en sus des neutrons) produisaient des paires électron-positron par matérialisation. Deux mois plus tard, en juillet, ils remarquèrent aussi des positrons uniques en plus des paires. C'était là un fait remarquable, d'autant plus que l'énergie de ces positrons uniques semblait prendre un continuum de valeurs.

La nouvelle physique nucléaire.

Le septième Conseil Solvay, du 22 au 28 octobre 1933, fut consacré au noyau, qui était au centre de l'intérêt des physiciens. Toutes les découvertes mentionnées dans ce chapitre étaient nouvelles, de sorte que l'on ne manquait pas de sujets de discussion. La *figure 9-13* montre les participants à ce Conseil : l'ancienne génération est représentée entre autres par M. Curie et Rutherford, la plus jeune par Joliot, Chadwick, Irène Curie, Bothe, Fermi et E.O. Lawrence, qui était le seul Américain. Une lecture des comptes rendus du conseil montre l'état des connaissances aussi bien que les doutes et la confusion qui régnaient.

Figure 9-13
Les participants au Conseil Solvay de 1933. Sur cette photographie sont rassemblés les principaux chefs de file, jeunes et vieux, de la physique nucléaire de l'époque. *Assis,* de gauche à droite : E. Schrödinger, I. Joliot-Curie, N. Bohr, A. Ioffe, M. Curie, P. Langevin, O. Richardson, E. Rutherford, T. De Donder, M. de Broglie, L. de Broglie, L. Meitner, J. Chadwick. *Debout :* E. Henriot, F. Perrin, F. Joliot, W. Heisenberg, H. Kramers, E. Stahel, E. Fermi, E. Walton, P. Dirac, P. Debye, N. Mott, B. Cabrera, G. Gamov, W. Bothe, P. Blackett, M. Rosenblum, J. Errera, E. Bauer, W. Pauli, M. Cosyns, J. Verschaffelt, E. Herzen, J. Cockcroft, C. Ellis, R. Peierls, A. Piccard, E. Lawrence, L. Rosenfeld. (Institut Solvay.)

Quelques problèmes étaient maîtrisés ou leur solution était en vue ; pour les autres, c'était le désarroi total.

Une des énigmes les plus affligeantes était la désintégration bêta qui, apparemment, ne mettait rien de moins en question que la conservation de l'énergie. Les électrons de la désintégration bêta ont un spectre d'énergie continue, alors que les états initial et final sont parfaitement définis. Où va l'énergie si les électrons de la désintégration n'ont pas une énergie égale à la différence des énergies des états initial et final ? Ce problème avait été étudié pendant des années. Les physiciens s'étaient assurés, par exemple, qu'il n'y avait pas de rayonnement gamma qui aurait compensé l'énergie manquante. De nombreuses expériences, menées même avec des méthodes calorimétriques, avaient été incapables

de montrer l'origine de l'énergie manquante. En outre, on était confronté à d'autres difficultés résultant de la conservation du moment angulaire et d'autres quantités qui sont en général conservées. Bohr, au désespoir, était prêt à renoncer à la conservation de l'énergie dans les phénomènes nucléaires. Pauli, qui était plus conservateur, avait proposé depuis 1930 que les électrons de la désintégration bêta fussent accompagnés de particules légères et neutres qui échappaient à l'observation mais qui rétablissaient la conservation de l'énergie et les autres lois de conservation en emportant de façon indétectable l'énergie manquante. A Rome, on désignait en général la particule neutre légère de Pauli du nom de *neutrino* (le « petit neutre », en italien) par opposition au *neutrone* de Chadwick (le « gros neutre », en italien), et le premier nom fut universellement adopté lorsque, à la fin de 1933, Fermi formula une véritable théorie de la désintégration bêta basée sur le neutrino.

Parlant du spectre bêta au Conseil Solvay, Francis Perrin, le fils de Jean Perrin, émit une remarque d'une grande importance. Il fit observer que les positrons qui apparaissaient sur les clichés de chambre à condensation de Curie et Joliot lui rappelaient, avec leur distribution continue

Figure 9-14
Le laboratoire d'Otto Stern, à Hambourg, en 1931. On voit O. Frisch avec l'appareil servant à mesurer le moment magnétique du proton. Frisch était un neveu de Lise Meitner et il collabora avec elle à l'interprétation de l'expérience de Hahn et Strassmann sur la fission de l'uranium. (Photo de E. Segrè.)

d'énergie, le spectre de désintégration bêta. Il ne savait pas à quel point il avait raison.

Un autre résultat surprenant abordé à cette conférence fut celui qu'avaient récemment obtenu Otto Stern et ses collaborateurs I. Estermann et O. Frisch, à l'Université de Hambourg. Ceux-ci avaient répété l'expérience de Stern et Gerlach sur des molécules d'hydrogène et avaient réussi à mesurer le moment magnétique nucléaire du proton plutôt que celui de l'électron. L'expérience était très difficile, car le moment magnétique *(figure 9-14)* auquel on s'attendait pour le proton était inférieur de trois ordres de grandeur à celui de l'électron, comme on peut le voir en remarquant que l'expression du magnéton de Bohr contient la masse de la particule au dénominateur. Une généralisation naïve aurait suggéré que le rapport du moment magnétique du proton à celui de l'électron était l'inverse du rapport des masses, soit 1/1 836. C'était ce à quoi s'attendaient les théoriciens, y compris le grand Pauli qui se trouvait alors à Hambourg. Pauli dit à Stern que, s'il aimait les expériences difficiles, il pouvait s'attaquer à celle-là, mais que de toute façon c'était du temps et de l'énergie perdus, puisque le résultat était déjà connu. A la suite d'un séminaire sur l'expérience alors en cours, Stern persuada tous les participants d'inscrire sur une feuille de papier le résultat auquel ils s'attendaient, avec leur signature, et il mit le papier dans sa poche. Ce fut une surprise quand, finalement, le moment magnétique du proton se trouva être trois fois plus grand que la valeur naïvement prévue. C'était l'un des premiers indices de la structure complexe du proton.

Après le Conseil Solvay, les participants s'en revinrent chez eux en réfléchissant à ce qu'ils avaient entendu à Bruxelles. En l'espace de quelques mois, de grandes découvertes suivirent.

Fermi continuait à méditer sur la désintégration bêta. Il aimait l'idée qualitative du neutrino, mais il lui fallait la transformer en une théorie quantitative suivant les règles de la mécanique quantique. Il y avait là une difficulté : dans les théories ordinaires, le nombre de particules est constant, alors qu'il est essentiel que l'électron et le neutrino soient créés instantanément au moment de la désintégration bêta. Il est vrai, cependant, qu'un effet similaire se manifeste avec la lumière : on peut dire que les quanta de lumière sont créés à l'instant même où l'atome saute d'un état d'énergie supérieure à un état d'énergie inférieure.

Dirac, Pauli et Heisenberg s'étaient attaqués à ce problème en 1928, mais leurs articles, féconds puisqu'ils avaient jeté les bases de la théorie quantique des champs et de l'électrodynamique quantique, n'étaient pas faciles à lire. Ils quantifiaient le champ électromagnétique de Maxwell en suivant les règles de la théorie quantique telles qu'elles s'expriment grâce aux relations de commutation ; de là découle mathématiquement l'existence des quanta de lumière qu'Einstein avait postulée en 1905. En 1929, Fermi, ayant jeté un coup d'œil à un article écrit par Dirac en 1927 sur la théorie quantique du rayonnement, et ayant vu les résultats qu'obtenait ce dernier, décida qu'il traiterait cette question à sa manière, plus simplement et en évitant les difficultés qui, à l'époque, faisaient obstacle à la compréhension de Dirac. Il rédigea alors un article fameux sur l'électrodynamique quantique qui rendait la théorie du rayonnement accessible au physicien de base. L'article était correct et rigoureux, mais il évitait l'emploi des opérateurs de création et de destruction qui avaient été inventés quelques années auparavant par O. Klein, P. Jordan, E. Wigner et d'autres. Ces opérateurs, comme leur nom l'indique, créent ou détruisent des particules ; ils diffèrent cependant des fermions ou des bosons et impliquent une méthode mathématique que Fermi n'avait pas maîtrisée.

Revenu de Bruxelles, Fermi décida qu'il devait apprendre désormais à utiliser ces opérateurs et, ayant quelque peu étudié la question, il estima qu'il la connaissait et était mûr pour un « exercice » qui confirmerait sa compétence en ce domaine. Il essaya de décrire la désintégration bêta en suivant d'aussi près que possible le modèle de l'électrodynamique. Pour cela, il lui fallait introduire une nouvelle interaction fondamentale, c'est-à-dire un nouveau type de force naturelle comme la gravitation ou l'électricité. Cette interaction, appelée interaction faible ou interaction de Fermi, exige une nouvelle constante universelle, *g*, qui pouvait être déterminée à partir des expériences de désintégration bêta. La théorie de Fermi explique la forme du spectre bêta, la durée de vie moyenne de la désintégration bêta et bien d'autres caractéristiques de ce phénomène. Elle est encore valable aujourd'hui, compte tenu du complément fondamental qu'y apportèrent les Chinois T. Lee et C. Yang et qui sera mentionné au chapitre 12. L'étude par Fermi de la désintégration bêta est probablement son chef-d'œuvre théorique, et son importance est fondamentale en physique des particules. A la fin de 1933, Fermi envoya à *Nature* son manuscrit qui fut rapidement refusé par le rédacteur en chef de la revue. Il fut bientôt publié ailleurs.

A Rome, nous étions en train d'étudier la théorie du rayonnement bêta lorsque, au début de 1934, nous lûmes une communication d'une page faite par Curie et Joliot, qui nous frappa de stupeur.

Que s'était-il donc passé à Paris ? Comme je l'ai dit, au Conseil Solvay, Curie et Joliot avaient rendu compte du

Artificial Production of a New Kind of Radio-Element

By F. Joliot and I. Curie, Institut du Radium, Paris

SOME months ago we discovered that certain light elements emit positrons under the action of α-particles[1]. Our latest experiments have shown a very striking fact : when an aluminium foil is irradiated on a polonium preparation, the emission of positrons does not cease immediately, when the active preparation is removed. The foil remains radioactive and the emission of radiation decays exponentially as for an ordinary radio-element. We observed the same phenomenon with boron and magnesium[2]. The half life period of the activity is 14 min. for boron, 2 min. 30 sec. for magnesium, 3 min. 15 sec. for aluminium.

We have observed no similar effect with hydrogen, lithium, beryllium, carbon, nitrogen, oxygen, fluorine, sodium, silicon, or phosphorus. Perhaps in some cases the life period is too short for easy observation.

The transmutation of beryllium, magnesium, and aluminium α-particles has given birth to new radio-elements emitting positrons. These radio-elements may be regarded as a known nucleus formed in a particular state of excitation ; but it is much more probable that they are unknown isotopes which are always unstable.

For example, we propose for boron the following nuclear reaction :

$$_{5}B^{10} + _{2}He^{4} = _{7}N^{13} + _{0}n^{1}$$

$_{7}N^{13}$ being the radioactive nucleus that disintegrates with emission of positrons, giving a stable nucleus $_{6}C^{13}$. In the case of aluminium and magnesium, the radioactive nuclei would be $_{15}P^{30}$ and $_{14}Si^{27}$ respectively.

The positrons of aluminium seem to form a continuous spectrum similar to the β-ray spectrum. The maximum energy is about 3×10^{6} e.v. As in the case of the continuous spectrum of β-rays, it will be perhaps necessary to admit the simultaneous emission of a neutrino (or of an antineutrino of Louis de Broglie) in order to satisfy the principle of the conservation of energy and of the conservation of the spin in the transmutation.

The transmutations that give birth to the new radio-elements are produced in the proportion of 10^{-7} or 10^{-6} of the number of α-particles, as for other transmutations. With a strong polonium preparation of 100 millicuries, one gets only about 100,000 atoms of the radioactive elements. Yet it is possible to determine their chemical properties, detecting their radiation with a counter or an ionisation chamber. Of course, the chemical reactions must be completed in a few minutes, before the activity has disappeared.

We have irradiated the compound boron nitride (BN). By heating boron nitride with caustic soda, gaseous ammonia is produced. The activity separates from the boron and is carried away with the ammonia. This agrees very well with the hypothesis that the radioactive nucleus is in this case an isotope of nitrogen.

When irradiated aluminium is dissolved in hydrochloric acid, the activity is carried away with the hydrogen in the gaseous state, and can be collected in a tube. The chemical reaction must be the formation of phosphine (PH_3) or silicon hydride (SiH_4). The precipitation of the activity with zirconium phosphate in acid solution seems to indicate that the radio-element is an isotope of phosphorus.

These experiments give the first chemical proof of artificial transmutation, and also the proof of the capture of the α-particle in these reactions[3].

We propose for the new radio-elements formed by transmutation of boron, magnesium and aluminium, the names *radionitrogen*, *radiosilicon*, *radiophosphorus*.

These elements and similar ones may possibly be formed in different nuclear reactions with other bombarding particles : protons, deutrons, neutrons For example, $_{7}N^{13}$ could perhaps be formed by the capture of a deutron in $_{6}C^{12}$, followed by the emission of a neutron.

[1] Irène Curie and F. Joliot, *J. Phys. et. Rad.*, **4**, 494 ; 1933.
[2] Irène Curie and F. Joliot, *C.R.*, **198** ; 1934.
[3] Irène Curie et F. Joliot, *C.R.*, meeting of Feb. 29, 1934.

Figure 9-15
L'article publié par Curie et Joliot dans *Nature*, le 10 février 1934. Il annonce la découverte de la radioactivité artificielle obtenue en bombardant certains noyaux (A1, B et Mg) par des particules alpha. Les produits se désintègrent en émettant des positrons.

spectre continu de positron émis par certains corps soumis à un bombardement alpha. Ils avaient poursuivi leurs recherches sur ce phénomène et leurs conclusions, datées du 19 janvier 1934, étaient contenues dans une communication aux *Comptes Rendus de l'Académie des Sciences.* Comme ils l'écrivaient,

> « l'émission des électrons positifs par certains éléments légers irradiés par les rayons α du polonium subsiste pendant des temps plus ou moins longs, pouvant atteindre plus d'une demi-heure dans le cas du bore, après l'enlèvement de la source des rayons α ».

Cette unique page réalisait la prédiction de Rutherford d'après laquelle les désappointements subis par Curie et Joliot seraient bientôt compensés par quelque chose de considérable. En fait, ils venaient d'accomplir une des plus importantes découvertes du siècle : la radioactivité artificielle. Ils reçurent le Prix Nobel, et j'espère qu'ils y trouvèrent une compensation aux occasions manquées avec le neutron et le positron. Je voudrais ici suggérer aux expérimentateurs qu'il peut être judicieux de se concentrer sur des articles brefs et substantiels. Le Comité Nobel semble préférer des publications d'une page, par opposition aux comités de promotion universitaires qui parfois (bien que je croie que cela soit rare) sont censés juger au poids de papier !

Les Joliot vérifièrent aussitôt la nature chimique des nouveaux corps radioactifs en les séparant de la cible par des moyens radiochimiques classiques. Ils trouvèrent donc que la réaction nucléaire qu'ils avaient produite était :

$$\mathrm{Al}_{13}^{27} + \mathrm{He}_{2}^{4} = \mathrm{P}_{15}^{30} + n_{0}^{1}$$

où l'isotope radioactif du phosphore, P^{30}, a une période d'environ 3 minutes et se désintègre suivant la réaction

$$\mathrm{P}_{15}^{30} \rightarrow \mathrm{Si}_{14}^{30} + e^{+} + \mathrm{v}$$

Les indices supérieur et inférieur qui suivent les symboles chimiques sont la masse atomique et le numéro atomique Z. On exprime souvent les réactions nucléaires sous une forme plus concise introduite par Bothe. La formation de P_{15}^{30} serait ainsi exprimée par $\mathrm{Al}_{13}^{27}\,(\alpha,\ n)\,\mathrm{P}_{15}^{30}$ où le premier symbole indique la cible, le premier terme dans la parenthèse le projectile, le second terme dans la parenthèse la particule sortante, et où le dernier symbole indique le produit de la réaction.

Les conséquences de la découverte de la radioactivité artificielle sont immenses. C'est vraiment à bon droit que la vieille Mme Curie, alors mortellement malade, pouvait écrire à sa fille : « Nous voici revenus aux beaux temps du vieux laboratoire. » Elle eut à peine le temps d'insérer un court paragraphe sur la radioactivité artificielle dans la nouvelle édition de son traité sur la radioactivité qui fut publié après sa mort.

CHAPITRE X

Enrico Fermi et l'énergie nucléaire

Enrico Fermi naquit à Rome le 29 septembre 1901 ; il était le fils d'Alberto Fermi, employé à l'administration des chemins de fer, et de Ida de Gattis, ancienne institutrice. Le grand-père de Fermi avait labouré la terre près de Piacenza en Italie du Nord, mais, grâce à un dur travail et à une épargne sévère, la famille avait amélioré sa situation financière et, à l'époque de la naissance d'Enrico, ses conditions d'existence étaient modestes mais assurées.

Enrico Fermi grandit à Rome et y fréquenta l'école. C'était un élève modèle, premier en tout. Enfant, il se prit d'un grand intérêt pour les mathématiques et la physique. A l'âge de dix ans, ayant entendu dans une conversation entre adultes que l'équation $x^2 + y^2 = r^2$ représentait un cercle, il réussit à découvrir par lui-même la signification de cet énoncé.

Fermi avait un frère légèrement plus âgé que lui et qui était considéré comme le plus brillant des deux. Inopinément, ce frère mourut à l'âge de quinze ans des suites d'un tragique accident chirurgical et Enrico, qui en était très proche, en fut gravement choqué. Après une très triste période, il devint l'ami d'un des camarades de son frère, Enrico Persico. Ils restèrent intimes toute leur vie et devaient devenir les deux premiers professeurs de physique théorique en Italie.

Le père de Fermi était lié à un autre employé des chemins de fer italiens qui avait des connaissances techniques considérables, Adolfo Amidei. Amidei rencontra pour la première fois Enrico Fermi alors que celui-ci avait environ quatorze ans et reconnut bientôt ses capacités peu communes. Il prêta au jeune homme ses propres livres de mathématiques et de technologie et le guida dans ses lectures. Le jeune Enrico acquit rapidement une éducation mathématique solide en étudiant des livres d'algèbre, d'analyse et de géométrie et en résolvant d'innombrables problèmes dont beaucoup, d'après son mentor, étaient loin d'être simples. Lorsqu'Enrico eut terminé le lycée, Amidei lui suggéra de se présenter au concours de l'École normale supérieure de Pise en vue d'études supérieures gratuites. Fermi accepta et se classa aisément premier au concours d'entrée. Les archives de l'École normale conservent sa copie d'entrée.

Le sujet proposé était « les caractéristiques du son ». Après une demi-page d'introduction, le candidat traita en détails l'exemple des vibrations d'une barre. Il écrivit l'équation aux dérivées partielles de la barre, trouva ses valeurs propres et ses fonctions propres, effectua l'analyse de Fourier du mouvement, et ainsi de suite. Peu de candidats au doctorat, à l'époque et même aujourd'hui, auraient pu développer une analyse aussi complexe, à l'improviste et sans le secours d'aucun livre. En outre, il n'y avait pas la moindre erreur. L'examinateur, le professeur Pittarelli, fut abasourdi ; il décida, bien qu'aucun examen oral ne fût prévu, de rencontrer le candidat. Ayant discuté avec lui, Pittarelli dit à Fermi qu'au cours de sa longue carrière d'enseignant, jamais il n'avait rencontré un étudiant comme lui, qu'il était sûr qu'il remporterait l'épreuve et que tout lui promettait une brillante carrière. Fermi me le raconta avec beaucoup de gratitude envers le professeur Pittarelli.

A l'École Normale, Fermi étudia seul ; ses maîtres furent les livres qu'il trouvait à la bibliothèque. Dans des lettres à son ami Persico, Fermi rend compte en détail de ses progrès. Au bout d'un an, d'après ses confidences à Persico (et il n'était pas du genre hâbleur), Fermi était considéré à l'Université de Pise comme l'autorité suprême en matière de relativité et de théorie quantique. A Pise, Fermi se fit un autre ami, Franco Rasetti, dont je parlerai plus tard. Immédiatement après avoir obtenu son doctorat, Fermi revint dans sa famille à Rome et, sur place, alla voir le directeur de l'Institut de physique de l'Université (*figures 10-1* et *10-2*). Voici comment Fermi décrit cette rencontre :

Figure 10-1
Orso Mario Corbino, physicien et homme politique (à droite). Avec Corbino se trouvent A. Sommerfeld (au centre) et R. Millikan (à gauche). C'est Corbino qui obtint une chaire de physique théorique pour Enrico Fermi à l'Université de Rome et qui favorisa le développement d'un centre de physique à Rome. (California Institute of Technology.)

« Je rencontrai le sénateur O. Corbino à mon retour à Rome, immédiatement après l'obtention de mon diplôme, en 1922. J'avais alors vingt ans, Corbino quarante-six. Il était sénateur du Royaume, il avait été ministre de l'Instruction publique et était en outre universellement reconnu comme une personnalité de premier plan dans le monde de l'éducation. C'est donc avec un émoi compréhensible que je me présentai à lui, mais mon émoi eut tôt fait de disparaître lorsqu'il se mit à me parler de mes études de façon intéressante et cordiale. Nous eûmes à cette période des conversations presque quotidiennes et des discussions scientifiques qui ne m'aidèrent pas seulement à clarifier bien des idées qui restaient troubles à mes yeux, mais qui suscitèrent chez moi un profond sentiment de vénération d'un étudiant vis-à-vis de son maître. Cette vénération augmenta régulièrement au fil des années où j'eus le privilège de travailler dans son laboratoire. Je crois que ces sentiments sont partagés par

Figure 10-2
L'Institut de Physique de Rome, situé sur la Via Panisperna.

quiconque l'a approché. Sa cordialité, la façon adroite et spirituelle avec laquelle il pouvait exprimer même des vérités désagréables sans blesser aucunement, sa sincérité totale et l'intérêt réel qu'il portait aussi bien aux problèmes scientifiques qu'aux problèmes humains, lui attiraient immédiatement l'admiration et l'affection. »

[Fermi, *Collected Papers,* vol. 1, p. 1 017 (University of Chicago Press, 1962).]

Des découvertes à Rome.

Corbino avait un rêve : ressusciter la physique en Italie. La science qu'il aimait tant avait traversé dans ce pays près d'un siècle de marasme depuis la splendide période qu'elle avait connue au temps de Volta et d'Avogadro. Corbino, adroit, homme de cœur et tout à fait exempt de jalousie, décela immédiatement chez Fermi les moyens de réaliser son rêve. En conséquence, il l'encouragea, le protégea et l'aida infatigablement. Avec une bourse du gouvernement italien, puis une bourse Rockefeller, Fermi se rendit en Allemagne et en Hollande et il entra en contact avec la communauté internationale des physiciens. Il sortait ainsi physiquement de la coquille provinciale italienne dont il s'était déjà échappé mentalement au temps de ses études à Pise.

En Allemagne, Fermi passa quelque temps chez Born, à Göttingen où il rencontra Heisenberg et Pauli, mais ce séjour, tout compte fait, ne fut guère réussi, Fermi restant très isolé. Il eut plus de chance à Leyde où Ehrenfest reconnut ses capacités et l'encouragea grandement. A son retour en Italie, Fermi obtint un poste d'enseignement temporaire à Florence. Après un échec mineur dans la compétition pour l'obtention d'une chaire en Sardaigne, Corbino réussit à lui assurer une chaire de physique théorique à l'Université de Rome. C'était la première que l'on créait pour cette discipline en Italie, et c'est Fermi qui y fut nommé. Au même moment, Persico vint à Florence occuper une autre chaire de physique théorique nouvellement créée. En 1927, Fermi avait déjà acquis une réputation internationale, ayant découvert la statistique de Fermi qui est applicable aux particules obéissant au principe d'exclusion de Pauli.

Au chapitre 5, nous avons indiqué comment Bose et Einstein avaient montré de quels changements la mécanique statistique classique avait besoin pour tenir compte de l'identité des particules considérées. Bose avait appliqué spécifiquement ces idées aux quantas de lumière, et Einstein aux molécules. Cependant, leur méthode de comptage ne prenait pas en considération les restrictions imposées par le principe d'exclusion, puisque celui-ci était alors inconnu. La statistique de Bose-Einstein est valable pour les particules qui ne sont pas soumises à ces restrictions : toutes ces particules, appelées bosons, ont des spins entiers. Les particules à spin demi-entier sont soumises au principe d'exclusion et l'on doit utiliser pour elles la statistique de Fermi. Ces particules sont appelées fermions. Comme les électrons, les protons et les neutrons, entre autres, sont des fermions, la statistique de Fermi a un vaste champ d'application : elle est fondamentale, par exemple, dans l'étude des métaux.

Une fois établi à Rome, Fermi, toujours avec l'aide de

Corbino, y assura aussi un poste à Franco Rasetti (né en 1902), et tous deux commencèrent à réunir un groupe d'étudiants doués. Dans l'ordre chronologique, moi-même, Edoardo Amaldi, Ettore Majorana, et d'autres, tous passionnés et capables d'apprendre, rejoignirent la petite bande. Au début, l'école de Rome travaillait surtout en spectroscopie optique et en théorie atomique, mais, lorsque Fermi et ses amis perçurent que de nouveaux sujets étaient plus prometteurs et que l'avenir était à la physique nucléaire, ils changèrent d'orientation. Ce changement demandait certes du temps et des efforts, mais, au bout du compte, il se montra largement payant.

Nous avons vu qu'à la fin de 1933, Fermi réussit à résoudre un problème théorique fondamental, celui de la désintégration bêta. Ce travail fut extrêmement important, non seulement pour ses résultats en eux-mêmes, mais aussi parce qu'il inspira et servit de modèle à H. Yukawa pour sa théorie des interactions fortes qui sera discutée au chapitre 12. La théorie de Fermi de la désintégration bêta a supporté l'épreuve du temps et son importance apparaît comme de plus en plus grande.

Rome acquit une certaine réputation et devint un centre important pour la physique expérimentale aussi bien que pour la physique théorique. Voici comment on en arriva là :

Pour exploiter complètement la grande découverte de la radioactivité artificielle, une amélioration était nécessaire : l'emploi de neutrons comme projectiles. Dans leur expérience initiale, Curie et Joliot n'obtenaient environ qu'une désintégration pour chaque million de particules alpha tombant sur l'aluminium. La raison principale de ce faible rendement est que le noyau d'aluminium, par suite de l'interaction électrostatique, repousse la particule alpha et l'empêche de venir au contact du noyau-cible. L'idée vint à Fermi que, dans le cas des neutrons, cette répulsion n'intervient pas, et que le rendement doit alors approcher de l'unité. D'autre part, les sources de neutrons, constituées d'émetteurs naturels de radioactivité alpha et de béryllium, produisent très peu de neutrons par particule alpha, parce qu'un neutron ne sort que lorsqu'une désintégration s'est produite à l'intérieur de la source. Cependant, le béryllium a le numéro atomique 4 et il est donc facilement traversé par les particules alpha, tandis que les éléments de numéro atomique supérieur à 10, plus absorbants, fournissent la seule possibilité de produire des réactions en utilisant des sources naturelles. Ces considérations simples conduisirent Fermi à essayer d'utiliser les neutrons comme projectiles. Ce qui ouvrit la voie à des développements insoupçonnés.

Au début, Fermi se mit à irradier tous les éléments qui lui tombaient sous la main, en ordre de numéro atomique croissant. Il ne réussit pas avec l'hydrogène, le lithium, le béryllium, le bore, le carbone, l'azote ni l'oxygène, mais il persista et, finalement, le fluor montra de la radioactivité.

Cela donna lieu, pendant les trois années suivantes, à un travail rapide et intense. Fermi et ses collaborateurs — Amaldi, O. D'Agostino, Rasetti et moi (plus tard B. Pontecorvo aussi) — découvrirent d'emblée une quarantaine de corps radioactifs nouveaux. L'importance théorique et pratique était considérable. Cela augmentait grandement le nombre de matériaux disponibles pour des études systématiques des noyaux, et cela finit par donner, en temps utile, des traceurs radioactifs pour pratiquement tous les éléments chimiques, aidant d'autant la révolution de techniques chimiques et biologiques.

Au printemps de 1934, nous irradiâmes le plus lourd des éléments connus alors, l'uranium. Nous trouvâmes plusieurs corps et plusieurs périodes radioactifs. Pour tous les autres éléments, nous avions observé une ou plusieurs des réactions (n, α), (n, p) et (n, γ). En outre, nous montrâmes par des moyens chimiques qu'aucune des sources de la radioactivité produite dans l'uranium ne pouvait être identifiée à un élément de numéro atomique supérieur à celui du plomb. Nous pensâmes alors que nous avions produit des éléments transuraniens, par exemple à partir de U^{238} et par la réaction (n, γ) de l'U^{239} qui, à son tour, aurait produit l'élément 93^{239} par désintégration bêta. En cela, nous nous trompions au moins partiellement : alors qu'il était exact que des éléments transuraniens s'étaient formés (y compris par la réaction décrite plus haut), ce que nous avions observé était quelque chose de différent. Nos expériences furent répétées et étendues par Curie et Joliot à Paris, et par Hahn et Meitner à Berlin. Ceux-ci confirmèrent la plupart de nos résultats mais, en étendant les études, ils trouvèrent de plus en plus de corps et furent obligés de prendre en considération des voies de désintégration toujours plus complexes. Il devint de plus en plus difficile d'émettre des hypothèses raisonnables sur les relations de filiation entre les corps et de leur trouver une place à la fin de la classification périodique. Nous avions l'impression d'être confrontés à un mystère, mais nous ne nous doutions certes pas de ce qu'il pouvait être.

Nos résultats furent publiés sous une forme prudente. Fermi, par rigueur intellectuelle, refusa de donner des noms à ces nouveaux éléments hypothétiques, car l'interprétation des expériences le laissait mal à l'aise. Fermi était membre de l'Académie italienne, et, vers 1934, c'était une personnalité très en vue en Italie, bien au-delà des cercles scientifiques, quoi que lui-même fût hostile à toute forme de publicité. Je crois que, pour ajouter à la gloire du régime fasciste, il y eut alors des propositions — sinon de franches pressions — en vue de donner aux hypothétiques éléments nouveaux des noms rappelant le fascisme, tel que *littorio* (les licteurs étaient les officiers romains qui portaient les faisceaux comme consignes de leurs fonctions). Corbino, qui avait la répartie extrêmement vive, fit remarquer que les nouveaux éléments avaient des durées de vie très courtes, et que cela pouvait être contre-indiqué pour une célébration du fascisme. Ce ne fut qu'en 1938, dans son discours Nobel, que Fermi avança à titre de suggestion des noms pour les nouveaux éléments. Le moment était malheureux, puisque c'était celui-là même où Hahn et Strassmann découvraient la fission nucléaire, montrant que ces nouveaux éléments n'étaient constitués en fait que ... d'une chimie point très propre (pour exprimer la chose en termes diplomatiques).

A l'automne 1934, nous nous heurtâmes à une surprise de taille. Nous retrouvâmes, autant par hasard que par suite d'une observation minutieuse, que les neutrons qui avaient été filtrés à travers de la paraffine étaient beaucoup plus efficaces pour produire des réactions nucléaires que ceux qui sortaient directement de la source radon-plus-beryllium. Une fois les faits établis, Fermi proposa l'explication inattendue selon laquelle les neutrons étaient ralentis par collision en passant à travers la paraffine, et que ces neutrons lents étaient beaucoup plus efficaces que les rapides pour produire certaines réactions nucléaires. En quelques heures, nous fûmes capables de vérifier cette

Figure 10-3
Les auteurs de la recherche sur la radioactivité induite par les neutrons. A partir de la gauche, O. d'Agostino, E. Segrè, E. Amaldi, F. Rasetti, E. Fermi. Parmi les signataires de la note du 22 octobre 1934 se trouvait aussi B. Pontecorvo, manquant sur la photographie. (Photo E. Segrè.)

hypothèse et au soir du 22 octobre 1934, le jour même où nous avions découvert cet effet, nous rédigeâmes une note d'une page, signée Fermi, Amaldi, Pontecorvo, Rasetti et Segrè, établissant solidement les faits et leur interprétation (*figure 10-3*). Pour chacun des auteurs, ce fut là l'un des chefs-d'œuvre de sa propre carrière. Les grandes possibilités pratiques offertes par les neutrons lents n'échappèrent pas à Corbino qui insista fortement pour que nous prenions un brevet, quoique, à l'époque, nul ne pouvait à l'évidence se douter que les neutrons lents seraient décisifs pour l'énergie nucléaire.

Nous avions atteint 1935, l'époque de la guerre d'Éthiopie, puis la guerre civile en Espagne et des autres événements avant-coureurs de la Seconde Guerre mondiale. Il était clair, pour les gens informés et qui réfléchissaient, qu'une catastrophe était imminente en Europe. Vers cette époque, pour différentes raisons, le groupe de Rome se dispersa : Rasetti, inquiet et dégoûté par la situation, se rendit en Amérique ; j'obtins une chaire à l'Université de

Palerme, en Sicile, relativement loin de Rome ; Pontecorvo rejoignit Joliot à Paris ; Fermi et Amaldi restèrent à Rome. En 1937, malheureusement, Corbino mourut de façon inattendue. La détérioration générale de la situation poussa davantage encore à la dissolution de notre groupe. La mise sous tutelle de l'Italie par l'Allemagne, avec la formation de l'Axe Rome-Berlin (ou Berlin-Rome, vu de Berlin), la promulgation des lois antisémites en Italie et la poursuite d'une politique démente rendaient la situation intenable.

La découverte de la fission.

A l'automne 1938, Bohr dit à Fermi qu'il obtiendrait certainement le Prix Nobel cette année-là. C'était une indiscrétion sans précédent, mais intentionnelle et dictée par les circonstances. Fermi décida de quitter l'Italie et, après avoir reçu le Nobel, gagna directement New York avec sa femme et ses enfants. Il y était attendu et fut reçu à bras ouverts à l'Université Columbia où il s'était rendu auparavant.

Fermi était à peine arrivé à New York quand Bohr, en route pour Princeton où il devait donner une série de conférences, fit part de la découverte sensationnelle de la fission que Hahn et Strassmann venaient de réaliser, pratiquement le jour même où Fermi se trouvait à Stockholm pour la cérémonie Nobel. Fermi n'en avait pas le moins du monde entendu parler. Hahn et Strassmann avaient trouvé du barium radioactif dans les produits du bombardement de l'uranium par des neutrons. Ils avaient été abasourdis par l'observation, mais le résultat en était expérimentalement incontestable, et il fallait donc y croire. Voici leurs propres commentaires dans l'article où ils firent part de leur découverte :

> « A la suite de ces études, nous devons changer les noms des corps que nous avions indiqués dans nos schémas de désintégration précédents, et il nous faut nommer barium, lanthane et cerium ce que nous appelions auparavant radium, actinium et thorium. En tant que chimistes nucléaires proches des physiciens, il nous en coûte de franchir ce pas qui contredit toutes les expériences précédentes de la physique nucléaire
> [*Naturwissenschaften*, *27*, 11 (1939)].

Hahn est bien sûr l'homme que nous avons déjà rencontré comme l'un des premiers disciples de Rutherford au Canada. Fritz Strassmann (1902-1980) était l'élève de Hahn ; malgré son hostilité aux nazis, il avait réussi à préserver son poste au Kaiser Wilhelm Institute. Hahn avait cinquante-neuf ans lorsqu'il découvrit la fission. Il couronnait ainsi une brillante carrière par sa plus grande découverte. Toutefois, il regretta que Lise Meitner (1878-1968) ne pût être là, il avait collaboré avec elle pendant des années, y compris dans ses études sur les produits du bombardement de l'uranium par les neutrons *(figure 10-4* et *10-5).* En dépit des efforts considérables de Hahn et de ceux d'autres scientifiques importants pour protéger la fragile Lise des fureurs de la haine raciale de Hitler, elle avait dû s'enfuir pour sauver sa vie. Elle avait réussi à rester à Berlin et à y travailler jusqu'à ce que Hitler eût annexé son Autriche natale. Après l'Anschluss, elle se trouva en danger mortel. Elle s'échappa d'Allemagne par la Hollande avec l'aide d'amis hollandais et, de là, elle gagna la Suède où elle trouva asile. Hahn lui écrivit à propos de son étonnante expérience dès qu'il fut assuré des faits. Meitner montra la lettre à son neveu Otto Frisch qui lui rendait visite pendant les vacances de Noël. (Nous avons déjà rencontré ce Frisch comme collaborateur de O. Stern.)

Frisch aussi était maintenant réfugié à Copenhague. Sa tante et lui se demandaient quelle pouvait bien être l'explication des résultats de Hahn. Les faits semblaient indiscutables et une explication devait être trouvée. Il leur vint finalement à l'idée que le noyau d'uranium se cassait peut-être en deux fragments, ses « fissions », comme ils disaient. Ce phénomène avait été suggéré dès 1935 par une chimiste — Ida Noddack — dans une note ou elle critiquait certaines des expériences que nous avions faites à Rome : son objection était que nous n'avions pas prouvé que le noyau d'uranium ne se brisait pas en deux gros fragments. Cet article était connu de nous, de Hahn et de Meitner, de Curie et de Joliot, et il était vraisemblablement aussi connu au Cavendish et en d'autres endroits. Cependant, il n'avait pas été apprécié à sa juste valeur. En outre, Noddack n'avait jamais pris la peine d'effectuer les expériences relativement simples qui auraient justifié son hypothèse.

Dès que la fission fut comprise, en janvier 1939, Frisch

recherche et constata les fortes impulsions produites par la fission dans une chambre à ionisation reliée à un amplificateur linéaire. Cette expérience établissait sans appel son interprétation des résultats de Hahn et Strassmann. Plusieurs autres physiciens vérifièrent immédiatement le résultat. J'ai eu connaissance d'au moins quatre ou cinq groupes

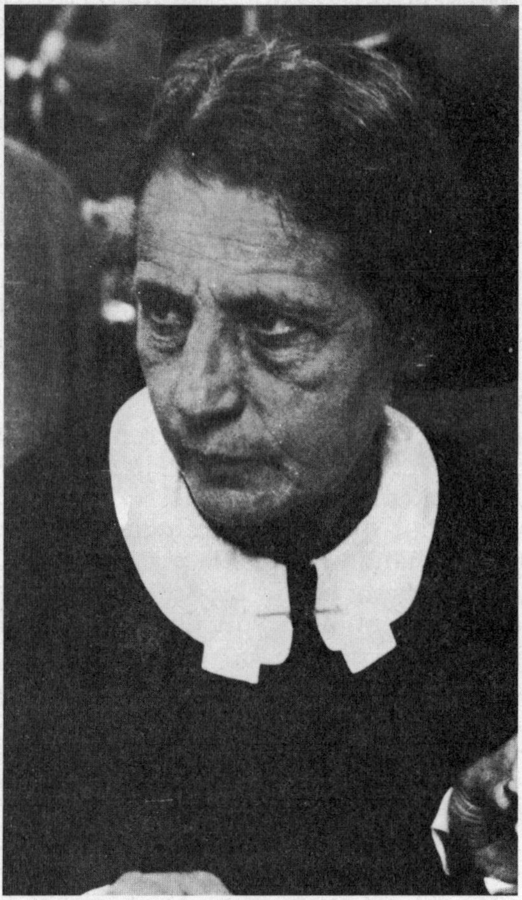

Figure 10-4
Lise Meitner (1878-1968), en 1937. Elle était l'assistante de Planck, puis devint chercheur au Kaiser Wilhelm Institute à Berlin-Dahlem et travailla sur de nombreux problèmes de physique nucléaire, souvent avec O. Hahn, avant d'être obligée de fuir les nazis. Elle eut un rôle de premier plan dans la découverte de la fission nucléaire. (Photo E. Segrè.)

Figure 10-5
La fission d'un noyau d'uranium produite par les neutrons. Les deux fragments quittent une mince feuille verticale contenant l'uranium et leurs traces presque horizontales peuvent être reconnues grâce aux petites branches latérales dues aux collisions. [D'après I. Bøggild, dans la *Physical Review* *76*, 988 (1949).]

qui, dans les jours qui suivirent l'annonce de la fission, en avaient obtenu une confirmation expérimentale. On peut se demander pourquoi nous n'avions pas découvert la fission à Rome. Nous avions effectué une expérience qui se trouvait être très proche d'une démonstration de la fission. Nous cherchions d'éventuelles sources de radioactivité alpha à courte durée de vie, produite dans l'uranium par le bombardement aux neutrons, nous nous attendions à ce que ces produits radioactifs donnent des particules alpha de haute énergie, suivant la règle générale qui lie l'énergie de la particule alpha à la période de la substance radioactive. Nous avions donc enveloppé notre échantillon d'une feuille d'aluminium destinée à arrêter les particules alpha spontanées de l'uranium, et c'est ainsi que nous ne vîmes rien. Si nous avions retiré la feuille d'aluminium, nous aurions vu les impulsions géantes produites par les fragments de fission. On peut se demander si nous aurions interprété correctement ces résultats. J'ai entendu dire que cette expérience avait été faite dans d'autres laboratoires et que la conclusion tirée fut que... quelque chose allait mal dans le détecteur ! En général, on ne reconnaît que ce à quoi on s'attend, ainsi qu'on a pu le voir d'après les exemples des rayons X, du neutron et du positron.

Les étapes vers la bombe atomique.

En principe, l'étape qui sépare la fission d'une réaction en chaîne est courte. Les fragments de fission possèdent nécessairement des neutrons en excès par rapport aux noyaux stables de même nombre de masse. Ils peuvent éliminer cet excès soit par le processus lent de la désintégration bêta, soit par émission directe de neutrons s'il y a suffisamment d'énergie disponible. Dans le second cas, les neutrons secondaires peuvent être utilisés pour déclencher de nouvelles fissions et, s'ils sont en nombre suffisant, ils produiront davantage de neutrons qu'à la première génération. De cette façon, on réalise une réaction en chaîne divergente. Si la réaction en chaîne se produit très rapidement et de façon incontrôlée, une explosion violente a lieu et l'on a une bombe atomique ou, pour parler rigoureusement, une bombe nucléaire. D'autre part, si la réaction peut être contrôlée et amenée à un régime stationnaire, on obtient une source d'énergie. Les deux voies restent ouvertes : vers la bombe atomique ou vers l'énergie nucléaire — une nouveauté à deux faces comme il en va souvent avec les applications de la science et de la technologie. Bien des idées de ce genre vinrent à l'esprit de plusieurs physiciens : les uns les gardèrent pour eux, tandis que les autres essayèrent de prendre des brevets. Il y eut aussi, de la part de quelques physiciens, des tentatives pour garder toute l'affaire secrète et pour en retarder ou en gêner le développement, par peur des conséquences. En raison de difficultés pratiques, cette tentative ne fut pas fermement conduite. Fermi décida d'étudier la fission expérimentalement et, à l'Université Columbia, il se mit à travailler à une échelle modeste. Il désirait obtenir des informations assez détaillées sur le processus de fission afin d'établir si une réaction en chaîne était un rêve éveillé ou une possibilité sérieuse. Il faudrait trop de place pour relater tous les détails de cette recherche fascinante. Les choses sont telles qu'une réaction en chaîne avec des matériaux naturels, sans séparation isotopique, est un processus marginal, au mieux tout juste possible. Il était donc difficile d'établir s'il pouvait ou non se produire.

Pourtant, il devint tout à fait clair que l'existence possible d'explosifs nucléaires d'une puissance sans précédent ne relevait pas de la science-fiction, mais était quelque chose que l'on devait considérer extrêmement sérieusement, en particulier si l'une des parties en présence était Adolf Hitler. Parmi les premiers physiciens qui étudièrent le problème de l'énergie atomique et attirèrent l'attention sur elle se trouvaient les Joliot, les Hongrois L. Szilard, E. Wigner, E. Teller, l'Autrichien V. Weisskopf et, surtout, Fermi. Le phénomène singulier de la mobilisation volontaire de nombreux scientifiques américains suivit. Des expériences commencèrent et le secret s'établit sur une base volontaire. En août 1939, Szilard et d'autres Hongrois particulièrement concernés, qui s'inquiétaient de la lenteur avec laquelle progressaient les travaux, tentèrent d'approcher directement le président Roosevelt. Einstein fut amené à signer une lettre expliquant au président la situation et ses implications. Quelques mois plus tôt, Fermi avait entrepris des démarches similaires en alertant des responsables de l'US Navy, mais la machinerie gouvernementale était lourde et l'aide qu'elle fournit au début fut dérisoire. Tandis que les choses allaient ainsi leur cours aux États-Unis, des efforts similaires étaient amorcés au Royaume-Uni, en France et en Allemagne.

Entre-temps, Bohr avait présenté des arguments théoriques permettant de supposer que l'uranium U^{238} ne subissait la fission que s'il était bombardé par des neutrons d'énergie supérieure à 1 MeV, alors que les neutrons lents ne peuvent produire la fission que de l'isotope rare U^{235} qui est présent dans l'uranium naturel en proportion d'une partie pour 137. A. Nier et J. Dunning confirmèrent bientôt expérimentalement cette hypothèse. Il en ressortait que pour faire une bombe à uranium, il faudrait séparer les isotopes, entreprise désespérée propre à effrayer tous les physiciens, hormis les plus optimistes.

Les éléments transuraniens.

En 1940, E. McMillan et P. Abelson réussirent à identifier le premier élément transuranien qu'ils appelèrent *neptunium* (Np^{239}), et il était plausible que cet élément se désintégrât en un isotope de l'élément 94 à la période relativement longue. Au cours d'un séjour que je fis à New York aux environs de Noël 1940, nous parlâmes longuement, Fermi et moi, des propriétés auxquelles on pouvait s'attendre pour ce noyau de numéro atomique 94 et de masse 239, appelé plus tard plutonium 239, Pu^{239}. En particulier, nous étions intrigués par son éventuelle longue durée de vie et par l'éventualité qu'il pût subir une fission sous l'effet d'un bombardement aux neutrons lents. Si c'était le cas, Pu^{239} pourrait fournir une alternative à U^{235} et éviterait d'avoir à séparer les isotopes. Pour pouvoir préparer des quantités appréciables du nouveau corps, il fallait certes construire un réacteur nucléaire où il se formerait, mais l'uranium naturel, sans enrichissement isotopique, pourrait être un combustible approprié pour un tel réacteur.

J'avais quelque expérience des éléments chimiques artificiels à partir d'études sur le technetium et l'astatine (voir page 186), et j'avais même travaillé sur le neptunium, quoique je ne l'eusse pas identifié correctement.

Pour prouver que la filière utilisant le plutonium était réalisable, on devait produire une quantité suffisante de ce nouvel élément artificiel afin d'établir ses propriétés nucléaires et, en particulier, avec quelle facilité il subissait la fission sous l'effet du bombardement aux neutrons lents ou encore, en termes techniques, afin de connaître sa section efficace de fission aux neutrons lents. S'il se trouvait qu'on pût l'utiliser à la place de U^{235}, il faudrait alors en produire assez pour en faire une bombe. Ce n'était pas une mince entreprise, mais l'alternative de la séparation des isotopes était certainement d'une difficulté et d'un coût considérables. Dans les premiers mois de 1941, J. Kennedy, G. Seaborg, A. Wahl et moi-même préparâmes environ 1 microgramme de Pu^{239} avec le cyclotron de Berkeley, et nous montrâmes qu'on pouvait l'utiliser comme combustible nucléaire.

Il y avait maintenant deux voies pour fabriquer une bombe atomique : la voie de la séparation isotopique de l'uranium et celle de la préparation d'une quantité suffisante de plutonium. La séparation isotopique pouvait être obtenue soit en construisant une batterie de grands spectrographes de masse, soit par diffusion gazeuse. La production de plutonium demandait d'abord un réacteur nucléaire où il puisse se former, puis un ensemble de traitements chimiques industriels pour le séparer et le purifier. Il n'existait aucun moyen pratique de produire assez de plutonium par bombardement nucléaire en utilisant des particules chargées artificiellement accélérées.

Une fois disponibles les explosifs, U^{235} ou Pu^{239}, restait encore à assurer la construction proprement dite de la bombe.

La physique mobilisée.

Avant de fournir plus d'informations sur les aspects scientifiques de l'entreprise très complexe qui déboucha sur l'énergie et les armes nucléaires, je donnerai un résumé schématique de son histoire administrative. J'ai fait état des premiers travaux entrepris par des physiciens, surtout de leur propre chef. Il est remarquable que les initiateurs furent pour la plupart des Européens. Le soutien du gouvernement américain fut de faible importance : une somme de 6 000 dollars attribuée à l'Université Columbia en février 1940, et de 40 000 pour les douze mois compris entre novembre 1940 et novembre 1941, comptent parmi les plus importants crédits alloués.

Au début de la guerre, le gouvernement américain et les physiciens les plus influents étaient très absorbés par le radar et d'autres projets urgents. Les possibilités pratiques de libération d'énergie nucléaire les laissaient sceptiques et les besoins immédiats avaient la priorité absolue. L'énergie et les explosifs nucléaires apparaissaient comme trop éloignés et trop incertains pour autoriser, en temps de crise, la concentration de ressources matérielles et d'un personnel rare. En Grande-Bretagne, au contraire, les autorités scientifiques poussèrent à l'effort nucléaire, même aux moments les plus critiques de la guerre, et leur exemple impressionna nombre de responsables scientifiques américains qui se trouvaient en contact permanent avec elles.

Une participation sérieuse du gouvernement des États-Unis se fit jour en 1940-1941. Un certain nombre de comités furent nommés, reconstitués et dissous, mais c'est en juin 1940 qu'apparut l'influent Comité pour la Recherche de la Défense nationale (NDRC). Il avait à sa tête Vannevar Busch, professeur d'électronique au MIT et inventeur. Le président attribua au NDRC de larges prérogatives, parmi lesquelles la compétence en matière d'uranium. J. Conant, chimiste organicien et président de l'Université Harvard, représentait Busch pour les affaires nucléaires. Un examen critique effectué par la National Academy of Sciences confirma l'importance et les possibilités de l'énergie nucléaire.

A la fin de 1941, un profond changement psychologique s'était produit. Pour reprendre les termes du rapport Smyth, « il est possible que Wigner, Szilard et Fermi ne soient plus aussi profondément convaincus qu'ils ne l'étaient en 1940 que les bombes atomiques soient réalisables mais beaucoup d'autres gens se sont familiarisés avec cette idée et ses conséquences possibles. Apparemment, les Anglais et les Allemands, engagés les uns et les autres dans une guerre acharnée, pensent que le problème mérite d'être attaqué... » En bref, on décida de mettre le paquet. Le comité de contrôle fut réduit et réorganisé, toujours sous la haute autorité de Bush et de Conant, les autres membres étaient L. Briggs, qui avait appartenu précédemment au Bureau of Standards, H. Compton, Urey, Lawrence et E. Murphree, de la Standard Oil Development Company.

Le président Roosevelt était informé périodiquement des progrès et des perspectives du projet. En 1942, on attribua à l'armée un rôle actif dans les phases d'approvisionnement en matériel et d'ingéniérie, et, en septembre 1942, le Manhattan District fut organisé dans ce but. Le secrétaire à la Guerre nomma le général L. Groves responsable des activités de l'armée et il devint le directeur du programme. Le général Groves était un officier de carrière qui s'était distingué dans l'édification du Pentagone. C'était un homme intelligent, honnête et courageux, et un administrateur capable. Groves se retrouva dans un environnement tout à fait nouveau par rapport à ce qu'il avait connu, mais il

Figure 10-6
Sir James Chadwick et le général L. Groves : différents, quoique amis (1944). (United Kingdom Atomic Energy Authority.)

parvint rapidement à appréhender les faits et à juger les hommes avec discernement *(figure 10-6)*.

Il est difficile de donner ne fût-ce qu'une idée superficielle de la complexité de cette entreprise nucléaire. Il était nécessaire de créer une technologie entièrement nouvelle avec des problèmes que l'on n'avait jamais rencontrés auparavant à l'échelle industrielle. L'opération débuta dans des laboratoires universitaires, à Columbia, à Berkeley, à Chicago. Plus tard furent créés des laboratoires spéciaux, à une échelle intermédiaire entre la recherche et la production. Ce furent ceux d'Argonne, dans l'Illinois, d'Oack Ridge, dans le Tennessee, de Richland dans l'État de Washington, et en d'autres endroits encore. A mesure que le travail avançait, de grandes compagnies industrielles furent chargées du développement et de la mise en œuvre, dans la plupart des cas avec des contrats non lucratifs. Ce groupe d'entreprises requérait la coordination de laboratoires géographiquement distants et d'usines confrontées à des technologies entièrement nouvelles. Le secret avait aussi ses exigences et devait être préservé autant que possible, ce qui créait des difficultés supplémentaires pour un fonctionnement souple.

Dans des circonstances ordinaires, l'opération aurait demandé des années, mais dans la hâte liée aux exigences de la guerre, des étapes traditionnelles furent brûlées ; par exemple, on se passa des usine-pilotes. Il s'écoula quatre ans entre la découverte de la fission et le démarrage du premier réacteur critique à Stagg Field, à Chicago, le 2 décembre 1942 ; de même, quatre ans s'écoulèrent entre la découverte du plutonium et la première bombe. Les laboratoires individuels avaient des attributions claires et bien définies ; une fois les objectifs atteints, les laboratoires étaient dissous et les personnels affectés à de nouvelles tâches.

Dans l'ensemble, le projet fut une réussite excellente. Je discuterai plus loin de quelques-unes des raisons auxquelles, à mon avis, il dut son succès. En outre, d'un point de vue financier, le coût en fut relativement modeste. En chiffres ronds, il s'éleva à 3 milliards de dollars de 1940.

Je reviens maintenant aux aspects plus techniques du projet et à la personnalité de certains de ses directeurs scientifiques.

Fermi se chargea essentiellement de la réaction en chaîne nécessaire à la production du plutonium. Le problème consistait à assembler assez d'uranium et de modérateur de neutrons (matériau adapté qui les ralentit) pour obtenir une réaction auto-entretenue, ce qu'on appele un *assemblage critique.* Cet assemblage critique produirait un excès de neutrons qui, absorbés dans l'U^{238}, formeraient d'abord de l'U^{239}, puis, par désintégration bêta, du Np^{239} et du Pu^{239}. Ce dernier isotope a une période de 24 000 ans et peut être séparé chimiquement de l'uranium. C'est un explosif nucléaire. Les corps choisis pour les réacteurs furent l'uranium naturel et le graphite comme modérateur. Ce choix reflète la personnalité de Fermi qui se fiait à lui-même plus qu'à tout autre. Par son choix, il ne dépendait pas des séparations isotopiques qu'il ne pouvait contrôler et qui auraient nécessairement été faites loin de sa direction. Il était difficile d'obtenir une réaction en chaîne avec ces matériaux, mais les scientifiques voulaient éviter toute séparation isotopique ou tout enrichissement qui, à l'époque, présentaient des problèmes techniques non résolus, d'une accablante difficulté. Le problème principal était d'éviter toutes les pertes de neutrons dues à l'absorption parasite, aux fuites associées à la géométrie de l'assemblage, etc. En particulier, une pureté maximale de l'uranium et du graphite était essentielle. A cette occasion, Fermi prouva qu'il n'était pas seulement un grand scientifique, mais aussi un excellent ingénieur et, en matière d'économies de neutrons, il montra une âpreté digne de ses ancêtres paysans. L'expérience acquise à Rome avec les neutrons lents s'avéra bien utile et les études théoriques menées en Italie, étendues et modifiées pour tenir compte de la production de neutrons par les corps subissant la fission, formèrent le soubassement théorique pour la construction du premier réacteur. Fermi n'était à l'évidence pas seul dans ce travail : de nombreux étudiants et collègues plus jeunes l'aidèrent vaillamment ; parmi eux se trouvaient H. Anderson, W. Zinn, L. Marshall, A. Wattenberg, B. Feld et d'autres non moins importants. E. Wigner, A. Weinberg et quelques autres jouèrent un rôle essentiel dans l'établissement des liens avec l'industrie.

Après notre découverte du Pu^{239}, d'importants développements chimiques étaient nécessaires pour passer du microgramme initial aux kilogrammes de métal pur que requérait la bombe. A l'Université de Chicago, le « laboratoire métallurgique » (un nom de code) conduisit les premières études du processus d'extraction du plutonium à partir de l'uranium irradié ; l'industrie, représentée par la Du Pont Company, géra les usines-pilotes d'Oak Ridge, puis les usines de production dans l'État de Washington. La métallurgie fut réalisée au laboratoire de Los Alamos, G. Seaborg, J. Kennedy et C. Smith figurant parmi les directeurs scientifiques des différents laboratoires. Dans cette réussite, de nombreux ingénieurs de la Du Pont Company, de l'Union Carbide et d'autres sociétés tinrent un rôle absolument essentiel.

La séparation des isotopes de l'uranium par spectrographes de masse fut entreprise initialement à Berkeley sous la direction de Lawrence, assisté de R. Thornton, W. Brobeck et de bien d'autres. La production passa à la Eastman Company à Oak Ridge.

La séparation isotopique par diffusion gazeuse fut conduite par J. Dunning, H. Urey et d'autres, et la Kellex

Corporation ainsi que la Carbide and Carbon Chemicals Corporation firent fonctionner les usines d'Oak Ridge.

Une fois les explosifs nucléaires disponibles, il fallait encore fabriquer et assembler les éléments de la bombe. Le dessin et la construction de la bombe étaient une entreprise nouvelle qui était loin d'être simple. En outre, les études sur la bombe ne pouvaient attendre que les matériaux fussent disponibles. La méthode d'assemblage devait être prête au moment où les matériaux le seraient. Les études préliminaires à petite échelle furent menées à Berkeley sous la conduite de J. Robert Oppenheimer (1904-1967). Quelques mois plus tard, le besoin d'un laboratoire spécial chargé de la construction de la bombe devint manifeste, et Groves, alors responsable du Manhattan Project, choisit Oppenheimer comme directeur.

Oppenheimer est l'une des personnalités les plus controversées de l'âge atomique. Né à New York dans une riche famille juive d'origine allemande, il connut dès sa prime jeunesse ce qu'il y avait de mieux en matière d'écoles, d'enseignants et de possibilités éducatives. Il était précoce et sa famille, reconnaissant son talent, en encouragea le développement par tous les moyens. Il avait des tendances assez éclectiques et il étudia les sciences, mais aussi bien d'autres matières telles que la philosophie, les langues et l'art, d'une façon sophistiquée mais peut-être quelque peu superficielle. Il avait un esprit extraordinairement rapide et une mémoire remarquable, mais il était aussi très conscient de ses capacités et quelque peu porté à l'arrogance, faiblesse qui lui valut de nombreux ennemis.

Oppenheimer étudia la physique à l'Université Harvard où il fut influencé par P.W. Bridgman (1882-1961) le physicien des hautes pressions. En 1925, il obtint une licence de chimie à Harvard. Il se rendit alors en Europe, d'abord au laboratoire Cavendish, à Cambridge, puis à Göttingen où il obtint un doctorat de physique sous la direction de M. Born. Il se lia d'amitié avec de nombreux collègues européens. Il fut l'un des premiers Américains à maîtriser la mécanique quantique et quand il retourna aux État-Unis, il fonda des écoles de physique théorique florissante à Berkeley et au California Institute of Technology, à Pasadena, partageant son temps entre l'un et l'autre endroit. Dans ses jeunes années, Oppenheimer était politiquement naïf et manifesta de fortes tendances de gauche qui m'apparaissaient romantiques et tout à fait acritiques.

Le choix d'Oppenheimer fait par Groves peut sembler surprenant, mais ce fut certainement une très heureuse décision. Oppenheimer, qui avait été jusque-là un théoricien assez distrait et détaché du monde, saisit l'occasion et se révéla un directeur sensationnel tant du point de vue de la technique que de celui de l'administration. Il savait également comment traiter des gens aussi différents que Niels Bohr, le général Groves ou les ouvriers des usines de Los Alamos.

Il fallait, pour le nouveau laboratoire, un site isolé et à la situation géographique particulière. Depuis son enfance, Oppenheimer connaissait les plateaux du Nouveau-Mexique et il contribua aux choix du site dans un paysage extraordinaire où s'était installée une école privée de garçons riches et délicats, la Los Alamos School. Le site fut rapidement organisé et l'on y affecta comme personnel un ensemble peu commun de talents scientifiques *(figure 10-7)*. C'est là que furent construites les trois premières bombes atomiques.

Après la guerre, pour différentes raisons, Oppenheimer acquit une très grande importance dans les cercles politiques et scientifiques. Il suscitait des haines profondes et implacables aussi bien que des fidélités et des admirations extrêmes. Il se trouva au centre de controverses politiques et ses ennemis décidèrent que sa perte était nécessaire au salut du pays. Une enquête sur sa loyauté fut entamée sous la présidence d'Eisenhower et la conclusion en fut défavorable à Oppenheimer, considéré comme un « risque pour la sécurité » et exclu des services gouvernementaux. La mesure suscita des sentiments très vifs dans la communauté scientifique qui se coupa en deux sur cette affaire. Des années plus tard, le gouvernement américain, sous les présidences de Kennedy et de Johnson, fit amende honorable pour cette condamnation injuste d'un fonctionnaire dévoué, et lui décerna la Médaille Fermi couronnant des travaux nucléaires. Toutefois, Oppenheimer avait alors cessé toute activité politique et était revenu à la physique comme directeur de l'Institute for Advanced Study à Princeton. Il y mourut en 1967. Le cas Oppenheimer a inspiré des pièces de théâtre, des biographies et une abondante littérature. J'ai indiqué en bibliographie quelques-uns des

Figure 10-7
Une excursion du dimanche à Los Alamos. *Debout*, à partir de la gauche : E. Segrè, E. Fermi, H. Bethe, H. Staub, V. Weisskopf ; *assises :* Erika Staub et Elfriede Segrè. (Photo E. Segrè.)

écrits qui me semblent réalistes et non complètement romancés.

Quand on crée de nouvelles technologies, il se produit parfois des crises qui désorganisent temporairement l'entreprise et font même peser un doute sur son issue. Je fus personnellement impliqué dans l'une de ces crises lorsque mon groupe, comprenant O. Chamberlain et C. Wiegand, alors étudiants, était en train d'étudier la fission spontanée de Pu^{239}. Nous trouvâmes que l'isotope Pu^{240}, qui était formé dans les réacteurs en même temps que Pu^{239}, subissait une fission à un rythme tellement élevé qu'elle aurait empêché le montage de la bombe par les moyens qui étaient alors envisagés : il y aurait eu une pré-détonation et la bombe aurait fait long feu. C'était une situation extrêmement fâcheuse : si aucun remède n'y était apporté, la moitié du projet devenait militairement inutile. Le remède fut trouvé, mais cela demanda des inventions véritablement neuves auxquelles Neddermeyer, ancien élève de C. Anderson, prit une part décisive.

Une autre crise se produisit lors de la mise en route du premier réacteur de production. Il se trouva que certains produits de fission absorbaient les neutrons à un taux inattendu et bloquaient ainsi la réaction en chaîne. Ils « empoisonnaient » le réacteur qui ne pouvait repartir qu'après que les produits s'étaient spontanément désintégrés, pour être bloqué à nouveau lorsqu'ils se reformaient. Cette difficulté fut surmontée, les ingénieurs ayant par précaution ménagé la possibilité d'agrandir le réacteur et d'augmenter sa réactivité au cas où quelque événement inattendu se produirait. Les physiciens n'avaient pas apprécié cette attitude précautionneuse des ingénieurs qui augmentait « inutilement » le coût et gâchait des matériaux, mais les ingénieurs trouvèrent amplement leur revanche. Ces crises ne sont que deux exemples parmi bien d'autres.

L'objectif initial de Los Alamos fut atteint avec l'explosion de la première bombe atomique à l'aube du 16 juillet 1945 *(figure 10-8)*. D'après la constitution des États-Unis, le dernier mot concernant l'emploi de la bombe appartenait au président en tant que commandant en chef des forces armées. Le président Truman consulta plusieurs groupes de conseillers, y compris un groupe de scientifiques, et les conclusions auxquelles il aboutit impliquaient une pleine connaissance des alternatives et des conséquences. La sagesse de sa décision a été discutée depuis lors ; on a néanmoins du mal à imaginer qu'à l'époque, il eût pu suivre une ligne de conduite différente.

Ce n'est pas ici le lieu d'aborder les événements militaires et politiques qui suivirent. Après la guerre, Los Alamos resta l'un des principaux laboratoires nationaux des États-Unis, il se vit attribuer des objectifs pacifiques aussi bien que militaires, mais le laboratoire et la ville de Los Alamos, tels qu'ils étaient pendant la guerre, n'existent plus *(figure 10-9)*. Ils ont été remplacés par une ville plus ou moins convention-

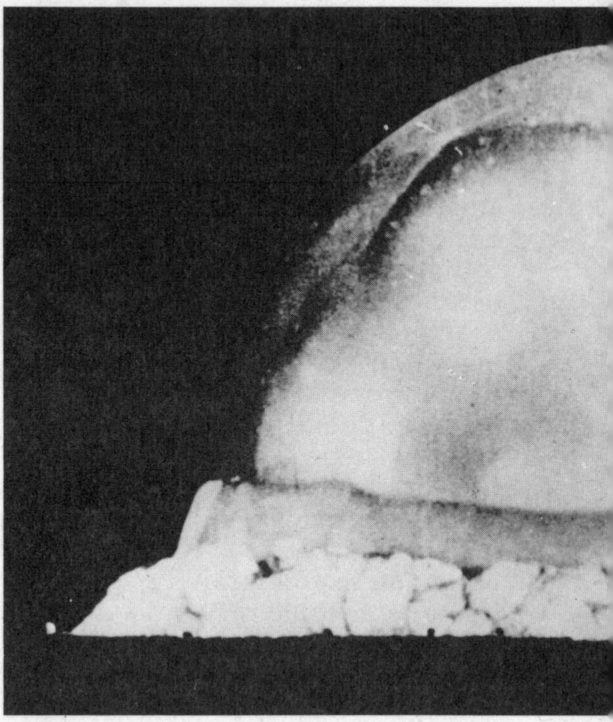

Figure 10-8
La première explosion atomique, « l'essai de la Trinité », le 16 juillet 1945, à Jornada del Muerto, près d'Alamogordo, au Nouveau-Mexique. Un quarantième de seconde s'est écoulé depuis le début de l'explosion. (Los Alamos Scientific Laboratory.)

nelle où architectes et urbanistes gouvernementaux ont détruit sans pitié la singulière beauté naturelle du site, comme cela arrive généralement lors de la construction des villes. Los Alamos vit dans la mémoire de bien des premiers participants comme le souvenir d'une jeunesse unique et d'une période romantique de leur vie.

Les conséquences de la bombe.

La rapidité et le succès avec lesquels l'énergie atomique et les armes atomiques avaient été développées donnèrent à beaucoup l'idée qu'avec de l'argent, des entreprises aussi

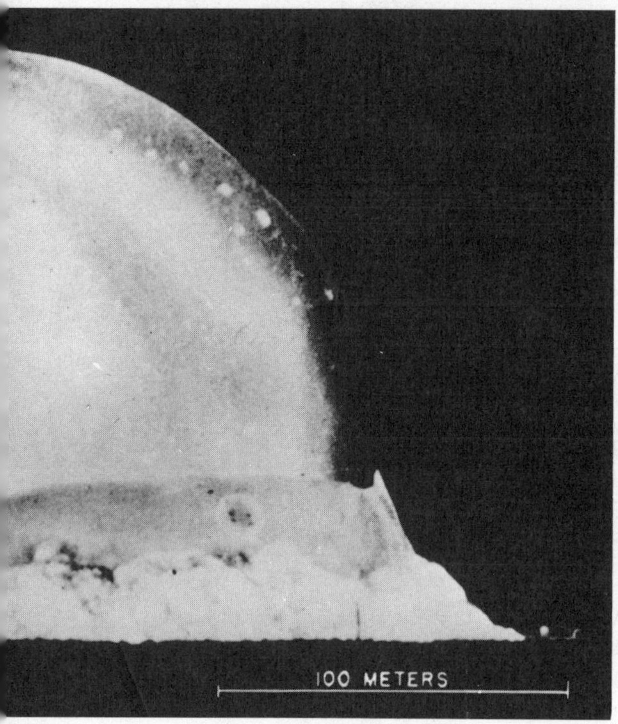

colossales pourraient être reproduites pratiquement à volonté. Cette opinion est bien trop optimiste. La rapidité avec laquelle cette technologie nucléaire entièrement nouvelle put se développer avait plusieurs causes. Je n'en mentionnerai que deux parmi les plus importantes.

En premier lieu, le temps était venu, du point de vue technologique : les découvertes des années précédentes avaient créé une situation techniquement favorable. En second lieu, les intentions monstrueuses de Hitler étaient si manifestes que tout le monde — je le souligne : tout le monde — était prêt à lâcher son travail afin de lutter pour l'anéantissement de Hitler. Ainsi, en cas de besoin, les laboratoires pouvaient rassembler des groupes de gens jeunes et doués, au sommet de leurs capacités ; on n'a jamais assisté à un tel rassemblement, ni avant ni après. Le général Groves l'avait bien compris qui, lors d'une visite à Los Alamos, recevant des doléances à propos des conditions

Figure 10-9
Le paysage autour de Los Alamos, en 1943. Aujourd'hui, Los Alamos est le siège d'un laboratoire scientifique national américain. (Photo E. Segrè.)

de vie, dit en souriant : « Le gouvernement a rassemblé ici la plus coûteuse collection de cinglés qu'on ait jamais vue, et m'en a rendu responsable. C'est à moi de les rendre heureux. » A Los Alamos, Bohr, Chadwick, Fermi, von Neumann et Oppenheimer formaient la vieille garde, mais parmi les plus jeunes scientifiques figuraient au moins six futurs lauréats du Prix Nobel. L'âge moyen du personnel scientifique tournait autour de trente ans.

On se demande souvent à quel point les Allemands en étaient arrivés dans le développement de la bombe à la fin de la guerre, et s'il y avait un risque réel que les Alliés fussent devancés par eux. Nous n'obtînmes d'informations sérieuses sur le travail nucléaire allemand qu'après l'entrée des Alliés en Allemagne. La mission Alsos, qui collecta des informations sur cet effort nucléaire, estima que le projet allemand, bien qu'il eût été mis en œuvre peu après la découverte de la fission, avait relativement peu avancé. Les raisons de sa lenteur avaient été organisationnelles, techniques, militaires et industrielles. Les personnalités de certains des responsables de l'effort pesèrent aussi. La capacité, plutôt que la bonne volonté ou la motivation au travail, faisait défaut.

Les informations concernant les Soviétiques sont rares. Une biographie de I. Kourchatov, qui prit une place importante dans le travail soviétique, indique qu'alors que les plans et les discussions débutèrent très tôt, le travail sérieux ne commença qu'en 1942, essentiellement sous l'impulsion de G. Flérov qui avait découvert la fission spontanée, de A. Ioffé, ancien collaborateur de Röntgen et importante personnalité de la physique russe, et de P. Kapitza, protégé de Rutherford que le gouvernement russe avait empêché, en 1934, de revenir à Cambridge après des vacances dans sa patrie. Toutefois, les conditions de travail étaient extrêmement défavorables à cause de l'invasion nazie. Il semble que le gouvernement soviétique n'ait accordé une haute priorité aux armes nucléaires qu'après les explosions américaines et la fin de la guerre. En décembre 1947, le premier réacteur soviétique atteint le régime critique, l'URSS fit exploser sa première bombe en août 1949, et, en août 1953, elle fit exploser une bombe mixte fission-fusion. Les États-Unis avaient fait exploser un dispositif de ce type en 1951. Sans aucun doute les Soviétiques bénéficièrent-ils de l'expérience antérieure des Américains dont ils avaient eu connaissance.

Les Français, sous l'impulsion de Joliot, commencèrent très tôt des études sur la réaction en chaîne, mais leur travail fut interrompu par l'invasion allemande. Joliot resta en France, mais plusieurs de ses collaborateurs, y compris Halban et Kowarski, gagnèrent l'Angleterre. Leur travail se confondit finalement avec les efforts anglais et canadiens.

Comme je l'ai mentionné, le projet anglais revêtit une grande importance en ce qu'il stimula les État-Unis, favorisa le rassemblement de l'effort américain et contribua à convaincre les gens de sa pertinence. Il se confondit d'ailleurs bientôt avec l'effort américain. La Canada apporta également une contribution importante dans le cadre des État-Unis. Des tentatives à petite échelle furent faites au Japon.

Parmi les diverses conséquences des applications militaires de la science, certaines lui étant profitables, d'autres non, je dois attirer l'attention sur l'une d'elles qui s'avéra bien fâcheuse : l'introduction du secret. Celui-ci empoisonna les milieux scientifiques et n'a pas encore disparu. Le secret militaire est manifestement nécessaire et le secret industriel est une pratique bien établie et défendable, mais le secret scientifique est une notion qui se contredit elle-même. Par définition , la science doit partager la connaissance et faire connaître ses découvertes à tous. Il y a eu, dans l'histoire des sciences, quelques grands hommes — Newton, par exemple — qui, pour différentes raisons, essayèrent de garder leurs résultats secrets, mais, avec le temps, il devint manifeste que c'était une pratique fatale et, aux temps modernes, la tendance des scientifiques est de tout publier dès que possible, quelquefois même trop vite.

Pendant la guerre, le secret s'imposa pour des résultats d'une importance militaire manifeste et immédiate. Nous avons noté une tentative d'auto-censure suivant immédiatement la découverte de la fission. L'extension de cette tentative échoua surtout par suite de l'opposition des Joliot, mais il est douteux qu'elle eût pu mener quelque part. Par contre, une action plus limitée, de la part de scientifiques américains, aboutit.

Quand le Manhattan District fut créé, la responsabilité de la sécurité en incomba au général Groves. Il traita ce problème difficile avec bon sens et souplesse. Par la suite, cependant, les règles de sécurité furent codifiées et confiées à une bureaucratie qui les traita parfois comme une fin en soi, plutôt que comme une déplaisante nécessité. Il y eut des abus et maints autres résultats nuisibles. Depuis la guerre, le secret a souvent retardé des développements techniques souhaitables et empêché une franche discussion publique de décisions importantes, sans renforcer d'aucune façon des avantages militaires. Le sommet est atteint par des gens qui croient en un « secret de la bombe atomique » et autres fariboles de ce genre. L'un des rares points sur lesquels tous les scientifiques s'accordent est leur méfiance vis-à-vis du secret, et leur désir de le supprimer dès que possible.

Je me suis étendu sur l'énergie atomique et sur le Manhattan Project parce que le sujet est important, qu'il est très proche de la science, et parce que j'en ai eu, au moins partiellement, une expérience directe. On ne doit cependant pas oublier que cette entreprise ne fut pas unique. L'histoire du radar, par exemple, a plusieurs traits communs avec celle de l'énergie atomique. Là, le travail et les découvertes de E. Appleton, M. Tuve, G. Breit et d'autres qui étudiaient des problèmes géophysiques liés à la couche de Heaviside, préparèrent la voie. L'histoire remonte au début du siècle, quand Marconi essayait d'établir des communications à longue distance et avait besoin de s'affranchir de la courbure de la Terre. La base des applications militaires avait été préparée et l'état de la technique était suffisamment avancé pour influencer matériellement, au bon moment, la Bataille d'Angleterre. Des laboratoires militaires spéciaux, consacrés au radar, furent créés en Grande-Bretagne d'abord, aux États-Unis ensuite. Là aussi, on assista à une spectaculaire concentration de talents et ces travaux donnèrent lieu, dans la période d'après-guerre, à de grandioses applications allant de l'astrophysique à la spectroscopie moléculaire.

Les derniers travaux de Fermi.

Revenons maintenant à la vie de Fermi. A la fin de la guerre, il perçut clairement que la physique nucléaire avait atteint un stade de maturité qui la rendait moins attrayante pour lui. Il est vrai qu'avec les faisceaux de neutrons d'une intensité sans précédent qui étaient disponibles à partir des réacteurs nucléaires, il put encore effectuer des expériences qui devaient ouvrir plusieurs chapitres nouveaux de la physique, en particulier en physique des solides, mais il sentait que le centre de l'intérêt se déplaçait. Avec un sourire ironique, il citait le Duce, Mussolini, qui avait dit : « Se renouveler ou périr » — et lui-même était parfaitement prêt à se renouveler.

L'université de Chicago avait prévu de construire trois nouveaux instituts : un de radiobiologie, un autre pour l'étude des métaux et, en troisième lieu, un institut nucléaire. L'université avait réussi à attirer plusieurs des chefs de file du Manhattan District, entre autres Urey et Fermi. Fermi ne voulait pas diriger l'institut nucléaire, préférant le laisser entre les mains compétentes de son ami intime S. Allison, se libérant ainsi de corvées administratives. Il voulait consacrer tout son temps à l'enseignement et à la recherche. Il fonda alors à Chicago une école florissante qui forma plusieurs des principaux physiciens de l'après-guerre, Lee et Yang par exemple. Les séminaires de Fermi étaient célèbres pour l'intérêt des discussions auxquelles ils donnaient lieu sur les sujets les plus divers. Des idées qui y naquirent produisirent ensuite des travaux importants, par exemple la méthode de datation par le carbone 14. Les collègues et les étudiants pouvaient aller au bureau de Fermi pour lui parler de leurs nouvelles idées, et ils en repartaient souvent avec d'importantes suggestions ou avec un article écrit en collaboration avec Fermi qui pouvait développer et transformer d'emblée ce qui n'avait été que confusément perçu par le visiteur.

Fermi entendait poursuivre des recherches expérimentales dans les deux directions qui l'intéressaient le plus : les hautes énergies et les applications des calculateurs. Depuis la période de Los Alamos et les échanges fréquents qu'il avait eus avec J. von Neumann, S. Ulam et N. Metropolis, il en était venu à apprécier les possibilités des calculateurs électroniques et, chaque fois qu'il le pouvait, il revenait à Los Alamos pour utiliser l'un des premiers calculateurs existants. C'était un dispositif sommaire, comparé aux modèles ultérieurs, mais il fut utile pour explorer de nouvelles directions, en mécanique statistique par exemple. A ce propos, je sais que Fermi avait inventé, sans bien sûr lui donner ce nom, la méthode qu'on appelle actuellement méthode de Monte-Carlo, ceci alors qu'il étudiait le ralentissement des neutrons à Rome. Il ne publia rien sur ce sujet, mais il utilisait la méthode pour résoudre de nombreux problèmes, quelle que fût la machine à calculer dont il disposait, le plus souvent une petite machine additionneuse mécanique.

L'expérimentation en physique des hautes énergies était liée à l'accès à un accélérateur approprié. On en construisit un à Chicago, mais pas aussi vite qu'à Berkeley qui était alors la source de tous les accélérateurs. Fermi travailla directement à la construction du cyclotron de Chicago, comme il avait l'habitude de le faire lorsqu'il voulait quelque chose. C'était un grand adepte du principe « faites-le vous-même », et il le mettait en œuvre aussi bien pour le travail mécanique que pour les calculs numériques les plus longs et les plus fastidieux. Tandis qu'il attendait la construction de cet accélérateur tout en y participant, Fermi entreprit une étude approfondie de la théorie des particules telle qu'on la connaissait à l'époque. Il calcula tout ce qu'il put, jusqu'aux valeurs numériques, de façon à se tenir prêt. On trouve trace de ce travail dans les Conférences Silliman qu'il donna à l'Université de Yale en 1951. Dès que l'accélérateur de Chicago fonctionna de façon sûre, Fermi se mit à étudier les collisions pion-nucléon, en collaboration avec des collègues et des étudiants. Il réussit encore à faire une importante découverte en ce domaine : la première résonance dans la collision proton-pion. Dans l'analyse de ces expériences, lui et ses collaborateurs utilisèrent abondamment le calculateur de Los Alamos.

Après la guerre, Fermi revint plusieurs fois en Italie et y donna des conférences. Pendant son dernier séjour durant l'été 1954, il donna un cours sur la physique des pions, mais il souffrait déjà d'une maladie non diagnostiquée. A son retour à Chicago, une opération exploratoire révéla un incurable cancer de l'estomac. Il affronta la mort avec une sérénité digne de Socrate et une force de caractère presque surhumaine. Il mourut le 29 novembre 1954, à l'âge de cinquante-trois ans. Ainsi disparaissait le dernier physicien à avoir dominé l'ensemble de la discipline, théorie aussi bien qu'expérience. Il est douteux qu'avec la spécialisation croissante, on revoie jamais une telle supériorité universelle.

CHAPITRE XI

E.O. Lawrence et les accélérateurs de particules

La physique à grande échelle.

J'ai signalé dans le chapitre précédent comment l'échelle des expériences augmenta en physique d'un facteur d'environ un million. Naturellement, une telle augmentation suscite de profonds changements dans la nature de la recherche. Lorsqu'on réduit l'échelle des longueurs d'un facteur un million, les résultats sont vraiment impressionnants : on passe de la physique classique à la physique quantique. Une modification d'un facteur un million dans la puissance des moyens expérimentaux produit aussi nécessairement d'énormes changements. Ce bond dans l'échelle des opérations de la physique est en soi un phénomène intéressant et je vais en dire quelques mots.

Le passage de la physique à une grande échelle est associé en général aux accélérateurs de particules, ce qui est partiellement exact, mais bien des caractéristiques des développements futurs apparurent plus tôt, comme l'association de la science et de la technologie, le caractère collectif du travail, le statut international du laboratoire, la spécialisation du laboratoire dans une technique donnée, la répartition du personnel en membres permanents et en visiteurs. Un laboratoire possédant toutes ces caractéristiques avait été mis sur pied pour l'étude des phénomènes de basses températures par Heike Kamerlingh Onnes (1853-1926) à la fin du XIXe siècle.

H. Kamerlingh Onnes *(figure 11-1)* naquit à Groningen, aux Pays-Bas ; il étudia d'abord dans cette ville, puis à

Figure 11-1
H. Kamerlingh Onnes (1853-1926), fondateur du laboratoire cryogénique de Leyde, qui fut à l'avant-garde de la physique des basses températures pendant de nombreuses années. On trouvait dans ce laboratoire bien des caractéristiques organisationnelles typiques des grands laboratoires internationaux ultérieurs. (Fondation Nobel.)

Heidelberg, en Allemagne. Il fut influencé par les deux grands théoriciens hollandais de son temps : H. Lorentz et J. van der Waals. Kammerlingh Onnes rédigea une thèse sur le pendule de Foucault et, en 1882, devint professeur de physique à l'Université de Leyde où il passa toute sa vie. Il y consacra tous ses efforts à la création d'un laboratoire cryogénique qui resta longtemps le premier du monde.

En travaillant sur les phénomènes de basses températures et sur les techniques nécessaires pour les atteindre, Kamerlingh Onnes réalisa des chefs-d'œuvre de physique et de technique tout à la fois. Le laboratoire était si actif que, passé un certain seuil, il eut besoin de son propre journal pour diffuser ses résultats ; ce journal devint une bible pour les physiciens des basses températures. En 1904, Kamerlingh Onnes fut nommé recteur de l'Université de Leyde et, dans son discours inaugural, comme ensuite dans son allocution Nobel, il exposa clairement les objectifs et les problèmes du laboratoire cryogénique de Leyde. Ses vues sur les problèmes de laboratoire et sur leurs solutions sont encore valables et sont appliquées dans les grands laboratoires internationaux modernes. Des laboratoires internationaux spécialisés sont aujourd'hui consacrés non seulement à la cryogénie, mais aux accélérateurs de particules, à la génération de champs magnétiques intenses, aux réacteurs nucléaires à haut flux, à l'observation astronomique et à d'autres sujets, même étrangers à la physique.

Les études effectuées au laboratoire de Leyde compre-

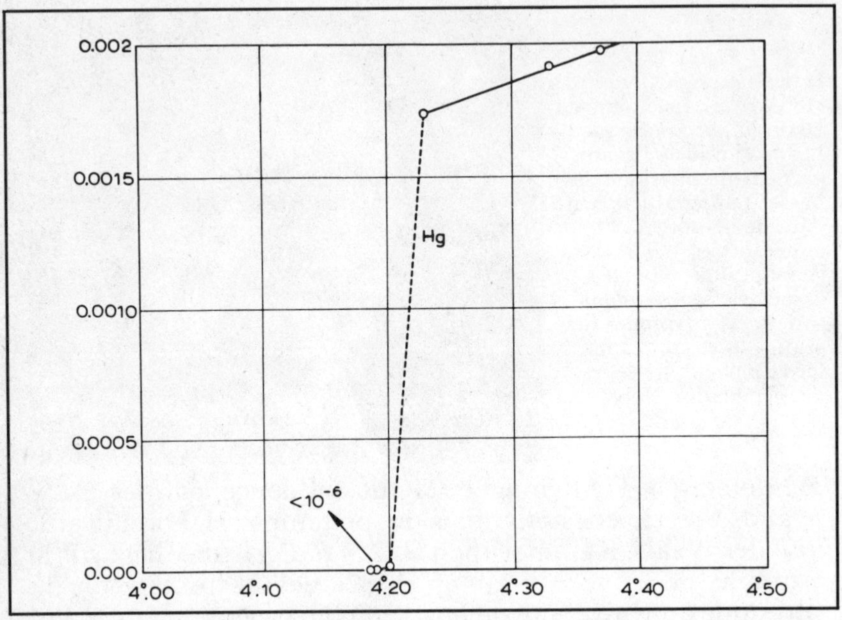

Figure 11-2
La résistance électrique du mercure en fonction de la température. A 4,2 °K, elle disparaît brutalement à cause de l'établissement de la supraconductivité. La courbe est extraite de la conférence Nobel donnée par Kamerlingh Onnes en 1913. (Fondation Nobel.)

naient un grand nombre de mesures de précision nécessaires pour fonder la science cryogénique, à savoir l'étude de l'échelle de températures proches du zéro absolu, les chaleurs spécifiques, les pressions de vapeur et les susceptibilités magnétiques, ainsi que la mise au point des machines cryogéniques. La réussite technique suprême du laboratoire fut la liquéfaction de l'hélium, réalisée en 1908. L'étude des propriétés de la matière à de si basses températures fit découvrir maints phénomènes remarquables, le plus marquant étant la supraconductivité (1911), c'est-à-dire la disparition brutale de la résistance électrique à température suffisamment basse dans le mercure et en d'autres corps *(figure 11-2)*. Pourtant, si le travail de Kaymerlingh Onnes est le premier exemple de physique à grande échelle, les constructeurs d'accélérateurs, qui vinrent bien des années après la fondation du laboratoire de Leyde, ne le connaissaient pas particulièrement et ne le prirent pas pour modèle.

Les premiers accélérateurs.

L'incitation à construire des accélérateurs vint du besoin de disposer des particules en plus grand nombre et à plus haute énergie qu'avec les sources naturelles. En outre, les particules émanant des sources radioactives naturelles se limitaient aux électrons, aux rayons gamma et aux particules alpha, alors que tout indiquait l'importance croissante des protons et, après 1932, des neutrons.

Après les expériences de Rutherford qui avait frayé la voie en 1917, il devint clair que l'accélération de particules grâce à des dispositifs de laboratoire était la meilleure façon d'accomplir des progrès dans le domaine de la désintégration nucléaire, qui était d'une importance vitale. Les premières tentatives furent faites aux États-Unis par G. Breit, M. Tuve et d'autres, vers 1925. Ils construisirent une bobine de Tesla (un transformateur à haute tension) et appliquèrent la tension obtenue à un tube adapté à l'accélération des particules. Un peu plus tard, à Berlin, A. Brash et F. Lange utilisèrent un générateur d'impulsions pour accélérer des protons. Ils essayèrent même d'utiliser les hautes tensions des nuages d'orage et il n'est pas exclu qu'ils aient réussi des désintégrations nucléaires. Toutefois, la méthode était peu pratique et même dangereuse : un physicien, frappé par l'éclair, en mourut. Au California Institute of Technology, C. Lauritsen et H. Crane utilisèrent une série de transformateurs en cascade et, avec cette haute tension, communiquèrent de l'énergie à des tubes accélérateurs de protons et de rayons X. A Princeton, R. van de Graaff construisit un nouveau type de générateur électrostatique, l'ancêtre d'un genre d'appareils encore largement utilisés.

Cependant, les premières désintégrations par des particules accélérées artificiellement furent réalisées par John Cockcroft (1897-1967) et Ernest Walton (né en 1903) au Laboratoire Cavendish *(figures 11-3* et *11-4)*. Ils avaient mis au point un circuit multiplicateur de tension, initialement conçu par H. Greinacher en Suisse, et, stimulés en permanence par Rutherford qui voulait voir le procédé appliqué

Figure 11-3
John Cockcroft (1897-1967) à sa table de manipulation au Cavendish Laboratory, en 1932. (Cavendish Laboratory.)

en physique, ils alimentèrent un tube à décharge accélérant les protons par la tension obtenue. En 1932, avec 770 kV, ils obtinrent la désintégration du lithium en deux particules alpha.

Dans toutes ces recherches, la tension obtenue grâce à un dispositif était appliquée à un tube à décharge et pour obtenir une énergie de l'ordre du MeV, il fallait donc dans le laboratoire des tensions de 1 MV. Des tensions aussi élevées présentent toutes sortes de difficultés techniques et de dangers. Dès 1922, différents physiciens et ingénieurs proposèrent des méthodes plus subtiles qui évitaient les hautes tensions : certains utilisaient l'induction électromagnétique

Figure 11-4
L'accélérateur électrostatique de Cockcroft et Walton ; Cockcroft se trouve sous le tube à décharge. Avec cet appareil, Cockcroft et Walton désintégrèrent les noyaux de lithium et de béryllium, les deux premiers noyaux à être désintégrés par des particules accélérées artificiellement. (Cavendish Laboratory.)

pour accélérer les particules, d'autres se servaient d'accélérations multiples. E. Lawrence fut le premier à réussir dans la pratique avec l'accélération multiple. D. Kerst développa les accélérateurs à induction (bétatrons).

Lawrence et le cyclotron.

De souche norvégienne, Ernest Lawrence (1901-1958) naquit aux États-Unis à Canton, dans le Nord Dakota, dans un environnement qui reflétait encore de façon vivace l'esprit « pionnier » américain, avec des idées traditionnelles : respect extrême du travail, tendances libertaires parfois associées à un conservatisme foncier, voire à des traits réactionnaires, individualisme, confiance en soi et provincialisme. Le père de Lawrence était inspecteur des écoles et son fils eut accès aux livres, y compris à certains livres de science. Il se plut bientôt à construire des émetteurs-radio et d'autres appareils.

Lawrence était vif et intelligent et, après avoir fréquenté le lycée, il acheva ses études à l'Université Yale. Malgré cette éducation de tout premier ordre, il ne parvint jamais à acquérir une culture très poussée en physique ni en d'autres domaines. Il avait néanmoins un sens intuitif réel de la physique, un solide dynamisme, et savait s'y prendre avec les gens. Au fond, il fut plus un inventeur qu'un scientifique. Plus cultivé qu'Edison, il avait bien des traits communs avec ce grand inventeur. Lorsque J.J. Thomson avait essayé de parler de rayons X avec Edison, il s'était rendu compte qu'il valait mieux changer de sujet ; c'est à peu près ce qui se produisit aussi entre Fermi et Lawrence. Nombre de physiciens, y compris dans son propre Radiation Laboratory, en savaient plus que Lawrence en physique nucléaire, voire même en science des accélérateurs. Cependant, Lawrence était un élément clé, unique dans le laboratoire qu'il avait créé autour de son invention et qu'il dirigeait de façon dictatoriale mais avec grand succès. Cette direction exceptionnelle, sa vitalité, son enthousiasme et sa personnalité étaient plus importants que ses connaissances.

A l'Université Yale, Lawrence avait été considéré comme un étudiant brillant et très prometteur. Jeune professeur, il fut attiré par l'Université de Californie, alors en période d'expansion, et il y vint en 1928. En 1929, feuilletant des revues, il fut frappé par un dessin illustrant un article de R. Wideroe dans les *Archiv fur Elektrotechnik* et conçut l'idée de cyclotron *(figure 11-5)*.

Comme nous l'avons déjà vu, un ion de charge spécifique *e/m* se déplaçant dans un champ magnétique uniforme avec

Figure 11-5
Ernest Lawrence (1901-1958). Il tient à la main un des premiers cyclotrons aux dimensions modestes, comparées à celles des appareils qui suivirent. (Lawrence Berkeley Laboratory.)

une vitesse initiale dirigée perpendiculairement aux lignes de force décrit un cercle de rayon $r = mcv/eB$ avec une vitesse angulaire $\omega = eB/mc$ indépendante de v et de r. Si nous plaçons une source d'ions dans un champ magnétique et que nous ajoutons un champ électrique alternatif perpendiculaire à B, sur un diamètre de la trajectoire, en le faisant varier à la fréquence $\upsilon = \omega/2\pi$ de façon à accélérer les ions chaque fois qu'ils traversent le diamètre, nous réalisons de multiples accélérations. A chaque traversée du champ électrique, les ions acquièrent une certaine énergie et cette énergie est multipliée par le nombre de traversées. Le champ électrique possédant les caractéristiques nécessaires est obtenu grâce à deux boîtes ayant la forme de la lettre D — d'où leur nom de *dees* — placées l'une en face de l'autre. Les dees sont soumis à une tension alternative de fréquence

polaires du cyclotron. La difficile adaptation fut réalisée, mais le résultat s'avéra négatif. Son commentaire, bien dans sa manière, fut : « Excellent ! Si ça dégrade le faisceau, nous essaierons le changement inverse et cela l'améliorera ! »

Au bout d'un certain temps, il parvint à réunir un groupe de scientifiques de tout premier ordre qui devinrent des experts en accélérateurs ; parmi eux se trouvaient M. Livingston, E. McMillan, L. Alvarez, R. Thornton, D. Cooksey, W. Brobeck et R. Wilson. En fait, une grande partie de la première génération de constructeurs d'accélérateurs fut formée à Berkeley, au Radiation Laboratory (aujourd'hui Lawrence Berkeley Laboratory). Parmi eux, Don Cooksey occupe une place à part. C'était un amateur fortuné qui avait obtenu un doctorat de physique à Yale. Il reconnut très tôt les capacités de Lawrence et consacra sa vie à l'aider. Il l'admirait, le comprenait et l'aimait beaucoup, et son aide s'étendit à tous les domaines : technique, financier, humain. Son attachement et sa loyauté étaient sans limites et il était parfaitement discret et désintéressé. Il apporta une contribution essentielle au succès des entreprises de Lawrence.

Le premier cyclotron avait un diamètre de quelques centimètres. On pouvait tenir dans la main l'enceinte en verre dans laquelle les ions étaient censés circuler. Le suivant fut un peu plus grand et, en 1930, on réussit à bien le faire fonctionner. La première désintégration obtenue avec un cyclotron fut rendue publique en 1932. Lorsque j'arrivai pour la première fois à Berkeley en 1936, il y avait déjà un cyclotron de 94 centimètres, construit avec un aimant récupéré à la Federal Telegraph Company, qui produisait des sources puissantes d'isotopes radioactifs *(figure 11-7)*. En 1939, un cyclotron de 1,52 mètre lui succéda *(figure 11-8)*. Chacune de ces machines servit à d'importantes recherches en physique et en chimie.

Au début des années 30, Lawrence s'essaya à la physique nucléaire en utilisant le cyclotron. Certains des résultats qu'il obtint étaient erronés, et il eut à ce sujet une correspondance prolongée avec les physiciens du Laboratoire Cavendish qui n'étaient pas d'accord avec lui. Cet épisode peut avoir contribué à sa reconversion presque exclusive dans la mise au point des machines, décision heureuse du point de vue du progrès scientifique, puisque c'était le domaine où il excellait vraiment. Quoi qu'il en soit, il en

Figure 11-7
M. Livingston et E. Lawrence dans le premier « Radiation Laboratory » de l'Université de Californie à Berkeley ; ils se tiennent debout devant le cyclotron de 94 cm. Initialement, celui-ci mesurait 68 cm, il fut agrandi à 94 cm en 1936. Il servit à mesurer le moment magnétique du neutron et à produire le premier élément artificiel, le technétium. (Lawrence Berkeley Laboratory.)

vint à s'intéresser surtout aux performances du cyclotron, n'accordant que peu d'attention à son utilisation scientifique. Une année ou deux avant que Curie et Joliot n'aient découvert la radioactivité artificielle, Lawrence produisait dans le cyclotron des corps radioactifs en quantités plusieurs milliers de fois supérieures à celles observées par Curie et Joliot. Pourtant, il ne remarqua pas qu'il était environné de radioactivité. Plus tard, la même situation se reproduisit avec la fission. Bien qu'il montrât de l'intérêt pour les découvertes scientifiques, Lawrence n'était pas prêt à sacri-

Figure 11-8
Le cyclotron de 1,52 m au Crocker Laboratory de l'Université de Californie, à Berkeley, en 1944. Debout en partant de la gauche : D. Cooksey, D. Corson, E. Lawrence, R. Thornton, J. Backus, W. Salisbury ; sur le cyclotron se trouvent L. Alvarez et E. McMillan. De nombreux éléments transuraniens furent produits avec ce cyclotron. (Lawrence Berkeley Laboratory.)

fier le développement de sa machine à la recherche nucléaire. La majeure partie du temps de fonctionnement était consacrée à la maintenance et à l'amélioration de la machine, ou encore à la recherche médicale. Ce qui écartait la possibilité de concentrer les efforts techniques et intellectuels nécessaires pour l'utilisation de la machine dans le domaine nucléaire.

L'inlassable attachement de Lawrence au développement de la machine n'était pas toujours apprécié des jeunes physiciens qui l'entouraient. Chaque fois qu'ils en avaient la possibilité, ils s'efforçaient d'utiliser la machine, quasi clandestinement, à des fins scientifiques.

Rétrospectivement, j'en suis venu à penser que l'obstination de Lawrence était nécessaire pour développer avec succès ces machines. En d'autres laboratoires, les physiciens construisaient des cyclotrons et essayaient de les utiliser dès que possible à des recherches scientifiques. Les résultats étaient assez insatisfaisants, car les machines étaient trop souvent en réparation et ne pouvaient être utilisées pour un travail continu. On avait également bien du mal à trouver du personnel qualifié dans les deux domaines, machines et physique nucléaire, et il aurait fallu des laboratoires beaucoup plus gros, dotés de moyens beaucoup plus importants que ceux qui existaient pour mener de front les deux types de recherche.

La Radiation Laboratory était organisé de façon très différente des laboratoires universitaires ordinaires et pour cette raison, dès 1932, les régents de l'université le reconnurent comme une entité séparée du département de physique. Malgré certaines jalousies et frictions peu évitables, une coexistence pacifique et même cordiale s'instaura entre la Radiation Laboratory et le département de physique, avec d'inestimables avantages pour les deux parties.

Le financement du Radiation Laboratory était la principale responsabilité de Lawrence et c'était pour lui un problème ardu. L'argent était très rare, l'économie déprimée. Lawrence devait passer beaucoup de temps en quête de donateurs possibles et à des activités promotionnelles, le plus souvent loin de Berkeley. Dans le travail de relations publiques, il était exceptionnellement bon, et probablement s'y complaisait-il. Les donateurs étaient impressionnés par sa personnalité, son optimisme, son succès, et le sérieux avec lequel il tenait ses engagements. Le laboratoire était dirigé avec une stricte économie, l'argent étant ménagé du mieux possible.

Politique et personnalités.

Dans les années 30, J. Oppenheimer, professeur de physique théorique à Berkeley, était l'ami intime et le conseiller de Lawrence, bien que leurs idées sur la science et la politique différassent beaucoup. L'amitié vraiment étroite entre des personnalités si différentes peut surprendre, en découvrir les fondements demanderait une analyse minutieuse des deux individus. Peut-être admiraient-ils l'un l'autre leurs qualités complémentaires.

Plus tard, lorsque la situation européenne évolua précipitamment vers la catastrophe, Oppenheimer se fit l'écho des slogans de l'extrême gauche alors que Lawrence, fidèle à ses traditions du Midwest, était plutôt isolationniste. En outre, il ne saisit pas l'importance virtuelle de l'énergie atomique à des fins de guerre. Toutefois, lorsque la guerre éclata en Europe, Lawrence sentit que la survie de la Grande-Bretagne était essentielle et qu'on devait l'aider par tous les moyens. Il persuada McMillan et Alvarez, ses associés et amis intimes, d'apporter leur aide au projet qui s'avérait le plus immédiatement utile, le travail sur le radar entrepris à Cambridge, dans le Massachusetts. Pour Lawrence, l'énergie et les armes atomiques paraissaient relever de la science-fiction et il n'était pas le seul de cet avis. En fait, nombre de physiciens américains importants pensaient de même, ou du moins accordaient au programme atomique une priorité bien inférieure à celle du travail sur le radar, ce qui pouvait se comprendre dans une perspective à court terme. Pendant un certain temps, l'énergie nucléaire fut principalement défendue par des physiciens européens qui étaient venus aux États-Unis pour échapper à Hitler et à Mussolini. Plus tard, Lawrence, Compton et d'autres personnalités américaines de premier plan saisirent les potentialités de l'effort nucléaire et en prirent la direction. Ils eurent tôt fait de comprendre que les Européens s'étaient représentés les dimensions de l'entreprise d'une façon totalement irréaliste. Les Américains se trompaient en sous-estimant l'effort nécessaire d'un facteur dix, mais les Européens, eux, l'avaient sous-évalué d'un facteur mille.

Après l'attaque de Pearl Harbor, l'attitude de Lawrence changea radicalement et il mit immédiatement le laboratoire sur le pied de guerre. Ayant appris que la séparation des isotopes de l'uranium était d'une importance capitale, il décida d'attaquer ce problème difficile de la façon la plus directe, en construisant des centaines de spectrographes de masse gigantesques. Il persista dans ce mode particulier de séparation des isotopes et finit par réussir. Le coût en fut énorme ; le succès dépendait au moins en partie de la possibilité d'alimenter les spectrographes par un matériau légèrement enrichi par la méthode de diffusion. Une des premières bombes atomiques, lancée sur Hiroshima, contenait en fait de l'U^{235} séparé à Oak Ridge par des calutrons, nom donné par Lawrence à ses spectographes de masse.

Pendant la guerre, Oppenheimer, ami de Lawrence, devint le directeur du laboratoire de Los Alamos où fut construite la bombe atomique. Il eut ainsi, pour la première fois de sa vie, un pouvoir et une responsabilité considérables. A la fin de la guerre, Lawrence et Oppenheimer avaient tous deux considérablement mûris, le second avait en particulier abandonné ses naïves idées de gauche. Tous deux étaient très en vue, ce qui était aussi une expérience toute nouvelle pour Oppenheimer. Ils évoluèrent séparément et se retrouvèrent les champions de deux factions opposées dans une controverse très rude sur la construction de la superbombe à hydrogène. Plusieurs auteurs ont écrit des livres et des pièces de théâtre sur leur combat. Ces débordements littéraires sont souvent extrêmement partisans, surtout à l'encontre de Lawrence ; il existe d'autre part une biographie officielle de Lawrence qui ressemble à une hagiographie.

L'antagonisme entre Lawrence et Oppenheimer plongeait ses racines dans leur personnalité respective et dans les circonstances nouvelles où ils se trouvaient placés. Ils avaient désormais les moyens de faire connaître leurs points de vue différents sur les universités auxquelles ils étaient associés, sur la politique scientifique, voire sur la politique nationale. Chacun d'eux était soutenu par des amis intimes, à la fidélité enthousiaste et qui répercutaient leurs idées. Ce qui est plus important, c'est que Lawrence et Oppenheimer appréhendaient de façon très différente la situation internationale, le souhaitable et le possible pour les États-Unis et pour le monde. Oppenheimer avait un point de vue internationaliste et une appréciation réaliste de la puissance des États-Unis et de ses limitations, et il redoutait en outre de futurs conflits avec la Russie. Lawrence avait beaucoup plus confiance en la puissance des États-Unis et croyait davantage à la vigueur des solutions techniques et à l'efficacité des armements. Tous deux étaient profondément convaincus de la justesse de leur cause et croyaient qu'ils œuvraient pour la paix. Manifestement, leurs divergences ont conservé toute leur actualité.

A la suite de la première explosion nucléaire en URSS (le 29 août 1949), Edward Teller, physicien théoricien d'origine hongroise (né en 1908), Lawrence et Alvarez en arrivèrent à la conviction que la sécurité des États-Unis exigeait un effort global visant la construction d'une bombe thermonucléaire de puissance illimitée, c'est-à-dire dont la puissance ne serait limitée que par la quantité de matériau nucléaire utilisé. Les services gouvernementaux chargés de donner un avis sur ce sujet, en particulier le General Advisory Committee de l'Atomic Energy Commission (J. Conant, H. Rowe, C. Smith, L. Dubridge, O. Buckley, Oppenheimer, Fermi et I. Rabi) était d'un avis différent, partagé par la majorité de l'Atomic Energy Commission. Teller, Lawrence et leurs partisans lancèrent une campagne pour gagner à leurs idées des personnalités politiques et militaires. De nombreux groupes se formèrent, comprenant des responsables militaires de haut rang, des membres du Congrès et des sénateurs, des membres du gouvernement. Le secret qui empêchait toute discussion publique empoisonnait l'atmosphère. En janvier 1950, le président Truman prit la décision finale en faveur des partisans de la bombe.

Certains des programmes proposés par Lawrence étaient techniquement mal conçus et échouèrent, beaucoup d'argent fut gaspillé. La bombe à hydrogène put néanmoins être construite à la suite d'une invention faite à Los Alamos par le mathématicien d'origine polonaise S. Ulam et par E. Teller. Le laboratoire construisit alors la bombe qui explosa en novembre 1952.

Des rivalités à l'intérieur du laboratoire et des conflits de personnes entraînèrent une scission entre Teller et le directeur du laboratoire de Los Alamos, N. Bradbury, qui avait succédé à Oppenheimer. En conséquence de quoi Lawrence fit campagne pour la construction, à Livermore, en Californie, d'un second laboratoire d'armement dont il aurait le contrôle. Ce laboratoire fut lancé en 1952, mais l'animosité entre les protagonistes de ces disputes continua et ne contribua pas peu à la révocation d'Oppenheimer pour raisons de sécurité, que nous avons déjà évoquée.

Le laboratoire de Livermore fournit aussi de hauts responsables à l'autorité militaire des États-Unis. H. York, H. Brown et J. Foster, tous jeunes physiciens attirés par Lawrence, dirigèrent successivement le laboratoire de Livermore et conduisirent ensuite pendant une longue période la recherche et le développement militaires américains.

Dans les dernières années de sa vie, Lawrence inventa et développa un système de télévision en couleurs qui n'eut toutefois que peu d'impact industriel. Lawrence, sans aucun doute, aspirait sincèrement à la paix. Malheureusement, ses idées étaient souvent naïves et contribuèrent au bout du compte à la course aux armements, qui a réduit la sécurité de tout le monde. Alors qu'il assistait comme expert à une conférence sur le désarmement à Genève, il fut frappé par le retour d'une colite qui l'avait fait longtemps souffrir. Il revint en hâte chez lui mais, quelques semaines plus tard, le 27 août 1958, il mourut des suites d'une opération.

La course aux énergies toujours plus hautes.

A la fin de la guerre s'ouvrit aux États-Unis une période d'indécision concernant le financement de la recherche scientifique. L'idée de la National Science Foundation avait été avancée, mais elle n'avait pas encore vu le jour. La marine militaire, grâce à l'Office of Naval Research, fit un excellent travail dans un domaine éloigné de ses activités traditionnelles. L'Atomic Energy Commission, nouvelle ment créée en remplacement du Manhattan District du temps de guerre, frayait sa propre voie. Lawrence avait une claire vision de ce qu'il voulait faire, et entretenait de bonnes relations avec le général Groves, basées sur leurs réalisations du temps de guerre et sur la confiance personnelle. Très tôt, il réussit à obtenir un financement permanent, d'abord auprès du général Groves, puis de l'Atomic Energy Commission (AEC). Cependant, il se ménagea une large autonomie aux termes d'un contrat passé entre l'AEC et l'Université de Californie. A la situation de pénurie de l'avant-guerre succédait un généreux soutien et Lawrence put revenir dans de bonnes conditions à ses entreprises favorites. Avant la guerre, Lawrence avait prévu de construire un cyclotron de 100 MeV, énergie énorme pour l'époque. Il envisageait de surmonter de vive force les difficultés relativistes.

L'aimant destiné à la machine avait déjà été construit et,

pendant la guerre, il avait été transformé de façon à étudier les calutrons. Je ne sais si, telle qu'elle avait été initialement conçue, la machine aurait marché ; heureusement, il ne fut pas nécessaire d'en faire l'essai : pendant la guerre, McMillan, à Los Alamos, inventa une méthode qui éludait les difficultés relativistes. Cette méthode utilise le principe de *stabilité de phase*. Curieusement, la même méthode avait été inventée un peu plus tôt, à l'insu de McMillan, par V. Veksler en Union soviétique. Les deux hommes, réfléchis et courtois, reconnurent bientôt ce qui s'était passé. Connaissant leur bonne foi mutuelle, ils évitèrent les querelles d'antériorité, devinrent et restèrent bons amis jusqu'à la mort prématurée de Veksler.

Quelques années plus tard, une seconde invention permit de surmonter les difficultés inhérentes à la construction d'accélérateurs d'énergie encore plus haute. C'est la méthode de *focalisation forte*. Elle a également une curieuse histoire. En 1949, un ingénieur gréco-américain, N. Christofilos, totalement inconnu du monde scientifique, envoya à Lawrence une demande de brevet décrivant cette « focalisation forte ». Dans les accélérateurs, les faisceaux de particules doivent rester groupés, alors qu'ils effectuent un nombre énorme de tours, ce qui permet de répéter l'accélération un grand nombre de fois et d'atteindre de hautes énergies. La focalisation forte permet de maintenir les orbites dans des tubes de dimensions relativement petites, ce qui a une grande importance pratique. Lawrence ne lut probablement pas la demande de brevet. Il la passa à un collègue qui, après un examen superficiel, ne parvint pas à la comprendre.

Quelques années plus tard, en 1952, E. Courant, M. Livingston et H. Snyder, n'ayant eu aucunement connaissance du travail de Christofilos, réinventèrent la méthode ; ils la décrivirent sous une forme mathématique élégante et dessinèrent un accélérateur basé sur elle. Quand Christofilos l'apprit, il fut à bon droit exaspéré. C'était une situation embarrassante pour l'AEC. Le service gouvernemental résolut le problème en reconnaissant les faits et en embauchant Christofilos dans un de ses laboratoires où il continua à faire différentes inventions jusqu'à sa mort brutale en 1972, à l'âge de cinquante-cinq ans.

L'immédiat après-guerre vit les dimensions des accélérateurs opérer un véritable bond. A Berkeley, scientifiques et

Figure 11-9
Le synchrocyclotron de 4,70 m construit après la guerre. Quelques-uns des nombreux membres du personnel qui travaillèrent à sa construction apparaissent sur la photographie. Les premiers mésons artificiels furent produits avec cette machine. (Lawrence Berkeley Laboratory.)

ingénieurs, utilisant l'aimant dont il a été question plus haut, construisirent un synchrocyclotron de 4,7 mètres *(figure 11-9)* et un accélérateur d'électrons, le synchrotron, qui utilisait le principe de stabilité de phase. Le synchrocyclotron de Berkeley fut la machine qui produisit pour la première fois des mésons artificiels. Il fut suivi par le bevatron, qui atteignit 6,4 GeV et créa des paires proton-antiproton *(figure 11-10)*. On construisit des appareils similaires en d'autres parties du monde. A l'Université de l'Illinois à Urbana, par exemple, D. Kerst construisit un grand accélérateur d'électrons dans lequel l'accélération était obtenue par induction sans champ électrique exté-

Figure 11-10
Le bevatron en cours de construction. C'est un synchrotron à protons qui atteignit l'énergie de 6,4 GeV et produisit les premières paires proton-antiproton. Notez l'échelle donnée par la taille de l'homme dans le coin en bas, à droite. (Lawrence Berkeley Laboratory.)

rieur. Ce type d'accélérateur, appelé betatron, avait été inventé et essayé à petite échelle par Kerst avant la guerre. A Chicago, Fermi et ses collègues construisirent un synchrocyclotron semblable à celui de Berkeley. Au Brookhaven National Laboratory, un nouveau laboratoire construit à Long Island, dans l'État de New York, par un groupe d'universités de l'Est des États-Unis, M. Livingston et quelques autres construisirent un cosmotron qui atteignit 3 GeV. Les Soviétiques construisirent en secret un accélérateur de 10 GeV à Dubna, et révélèrent son existence lors d'une Conférence atomique pour la Paix, à Genève, en 1955.

Avec les changements dans l'organisation, le financement et la structure de ces entreprises, la science en vint à dépendre de plus en plus des gouvernements, en lieu et place des soutiens locaux ou privés. Les gouvernements furent amenés en conséquence à exercer une influence beaucoup plus directe sur la politique scientifique, ce qui conduisit à la constitution de laboratoires nationaux. Récemment, les bases de financement ont été étendues à plusieurs pays et des laboratoires internationaux se sont développés.

Le prototype de laboratoires internationaux est le CERN (Centre européen pour la Recherche nucléaire), à Genève en Suisse, qui est financé par plusieurs nations européennes. Il a permis de garder à l'Europe un statut comparable à celui des États-Unis en physique des particules, statut que l'Europe avait perdu avant et pendant la guerre du fait de la déraison des gouvernements européens et des désastres de la guerre.

Aujourd'hui, les plus grands accélérateurs sont le Fermi National Accelerator Laboratory (FNAL) à Batavia, dans l'Illinois, qui détient le record d'énergie (500 GeV), celui de Serpoukhov en URSS (76 GeV), celui du Brookhaven National Laboratory (33 GeV) et celui du CERN (300 GeV) qui a cependant des anneaux de stockage permettant des énergies dans le centre de masse encore plus élevées qu'au FNAL, quoiqu'avec une intensité plus faible. Le CERN dispose également d'un accélérateur de 500 GeV qui fut achevé en 1977 *(figure 11-11)*.

Nous avons surtout parlé d'accélérateurs à protons. L'accélération des électrons se développa plus ou moins parallèlement à celle des particules lourdes. La mécanique relativiste y est absolument aussi nécessaire que l'est la mécanique newtonienne pour aller dans la Lune. C'est l'une des preuves les plus directes de la relativité, à supposer qu'il y ait encore des doutes à ce sujet. Pour venir à bout des déperditions d'énergie dues au rayonnement émis par les électrons se déplaçant à grande vitesse, les accélérateurs linéaires sont préférables aux accélérateurs circulaires. Pour les très hautes énergies, on en revient aux accélérateurs linéaires comme celui de 3,6 km de long du Stanford Linear Accelerator (SLAC) de Palo Alto, en Californie, qui produit des électrons, des positrons et des photons. Associé à des anneaux de stockage et à des collisions de faisceaux, il

Figure 11-11
Une vue aérienne du Fermi National Accelerator Laboratory, à Batavia, dans l'Illinois. Le plus grand cercle est l'accélérateur principal de rayon 1 kilomètre. Trois lignes de dispositifs expérimentaux sont disposées tangentiellement à l'accélérateur. On voit le laboratoire central à deux tours de seize étages, à la base des lignes d'expériences.

atteint une énergie, dans le centre de masse, de 8 GeV.

Dans la course aux hautes énergies se pose un problème qui devient obsédant lorsque l'énergie acquise par la particule devient supérieure à l'énergie au repos du projectile et de la cible. L'énergie importante n'est pas l'énergie du projectile dans le repère du laboratoire, E_{lab}, mais l'énergie du centre de masse du projectile et de la cible E. C'est cette dernière énergie qui compte pour créer de nouvelles particules, par exemple. Pour un proton rencontrant un proton, cette énergie du centre de masse est donnée, dans la limite relativiste extrême, par l'expression $E = \sqrt{2Mc^2E_{lab}}$. Or, pour un proton, Mc^2 vaut 0,938 GeV et donc un proton d'énergie E_{lab} = 1 000 GeV heurtant un autre proton au repos n'a qu'une énergie du centre de masse de 43 GeV ! Le coût des machines croît proportionnellement à l'énergie E_{lab} et peut-être même encore plus vite ; il apparaît donc que, financièrement, dans la course aux hautes énergies, on augmente cette énergie E_{lab} en pure perte.

En faisant se rencontrer deux faisceaux d'énergie E_{lab} = 22 GeV, on obtient la même énergie du centre de masse qu'avec un accélérateur de 1 000 GeV, bien que les intensités atteintes soient beaucoup plus faibles. Les collisions de faisceaux sont actuellement la seule solution pour atteindre des énergies du centre de masse extrêmement élevées.

En 1983, le record pour l'énergie du centre de masse appartient au CERN, qui a été capable d'atteindre 540 GeV dans des collisions proton-antiproton. Le Fermilab a accéléré des protons jusqu'à 500 GeV dans le système du laboratoire, en utilisant dans l'accélérateur des aimants à bobines supraconductrices qui économisent l'énergie. Plusieurs autres laboratoires ont d'autres accélérateurs en construction : le CERN, par exemple, est en train de construire, dans un tunnel passant sous la France et la Suisse, une machine à collision de faisceaux électron-positron qui devrait atteindre 100 GeV cm.

Enfin, on parle d'un superaccélérateur qui, s'il était construit, serait pour longtemps indépassable. Son rayon serait de 20 km environ et son énergie de 20 000 GeV cm. Il faudrait probablement construire une telle machine dans un désert, d'où le nom qu'on lui donne provisoirement : « désertron ».

Les rayons cosmiques détiennent cependant le record absolu : 10^{20}eV. De telles énergies ne peuvent être obtenues en laboratoire dans un futur prévisible, mais les rayons cosmiques sont incontrôlables et, à ces énergies extrêmement élevées, très rares. Il est donc difficile de les utiliser dans la recherche sur les particules.

Le besoin de machines à hautes performances a conditionné la physique des particules. Je traiterai de cette recherche d'avant-garde dans le chapitre suivant.

CHAPITRE XII

Au-delà du noyau

A la fin des hostilités, les physiciens engagés dans l'effort de guerre durent reconsidérer leur avenir. Dans leur grande majorité, ils s'en revinrent aux universités qu'ils avaient temporairement quittées, les uns comme professeurs, d'autres comme étudiants. Entre-temps, le centre de gravité de la physique s'était déplacé de l'Europe vers les États-Unis, en partie parce que l'Europe avait subi des dommages considérables par suite des bombardements, alors que les États-Unis avaient été épargnés, en partie aussi parce que les grandes entreprises de la guerre, telles que le radar, la bombe atomique et le début des ordinateurs, avaient consacré la suprématie scientifique des États-Unis. Une autre raison, et non des moindres, fut que les politiques insensées des pays de l'Axe les avaient privés d'une fraction considérable de leurs scientifiques. En outre, les conditions d'existence dans l'Europe dévastée étaient bien peu attirantes, même après la guerre.

En physique, il y avait eu manifestement de grands changements : en physique nucléaire, la quantité de données expérimentales avait immensément augmenté et il était clair que des développements ultérieurs, en qualité et en quantité, étaient à prévoir. Les inventions nouvelles concernant les accélérateurs et les réacteurs nucléaires fournissaient des sources de rayonnement d'une puissance inattendue. D'autres techniques, dérivées du radar, contribuèrent à ouvrir des possibilités entièrement nouvelles.

L'imagination de l'opinion avait été impressionnée par la science et un financement généreux sur fonds publics était en conséquence disponible. Aux États-Unis, la création de la National Science Foundation avait été avancée pour financer la recherche scientifique, mais le processus législatif de sa mise en œuvre était lent et relativement inefficace. Entre-temps, la marine militaire et l'Atomic Energy Commission, création nouvelle de l'après-guerre qui aurait dû contrôler toutes les activités liées à l'énergie nucléaire, décidèrent d'intervenir en finançant la recherche fondamentale jusqu'à ce que la situation fût clarifiée. D'un point de vue historique, l'action de la Marine fut remarquable. Le haut commandement décida que, dans son propre intérêt, il était plus utile de financer un programme scientifique solide, mais complètement libre et sans aucune condition implicite ou explicite, plutôt que d'ajouter un ou plusieurs gros bâtiments à la flotte. Ainsi la Marine finança toutes sortes de recherches scientifiques d'excellente qualité, mais sans liens manifestes avec des objectifs navals.

Les étudiants d'après-guerre étaient aussi très différents de ceux de la génération précédente : ils étaient plus mûrs et souvent mieux préparés techniquement. Un soldat qui avait travaillé comme technicien à Oak Ridge avait acquis des connaissances pratiques équivalentes à plusieurs années de formation dans un laboratoire universitaire, et un marin qui avait servi dans la US Navy avait souvent une bonne formation en électronique.

Tout ceci contribua à la vitalité impressionnante des entreprises scientifiques de l'immédiat après-guerre aux États-Unis.

Les particules élémentaires.

Un nouveau domaine était sur le point d'émerger, ou, pour mieux dire, un ancien était sur le point de s'épanouir : l'étude de ce qu'on appelle les particules élémentaires. Avant la guerre, on connaissait les protons, les neutrons, les électrons, les positrons, les photons et les neutrinos, et on avait trouvé dans les rayons cosmiques des particules alors appelées mésotrons, dont la masse était environ deux cents fois celle de l'électron. Les constituants du monde semblaient alors relativement simples, même si ce n'était plus tout aussi simple qu'en 1929, à l'époque où on ne connaissait encore que les protons, les électrons et les photons, et que cela semblait suffire à expliquer comment la matière était constituée. Il était également clair, aux yeux de bien des physiciens les mieux informés, que les particules élémentaires constitueraient la nouvelle frontière de la physique. C'étaient elles qui présentaient les problèmes les plus fondamentaux, et les nouveaux outils expérimentaux qui se profilaient permettraient de progresser dans ces territoires inexplorés.

D'autres domaines tels que la physique nucléaire ou la physique des solides étaient aussi pleins de promesses. Toutefois, les problèmes qu'ils soulevaient, bien qu'intéressants et plus importants, par leurs applications, que ceux de la physique des particules, étaient moins fondamentaux : autrement dit moins généraux, moins nouveaux et moins susceptibles de modifier les concepts établis ou d'en introduire d'autres, aussi inédits qu'inattendus.

D'autres sciences, liées à la physique mais quelque peu écartées de son courant principal, telles que la géophysique, l'astrophysique et la biologie moléculaire, semblaient elles aussi très prometteuses. Cependant, pour un physicien, elles demandaient un recyclage dans des domaines complètement neufs, et le développement d'habitudes mentales nouvelles difficiles à acquérir. Un petit nombre de physiciens firent l'effort nécessaire à cette transition, il en furent parfois généreusement récompensés.

Les physiciens qui voulaient être à l'avant-garde de leur propre discipline devaient néanmoins se tourner vers la physique des particules.

A la fin de la guerre, les rayons cosmiques étaient toujours la seule source de particules de haute énergie. On ne peut les observer que lorsque Dieu les envoie, et il n'est pas possible d'effectuer des expériences en modifiant leur énergie ou en modulant les conditions expérimentales, comme on a l'habitude de le faire dans les autres domaines de la physique. D'autre part, des progrès considérables avaient été accomplis dans les méthodes de détection et, pour quelques années, les rayons cosmiques restèrent en compétition avec les accélérateurs comme source de particules, en particulier parce que les rayons cosmiques avaient des énergies supérieures à tout ce qu'on pouvait atteindre en laboratoire à cette époque. Les rayons cosmiques présentaient aussi l'appréciable avantage de ne rien coûter, ce qui était une aubaine, surtout pour les nations européennes dévastées par la guerre. En particulier, les traditions anglaise et italienne d'étude des rayons cosmiques furent revitalisées après la guerre.

Aux États-Unis, les efforts furent centrés sur l'obtention d'énergies comparables à celles des rayons cosmiques par le développement d'accélérateurs plus gros et meilleurs. En Europe où, temporairement au moins, c'était financièrement impossible, les efforts se concentrèrent sur l'amélioration des méthodes de détection. Le progrès le plus important et aussi l'un des plus élémentaires résida dans l'amélioration des émulsions photographiques qui rendaient décelables des particules simplement chargées se déplaçant à vitesse proche de celle de la lumière. Des particules plus lentes provoquent une ionisation plus forte et sont donc plus faciles à détecter, mais les particules dont la vitesse est voisine de celle de la lumière ont une importance prépondérante pour l'analyse des événements observés. En utilisant les rayons cosmiques et des émulsions photographiques, des chercheurs anglais et italiens purent faire des découvertes vraiment importantes ; ils avaient ainsi trouvé un domaine peu coûteux et extrêmement intéressant de la physique. Plus tard, bien sûr, on trouva que ce faible coût était illusoire — en fait, la physique des particules s'avéra être une des branches les plus onéreuses de la physique — mais les conditions financières s'étaient alors améliorées et l'Europe, à son tour, pouvait se payer des accélérateurs géants.

La nouvelle science au Japon.

Revenons à la physique. Pour la première fois, nous voyons un physicien japonais, Hikedi Yukawa (1907-1981), au premier rang des introducteurs d'idées théoriques nouvelles.

Avant de parler de Yukawa, je ferai une digression sur le développement de la science occidentale au Japon. A l'époque de la restauration Meiji, en 1868, le Japon avait une technologie locale relativement développée, mais pas de science au sens occidental du terme. Lorsque, après la venue du commodore Perry en 1853 et l'ouverture forcée des ports au commerce extérieur, les dirigeants japonais décidèrent de moderniser le pays, ils perçurent l'importance de la « science » et firent venir un professeur français de physique, ainsi qu'un anglais, qu'ils chargèrent d'enseigner leur discipline à Tokyo. Les difficultés linguistiques furent telles que les deux écoles restèrent séparées ; pour un temps coexistèrent une école anglaise de physique et une française. Quelques samouraïs furent aussi envoyés en Europe pour apprendre la physique. Apparemment, leur intérêt scientifique était très limité, mais ils étaient remplis d'ardeur patriotique et ils étudiaient dans un esprit militaire. Une autobiographie d'un de ces samouraïs (accessible seulement en japonais) le montre violemment anti-occidental et plein de mépris pour ces barbares, mais ces sentiments sont mêlés d'admiration pour les succès occidentaux ; rétrospectivement, c'était certainement un dangereux mélange. Initialement, ce samouraï doutait des capacités de la science occidentale, mais lorsque le capitaine du navire sur lequel il voyageait lui annonça qu'ils rencontreraient un autre navire, au beau milieu de l'océan, dans l'après-midi, et que l'événement eut vraiment lieu, le samouraï dut s'avouer vaincu.

Après ces premiers pionniers japonais vinrent des hommes mieux préparés. Ils montraient de la compréhension et de l'intérêt pour la science en elle-même et n'étaient pas simplement en train de faire œuvre patriotique. La personnalité la plus éminente parmi eux est Hantaro Nagaoka (1865-1950). Celui-ci visita l'Europe au début du siècle et paraissait informé des problèmes de physique qui étaient alors importants. Nagaoka devint un des chefs de file de la science japonaise et il exerça aussi une influence considérable comme administrateur. Il enseigna la physique pendant de nombreuses années à l'Université de Tokyo mais, en 1931, une nouvelle Université impériale fut fondée à Osaka, dont il devint sans enthousiasme le président.

La science et le patriotisme étaient les passions dominantes de Nagaoka. Une lettre, curieusement rédigée en anglais, adressée en 1888 à son professeur Tanakadate, qui se trouvait alors à Glasgow, en Écosse, montre avec éloquence quels étaient alors les sentiments de Nagaoka, même si ceux-ci ont pu évoluer avec le temps. Il écrit :

« Nous devons travailler activement, avec l'œil ouvert, des facultés aiguisées, prêts à comprendre, inlassablement et sans nous arrêter un instant. Nous ne devons pas admettre parmi nous, en laissant interrompre notre travail, cette catégorie de gens qui font comme s'ils avaient l'intention de travailler mais qui s'arrêtent chaque fois que quelque chose vient attirer leur œil, leur bouche ou leur bourse. Il n'y a pas de raison pour que les Blancs aient la suprématie en tout et, comme vous le dites, j'espère que d'ici dix à vingt ans, nous pourrons battre ces gens qui font les importants ; ce n'est pas la peine d'attendre d'être en enfer pour assister à la victoire de nos descendants sur les Blancs. Une condition importante pour dépasser ces Blancs est de faire connaître notre travail. C'est là une grande difficulté. Dans une première étape, nous ne pouvons écrire en japonais et faire lire nos écrits aux Occidentaux. Nous devons emprunter leur langage et nous faire comprendre de ces Blancs. En fait, comme vous en convenez, les Blancs peuvent parler de n'importe quoi, mais, dans notre cas, nous sommes souvent incapables de parler alors même que nous aurions amplement matière à le faire. Je pense que c'est notre grand défaut et que nous devons apprendre, si possible, à écrire et à parler clairement et couramment. Je ne sais s'il y a une langue qu'on doit choisir, l'anglais, le français ou l'allemand. Réfléchissez à cette question, s'il vous plaît. »

[K. Koyzumi, *Historical studies in the physical sciences*, vol. 6, p. 87 (1975).]

Nagaoka publia plusieurs articles dans des revues occidentales, sur le magnétisme, la spectroscopie et d'autres sujets. Un des plus remarquables est celui qui, en 1903, proposa un modèle atomique ressemblant au système solaire. Le magnétisme, et plus tard la diffraction des électrons, ont été traditionnellement un des sujets favoris des physiciens japonais ; ils y ont apporté des contributions importantes, théoriques aussi bien qu'expérimentales.

Toutefois, au Japon, l'influence scientifique la plus importante fut celle qu'exerça Y. Nishina (1890-1951). Il avait d'abord fait des études d'ingénieur électricien à Tokyo, mais il se rendit ensuite en Europe et se tourna vers la physique théorique. A Copenhague, il travailla à l'institut de Bohr où, avec le Suédois O. Klein, il calcula la section efficace de diffusion Compton, ce qui était un tour de force théorique à l'époque. Il travailla aussi avec Heisenberg en Allemagne. Finalement, il s'en retourna au Japon où il entra à l'Institut de Recherche physique et chimique, financé en partie par des fonds privés, en partie par le gouvernement. Cet institut exerça une influence capitale sur la science japonaise. Une proportion élevée des jeunes physiciens japonais les plus remarquables sont liés directement ou indirectement à l'école de Nishina.

Hideki Yukawa est plus important pour ses propres découvertes que comme enseignant *(figure 12-1)*. Né à Tokyo, il était le fils du professeur de géologie Takuji Ogawa, mais, en 1932, il fut adopté par la famille de sa femme et prit le nom de Yukawa. Toute son éducation se fit au Japon, pour l'essentiel à Kyoto. Dans une certaine mesure, c'était un autodidacte. Avec son ami et camarade de classe Sin-itiro Tomonoga (1906-1979), il apprit la mécanique quantique, en partie d'après les articles originaux, en partie d'après les livres. Au retour d'Europe de Nishina, Tomonoga, qui devint célèbre pour ses études sur l'électrodynamique, fréquenta l'Institut de Recherche physique et chimique. Yukawa obtint un poste à l'Université d'Osaka où se trouvait un physicien formé en Europe, célèbre pour ses études sur la diffraction des électrons, Seiki Kikuchi, qui venait de l'Institut de Recherche physique et chimique.

En 1935, à Osaka, Yukawa écrivit un article qui devait faire date. L'article était incomplet, et peut-être n'était-il pas entièrement correct, mais il s'avéra extrêmement riche et eut une influence profonde sur les développements ultérieurs.

Yukawa constitua une école florissante de théoriciens à l'Université de Kyoto. Il fonda aussi une revue, *The Progress of Theoretical Physics*, qui acquit une importance mondiale, en particulier en physique théorique des particules. Souvent y apparurent, indépendamment de la littérature occidentale, des idées neuves qui furent découvertes simultanément ou plus tard par des auteurs qui n'avaient pas accès aux revues japonaises. Ce fut notamment le cas pendant et juste après la Seconde Guerre mondiale.

Le langage mathématique et l'anglais établissent un pont entre la physique japonaise et l'occidentale, mais la différence des fondements culturels se fait parfois sentir. Cela peut aussi à l'évidence constituer un avantage pour le progrès de la science, en fournissant des modes d'attaque largement différents.

Figure 12-1
Hideki Yukawa en visite à Berkeley en 1948. De gauche à droite : Fermi, Segrè, Yukawa et Wick. Yukawa fut le premier physicien japonais à avoir été entièrement formé scientifiquement au Japon. Sa théorie interprétait les mésons comme les quanta des forces nucléaires. (Photo E. Segrè.)

En 1949, Yukawa fut le premier Japonais lauréat du Prix Nobel de physique, et cela lui conféra un prestige énorme dans son pays. Les Japonais en vinrent à voir en lui la preuve vivante qu'ils avaient atteint la parité scientifique avec l'Occident. Ainsi Nagaoka put-il voir son rêve accompli avant de mourir en 1950.

Voici une version simple et l'argument de Yukawa. On sait que le photon est associé au champ électromagnétique et aux forces correspondantes. Yukawa se demanda quelles pouvaient être les caractéristiques des quanta associés au champ des forces nucléaires. Avec un raisonnement simple, ne mettant pas en jeu beaucoup plus qu'une application du principe d'incertitude et de la relativité, il aboutit à cette saisissante conclusion que le quantum des forces nucléaires devait avoir une masse au repos finie. Il estima cette masse à environ 200 fois celle de l'électron, ou encore que l'énergie mc^2 de ce quantum, au repos, devait valoir environ 100 MeV. En outre, cette particule devait apparaître sous trois formes de charge électrique différentes : neutre, positivement chargée et négativement chargée, la valeur absolue de la charge étant égale à celle du proton.

Le raisonnement de Yukawa était le suivant : les forces nucléaires ont une sorte de sphère d'action de 10^{-12} à 10^{-13} cm. Ceci veut dire qu'à une distance r_o, la force décroît brutalement. Au contraire, dans le potentiel de la force électrique ordinaire, $U(r) = e/r$, il n'y a aucune longueur caractéristique de ce genre. Dès lors, il est possible d'interpréter la force entre deux nucléons comme étant due à l'émission d'un quantum par l'un d'eux et à son absorption par l'autre. Pour aller du nucléon émetteur à l'absorbeur, le quantum a besoin d'un temps plus grand que r_o/c : à cause de la relativité, il ne peut en effet dépasser la vitesse de la lumière c. Pendant le temps de transit, la conservation de l'énergie est violée, puisqu'on doit prendre en compte la masse supplémentaire du quantum et l'énergie correspondante mc^2. Cependant, on ne peut mesurer l'énergie avec une précision supérieure à

$$\Delta E = \frac{h}{2\pi t}$$

si t est le temps disponible pour la mesure d'énergie, ceci à cause du principe d'incertitude. Nous pouvons donc

« emprunter » une quantité d'énergie ΔE sans qu'il soit possible d'établir que, ce faisant, nous ayons violé la conservation de l'énergie. Si maintenant nous identifions ΔE à mc^2 et t à r_o/c, nous trouvons

$$m = \frac{h}{2\pi r_o c}$$

L'hypothèse d'une masse finie du quanta limite automatiquement le rayon d'action de la force. En introduisant 2×10^{-13} comme valeur de r_o et les valeurs convenables des constantes universelles, on trouve pour m environ 200 fois la masse de l'électron, et pour mc^2 une énergie d'environ 102 MeV.

Les indications expérimentales montrent que les forces entre neutron et proton, proton et proton, et neutron et neutron, sont égales et que ceci entraîne une charge $+ e$, $— e$ ou zéro pour les quanta. Yukawa avait donc prévu l'existence d'une particule ayant une masse 200 fois supérieure à celle de l'électron et une charge valant plus ou moins une fois la charge unité ou encore zéro, cette particule devant interagir fortement avec les noyaux.

Fermi avait eu des idées semblables quand il avait développé la théorie de la désintégration bêta. Il pensait que les neutrinos devaient être les quanta d'un certain champ, mais il ne publia rien sur ce sujet, n'ayant pu obtenir aucun résultat significatif. Yukawa avait étudié l'article de Fermi sur la désintégration bêta et le citait explicitement. L'article de Yukawa parut en 1935 dans le *Journal of the Mathematical and Physical Society of Japan*, il fut remarqué mais n'eut pas un retentissement énorme. A l'époque, personne n'avait encore vu de particules semblables à celles dont Yukawa postulait l'existence, de sorte qu'elles apparurent plutôt comme une intéressante spéculation.

La découverte du pion.

Ce n'est qu'en 1937 que des chercheurs travaillant sur les rayons cosmiques, tels que C. Anderson (qui découvrit aussi le positron) et son collaborateur S. Neddermeyer (qui fit ensuite des inventions importantes utilisées dans la première bombe atomique), M. Stevenson, J. Street, R. Brode et d'autres, commencèrent à voir dans les rayons cosmiques des particules de masse intermédiaire entre celle de l'électron et celle du proton. Les meilleures mesures donnaient comme masse environ 200 fois celle de l'électron. Ces particules, appelées *mésotrons*, étaient instables et se désintégraient, lorsqu'elles étaient libres, avec une durée de vie moyenne d'environ 2 microsecondes. La durée de vie moyenne fut déduite d'un raisonnement subtil basé sur l'observation de l'intensité des rayons cosmiques à différentes hauteurs et sous différents angles au-dessus de l'horizon, et elle fut mesurée ensuite directement par F. Rasetti. Toutefois, au moment de leurs premières observations sur les rayons cosmiques, les expérimentateurs n'étaient pas au courant du travail de Yukawa. La guerre ralentit le travail expérimental et isola le Japon de l'Occident. Les physiciens japonais avaient été impressionnés par l'existence de particules dotées d'une masse comparable à celle postulée par Yukawa. Cependant, ils avaient relevé les difficultés qui s'opposaient à l'identification des mésotrons aux particules de Yukawa, la plus grande étant que la durée de vie moyenne des mésotrons était beaucoup trop longue. En outre, quand les mésotrons s'arrêtaient dans la matière, ils interagissaient, le plus souvent mais pas toujours, avec les noyaux du milieu qui les arrêtait. L'étude de ce phénomène conduisit à une importante découverte expérimentale effectuée par trois jeunes physiciens italiens : M. Conversi, E. Pancini et O. Piccioni.

Ces trois hommes se cachaient des Allemands qui les auraient déportés comme main-d'œuvre forcée en Allemagne et ils travaillaient clandestinement dans le sous-sol d'un lycée à Rome. Ils trouvèrent que, lorsqu'ils s'arrêtaient dans la matière, les mésotrons positifs et les négatifs se comportaient différemment. Les mésotrons positifs se désintégraient plus ou moins comme s'ils étaient dans le vide. Les négatifs, s'ils étaient arrêtés par des noyaux lourds, étaient absorbés et produisaient des désintégrations, mais s'ils étaient arrêtés par des noyaux légers comme ceux du carbone, une bonne partie d'entre eux se désintégraient comme s'ils étaient dans le vide. Ce n'était pas le comportement attendu des particules de Yukawa. Celles-ci auraient dû réagir violemment avec les noyaux lourds ou légers, car les forces spécifiquement nucléaires auraient dû produire des désintégrations aussitôt que les mésotrons se seraient approchés suffisamment près d'un noyau. Les expériences montraient que cela n'était pas le cas et que les mésotrons ne pouvaient donc être identifiés aux particules de Yukawa.

La situation était vraiment bizarre. Yukawa avait prévu des particules ayant environ 200 fois la masse de l'électron ; on en avait trouvé, mais ce n'étaient pas les particules de Yukawa. Les théoriciens se demandaient que faire des résultats de Conversi, Pancini et Piccioni, qui pourtant paraissaient solides du point de vue expérimental. Ils entreprirent donc de trouver une explication. Tanikawa, Sakata et Inoue au Japon, aussi bien que H. Bethe et R. Marshak aux États-Unis, avancèrent indépendamment une hypothèse susceptible de résoudre les difficultés. Ils suggérèrent que les mésotrons observés n'étaient que les produits de désintégration des mésons de Yukawa que personne n'avait encore vus. Mais émettre une hypothèse séduisante et plausible est une chose, établir un fait en est une autre, toute différente.

C'est alors qu'une nouvelle technique, ou plutôt l'amélioration d'une technique ancienne, apporta un outil puissant. Avant la Première Guerre mondiale, Kinoshita, physicien japonais du laboratoire de Rutherford, avait montré que des particules alpha, traversant une émulsion photographique, laissent sur leur trajectoire une collection de grains d'émulsion que l'on peut révéler. On est ainsi à même de voir la trajectoire de la particule. (On peut se demander ici ce qu'il en est vraiment de la mécanique quantique, du principe d'incertitude, de la nature ondulatoire des particules... Le lecteur peut néanmoins être assuré qu'il existe une réponse satisfaisante à ces questions, établie en détail par exemple par Heisenberg.) Les émulsions utilisées par Kinoshita n'étaient sensibles qu'aux particules ionisantes relativement lourdes, les électrons étaient indétectables.

Le professeur Cecil Powell (1903-1969), de Bristol, ancien élève de Rutherford et de C. Wilson, avait gardé de l'intérêt pour les méthodes de détection des particules, quoique son activité principale eût porté sur les décharges dans les gaz. Il devait jouer un rôle décisif dans le nouveau grand progrès accompli en physique des particules *(figure 12-2)*. Voici sa

Figure 12-2
G. Occhialini et C. Powell au cours d'une réunion de physique vers 1960. (Photo E. Segrè.)

description des événements qui conduisirent à la découverte du pion :

« En 1945, Powell fut rejoint à Bristol par G. Occhialini qui, du Brésil, s'en était retourné en Angleterre avant la fin de la guerre. Occhialini était enthousiasmé par les potentialités de la méthode photographique et prit contact avec la compagnie Ilford en vue d'améliorer les propriétés d'enregistrement des plaques. Quoiqu'on eût déjà montré que l'on pouvait être sûr des mesures dans un certain domaine, les traces ne pouvaient être décelables que si elles comportaient un nombre suffisant de grains à révéler. Ceci dépend du nombre d'atomes heurtés et ionisés par une particule, rapporté à l'unité de longueur de la trajectoire, nombre qui diminue quand la vitesse de la particule augmente. En fait, les choses sont telles que les particules ne peuvent être détectées que lorsqu'elles sont relativement lentes, mais la plupart des particules dont les vitesses approchent celle de la lumière, et qui sont les plus nombreuses dans les rayons cosmiques, ne sont pas enregistrées.

Il existait un certain nombre de moyens apparemment praticables pour améliorer les propriétés d'enregistrement des émulsions, en augmentant la taille ou la sensibilité des grains individuels par exemple, ou en augmentant le nombre de grains par unité de volume d'émulsion. C. Waller était à l'époque chercheur en chimie chez Ilford et les méthodes de production d'Ilford étaient telles qu'il fut possible de préparer des émulsions où la concentration en bromure d'argent avait été substantiellement augmentée. Lorsque les nouvelles émulsions eurent été impressionnées et développées, il devint clair qu'on avait réussi une amélioration très remarquable des performances.

A la fin de 1946, Occhialini prit quelques petites plaques recouvertes des nouvelles émulsions — environ deux douzaines de 2 cm × 1 cm de surface, avec 50 microns d'épaisseur d'émulsion — et il les exposa à l'observatoire français du Pic du Midi, dans les Pyrénées, à l'altitude de 3 000 m. Une fois qu'on les eut récupérées et développées à Bristol, on vit d'emblée qu'un monde tout nouveau avait été découvert. La trace d'un proton lent était si bien enveloppée de grains développés qu'elle apparaissait presque comme une baguette d'argent solide et, sous le microscope, le minuscule volume de l'émulsion apparaissait encombré de désintégrations produites par des particules rapides du rayonnement cosmique dont l'énergie était supérieure à tout ce qu'on pouvait engendrer artificiellement à cette époque. C'était comme si une entrée avait été soudainement aménagée dans un verger ceint de murs où des arbres se seraient épanouis à l'abri et où toutes sortes de fruits exotiques auraient mûri à profusion.

Ces nouvelles observations suscitèrent au laboratoire une atmosphère d'espoir et d'enthousiasme le plus vif. On entreprit un examen intense des petites surfaces d'émulsion qui avaient été exposées et on prit des mesures en vue d'obtenir davantage de matériel expérimental. A l'époque, plusieurs microscopes destinés à examiner les plaques étaient disponibles avec des observatrices penchées dessus, et une traque fébrile commença. Presque chaque jour voyait se produire quelque chose de nouveau et d'excitant. Au début, les observatrices, chaque fois qu'elles trouvaient un « événement » en cours d'examen, une désintégration par exemple, voulaient appeler un physicien pour qu'il l'étudie en détail, de façon à voir s'il présentait quelque caractéristique remarquable. Presque aussitôt, on montra à Peter Fowler (petit-fils de Rutherford), qui était alors étudiant de dernière année, un événement dans lequel, associées à une petite désintégration, apparaissait une particule qui, d'après les caractéristiques de sa trace, semblait avoir une masse 200 fois supérieure à celle de l'électron et qui avait atteint la fin de sa trajectoire au point où la désintégration se produisait. Il n'y avait que deux explications possibles des traces observées. Ou bien la particule s'était immobilisée en un point qui, par hasard, coïncidait avec celui d'une désintégration complètement indépendante, ou bien les deux traces étaient liées et, dans ce cas, la suite des événements était claire : la particule de masse relativement faible, un méson, devait avoir atteint la limite de sa portée et produisait une désintégration nucléaire lorsqu'elle était arrêtée, ou presque arrêtée, avec peu ou pas d'énergie cinétique.

Quelques jours plus tôt, D. Perkins, à l'Imperial College de Londres, qui avait procédé indépendamment à des expériences semblables avec les nouvelles émulsions, avait trouvé un « événement » dont les caractéristiques étaient étroitement similaires. L'observation de deux « événements » de nature semblable semblait exclure complètement que deux traces indépendantes se fussent par hasard rencontrées, et il apparaissait certain que l'on avait observé les conséquences de la capture d'un méson négatif par le noyau d'un atome de l'émulsion et la désintégration résultante.

Les observatrices apprirent bientôt à reconnaître les traces des mésons et trouvèrent de nombreux exemples de désintégrations semblables produites à la fin de leur portée.

En fait, le vif intérêt des observatrices était un élément décisif pour le progrès du travail, et l'on se donna bien du mal pour les aider à apprendre à interpréter les événements qu'elles voyaient et à comprendre la signification de ce qu'elles étaient en train de faire.

[*Seminario matematico e fisico, Simposio in Onore di G. Occhialini,* Milan, 1959, p. 148.]

Le groupe Powell-Occhialini avait ainsi trouvé un méson qui brisait les noyaux comme l'impliquait l'hypothèse de Yukawa. Une analyse méticuleuse des traces leur permit de conclure que le méson avait une masse d'environ 139 MeV/c^2. Toutefois, d'autres traces montrèrent qu'un méson se désintégrait quelquefois en une particule de masse 106 MeV/c^2 et en une particule neutre de masse très proche de zéro, vraisemblablement un neutrino.

La particule de 106 MeV/c^2 se désintégrait en un électron et plus d'un neutrino (vraisemblablement deux). Il était facile d'identifier la particule de 106 MeV à un mésotron, tandis que la particule nouvelle de masse 139 MeV/c^2 qui, en s'arrêtant dans la matière, produisait de violentes désintégrations au lieu de se désintégrer librement, était identifiée au méson postulé par Yukawa. Aujourd'hui, les mésotrons sont appelés *muons* et les particules de type Yukawa sont appelées mésons ou *pions (figure 12-3)*. Nous utiliserons cette nomenclature.

Pour la clarté de l'exposé, j'indique symboliquement les réactions mises en jeu dans la désintégration du pion et du muon en désignant le pion par π et le muon par μ. Nous considérons le cas d'un pion négatif, le cas du pion positif étant similaire :

$$\pi \dashrightarrow \mu^- + \tilde{\upsilon}$$

$$\rightarrow e + \upsilon + \tilde{\upsilon}$$

Comme je l'ai indiqué précédemment, les pions positifs et les pions négatifs peuvent aussi produire de violentes réactions nucléaires. Il est tout à fait remarquable que tout ceci puisse être lu sur une plaque photographique, à l'aide d'un microscope, mais sans autre instrument, ou, pour être plus exact, avec seulement quelques boîtes de fer blanc dans lesquelles on expose les émulsions à haute altitude. Avec le temps, ces techniques furent amenées à un haut degré de perfection, en augmentant l'épaisseur des émulsions, en inventant des méthodes appropriées de développement et

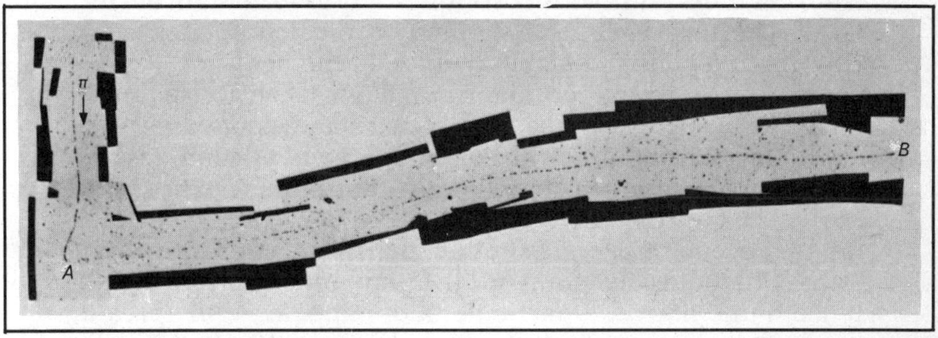

Figure 12-3
Un des premiers clichés d'un pion. Il fut obtenu dans une émulsion photographique par C. Lattes, G. Muirhead, G. Occhialini et C. Powell en 1947. Un pion s'arrête au point A et s'y désintègre en émettant un muon. Ce qui montre la relation entre pions et muons, tous présents dans les rayons cosmiques. (Par aimable autorisation de C. Powell.)

en chargeant les émulsions de matériaux autres que les substances sensibles. Ces techniques élaborées permirent de mesurer la vitesse, la masse et les autres caractéristiques des particules qui laissent une trace. Pour un temps, cette technique domina l'étude des particules élémentaires, elle fut ensuite supplantée par les chambres à bulles et d'autres méthodes, bien que, dans des cas spéciaux, elles restent encore utiles et utilisées.

Ces découvertes engendrèrent une énorme activité utilisant la même technique. Cette technique est très bon marché, mais elle demande des armées d'observateurs (presque toujours des jeunes femmes) qui veulent bien passer leurs journées à regarder dans un microscope en cherchant les traces et en les mesurant. Cette activité convenait bien aux pays européens dans l'immédiat après-guerre, en particulier à l'Italie qui avait grandement souffert de la guerre et où le chômage sévissait. Ainsi l'Italie devint rapidement un centre important de ce type de recherche, ce qui est l'une des raisons de l'importance accordée à la physique des particules en Italie.

Une horde de nouvelles particules.

Les muons et les pions ne furent pas les seules particules trouvées dans les rayons cosmiques. En 1946, à Manchester, G. Rochester et C. Butler prirent plusieurs clichés de chambres à détente, touchant des événements de rayons cosmiques, et trouvèrent dans l'un d'eux des traces ayant la forme de la lettre V *(figure 12-4)*. Ces traces ne pouvaient être expliquées qu'en admettant qu'elles étaient engendrées par une particule dont la masse était approximativement 494 MeV/c^2 et qui se désintégrait en vol en deux pions. Pendant un an, l'événement resta unique, mais l'interprétation était sans équivoque, au point qu'il fallait bien croire à l'existence d'une nouvelle particule, alors appelée V, d'après la forme de la trace. La particule de la *figure 12-4* est aujourd'hui appelée particule K^o.

Les émulsions photographiques révélèrent d'autres particules nouvelles en plus des pions et des muons. Par exemple, le groupe de Bristol trouva des particules, appelées K^+ ou K^-, qui se désintègrent en trois pions, deux chargés positi-

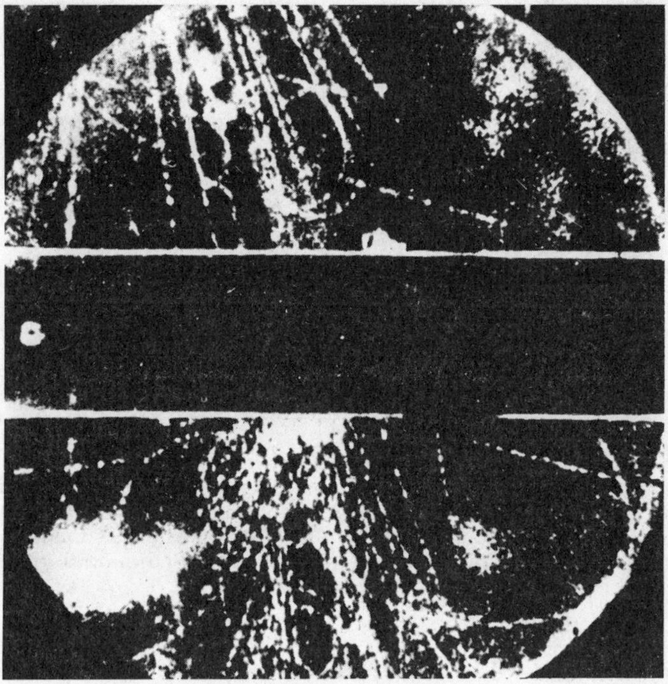

Figure 12-4
Clichés de chambre à détente pris par G. Rochester et C. Butler, montrant les premières particules V obtenues à partir des rayons cosmiques. Pendant près de deux ans, aucune photographie de ce genre ne vint confirmer ces clichés extrêmement convaincants. La particule V de ce cliché est maintenant appelée K°. [D'après *Nature 160,* 885 (1947).]

vement et un négativement, ou vice versa. La liste des nouvelles particules s'allongea lorsque les nouveaux accélérateurs à haute énergie entrèrent en jeu. Ils avaient atteint des énergies suffisantes pour créer d'abord des pions, ensuite toutes les autres particules découvertes jusqu'alors dans les rayons cosmiques, et bien d'autres encore.

La première machine ayant assez d'énergie pour produire de nouvelles particules fut le cyclotron de 4,6 m de Berkeley *(figure 12-5)*. En 1948, E. Gardner, C. Lattes (élève brésilien d'Occhialini qui avait participé à la découverte du pion à Bristol et s'était rendu de Bristol à Berkeley) et d'autres utilisèrent des émulsions photographiques comme détecteurs et reconnurent les pions produits par le cyclotron. Peu

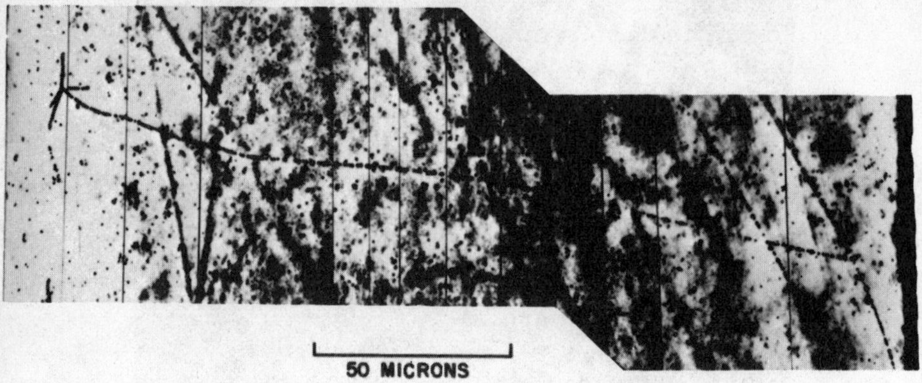

Figure 12-5
Le premier cliché (dans une émulsion photographique) d'un pion artificiel produit à Berkeley dans le cyclotron de 4,70 m. Le cliché fut pris par E. Gardner et C. Lattes. Pour la première fois, des pions et des muons étaient produits par un accélérateur et non par des rayons cosmiques. (Lawrence Berkeley Laboratory.)

après, toujours à Berkeley, B. Moyer et ses étudiants détectèrent des rayons gamma qui furent attribués à la désintégration du pion neutre. Celui-ci a une vie moyenne de $0{,}8 \times 10^{16}$ sec., alors que la vie moyenne du pion chargé est de $2{,}6 \times 10^{-8}$ sec. La raison en est que le méson neutre se désintègre par interaction électromagnétique, mode de désintégration interdit aux mésons chargés qui doivent se désintégrer par l'interaction de Fermi, beaucoup plus faible. Le pion neutre fut la première particule découverte à l'aide d'un accélérateur. La plupart des autres avaient été trouvées dans les rayons cosmiques.

La production de pions au cyclotron permit de constituer des faisceaux de pions et de réaliser des expériences totalement inaccessibles avec les sources de rayons cosmiques. A partir de ce moment, les rayons cosmiques devinrent des outils d'étude en géophysique, en cosmologie et en d'autres disciplines, mais perdirent leur importance en physique des particules où ils ne pouvaient se mesurer avec les accélérateurs, sauf aux énergies extrêmement élevées. Quelque temps plus tard, d'autres accélérateurs tels que les synchrotrons ou les bétatrons réussirent à accélérer des électrons à des énergies suffisantes pour produire des mésons, soit directement, soit en produisant d'abord des photons.

Un autre bond en énergie se produisit lorsque le Brookhaven National Laboratory mit en route le « cosmotron » qui, en 1952, dépassa 1 000 MeV ou 1 GeV. En 1953, cette machine produisit les particules V qui avaient été précédemment trouvées dans les rayons cosmiques par Rochester et Butler ; à ce moment, cependant, la situation était devenue fort complexe. On avait vu que les rayons cosmiques contenaient, en plus des pions et des muons, plusieurs types de particules plus lourdes que les nucléons. Ces particules se désintégraient de différentes façons, mais il y avait toujours des neutrons ou des protons présents dans les produits de désintégration. On appelle *hypérons* de telles particules. Quelques-uns des plus importants, cités avec leur réaction de désintégration typique sont :

$$\Lambda \rightarrow p + \pi^- \ (1116)$$
$$\Sigma^+ \rightarrow p + \pi^o \ (1189)$$
$$\Xi^{-} \rightarrow \mathit{1} + \pi^- \ (1321)$$

Pour être clair, nous utilisons ici la notation moderne. Le nombre entre parenthèses est la masse exprimée en MeV/c^2. Il existe beaucoup de variantes des réactions de désintégrations décrites plus haut. En outre, les particules peuvent exister sous différents états de charge.

En plus des hypérons, on avait montré que les rayons cosmiques contenaient les particules K déjà citées. Elles sont plus lourdes que les pions, mais plus légères que les nucléons, et elles se désintègrent selon différents modes, par exemple :

$$\begin{aligned} K^+ &\rightarrow \pi^+ + \pi^o \ (494) \\ &\rightarrow \mu^+ + \upsilon \\ &\rightarrow \pi^+ + \pi^+ + \pi^- \end{aligned}$$

Avec la particule Λ, on se trouva devant un paradoxe sérieux. Elle était relativement facile à produire, mais se désintégrait très lentement. Or, cela contredit des principes généraux de la mécanique quantique qui veulent qu'une particule facile à produire se désintègre tout aussi facilement. On assista à plusieurs tentatives pour sortir de cette difficulté, mais la véritable explication vint d'une conjecture avancée indépendamment par A. Pais et par K. Nishijima. Ceux-ci observèrent que le processus de production de la particule et celui de sa désintégration n'étaient pas l'inverse l'un de l'autre, comme on l'avait cru, mais que c'étaient des processus entièrement différents et qui n'avaient donc pas nécessairement de relation entre eux. La production d'un Λ se fait suivant la réaction

$$\pi^- + p \rightarrow \Lambda + K^o$$

tandis que sa désintégration est donnée par la réaction

$$\Lambda \rightarrow p + \pi^-$$

La production d'un Λ est toujours associée à celle d'un kaon, mais sa désintégration ne l'est pas. La production associée d'un Λ et d'un K^o dépend de l'interaction forte de type Yukawa, la désintégration du Λ dépend de l'interaction faible de Fermi.

En 1953, pour expliquer cet « étrange » phénomène, M. Gell-Mann et, indépendamment, T. Nakano et K. Nishijima, postulèrent l'existence d'un nouveau nombre quantique appelé, faute d'un meilleur mot, *étrangeté*. Personne ne sait si l'étrangeté a un rapport quelconque avec d'autres propriétés ou avec des quantités mécaniques comme le lien existant entre le moment angulaire et certains nombres quantiques, mais elle fixe les choses et explique plusieurs paradoxes en sus de celui que nous avons mentionné. On attribue une étrangeté 0, $\pm$ 1, $\pm$ 2, etc. aux particules et on postule que la somme des étrangetés mises en jeu ne change pas sous l'action des interactions fortes. De cette façon, on obtient des règles de sélection qui permettent ou interdisent certaines réactions, en accord avec les faits expérimentaux.

La production associée de particules et la phénoménologie de l'étrangeté furent clairement établies en 1954, dès que le cosmotron eut atteint une énergie suffisante pour créer des particules associées. W. Fowler, R. Shutt, A. Thorndike et W. Whittemore utilisèrent pour ce faire une chambre à détente à diffusion qui est continûment sensible. Ils furent

Figure 12-6
Murray Gell-Mann en 1961. Il est l'un des principaux théoriciens de la physique des particules et a introduit dans ce domaine beaucoup d'idées nouvelles. (Photo E. Segrè.)

bientôt suivis par bien d'autres physiciens utilisant une variété de méthodes.

Murray Gell-Mann *(figure 12-6)* est l'un des as de la physique théorique de la génération actuelle. Né à New York en 1929, fils d'un professeur, il étudia à l'Université Yale et obtint son doctorat au Massachusets Institute of Technology à l'âge de vingt-deux ans. Puis il alla à Chicago où, comme beaucoup d'autres théoriciens de sa génération, il subit l'influence de Fermi. Il est aujourd'hui professeur au California Institute of Technology, mais il voyage fréquemment et en de nombreux pays. Pour plusieurs découvertes importantes, dans le domaine des particules élémentaires, le pas décisif a été franchi par Gell-Mann, en même temps que par d'autres physiciens mais indépendamment d'eux : c'est le cas avec Nakano et Nishijima pour l'étrangeté, avec Y. Ne'eman pour la voie octuple, et avec G. Zweig pour

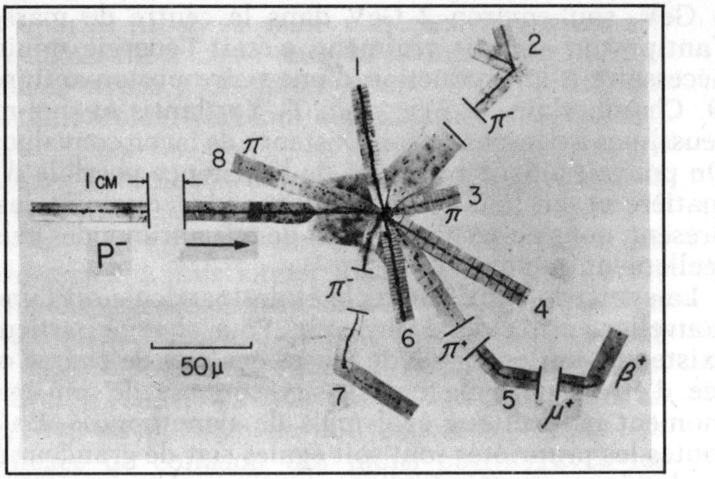

Figure 12-7
L'annihilation d'un antiproton dans une émulsion nucléaire. Un antiproton (p–) s'arrête et est annihilé avec un nucléon d'un autre noyau. Des pions et d'autres particules s'éloignent du point de collision. L'énergie des particules visibles est plus grande que l'énergie au repos de l'antiproton, ce qui démontre qu'il existe une autre particule elle-même annihilée. (Lawrence Berkeley Laboratory.)

directement ou dans un miroir. Il est vrai que si nous regardons un homme directement ou dans un miroir, nous pouvons dire si sa veste est boutonnée correctement ou à l'envers. De la même façon, nous pouvons dire si un écrou a un pas à gauche ou un pas à droite, mais ce sont là des conventions arbitraires, non des lois de la nature. Même un homme ayant un cœur à droite pourrait parfaitement bien fonctionner. Le lecteur peut penser qu'il y a certaines lois de l'électricité qui contiennent intrinsèquement une hélicité droite ou gauche, mais une analyse scrupuleuse montrerait qu'il n'en est rien et que l'hélicité droite ou gauche est liée à une convention sur le signe de la charge électrique. Toutes les interactions fortes et électromagnétiques obéissent exactement à cette symétrie de réflexion. Le fait qu'un phénomène et son image dans un miroir sont tous deux possibles (ou tous deux impossibles) est appelé *conservation de la parité*.

Quand une régularité a été observée à maintes reprises, on

a tendance à la généraliser à des situations où elle n'a pas été vérifiée, et peut-être même à en faire un « principe ». Si possible, on assortit le tout de considérations philosophiques, comme cela s'était fait avec les concepts d'espace et de temps avant Einstein. C'est ce qui se produisit avec le principe de conservation de la parité et quand il s'avéra expérimentalement en défaut, des physiciens comme Pauli en furent profondément choqués.

Les événements qui conduisirent à la découverte de la non-conservation de la parité commencèrent en 1955 avec l'observation de la désintégration de certaines particules K, alors appelées θ et τ. D'après les mesures expérimentales, les deux particules avaient la même masse et la même vie moyenne, mais elles se désintégraient de façon différente. L'hypothèse naturelle était qu'il s'agissait de la même particule se désintégrant suivant des modes différents. Il n'y a rien là d'inhabituel. On savait, depuis le temps de Curie et de Rutherford, que, comme les gens peuvent mourir de différentes maladies, les atomes radioactifs peuvent se désintégrer suivant un mode ou suivant un autre, par exemple en émettant des particules alpha ou bien des particules bêta. Mais le fait étrange, dans la désintégration du K, était qu'il ne semblait pas obéir à la conservation de la parité. Ce principe interdit à une particule de se désintégrer soit en émettant deux pions, soit en en émettant trois, or c'était exactement ce qui paraissait se produire dans le cas de θ et de τ. Ce sérieux dilemme fut résolu de façon tout à fait inattendue par deux physiciens chinois, Tsung-Dao Lee et Chen Ning Yang. Ceux-ci soulignèrent qu'il n'y avait pas de preuves directes que les interactions faibles, celles qu'avait découvertes Fermi en 1933, et qui sont responsables de la désintégration bêta, conservent la parité. Si l'interaction faible ne conserve pas la parité, alors le dilemme disparaît. Ils indiquèrent aussi des expériences qui pouvaient vérifier cette hypothétique non-conservation de la parité. La situation ressemblait un peu à l'histoire des habits neufs du roi. Deux escrocs obtinrent du fil d'or pour tisser un manteau au roi et dirent que seuls les gens intelligents pourraient le voir. Chacun aurait eu honte d'admettre qu'il ne pouvait voir le manteau, et tous célébraient sa beauté. Ce ne fut que lorsqu'un enfant s'écria pendant le défilé « le roi est nu » que la vérité éclata.

Figure 12-8
Chien Shiung Wu (à droite) et W. Pauli. Wu, qui fit des études fondamentales sur les interactions faibles, est photographiée ici avec l'inventeur de l'hypothèse du neutrino. Le neutrino joue un rôle important dans les interactions faibles. (Photo E. Segrè.)

Immédiatement après la publication de l'article de Lee et Yang, un groupe de physiciens de l'Université Columbia et du National Bureau of Standards de Washington, conduit par une autre physicienne chinoise, Chien-Shiung Wu *(figure 12-8)*, et, indépendamment, deux autres groupes, démontrèrent que, dans le cas des interactions faibles, la conservation de la parité était un mythe.

Le groupe de Wu trouva que des noyaux de cobalt radioactif orientés de façon à avoir leur spins pointant tous dans une même direction, ont tendance à émettre des électrons parallèlement à cette direction plutôt qu'antiparallèlement. Si la parité avait été conservée, les deux directions auraient été également probables. Pour l'émission de rayons gamma, qui est un phénomène électromagnétique, c'est bien le cas, mais l'émission bêta, qui est due aux interactions faibles, ne conserve pas la parité.

Qui sont tous ces physiciens chinois ? Chien-Shiung Wu fut ma première étudiante à Berkeley, où elle était arrivée venant de son Shanghaï natal. Sa force de volonté et son assiduité au travail rappellent celles de Marie Curie, mais elle est plus présente au monde, élégante et spirituelle. Elle a consacré l'essentiel de ses travaux scientifiques à l'étude de la désintégration bêta et elle y a fait plusieurs découvertes importantes. Elle est mariée à un autre physicien chinois, Luke Yuan, et est mère d'un jeune physicien, Vincent.

Chen Ning Yang naquit à Hofei en 1922 ; il était l'aîné de cinq enfants. Son père était professeur de mathématiques à l'Université Tsinghua, près de Pékin. Yang et son ami Tsung-Dao Lee étudièrent tous deux à l'Université nationale du Sud-Ouest, à Kunming, au milieu de difficultés incroyables. Après la guerre, Yang vint aux États-Unis, espérant travailler avec Fermi, mais il ne savait où se trouvait ce dernier. Il se rendit à l'Université Columbia pour apprendre que Fermi s'était déplacé à Chicago ; il l'y rejoignit. Il accomplit d'abord un travail expérimental, sans grand succès, mais, au bout d'un certain temps, ses capacités théoriques se manifestèrent. En 1946, il rédigea sa thèse sous la direction de Teller, pour travailler ensuite avec Fermi.

Lee naquit à Shanghaï en 1926 et y fréquenta l'école. A l'université, il rencontra Yang. Son professeur, Ta-You Wu, lui assura une bourse pour étudier à Chicago où il obtint son doctorat en 1950 avec Fermi. Après avoir obtenu leur thèse, Lee et Yang travaillèrent dans plusieurs des principales universités américaines et collaborèrent pendant de nombreuses années. Outre leur article historique sur la non-conservation de la parité, ils obtinrent d'importants résultats théoriques dans une grande diversité de sujets allant de la mécanique statistique à la théorie des champs *(figure 12-9)*. Actuellement, Yang est à la State University of New York, à Stonybrook, et Lee est à l'Université Columbia, et leur collaboration a cessé.

Ce trio de physiciens chinois montre ce que pourrait être la contribution future de la Chine à la physique si ce grand pays surmonte sa période de convulsions révolutionnaires et

Figure 12-9
Huit lauréats du Prix Nobel lors d'une réunion à Rochester (État de New York) en 1960. A partir de la gauche, E. Segrè, C. Yang, O. Chamberlain, T. Lee, E. McMillan, C. Anderson, I. Rabi et W. Heisenberg. Ces réunions périodiques étaient très importantes pour les physiciens des particules. Elles fournirent l'une des premières possibilités d'échanges scientifiques entre physiciens occidentaux et soviétiques. (Photo L. Cuzer.)

reprend son rôle historique comme l'un des leaders de la civilisation, rôle dont les premiers voyageurs européens avaient été jadis les témoins étonnés.

Deux autres groupes identifièrent la non-conservation de la parité dans la désintégration du muon : A. Friedman et V. Telegdi à Chicago, en utilisant des émulsions photographiques, et R. Garwin, L. Lederman et M. Weinrich à l'Université Columbia, grâce à des moyens électroniques. Ils trouvè-

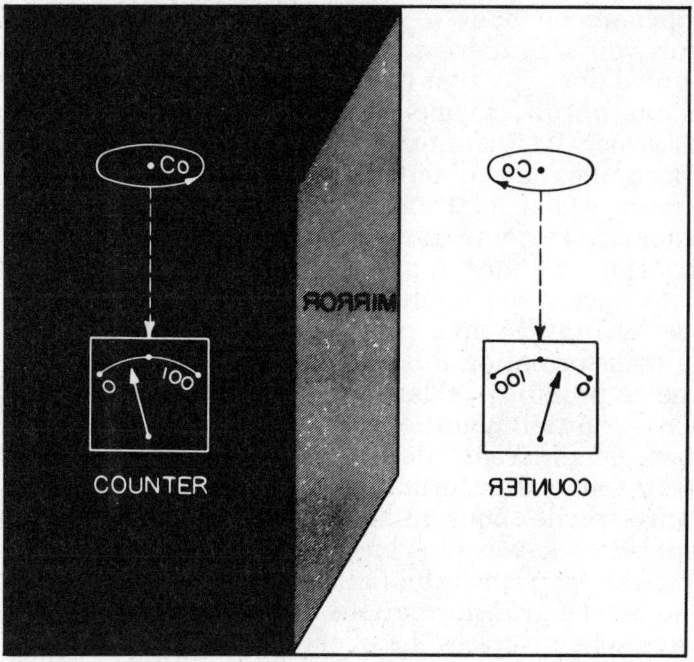

Figure 12-10
La désintégration du Co^{60} et son image dans un miroir. [D'après C. Yang, *Elementary Particles. A Short History of some Discoveries in Atomic Physics* (Copyright 1962, Princeton University Press) Fig. 36, p. 60. Reproduit avec la permission de Princeton University Press.]

rent une corrélation entre la direction du spin du muon et la direction d'émission des électrons de désintégration. Immédiatement après ces découvertes originales, de nombreux scientifiques se précipitèrent pour étudier toutes les possibilités offertes par la non-conservation de la parité et, en peu de temps, des centaines d'articles furent publiés sur ce sujet. Presque aussi rapidement, les résultats expérimentaux permirent de choisir parmi les possibilités proposées et apportèrent ainsi une clarification satisfaisante de la désintégration bêta.

Comme on l'a dit plus haut, la violation de la parité nous permet de distinguer un phénomène de son image dans un miroir *(figure 12-10)*. Une autre surprise vient néanmoins rétablir la symétrie, quoique à un niveau différent. L'image du phénomène dans le miroir est exactement ce qu'on devrait voir si l'expérience était faite avec de l'antimatière. Partant d'une situation réelle, nous passons, par réflexion dans un miroir, à une situation que nous appelons la transformée P. En remplaçant chaque particule par une antiparticule, nous obtenons une transformée C. Enfin, en effectuant les deux transformations, nous obtenons une transformée PC ; une transformation CP dans laquelle nous changerions d'abord la particule en son antiparticule puis où nous opérerions la réflexion dans un miroir donnerait le même résultat. Si nous partons d'une situation réelle, une seule transformation P peut nous conduire à une situation qui ne se produit pas dans la nature. Par exemple, l'expérience de la désintégration d'un muon positif, vue dans un miroir, est différente de ce qui se passe réellement. Au contraire, une transformation CP ou PC, appliquée à une situation réelle, nous ramène toujours (à une minuscule exception près, voir plus bas) à une situation réelle.

En plus des transformations C et P, nous pouvons aussi considérer les transformations T dans lesquelles toutes les vitesses sont inversées. Le phénomène résultant est ce que nous verrions dans un film de l'expérience qui serait projeté à l'envers. Si on effectue toutes les transformations C, P et T, en partant d'un phénomène réel, nous obtenons encore un phénomène réel ou possible. Ce fait tient à cœur aux théoriciens pour lesquels il est de grande importance ; ils peuvent le prouver à partir d'hypothèses très générales telles que la relativité. La découverte de la non-conservation de la parité a montré que la transformation CP est une transformation valable en elle-même, et donc que si CPT est valide, T doit être également valide en elle-même.

Ce serait bien commode si l'histoire s'arrêtait là, mais, pour être exact, il faut encore mentionner une complication. En 1964, J. Christenson, R. Turlay, V. Fitch et J. Cronin montrèrent dans la désintégration des mésons K neutres un cas où la symétrie CP est violée. C'est un effet ténu, mais indiscutable. Il semble néanmoins que l'invariance par les opérations CPT soit préservée par une violation correspondante de T qui compense celle de CP. Nous sommes ici aux limites de ce qui est connu.

La violation de la conservation de la parité est peut-être la plus grande découverte théorique de l'après-guerre. Elle a mis fin à un préjugé qui avait été transformé en principe sur la base de vérifications insuffisantes.

Incidemment, laissez-moi ajouter qu'un physicien américain, R. Cox, a peut-être observé la non-conservation de la parité dans les désintégrations bêta dès 1928. En utilisant des électrons de désintégration dans des expériences de double diffusion, il observa certaines asymétries qui signalaient une polarisation des électrons initiaux. Ceci se serait inscrit en faux contre la conservation de la parité, mais il était tellement convaincu que la parité était conservée qu'il répéta l'expérience avec des électrons d'origine thermoionique qui n'étaient pas polarisés. Avec les électrons thermoioniques, l'effet disparaissait, puisqu'il n'y avait pas de polarisation initiale des électrons, et il interpréta les résultats en supposant que, quelque part dans la première partie de l'expérience, quelque chose avait mal tourné. Voilà un cas de plus d'une découverte manquée du fait que le chercheur n'était pas mentalement préparé à un résultat surprenant.

La chambre à bulles.

Nous avons vu que Fermi découvrit la première résonance dans le système proton-pion, mais personne ne soupçonnait qu'il y aurait des résonances si nombreuses et dans tous les systèmes. L'invention de la technique de la chambre à bulles ouvrit les vannes. On trouva d'abord quelques résonances dans l'annihilation proton-antiproton *(figure 12-11)*, puis des douzaines et bientôt des centaines apparurent dans toutes sortes de réactions. La chasse aux résonances a occupé les physiciens tout au long des années 60, et elle marche encore fort.

Pendant un certain temps, la technique nouvelle de la chambre à bulles a régné sur l'étude des résonances exactement comme la technique des émulsions photographiques avait auparavant dominé la physique des particules. La chambre à bulles est un instrument qui fait apparaître les trajectoires des particules chargées. Nous avons déjà vu que, dès 1910, C. Wilson avait mis en évidence les traces produites par des particules chargées se déplaçant dans une vapeur saturée, en montrant la condensation qui se forme autour d'elles. Une détente soudaine de la chambre produit

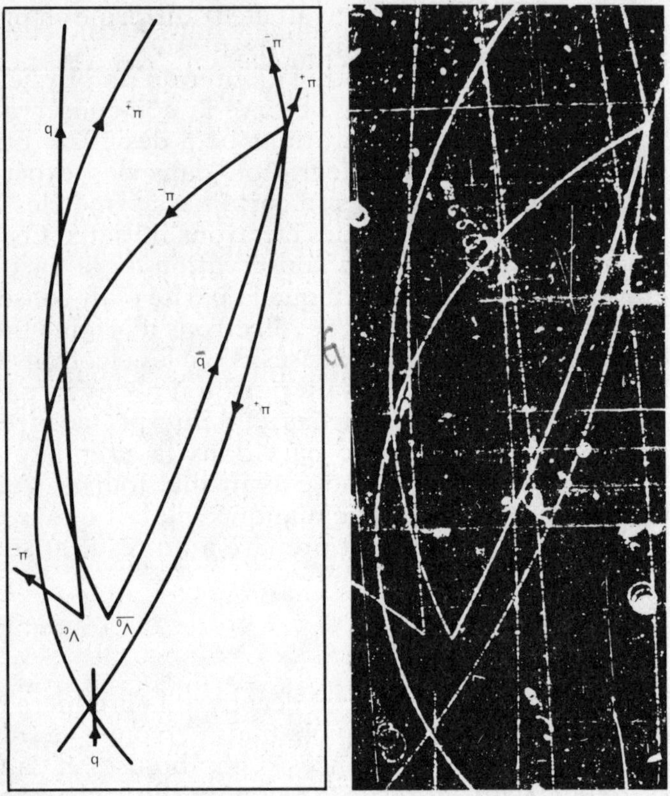

Figure 12-11
Cliché pris dans une chambre à bulles remplie d'hydrogène, montrant la production et la désintégration d'une paire de particules lambda-antilambda neutres. Sur le dessin schématique, on voit le lambda, à droite, se désintégrer en un proton (p) et un pion négatif ($\pi -$). L'antilambda, à gauche, se désintègre en un antiproton ($\bar{p}$) et un pion positif (π^+). En heurtant un proton dans l'hydrogène liquide, l'antiproton est annihilé en donnant quatre pions. (Lawrence Berkeley Laboratory.)

une sursaturation dans la vapeur et le liquide se condense préférentiellement sur les ions que les particules chargées ont laissés sur leur trajectoire. Une forte illumination latérale rend le brouillard visible, exactement comme le sillage de vapeur qui suit les avions volant à haute altitude. La chambre à détente de Wilson a une histoire glorieuse : grâce à elle, on a mis en évidence, entre autres choses, les traces des premières désintégrations artificielles, les protons de recul mis en mouvement par les neutrons, le positron et les cascades. Son grand défaut, toutefois, est que le gaz a une faible densité ; il contient fort peu de matière par unité de volume.

En 1952, Donald Glaser (né en 1926) songea à remplacer le gaz par un liquide, augmentant ainsi en gros la densité d'un facteur mille. Il utilisait un liquide à son point d'ébullition et observait les bulles formées autour des ions lorsque la pression était soudain abaissée et que le liquide était ainsi amené au-dessus de son point d'ébullition. Glaser développa sa technique en commençant avec de petites chambres remplies d'éther. Une fois qu'il eut réussi à observer les premières traces, il essaya différents liquides. Les plus importants sont l'hydrogène liquide, qui donne une cible simple, et le xénon qui donne une cible de numéro atomique élevé. Glaser ouvrit la voie, mais se tourna ensuite vers la biologie. Ce fut un autre physicien qui augmenta la taille et le champ d'action de ses chambres à bulles.

L. Alvarez (né en 1911) est un de ces physiciens qui se formèrent sous l'influence de Lawrence, acquérant ainsi le goût des grosses entreprises expérimentales. Homme d'une grande imagination, il obtint à Chicago plusieurs résultats importants dans le domaine des rayons cosmiques avec son professeur, Compton, mais il se rendit bientôt à Berkeley et travailla alors sur le cyclotron. Pendant la guerre, sous l'impulsion de Lawrence, Alvarez passa au MIT et y inventa un système pour l'atterrissage des avions dans des conditions de visibilité mauvaise, sous la conduite d'un radar. Du MIT, il alla à Los Alamos et, plus tard, tint absolument à être dans l'avion qui jeta la bombe sur Hiroshima. Alvarez avait un intense besoin d'assister aux événements qu'il pensait devoir être historiques. Il aimait rencontrer les gens importants et vouait une sorte de culte aux grands scientifiques. Revenu à Berkeley après la guerre, il dessina l'accélérateur linéaire et dirigea sa construction, puis s'engagea dans l'entreprise de Livermore.

Lorsque Glaser inventa la chambre à bulles, Alvarez, convaincu de ses immenses possibilités, décida d'en construire une, remplie d'hydrogène liquide et de dimensions sans précédents. C'était une vaste entreprise technique — Lawrence lui-même nourrissait des réticences à son sujet

—, mais Alvarez embaucha un vaste groupe de techniciens experts en différents domaines, suscita leur enthousiasme, dans la tradition de Lawrence, et commença à construire une série de chambre à bulles de dimensions croissantes, jusqu'à en obtenir une de 1,83 m. de long, la taille d'une grande baignoire. Actuellement, les plus grosses chambres à bulles ont plusieurs mètres de diamètre et contiennent des dizaines de milliers de litres d'hydrogène liquide. Celle d'Alvarez en contenait « seulement » 500.

De tels instruments sont très complexes et très onéreux, leur coût est comparable à celui des accélérateurs. Cependant, ils sont essentiels à l'exploitation des accélérateurs et comptent parmi les outils les plus efficaces pour l'étude des particules élémentaires. Pour utiliser pleinement leurs capacités, il convient que des millions de clichés soient scrutés rapidement par des méthodes semi-automatiques. Les résultats produits par les dispositifs d'examen sont envoyés dans des ordinateurs et analysés. La programmation des ordinateurs pour ce travail est l'un des aspects les plus difficiles de la mise en œuvre du système. Pour apprécier le progrès réalisé, que l'on compare l'analyse directe effectuée par Blackett des vues stéréoscopiques de ses clichés de chambre à détente, qui comportaient la désintégration de l'azote *(figure 6-5)*, avec les opérations modernes d'une chambre à bulles. Le mariage de la chambre à bulles et de l'ordinateur a été très fécond et les clichés obtenus dans les grands laboratoires sont désormais distribués dans le monde entier à des utilisateurs qui les étudient sous toutes les coutures, exploitant les dérivés de cette matière première.

L'ordre dans la jungle.

Les chambres à bulles, les émulsions photographiques et d'autres techniques plus modernes, telles les chambres à étincelles, se complètent mutuellement et sont combinées de façon ingénieuse pour accumuler l'information expérimentale sur les particules élémentaires.

Les données obtenues rappellent les niveaux d'énergie des atomes ; leur classification, ainsi que leur systématisation, constituent la tâche qui s'impose à la physique des particules. Mais si la tâche est manifeste, les moyens de la réaliser ne sont pas aussi clairs. En 1949, Fermi et Yang avaient essayé un modèle composite basé sur deux constituants fondamentaux : le proton et le neutron. Avec la découverte de l'étrangeté, trois objets devinrent nécessaires. A partir de 1955, S. Sakata et ses élèves (M. Ikeda, S. Ogawa et Y. Ohnuki) développèrent un modèle basé sur le neutron, le proton, la particule Λ et leur antiparticule, et comportant l'analyse mathématique appropriée. Leur travail ne correspondait cependant pas aux faits. Avec l'accumulation des résultats empiriques, il arriva un moment où, indépendamment, Gell-Mann et Ne'eman entrevirent une solution. Gell-Mann fit circuler une version préliminaire de son article le 20 janvier 1961. Ne'eman, qui n'était pas informé du travail de Gell-Mann, avait atteint approximativement les mêmes conclusions et soumit son article à une revue le 13 février 1961.

Le physicien israélien Yuval Ne'eman (né en 1925) avait servi comme officier dans l'armée israélienne et, en temps de paix, fut nommé attaché militaire à l'ambassade de Londres. Là, à ses moments perdus, il décida d'étudier la physique et les mathématiques. Il devint l'élève d'Abdus Salam, physicien pakistanais qui enseignait à l'Imperial College de Londres. Plus tard, Ne'eman fut l'un des fondateurs de l'Université de Tel-Aviv dont il fut recteur. Depuis lors, il s'est tourné vers la politique, tout en gardant un vif intérêt pour la physique. Il forma un parti politique et fut ministre dans le cabinet Begin. Ne'eman, qui est fort en mathématiques, reconnut rapidement qu'il y avait une relation entre les groupes de particules élémentaires connues expérimentalement et une théorie mathématique appelée théorie des groupes. En particulier, les hadrons sont liés à un groupe particulier appelé (SU3). Je mentionne ce terme sans entrer dans les détails, il suffit de savoir qu'à l'aide de ce schéma mathématique, il est possible de classer les particules en familles d'une façon qui rappelle la classification périodique de Mendeleev. Les régularités observées sont tellement claires qu'elles permettent de prévoir l'existence de particules manquantes, prévisions confirmées au cours d'expériences ultérieures. En son temps, la même chose était arrivée à la classification périodique de Mendeleev, mais le chimiste n'avait aucune base théorique pour sa classification et ses prévisions ne reposaient que sur une confiance bien méritée dans les extrapolations de son tableau périodique. L'explication du système de Mendeleev exigeait une connaissance approfondie de la physique atomique et il fallut environ soixante ans pour la mener à bien. Il en va de même, dans une certaine mesure, pour la classification (SU3) ; cependant, le temps nécessaire a été bien plus court et, grâce aux quarks, nous nous trouvons plus près d'une explication fondée de (SU3).

En fait, les résultats mathématiques abstraits de (SU3) peuvent être obtenus en postulant l'existence de sous-unités appelées *quarks* par Gell-Mann qui les inventa en même temps que George Zweig. Le terme de *quarks* montre seulement que Gell-Mann connaissait le *Finnegan's Wake* de James Joyce où ce mot apparaît. On n'a jamais vu de quarks libres. Ils auraient des propriétés qui les rendraient aisément reconnaissables : par exemple, leur charge électrique d'un tiers ou de deux tiers de celle de l'électron ou du proton. Les physiciens ont soigneusement cherché des quarks partout, des cailloux lunaires aux cascades de rayons cosmiques, mais en vain. Néanmoins, l'hypothèse des quarks rend compte de beaucoup de choses en plus de (SU3) — par exemple, des masses, des moments magnétiques, des sections efficaces, etc. —, ce qui lui confère un poids considérable. Même si l'hypothèse des quarks n'est qu'un stade intermédiaire du développement de la théorie des particules, il faut nous souvenir que les stades intermédiaires, tels que la théorie du modèle de Bohr, peuvent engendrer de grands progrès.

Les théoriciens ont trouvé des raisons qui empêcheraient les quarks libres de se manifester. En physique classique, les pôles magnétiques libres n'existent pas et si nous coupons un aimant en deux, nous obtenons deux aimants bien constitués, et non pas deux pôles séparés. Il pourrait bien en aller de même avec les quarks. On suppose par exemple qu'un pion contient un quark et un antiquark. Si nous essayons de les séparer, l'énergie fournie pour ce faire va engendrer une nouvelle paire de quark et d'antiquark qui, au moment de la séparation, s'attacheront respectivement à l'antiquark et au quark initiaux. Nous aurons ainsi produit deux pions, mais pas de quark libre. Cette difficulté mise à part, l'hypothèse initiale des quarks considérait trois de ces objets avec leurs antiquarks. Les trois quarks étaient appelés *u*, *d* et *s*, pour *upward* (en haut), *downward* (en bas) et *sideways* (de côté). Ils sont étroitement liés à trois quantités conservées : le nombre baryonique, la charge électrique et l'étrangeté. « Conservées » veut dire qu'aucune réaction ne peut changer ces trois quantités : elles doivent être les mêmes des deux côtés d'une quelconque équation représentant un phénomène naturel. Il est vrai que les interactions faibles peuvent modifier l'étrangeté, mais non les autres quantités.

L'hypothèse des quarks est des plus séduisantes, mais, ces dernières années, elle a commencé à manifester de troublants symptômes. On a d'abord trouvé que les quarks devaient avoir un nombre quantique supplémentaire, appelé *couleur*, et qui peut prendre trois valeurs. En conséquence, chaque quark existe en trois couleurs ou, de façon moins pittoresque, pour définir complètement un quark, on doit spécifier aussi ce nombre quantique supplémentaire. On a besoin de couleur pour prévenir une horrible atteinte à la structure de la mécanique quantique, car sans elle, la relation entre le spin des particules et la statistique qu'ils suivent (voir page 213), ainsi que d'autres principes importants seraient en défaut. Les quarks seraient donc au nombre de neuf, chacun d'eux étant bien sûr doté d'un antiquark. Mais ce n'était là pas le seul problème.

En 1972, trois jeunes théoriciens, Sheldon Glashow, T. Iliopoulos et Luciao Maiani, remarquèrent que certains phénomènes qui ne se produisent effectivement pas devraient être interdits par l'existence d'un quatrième quark dont ils spécifièrent en détails les propriétés particulières. L'argumentation en faveur du quatrième quark, pour autant qu'elle fût valable, était très indirecte, quoiqu'assez précise. Deux ans plus tard, une famille entière de particules nouvelles et très remarquables fut découverte en l'espace de quelques semaines. Son existence pouvait être expliquée par l'hypothèse du quatrième quark qui se trouva ainsi fortement étayée.

Samuel Ting, qui conduisait l'une des ailes de cette marche expérimentale en avant, était né prématurément en 1937, à Ann Harbor, dans le Michigan, alors que ses parents visitaient les États-Unis et n'avaient pas eu le temps de revenir en Chine avant la naissance de l'enfant, lequel devint ainsi citoyen des États-Unis. Quand il eut deux mois, sa famille revint en Chine avec l'enfant qui y resta jusqu'à l'âge de vingt ans, âge auquel il retourna aux États-Unis pour achever ses études à l'Université du Michigan. Ting était particulièrement intéressé par ce qu'il appelait des *photons lourds*, particules qui se désintégreraient en une paire électron-positron, et il en cherchait dans les produits de collision de protons de haute énergie sur du béryllium. De telles collisions produisent toutes sortes de particules et les paires électron-positron y sont rares : une pour 10^6 collisions. Leur signature — c'est ainsi que les physiciens appellent les traces visibles par lesquelles une particule peut être identifiée — est très caractéristique et très difficile à contrefaire. Ting et ses collègues avaient décelé depuis des mois la particule qu'ils cherchaient, mais ils gardaient le résultat secret en s'efforçant d'éliminer toutes les alternatives qui auraient simulé l'événement attendu. A la fin, ils furent prêts à publier leurs résultats, mais une surprise les attendait.

A Stanford, en Californie, un groupe de physiciens du SLAC (Standford linear accelerator) travaillant en collaboration avec un groupe de physiciens de Berkeley, avaient observé la même particule depuis quelque temps. Néanmoins, ils la produisaient par une réaction différente : des collisions électron-positron. Ceci avait été rendu possible par la mise en œuvre d'un système ingénieux dans lequel électrons et positrons sont accélérés dans des directions opposées, puis projetés les uns contre les autres (le centre de masse des deux particules restant au repos). Ces accélérateurs à collision de faisceaux avaient été alimentés par le grand accélérateur linéaire du SLAC. Burton Richter, l'un des animateurs de cette entreprise, était aussi l'un des principaux utilisateurs de l'appareil après sa construction. Les physiciens du SLAC remarquèrent que les collisions électron-positron engendraient plus de hadrons qu'on ne s'y attendait. Dans le cours normal de l'expérience, on sélectionna une énergie pour les particules entrant en collision ; le phénomène prit alors des proportions tout à fait inattendues et on établit finalement que cette énergie recélait une résonance aiguë qui correspondait à une particule dont la durée de vie était totalement inhabituelle. Cette découverte se produisit dans les jours même où Ting acquérait une certitude définitive au sujet de *sa* particule, et il semblait bien que ce fussent les mêmes. La livraison du 2 décembre 1974 des *Physical Review Letters* comporta deux lettres des auteurs de la découverte. Malheureusement, ils ne purent se mettre d'accord sur le nom à donner à la nouvelle particule. Ting l'appelait J, les physiciens de Standford ψ. Nous suivrons ces derniers. La même livraison des *Physical Review Letters* contenait une troisième lettre de confirmation et des mesures précises sur le ψ qui avaient été obtenues à Frascati en Italie avec un autre appareil à collision de faisceaux électron-positron. Les physiciens romains avaient appris la découverte par téléphone ; leur machine avait une énergie nominale inférieure au seuil de formation du ψ, mais ils en augmentèrent l'énergie et, en poussant la machine à ses limites, ils avaient pu dépasser ce seuil.

La particularité du ψ est d'avoir une masse élevée — 3098 MeV — et une durée de vie de 10^{-23} sec. C'est un temps court, mais il est au moins mille fois plus long que ce à quoi on aurait pu raisonnablement s'attendre sur la base de l'énergie disponible si la particule se désintégrait par interaction forte. L'énigme de la stabilité relative du ψ ressemble à celle de la stabilité des particules étranges. En fait, la raison en est similaire, et la stabilité relative du ψ est attribuée à un nouveau nombre quantique, appelé *charme*, qui est conservé dans les interactions fortes. Mais un nouveau nombre quantique implique un nouveau quark, et voici que c'était exactement le quark dont Glashow et ses amis avaient supposé l'existence. Le ψ initial fut bientôt suivi par toute une famille de particules contenant des quarks charmés. Il existe donc au moins quatre espèces de quarks. Je dis *au moins*, car des expériences dues à Lederman et quelques autres semblent déjà réclamer un quark supplémentaire. A mesure que l'on augmente l'énergie, d'autres nombres quantiques apparaissent peut-être. Ce qui ne serait pas une perspective réjouissante si l'on veut jamais obtenir une théorie achevée.

A présent, la matière semble réductible aux leptons et aux quarks suivant la table

$$\binom{u}{d}\binom{c}{s}\binom{t}{b}\binom{e}{\upsilon e}\binom{\gamma}{\upsilon\gamma}\binom{\tau}{\upsilon\tau}$$

chaque particule ayant sa propre antiparticule. Les hadrons comme les pions ou les protons contiennent des paires ou des triplets de quarks : par exemple, π^+ contient du (où đ désigne l'antiparticule de đ) et le proton continent uud. Les quarks ont des charges électriques fractionnaires.

La dynamique des forces de quarks est appellée chromodynamique et elle est basée sur la « couleur ». Les leptons ne sont soumis qu'à l'interaction unifiée électromagnétique-faible (voir plus bas).

Les particules de la table ont toutes été observées (les quarks ne l'étant qu'en combinaison les uns avec les autres) à l'exception des quarks t. Il est possible que ceux-ci se manifestent à des énergies plus élevées que celles qui sont actuellement disponibles.

Les quarks sont les constituants de base des particules subissant l'interaction forte, les hadrons, mais les leptons, les particules soumises aux interactions électromagnétiques — faibles ont également montré une tendance à proliférer. Il n'y avait d'abord que deux types de leptons, les électrons et les neutrinos. A la fin des années 30, on y ajouta les muons. Par la suite, on montra qu'il y avait deux types de neutrinos : ceux qui sont liés aux électrons et ceux qui le sont aux muons. Ils diffèrent en ce qu'ils produisent des réactions différentes : les unes engendrent des électrons, les autres engendrent des muons. Mais ce n'est pas tout. Certaines expériences indiquent l'existence de leptons chargés plus lourds et qui pourraient bien avoir d'autres neutrinos comme compagnons. Martin Perl et ses collaborateurs, qui ont étudié ce lepton au SLAC, l'appellent τ pour τριτον, le troisième lepton.

Sur le plan théorique, on assiste à de sérieuses tentatives pour développer des théories d'ensemble qui unifieraient les interactions électromagnétiques — faibles et, si possible, même les interactions fortes.

Il y a longtemps qu'on avait découvert que l'existence du champ électromagnétique aurait pu être décelée à partir des propriétés de symétrie ou d'invariance de la fonction d'onde quantique. Cette idée fut étendue non seulement à la symétrie dans l'espace ordinaire, mais à la symétrie dans l'espace du spin isotopique (voir page 256), et elle aboutit à ce résultat surprenant que les quanta de lumière devraient être accompagnés de trois autres quanta massifs, l'un étant neutre et les deux autres chargés positivement et négativement. Ces trois particules pouvaient être interprétées comme les porteurs de l'interaction faible, exactement comme les quanta sans masse sont reliés au champ électromagnétique ; puisque les trois particules forment avec le quantum de lumière un ensemble inséparable, les interactions faibles et électromagnétiques seraient unifiées dans un schéma unique plus complexe. Des confirmations expérimentales de ce point de vue découlèrent de la facilité avec laquelle l'électromagnétisme et ce qu'on connaissait des interactions faibles s'ajustèrent à ce schéma. En outre, la théorie prévoit certains phénomènes nouveaux, appelés courants neutres, dont des exemples se trouvent dans la diffusion e—υ_{γ}. Ils furent découverts au CERN vers 1973.

De nombreux physiciens travaillent sur ces théories. Steven Weinberg et Abdus Salam, en 1967, formulèrent indépendamment une théorie détaillée sur ces bases. G. t'Hooft, en 1971, surmonta certaines difficultés mathématiques critiques rencontrées en chemin.

Steven Weinberg (né en 1933) est un rouquin qui enseigne actuellement la physique théorique à l'Université du Texas, à Austin. Il est né à New-York où il fréquenta la High School of Science du Bronx, une serre chaude pour jeunes gens doués, dans la même classe que S.L. Glashow. Leurs carrières se déroulèrent parallèlement : tous deux firent leurs études à l'Université Cornell, tous deux furent pour un temps professeurs à Berkeley, puis professeurs à Harvard, tout deux reçurent le Prix Nobel en 1979 (en même temps que Salam), mais ils sont aujourd'hui dans des universités différentes au Texas. Weinberg emploie l'excédent de ses capacités cérébrales à l'histoire médiévale.

Nous avons déjà rencontré Salam (né en 1926). Son père était un fonctionnaire du ministère de l'Éducation dans un district pauvre du Pakistan. Abdus Salam manifesta très tôt ses capacités et une série de bourses lui permit de subvenir à ses études. Après son doctorat à Cambridge, il travailla à la fois au Pakistan et en Angleterre. C'est un musulman pieux. C'est aussi, dans son pays d'origine, une sorte de héros national. Salam porte aux pays en voie de développement un intérêt profond. Pour aider les scientifiques de ces pays, il a fondé et dirige, à Trieste en Italie, un Centre de Physique théorique. Là, les physiciens des pays en voie de développe-

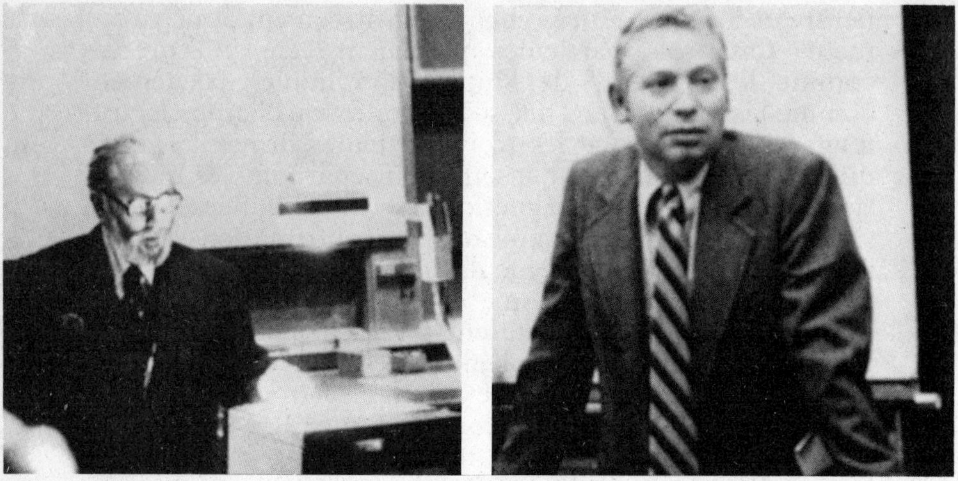

Figure 12-12
Steven Weinberg (à gauche) et Abdus Salam (à droite), s'efforçant d'expliquer leurs théories à des auditoires de physiciens en 1979. (Photos de E. Segrè.)

ment viennent périodiquement pour des séjours prolongés qui pallient les graves carences liées à leur isolement *(figure 12-12)*.

Le modèle d'unification de Weinberg-Salam reçut une confirmation spectaculaire quand, au début de 1983, 135 collaborateurs, travaillant au CERN avec un accélérateur géant qui précipite des protons contre des antiprotons à une énergie du centre de masse de 540 GeV, trouvèrent les particules appelées $W^{\pm}$ et Z^{o} prévues par la théorie, avec des masses de 78 et 89 GeV en excellent accord avec les prévisions.

Les forces de l'interaction forte ont aussi, d'après la description donnée par la chromodynamique, leurs quantas appellés gluons. Ce devraient êtres des bosons de spin 1 et de masse zéro. Entre autres choses, ils produisent des changements de la couleur des quarks. On a des indications expérimentales de l'existence de ces particules sous la forme de jets de particules qui apparaissent dans des collisions à haute énergie.

Je ne m'étendrai pas davantage sur la physique des particules, mais je me tournerai plutôt vers certains autres aspects de la physique contemporaine, bien qu'ils soient éloignés de mon propre travail.

CHAPITRE XIII

De nouveaux rameaux d'une vieille souche

Dans ce chapitre, je voudrais donner une idée de ce qui s'est passé, après guerre, dans des branches de la physique dont je n'ai pas parlé précédemment. D'abord, le volume des recherches a tellement augmenté qu'une spécialisation encore plus poussée est devenue nécessaire. En conséquence, un certain nombre de nouvelles revues, consacrées à des domaines toujours plus étroits, sont apparues. Ensuite, dans la physique d'après-guerre, je ne vois aucune personnalité dominante comparable à celles de Rutherford, d'Einstein ou de Bohr.

La *Physical Review*, publiée aux États-Unis, est le périodique le plus important qui essaie de couvrir le spectre complet de la physique ; elle est divisée en cinq sections : physique générale et théorie, physique atomique, physique nucléaire, physique des solides et physique des particules. Il y a quelques raisons pratiques à cette division : les particuliers sont rarement abonnés à plus d'une ou deux sections de la revue et son volume annuel, les cinq sections comprises (environ 30 000 pages), peut difficilement être logé dans les maisons ou les bureaux modernes. Les statistiques portant sur les sujets dont s'occupent les physiciens professionnels montrent que ces cinq domaines absorbent la plupart d'entre eux, à l'exception de ceux qui ne font qu'enseigner ou de ceux qui travaillent à des applications touchant à la technologie. Cette classification, comme toutes les classifications, est quelque peu arbitraire : il y a là de larges recouvrements et des frontières mal définies. Comme il n'est pas possible de donner une description complète de tous ces domaines, je ne parlerai que de faits marquants choisis essentiellement sur la base de mes connaissances personnelles ou de mes préférences.

L'électrodynamique quantique.

Il arrive souvent, une nouvelle technique théorique ou expérimentale améliorant la situation, que des sujets anciens donnent des résultats nouveaux et inattendus (voir, par exemple, la découverte de Zeeman, p. 26). De nouveaux faits importants, venant au jour, montrent à quel point la connaissance antérieure était incomplète ou que des progrès techniques permettent parfois des prouesses qui auraient auparavant relevé de la science-fiction.

Un exemple superbe vient de la spectroscopie la plus classique. La structure fine des niveaux de l'hydrogène avait été étudiée bien des fois par des méthodes optiques. Quelques spectroscopistes avaient même suggéré que tout n'allait pas pour le mieux et que les niveaux n'étaient pas en parfait accord avec la théorie de Dirac, mais ces voix étaient faibles et l'opinion générale était que l'accord était parfait. Des expériences contredisant ces vues n'avaient jamais pu être totalement confirmées.

Après la guerre, Willis Lamb (né en 1911) et son disciple R. Retherford utilisèrent des méthodes plus raffinées que celles de la spectroscopie optique et démontrèrent, en combinant des techniques de rayon moléculaire et de micro-ondes, l'existence d'un sérieux désaccord avec la théorie de Dirac : les niveaux $s_{1/2}$ et $p_{1/2}$, qui auraient dû coïncider, étaient séparés en énergie *(figure 13-1)*.

Presque au même moment, Polykarp Kusch (né en 1911) montra que le moment magnétique de l'électron, qui aurait dû valoir exactement un magnéton de Bohr, était légèrement supérieur. Ces découvertes furent annoncées à une conférence de Shelton Island organisée par Oppenheimer en 1947. Cette conférence et quelques autres tenues ensuite remplaçaient d'une certaine façon les conseils Solvay qui avaient été interrompus par la guerre. Le thème général de la conférence de 1947 était la théorie quantique des champs. L'application des principes quantiques au champ électromagnétique était un exemple de choix. Les fondateurs de la

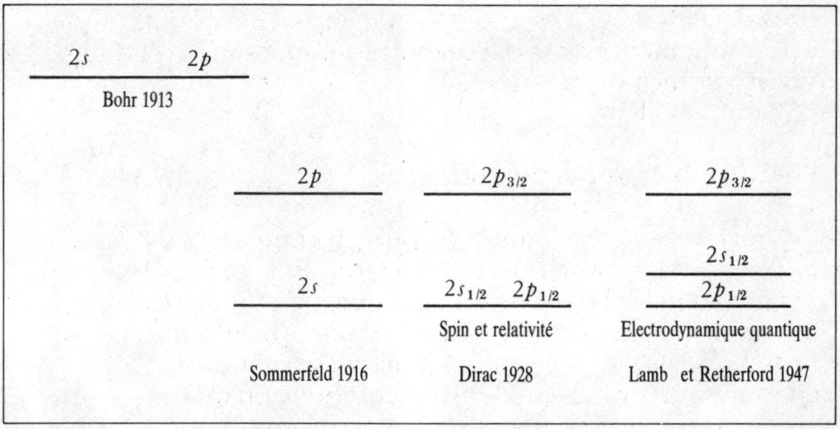

Figure 13-1
Le développement historique de la théorie des niveaux d'énergie dans l'atome d'hydrogène. L'exemple utilisé est le second niveau dont le nombre quantique principal est 2. D'après Bohr (1913), il consiste en deux orbites, une circulaire (niveau $2s$) et l'autre elliptique (niveau $2p$), toutes deux ayant exactement la même énergie. D'après Sommerfeld (1916), la relativité change légèrement les énergies et sépare le niveau $2p$ du niveau $2s$. G. Uhlenbeck et S. Goudsmit (1925) introduisirent le spin et le moment magnétique de l'électron. Les deux niveaux sont maintenant trois, à savoir $2s_{1/2}$, $2p_{1/2}$ et $2p_{3/2}$, mais si l'on tient compte de la relativité, les deux premiers coïncident, ne laissant que deux niveaux distincts comme dans la théorie précédente de Sommerfeld. La théorie de Dirac (1928) ne change pas la position des niveaux ni leurs nombres quantiques, mais elle relie le spin et la relativité. En 1947, W. Lamb et C. Retherford trouvèrent une séparation entre $2p_{1/2}$ et $2s_{1/2}$ (appelé déplacement de Lamb) qui est expliquée par l'électrodynamique quantique.

mécanique quantique avaient fait de nombreuses tentatives en ce sens, mais n'avaient que partiellement réussi. Des quantités infinies apparaissaient dans la théorie et empêchaient d'atteindre à des résultats rigoureux ; pratiquement, on savait plus ou moins comment éliminer ces quantités infinies gênantes, mais on ne savait le faire d'une façon mathématiquement acceptable.

De substantiels progrès avaient été accomplis dans ce sens pendant la guerre par Sinitiro Tomonoga (1906-1979) et ses associés, mais ils n'étaient pas encore connus en Occident. Lorsque l'expérience de Lamb et celle de Kusch furent exposées à Shelter Island, les participants à la conférence se lancèrent dans une discussion intense et prolongée de la théorie sur laquelle ces expériences se

fondaient. Dans le train qui le ramenait à l'Université Cornell, Hans Bethe fit un premier calcul du déplacement de Lamb (l'écart entre $s_{1/2}$ et $p_{3/2}$) qui, bien qu'imparfait, mettait sur la voie d'une explication du phénomène. Parmi les participants à la conférence de Shelter Island se trouvaient deux jeunes théoriciens, J. Schwinger (né en 1918), ancien protégé de Rabi, et R. Feynman (né en 1918) qui avait travaillé à Los Alamos *(figure 13-2)*. Dans les mois qui suivirent, ils reformulèrent la théorie quantique des champs sous une forme qui se prête fort bien aux calculs, et en donnant de meilleures définitions des masses « renormalisées », c'est-à-dire des paramètres réels accessibles à l'observation une fois que les masses infinies de la théorie ont été réduites par la soustraction d'autres quantités infinies.

L'accord actuel entre la théorie et l'expérience est admirable, c'est peut-être le plus précis de toute la physique. Par exemple, le rapport entre le moment magnétique de l'électron et sa masse peut être mesuré à 0,2 milliardième près et le résultat de la mesure est en accord avec la théorie à 0,1

Figure 13-2
En partant de la gauche : R. Feynman, J. Schwinger et S. Tomonoga qui obtinrent ensemble le Prix Nobel 1965 pour leur recherche en électrodynamique quantique. (Photos de gauche et du centre, E. Segrè ; photo de droite, American Institute of Physics, Meggers Gallery of Nobel Laureates.)

milliardième près. Reste pourtant dans le calcul une incertitude résiduelle comparable, due à des incertitudes sur des approximations d'ordre élevé. Malgré ce remarquable succès, la théorie garde encore des faiblesses logiques liées à la soustraction de quantités infinies. C'est l'opinion de Dirac et de la plupart des théoriciens.

Dans sa formulation de l'électrodynamique quantique, Feynman inventa une méthode de calcul puissante qui est désormais familière à la plupart des étudiants théoriciens. Il utilisa ce qu'on appelle les diagrammes de Feynman, qui représentent les phénomènes de façon intuitive et permettent en même temps leur analyse et l'obtention de formules mathématiques. La méthode de Feynman ressemble à une sténographie qui résume de longs et pénibles calculs, dans lesquels des erreurs algébriques s'introduiraient facilement, et qui les transforme en des procédures beaucoup plus simples obéissant à un ensemble codifié de règles. Quand parurent les articles de Feynman, nombre de gens apprirent ses techniques et les utilisèrent couramment sans vraiment

Figure 13-3
Le Conseil Solvay de 1961. Assis de gauche à droite : S. Tomonoga, W. Heitler, Y. Nambu, N. Bohr, F. Perrin, J. Oppenheimer, Sir W.L. Bragg, C. Møller, C. Gorter, H. Yukawa, R. Peierls, H. Bethe. Deuxième rang : I. Prigogine, A. Pais, A. Salam, W. Heisenberg, F. Dyson, R. Feynman, L. Rosenfeld, P. Dirac, L. van Hove, O. Klein. Troisième rang : A. Wightman, S. Mandelstam, G. Chew, M. Goldberger, G. Wick, M. Gell-Mann, G. Källen, E. Wigner, G. Wentzel, J. Schwinger, M. Cini. Il y a là un mélange de l'ancienne génération : Bohr, Bragg, Dirac, avec des éléments plus jeunes particulièrement actifs en électrodynamique quantique : Tomonoga, Schwinger, Heitler, Bethe, et certains dont le travail principal appartient au futur : Prigogine (thermodynamique), Salam. (Institut Solvay.)

comprendre leur justification. Mon ami G. Wick (né en 1909), remarquable théoricien qui était alors professeur à Berkeley, fut exaspéré par cet état de choses : il estimait qu'il y avait vraiment trop de professeurs et d'étudiants en physique théorique qui pouvaient lui énoncer toutes les règles sans avancer aucune véritable preuve. Il entreprit de

fonder la théorie sur une base mathématique solide et écrivit sur ce sujet des articles qui sont devenus des classiques. En 1949, F. Dyson montra que les méthodes de Schwinger et de Tomonoga étaient équivalentes à celles de Feynman et, partant, devaient donner les mêmes résultats. On peut voir la plupart de ces physiciens sur la *figure 13-3*.

En 1934, Fermi avait développé la théorie des interactions faibles en prenant pour modèle l'électrodynamique quantique telle qu'on la connaissait à l'époque. Il se trouve que la théorie de Fermi n'est pas renormalisable, bien qu'elle donne, en première approximation, d'excellents résultats en raison de la faiblesse de l'interaction. Quand on essaie de faire, d'après Yukawa, une théorie de champ des interactions fortes, les difficultés deviennent insurmontables, car la méthode d'approximations successives échoue lamentablement, étant donné la force de cette interaction. Ces difficultés discréditèrent la théorie des champs dans les années 60, mais celle-ci revit aujourd'hui et est de nouveau bien considérée, en particulier parce qu'elle semble offrir la possibilité d'unifier les théories des différentes interactions.

Pour quelqu'un d'extérieur, cette fermentation ressemble à l'étude de l'électrodynamique des systèmes en mouvement avant Einstein. Il peut y avoir là des défauts fondamentaux qui réclameraient des remèdes radicaux. De temps à autre, on voit surgir des théories qui deviennent à la mode pour quelques années, puis disparaissent, laissant quelques résultats partiels dont la valeur demeure. Mais il ne s'agit pas là d'une situation nouvelle en physique.

Les lasers et les masers.

Dans les années 20, nous avions l'habitude de dire en plaisantant que les bons physiciens, dès lors qu'ils auraient mérité le ciel, trouveraient au paradis des appareils qui, rien qu'en tournant un bouton, leur fourniraient un rayonnement électromagnétique ayant la fréquence, l'intensité, la polarisation et la direction de propagation voulues. En 1917, quand Einstein écrivit l'article cité à la page 133, il ne prévoyait pas qu'il était en train de préparer les moyens conceptuels de réaliser cette récompense pour bons physiciens, mais c'est pourtant bien ce qui se produisit. Les lasers, les masers et les appareils de ce genre sont très proches de la réalisation pratique de ce dispositif idéal, et l'idée de l'émission stimulée, décrite dans le schéma d'Einstein par le coefficient B, est essentielle pour eux tous.

Ces instruments furent construits après la guerre, presque toujours par des vétérans du travail sur le radar qui utilisèrent ensuite à des fins scientifiques ce qu'ils avaient appris et élaboré pendant les hostilités. En 1954, Charles Townes (né en 1915) fut le premier à construire un amplificateur utilisant comme élément actif des molécules excitées, en l'occurrence d'ammoniaque. Cette technique fut développée par de nombreux chercheurs dans le monde entier et a conduit aux lasers et aux masers qui produisent des faisceaux d'une intensité et d'un caractère monochromatique sans précédent et atteignent aussi un degré énorme de parallélisme. L'intensité instantanée de tels faisceaux peut être considérable : le champ électrique de la lumière peut atteindre 10^8 volt/cm, ce qui est comparable au champ électrique à l'intérieur de l'atome.

Les applications des lasers ont été innombrables et de grande portée. En physique pure, le laser a permis une résolution spectroscopique sans précédent, autorisant par exemple l'observation en laboratoire d'effets gravitationnels sur la fréquence de la lumière. Il a ouvert le champ tout nouveau de l'optique non linéaire, dans lequel la polarisation d'un milieu n'est plus simplement proportionnelle au champ électrique, mais dépend aussi de puissances supérieures de celui-ci. Ce domaine croît de jour en jour et pourrait encore s'étendre considérablement.

En dehors même de la physique au sens strict, le laser a déterminé des progrès révolutionnaires. En astronomie, il a été possible de placer des miroirs sur la Lune, sur lesquels des faisceaux lasers envoyés de la Terre sont réfléchis de façon à pouvoir être détectés, ce qui permet de déterminer leur distance à quelques centimètres près. Le laser a aussi été appliqué à la métrologie, où il servira à définir l'unité de longueur avec une précision supérieure à la précision actuelle, à la séparation des isotopes, à de nombreux problèmes médicaux, ainsi qu'à développer l'art nouveau de l'holographie. Malheureusement, on veut aujourd'hui l'utiliser aussi à des fins militaires.

La physique nucléaire.

Quand nous faisions de la physique nucléaire à Rome en 1934, j'avais préparé un tableau dans lequel les numéros atomiques étaient portés en abscisse et le nombre de neutrons contenus dans le noyau en ordonnée. Je marquais tous les noyaux connus d'un point : noir pour les noyaux stables, rouge pour les radioactifs. Toutes les semaines, nous étions fiers de pouvoir y ajouter quelques points rouges de plus. Quelques années plus tard, je trouvai à Berkeley un tableau semblable dans lequel les points avaient été remplacés par des étiquettes de couleur fixées avec des punaises. Le tableau occupait un mur entier et les étiquettes étaient changées chaque fois qu'une nouvelle donnée était découverte, ce qui arrivait souvent. A la fin de la guerre, à Los Alamos, dans un moment de répit après une période de travail fébrile, je résolus de mettre à jour l'un de ces tableaux. Mais alors, les nombres à reporter se comptaient par milliers et je dus embaucher ma femme Elfriede pour m'aider dans cette tâche. En plus des données anciennes — masse, durée de vie, modes de désintégration —, il y avait d'innombrables grandeurs nouvelles telles que l'énergie des rayonnements émis, la section efficace de capture des neutrons, le spin, etc. Le tableau final eut un grand succès et fut imprimé à des dizaines de milliers d'exemplaires. Les gens de la sécurité, à Los Alamos, froncèrent les sourcils mais autorisèrent finalement la publication. Aujourd'hui, des tableaux de ce genre sont produits par de grandes organisations, comptant beaucoup d'employés et ayant parfois des liens avec l'industrie nucléaire. Souvent, ils servent d'arrière-fond aux portraits des amiraux qui commandent un navire ou une flotte nucléaire. Une compilation récente (1979) de données nucléaires remplit 1 500 pages d'un ouvrage qui ressemble à un annuaire téléphonique.

L'étude de pareilles tables est un passe-temps fascinant et une source d'idées féconde pour les spécialistes. L'accumulation des observations a permis la découverte de régularités inconnues auparavant, donc le développement de modèles extrêmement détaillés dont les capacités de prévision sont remarquables.

Un des modèles les plus réussis est le modèle en couches, l'extension aux noyaux du modèle des orbitales atomiques. C'est une idée ancienne et naturelle, elle remonte au début des années 30, bien qu'à l'époque sa mise en œuvre eût rencontré des difficultés de principe aussi bien que pratiques. D'abord, on ne voyait pas clairement comment des orbites pouvaient exister à l'intérieur d'un noyau, puisqu'on s'attendait que les collisions nucléaires vinssent désorganiser tout mouvement périodique. Il n'en était cependant pas ainsi, le principe d'exclusion de Pauli interdisant les collisions si l'état final est déjà occupé. Après la guerre, les données expérimentales accumulées prouvaient clairement l'existence de couches. On pouvait attribuer en toute confiance des niveaux d'énergie et des nombres quantiques aux orbites, et les « nombres magiques » apparurent. Ceux-

Figure 13-4
Maria Mayer étudiant une table des noyaux à l'Université de Chicago. Cette étude systématique la conduisit à créer un modèle en couches du noyau qui rappelle le modèle atomique de Bohr et explique de nombreuses régularités nucléaires. (Photo University of Chicago.)

ci indiquent le remplissage des couches de la même façon que, dans la classification périodique des éléments chimiques, ce remplissage des couches est signalé par l'apparition des gaz rares. Les nombres magiques nucléaires sont 2, 8, 20, 50, 82 et 126. Lorsqu'un noyau contient un nombre magique de neutrons ou de protons, ses configurations se montrent particulièrement stables. A Chicago, Maria Mayer (1906-1972) *(figure 13-4)* avait étudié assez en détail un modèle en couches de ce genre, mais il donnait des nombres magiques faux. Elle raconte comment elle s'était plainte de cette difficulté à Fermi qui lui demanda : « Avez-vous pensé à tenir compte du couplage spin-orbite des nucléons ? » Elle répondit instantanément : « Non. Et cela remettra tout en place. » C'est bien ce qui se produisit.

Indépendamment de Mayer, dans l'Allemagne déchirée par la guerre, H. Jensen, P. Haxel et H. Suess procédaient à des choses semblables. Suess appartenait à la même famille que celui dont nous avons parlé page 59 et, suivant la tradition familiale, il était géologue et étudiait l'abondance des éléments. Il fut impressionné par la relation qui semblait apparaître entre une stabilité particulière et certains nombres magiques, et il aborda ce sujet avec ses amis physiciens. Ils aboutirent finalement à la même conclusion que Mayer.

Bien que le modèle en couches marche très bien pour les noyaux ayant un nombre de nucléons proche d'un nombre magique, il n'en va pas de même pour des noyaux ayant des couches à demi remplies. Le modèle adapté à cette situation fut imaginé par plusieurs physiciens, peu après le développement complet du modèle en couches. Aage Bohr, fils de Niels Bohr, qui, jeune étudiant, avait accompagné son père à Los Alamos, et B. Mottelson développèrent une idée initialement due à James Rainwater, de l'Université Columbia, et considérèrent un modèle de mouvement collectif de tous les noyaux dans lequel la matière nucléaire se comporte plus ou moins comme un fluide. Le modèle en couches et le modèle collectif représentent des cas limites. En pratique, les deux types de comportement coexistent et s'influencent mutuellement. La combinaison des deux modèles est maintenant très élaborée et rend compte d'une multitude de faits touchant tous les noyaux.

La découverte des premiers éléments transuraniens, le neptunium et le plutonium, eut une portée considérable par ses conséquences, y compris sur le plan pratique, comme nous l'avons vu au chapitre 10. Ce n'est cependant pas la fin de l'histoire, et de nombreux autres éléments sont venus au jour.

La méthode de préparation était toujours la même : l'addition d'un neutron à un noyau, suivie par une désintégration bêta qui transforme le neutron en proton. Par exemple, en irradiant du Pu^{239} dans un réacteur nucléaire, on obtient par captures successives de neutrons du Pu^{240}, du Pu^{241}, du Pu^{242} et du Pu^{243}, et ceux-ci sont transformés par désintégration bêta en isotopes de l'américium de nombre de masse 241 et 243, les deux ayant le numéro atomique 95. Un bombardement ultérieur aux neutrons de l'élément 95, de nouveau suivi d'une désintégration bêta, donne l'élément 96 (le curium), et ainsi de suite. Pour produire de nouveaux éléments transuraniens, il est très avantageux d'utiliser des sources de neutrons extrêmement fortes, voire même des bombes atomiques, et certains de ces nouveaux éléments ont été trouvés dans les résidus des explosions atomiques. Cependant, on ne peut continuer ainsi indéfiniment, à la fois parce que les périodes des isotopes intermédiaires deviennent trop courtes et parce que d'autres réactions l'emportent sur celles qu'on recherche.

Dans la course aux numéros atomiques croissants, il arrive un point où la méthode d'addition de neutrons rapporte de moins en moins. Les physiciens utilisent alors le bombardement par des ions lourds. Par exemple, en se servant comme projectile de l'0^{16}, il est possible d'ajouter huit protons d'un seul coup. Des accélérateurs spéciaux sont nécessaires pour ce faire. En outre, le rendement est faible et, à la fin, les atomes sont observés un à un, par mesure de leur émission de particules alpha ou de leur fission spontanée.

Les éléments 95 (l'américium), 96 (le curium), 97 (le berkelium), 98 (le californium), 99 (l'einsteinium), 100 (le fermium), 101 (le mendelevium), 102 (le nobelium) et 103 (le lawrencium) ont été formés ainsi. Quatorze éléments constituent une nouvelle famille de terres rares commençant à l'actinium, et certain chauvinisme se reflète dans quelques-uns des noms qui leur ont été donnés : par exemple, l'américium est un homologue de l'europium. Tous les éléments transuraniens sont instables soit par émission alpha ou bêta, soit par fission spontanée. Beaucoup d'entre eux ont été préparés à Berkeley par un groupe de scientifiques comprenant G. Seaborg, A. Ghiorso, S. Thompson et R. James, utilisant soit le bombardement aux neutrons, soit le bombardement aux ions lourds.

Plus récemment, des scientifiques soviétiques dirigés surtout par G. Flerov ont développé leur propre méthode dans cet art et prennent part à la course aux numéros atomiques élevés. Les derniers numéros atteints sont 105 et 106.

L'effet Mössbauer.

Ce phénomène est à cheval sur la physique nucléaire et la physique des solides et a trouvé d'innombrables applications. Il fut découvert en 1958 par Rudolf Mössbauer alors que celui-ci était encore étudiant à l'Université de Munich. Un noyau libre émettant un rayon gamma recule et l'énergie de recul est soustraite de l'énergie de la transition. En général, l'énergie de recul est faible en regard de l'énergie de la transition, et le recul produit un petit déplacement et un élargissement de la raie spectrale émise. Cependant, dans certains solides et dans certaines conditions, ce n'est pas un simple atome qui recule, mais un petit morceau du cristal dont l'énergie de recul devient alors minime, de sorte que les raies spectrales deviennent extrêmement étroites, l'élargissement n'étant dû qu'au seul principe d'incertitude. Dans les cas favorables, on atteint une définition en énergie d'une partie par 10^{12}. La raie la plus fine qu'on obtienne avec un laser optique a environ la même finesse. La finesse des raies Mössbauer ouvre la possibilité d'observer des phénomènes qui, sans cela, seraient complètement inaccessibles, tels que l'effet Zeeman sur les niveaux nucléaires, certains effets relativistes, de nombreuses perturbations produites sur le noyau par les atomes avoisinants du réseau cristallin, des effets chimiques, etc.

Il existe des milliers de publications qui ont trait à l'effet Mössbauer, et cette avalanche est un exemple supplémentaire des relations mutuelles entre les différents domaines de la physique, et de la façon dont une technique développée dans un domaine peut en influencer profondément un autre fort éloignée. D'autres exemples viennent à l'esprit, comme l'effet Raman, la résonance magnétique nucléaire et — peut-être le plus spectaculaire — l'emploi des traceurs radioactifs. Ces interconnexions s'opposent à la spécialisation toujours croissante qui règne en physique et souligne l'avantage — ou la nécessité — qu'il y a à maintenir des relations entre les différentes sciences. Les chimistes, qui ont rencontré ce problème depuis longtemps, sont peut-être plus prompts à incorporer ces « armes nouvelles » dans leur arsenal de recherche.

La supraconductivité.

Après les exemples précédents, empruntés à la physique théorique, à la physique atomique et à la physique nucléaire, je voudrais évoquer quelques cas de progrès accomplis en physique des solides. Malheureusement, ils appartiennent à un domaine éloigné de celui dont j'ai personnellement acquis une connaissance pratique ; en outre, c'est un problème considérable que d'y choisir les meilleurs exemples.

Quand j'étais étudiant, il était encore possible de suivre les développements de la physique dans son ensemble, même si l'on n'entrait pas dans tous les détails. Fermi était à jour sur n'importe quel sujet de physique et mes amis F. Bloch, H. Bethe et R. Peierls ont travaillé activement à la fois en physique des solides et en physique nucléaire. Toutefois, c'est presque devenu l'exclusivité des théoriciens que de travailler dans plus d'un domaine, peut-être parce que les techniques théoriques sont moins différenciées que ne le sont les techniques expérimentales (c'est là un des grands avantages de la théorie et son attrait). Il existe des exemples récents de théoriciens tels que R. Feynman, L. Landau et C. Yang qui ont apporté des contributions significatives dans des domaines très divers, mais ces cas sont peu fréquents ; des exemples similaires sont encore plus rares chez les expérimentateurs.

Si nous considérons le volume de recherches effectuées, le nombre de physiciens employés et le nombre de pages qui lui sont allouées dans les revues de physique, la physique des solides est aujourd'hui le domaine le plus vaste. Ceci est bien naturel, eu égard au fait que c'est aussi le domaine qui a les applications industrielles les plus importantes. Ce n'est pas un hasard si quelques-uns des meilleurs laboratoires de physique des solides sont financés directement par l'industrie.

Comme je parle de l'extérieur, je me limiterai à deux exemples. Le premier est la supraconductivité. Ce phénomène fut découvert en 1911 par Kamerlingh Onnes comme un juste couronnement de ses efforts prolongés pour atteindre à des températures toujours plus basses. Pendant des années, on ne progressa qu'assez peu sur ce sujet, aussi bien théoriquement qu'expérimentalement. Les cryogénistes de Leyde et d'ailleurs trouvèrent des températures de transition, l'effet des champs magnétiques, le comportement des chaleurs spécifiques et d'autres particularités de ce phénomène, intéressantes mais courantes. En 1933, W. Meissner et R. Ochsenfeld, à Berlin, découvrirent un aspect nouveau de la supraconductivité. A l'intérieur d'un supraconducteur, l'induction magnétique B est strictement nulle. C'est cette remarquable propriété, aussi bien que la disparition de la résistance électrique, qui définit la supraconductivité. La découverte de Meissner ouvrait la voie à la première théorie phénoménologique macroscopique de la supraconductivité, qui fut bientôt développée par les frères London (1935).

Leurs résultats indiquaient exactement ce qu'on devait attendre d'une théorie microscopique, mais le passage du macroscopique au microscopique, c'est-à-dire à une théorie susceptible de déduire les propriétés d'un supraconducteur d'un modèle atomique, resta longtemps impraticable. Ce n'est qu'en 1957 que John Bardeen (né en 1908), Leon Cooper (né en 1930) et J. Robert Schrieffer (né en 1931) trouvèrent les éléments de la solution. L'explication est complexe et fait appel à toutes les ressources de la mécanique quantique. Il est remarquable que le type de formulation mathématique développée pour traiter la supraconductivité trouve des applications très éloignées du problème initial. En physique nucléaire, par exemple, il semble qu'on trouve des exemples de phénomènes similaires dans la matière nucléaire. Ainsi, l'importance de la théorie n'est pas limitée au problème initial, mais s'étend à beaucoup d'autres qui traitent du comportement de systèmes où plusieurs corps sont en interaction. Elle fournit une nouvelle façon de penser qui s'est révélée des plus fructueuses.

Parallèlement à la supraconductivité, il existe, à basse température, un autre phénomène remarquable dans l'hélium liquide. Pour une part importante, le travail sur ce sujet commença en U.R.S.S. sous la conduite de Piotr Kapitza (né en 1894) pour les expériences, et celle de L. Landau (1908-1968) pour la théorie. Au-dessous d'une certaine température critique — 2,18 °K — l'hélium He^4 passe par une phase dépourvue de viscosité appelée *superfluide*. L'hélium superfluide manifeste un comportement étonnant : il monte le long des parois du réservoir, s'échappant littéralement de l'enceinte qui le renferme, et jaillit comme d'une fontaine de façon spectaculaire. Quelques-unes de ses propriétés avaient été devinées par Einstein en 1924, mais la nature s'est révélée plus imaginative qu'Einstein lui-même.

L'hélium a également un isotope rare de masse 3 et, à suffisamment basse température, les comportements macroscopiques de l'hélium 3 et de l'hélium 4 diffèrent considérablement. L'hélium aux basses températures est donc devenu un autre domaine de recherche, vaste et surprenant. Dans les premières théories, la superfluidité de l'hélium 4 était liée au fait qu'il obéit à la statistique de Bose. Cependant, lorsque l'isotope rare, l'hélium 3 qui obéit à la statistique de Fermi, est en quantité suffisamment grande et qu'il est refroidi au-dessous de 0,001 °K, il se montre lui aussi superfluide ! La théorie doit ainsi être modifiée et étendue, et les idées valables pour la supraconductivité fournissent l'explication.

D'autres effets quantiques macroscopiques.

La mécanique quantique est nécessaire pour expliquer l'existence même des atomes et donc, indirectement, toutes les propriétés structurales de la matière. Cependant, elle s'applique en général à des systèmes si petits qu'ils sont invisibles. En physique des solides, au contraire, il existe plusieurs effets dus à la mécanique quantique et qui se manifestent dans des objets macroscopiques. La supraconductivité et la superfluidité en sont des exemples ; un autre, plus typiquement macroscopique, est la quantification des lignes de flux magnétiques passant à travers de minuscules tubes métalliques supraconducteurs. Cet effet fut observé indépendamment à l'Université de Stanford et à Munich en 1961. Un autre exemple est le passage, par effet quantique, de particules à travers des barrières de potentiel, ce qu'on appelle l'effet « tunnel ». Dans le cas nucléaire, cet effet était bien connu depuis de nombreuses années : la barrière de potentiel y est due au champ électrostatique qui entoure le noyau. Toutefois, dans l'exemple de la physique des solides auquel je me réfère, la barrière de potentiel est une couche d'oxyde artificielle séparant deux conducteurs.

L'un des cas les plus intéressants de phénomènes liés aux barrières fut prévu par B. Josephson en 1962 et réalisé l'année suivante par P. Anderson et J. Rowell. Quand une couche d'oxyde est intercalée entre deux supraconducteurs, un courant électrique passe à travers le sandwich. Le courant a deux composantes. La première est continue et persiste même en l'absence de force électromotrice, exactement comme dans un supraconducteur ordinaire, mais, superposée à celle-ci, existe une seconde composante alternative qui n'apparaît que lorsqu'on établit une différence de potentiel V entre les deux supraconducteurs. La fréquence de cette composante est $\nu = 2eV/h$ quels que soient les matériaux utilisés pour former la jonction, chose assez étonnante qui indique le caractère fondamental de l'effet. Le phénomène donne une nouvelle méthode pour mesurer e/h une fois que V est connu. Si, au contraire, e/h est connu, on peut mesurer V. Le phénomène est si sûr et si précis qu'il peut être utilisé pour définir l'unité de tension.

L'étude des matériaux qui ont des propriétés électriques intermédiaires entre celles des métaux et celles des isolants, ce qu'on appelle des semi-conducteurs, a finalement conduit à l'invention du transistor. Une étape nécessaire dans cette réalisation fut la préparation de germanium extrêmement pur. Vraisemblablement, aucun corps n'a été obtenu en quantité aussi importante et avec si peu d'impuretés que le germanium. Grâce à ce matériau, Bardeen (le même Bardeen qui devait ensuite trouver l'explication de la supraconductivité), W. Brattain et W. Shockley, aux laboratoires Bell, construisirent le premier transistor. Le transistor est un composant aux fonctions extrêmement nombreuses, présent dans tous les circuits électriques. Il fait essentiellement tout ce que faisaient les tubes à vide : amplifier, rectifier, faire osciller le courant, etc., mais il n'a nul besoin d'un filament chaud émetteur d'électrons, et c'est ce qui a produit une véritable révolution dans l'électronique. Sans le transistor, on ne pourrait pas construire un ordinateur moderne, on n'aurait pas envoyé un homme sur la Lune. Le transistor modifie profondément notre civilisation, puisque c'est lui qui a rendu les ordinateurs possibles et a modifié de fond en comble nos moyens de communications.

Aux frontières de la physique : l'astrophysique et la biologie.

Il est très difficile d'assigner des limites précises à la physique. Si celle-ci est définie comme ce que font les physiciens, elle s'étend alors jusqu'à des domaines très éloignés, tels que la biologie moléculaire, l'astrophysique et la géologie.

L'astrophysique, l'astronomie et la cosmologie ont pris un énorme essor en raison principalement de progrès techniques accomplis dans l'observation de bandes de fréquence du rayonnement électromagnétique qui étaient totalement inaccessibles avant la Seconde Guerre mondiale. La radioastronomie à partir de la Terre et l'astronomie aux rayons X ou dans l'ultraviolet et l'infrarouge à partir de satellites ont ouvert des perspectives qui étaient totalement insoupçonnées avant guerre ; elles ont aussi attiré l'attention des astronomes utilisateurs de télescopes ordinaires sur des objets qu'on voit à peine optiquement et qui sont d'un intérêt considérable. Les quasars, les pulsars, les étoiles à neutrons et les trous noirs remplissent à présent le ciel et témoignent de drames cosmiques inattendus. L'origine de l'univers elle-même se prête désormais à des hypothèses plausibles.

A une échelle plus modeste, la physique nucléaire a fourni une explication satisfaisante de l'origine de l'énergie solaire par l'analyse détaillée en laboratoire de certains cycles de réactions nucléaires dont on est sûr qu'ils se produisent dans le Soleil. Une de ces réactions est la synthèse de noyaux d'hélium à partir de protons. Le cycle mis en jeu fut découvert par H. Bethe en 1938. Le résultat final est la combinaison de quatre protons en un noyau d'hélium avec libération d'une grande quantité d'énergie ; d'autres noyaux, agissant comme catalyseurs, ont un rôle vital dans ce cycle et la charge électrique est conservée par l'émission appropriée de positrons. Comme discipline théorique, la nucléosynthèse est bien développée et nous avons sur terre quelques modestes résultats expérimentaux qui en relèvent, en provenance des réacteurs nucléaires ou des bombes.

Les réactions nucléaires qui se manifestent dans le Soleil seraient une source très importante d'énergie sur terre si on pouvait les produire à l'échelle humaine plutôt qu'à l'échelle astronomique et si elles pouvaient être contrôlées. Des études de cet effet sont menées dans le monde entier avec, jusqu'ici, un succès très relatif. Le problème central est de forcer les noyaux d'un mélange gazeux à réagir les uns avec les autres. On essaie de le faire grâce à des décharges électriques ou par d'autres moyens tels que le chauffage par un faisceau laser. La vieille étude des décharges dans les gaz a ainsi été transformée en physique des plasmas. Un plasma est un mélange d'atomes, d'électrons et d'ions sous forme gazeuse. Un des buts immédiats de la recherche sur les plasmas consiste à obtenir un plasma à température et à pression suffisamment hautes et de le maintenir confiné pendant un temps suffisamment long pour qu'une réaction nucléaire s'établisse entre ses constituants. Y figurent en général de l'hydrogène, du deutérium et du tritium : les trois isotopes de l'hydrogène de masse 1, 2 et 3. L'énergie libérée par les réactions nucléaires qui se produiraient une fois que l'allumage nucléaire aurait été réalisé suffirait à maintenir le plasma chaud. L'ultime objectif est d'extraire l'excès de chaleur libérée dans des conditions contrôlées et de l'utiliser à des fins pratiques, comme on se sert de toute autre source d'énergie thermique.

Les difficultés que rencontre ce programme sont immenses, et nous sommes jusqu'à présent loin du succès, mais les avantages possibles sont énormes : nous obtiendrions ainsi une source d'énergie presque sans limite et « propre », c'est-à-dire dégageant peu de radioactivité dans l'environnement. Au vu de ces extraordinaires bénéfices possibles, et dans la mesure où il n'existe pas d'obstacle de caractère fondamental, les scientifiques et les techniciens persévèrent dans leur entreprise avec le soutien financier de leurs gouvernements. Le problème majeur est celui de contenir le plasma. Aucune paroi matérielle n'est capable de supporter les conditions qui règnent dans le plasma et l'on doit donc le contenir soit par des champs magnétiques, soit par quelque autre subtil moyen qui reste encore à découvrir.

Par ailleurs, des réactions thermonucléaires explosives sont à la base de ce que l'on appelle les bombes thermonucléaires ou bombes à hydrogène qui, en raison de leur capacité de destruction, placent l'humanité face à des périls sans précédent. Dans une bombe à hydrogène, une bombe nucléaire ordinaire porte à très haute température un mélange d'éléments légers, et la puissance de la bombe n'est alors limitée que par la quantité d'éléments réagissants employée.

La nouvelle astronomie est en train de découvrir des effets nouveaux et importants. L'étude de la gravitation n'avait accompli aucun progrès fondamental entre l'époque de Newton et la formulation de la relativité généralisée par Einstein en 1917, quand celui-ci annonça trois petits effets difficilement observables. Pendant des années, la relativité resta un canton occupé par un nombre restreint de spécialistes, quelque peu à l'écart des grands courants de la physique ; aujourd'hui, cette situation change. Il a été possible de projeter et de commencer la réalisation d'expériences de laboratoire sur le « rayonnement gravitationnel ». Ce rayonnement est émis en quantité extrêmement faible lorsque des masses sont accélérées. D'énormes événements cosmiques peuvent en émettre suffisamment pour le rendre détectable à des instruments terrestres.

Parmi les autres merveilles célestes, les astronomes ont découvert des objets ayant une masse comparable à celle du Soleil mais dont le rayon ne dépasse pas quelques kilomètres. Leur densité est de l'ordre de 10^{14} g/cm^3, c'est-à-dire de l'ordre de grandeur de celle de la matière nucléaire, et telle que le volume d'une seule goutte d'eau pèserait autant que 500 gros navires pétroliers. Ces objets sont essentiellement constitués de neutrons, on n'y trouve pratiquement pas d'électrons ni de protons. Depuis 1934 environ, Landau, Oppenheimer et leurs élèves ont postulé l'existence de ces étoiles à neutrons et ont calculé leurs propriétés.

Si une étoile à neutrons dépasse une certaine densité-limite, elle s'effondre, car la pression de rayonnement interne ne peut équilibrer l'attraction gravitationnelle. Ce qui se produit alors n'est pas absolument clair. On atteint finalement des densités extrêmement élevées et le champ gravitationnel empêche tout rayonnement de s'échapper de l'étoile. L'étoile devient un trou noir qui n'est pas directement détectable, puisqu'aucun rayonnement ne peut la quitter. Il existe néanmoins des moyens indirects d'observer les trous noirs, et certains faits semblent indiquer qu'ils ont réellement été aperçus.

L'existence d'un rayonnement correspondant à un corps noir à la température actuelle d'environ 2 °K et qui baigne l'univers entier, repose sur des bases beaucoup plus solides. On interprète ce rayonnement comme un reste d'une explosion catastrophique, le big bang, qui a été à l'origine de l'univers il y a 10^{10} années. Après ce big bang, l'univers a commencé son expansion et le rayonnement, présent au moment de l'explosion, s'est transformé en ce rayonnement de corps noir résiduel que nous observons.

Ce ne sont là que quelques-unes des découvertes et des théories révolutionnaires qui excitent actuellement les astronomes. Les cieux sont devenus le théâtre d'événements dont la dynamique est prodigieuse et qui étaient totalement inconnus il y a quelques décennies ; l'astrophysique est dans une phase d'évolution rapide, peut-être comparable à celle de la physique nucléaire dans les années 30. L'astrophysique attire beaucoup de jeunes et solides recrues qui ont souvent reçu une formation initiale de physiciens. Pour certains d'entre eux, l'un des attraits de ce domaine est qu'il ne semble pas avoir d'applications pratiques... *(Figure 13-5.)*

Revenons sur la Terre : la géologie a elle aussi profondément changé. L'échelle des temps, qui était basée sur l'étude des fossiles, est devenue une mesure absolue des temps fondée sur la radioactivité et les études d'isotopes. L'exploration des mers et l'étude du magnétisme terrestre, combinées aux patients travaux des générations précédentes de paléontologues et de spécialistes de la tectonique, ont confirmé l'hypothèse de A. Wegener (1924) sur la dérive des continents. Cette étude est à présent beaucoup plus précise et fondée que par le passé, et toute la géologie en a été révolutionnée.

Il se pourrait que, pour l'après-guerre, la biologie moléculaire ait été la conquête scientifique la plus significative, celle dont la portée s'étendra le plus loin. Elle a été pour la biologie ce que la découverte de la mécanique quantique fut pour la physique, et nous ne pouvons prévoir jusqu'où, dans le long terme, nous conduira la biologie moléculaire. La biologie moléculaire ne se confond certainement pas avec la physique, mais elle fut remarquablement annoncée par ces mots de Corbino en 1929 : « Il vaudrait mieux obtenir une

Figure 13-5
La Nébuleuse du Crabe, corps céleste extraordinaire et source de lumière, d'ondes radio et de rayons X. En son centre, il existe une étoile pulsante ou pulsar qui est, croit-on, une étoile à neutrons tournant rapidement sur son axe. Cette nébuleuse est le reste de l'explosion d'une supernova observée par les astronomes chinois en 1054. (Hale Observatories.)

fusion, dans les mêmes cerveaux, de l'attitude biologique et de celle de la physique nouvelle. » En fait, plusieurs des principaux chefs de file de cette nouvelle discipline ont été formés et commencèrent leur carrière comme physiciens. En tant que symbole de la biologie moléculaire, la *figure 13-6* montre la fameuse double hélice de Francis Crick et James Watson, qui a éclairé un grand nombre des problèmes les plus fondamentaux de la biologie. Pour découvrir la double hélice, Crick et Watson devaient d'abord connaître

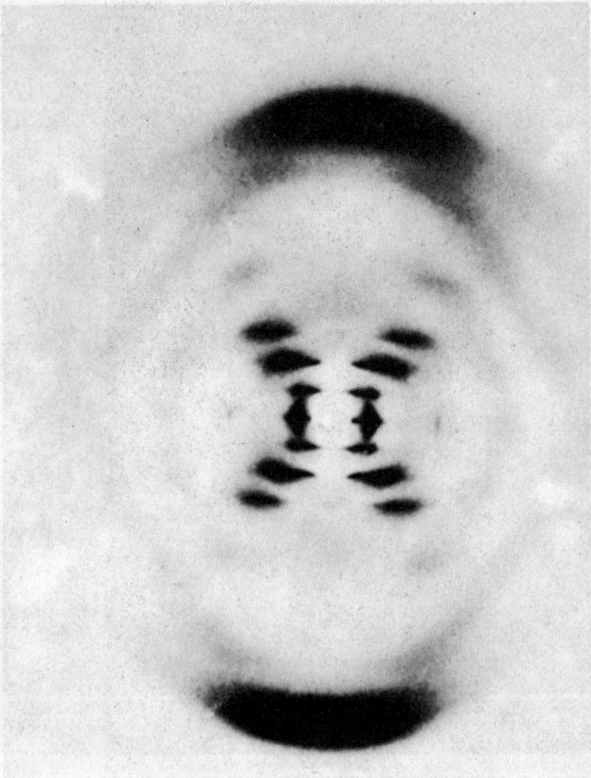

Figure 13-6
(a) Photographie de diffraction aux rayons X de DNA prise par Rosalind Franklin dans le laboratoire de M. Wilkins. James Watson et Francis Crick trouvèrent les indices de la structure en double hélice sur cette photographie. (b) Un modèle d'espace de la double hélice du DNA (Par aimable autorisation de M. Wilkins, Medical Research Council Biophysics Unit, Kings College, Londres.)

les éléments biologiques de base du problème. Ils devaient les combiner avec des analyses élaborées de structure aux rayons X, avec des études utilisant des marqueurs et avec une connaissance de la liaison chimique, étroitement liée à la mécanique quantique. Plusieurs branches de la science et de la technologie devaient donc ainsi converger vers le même objet.

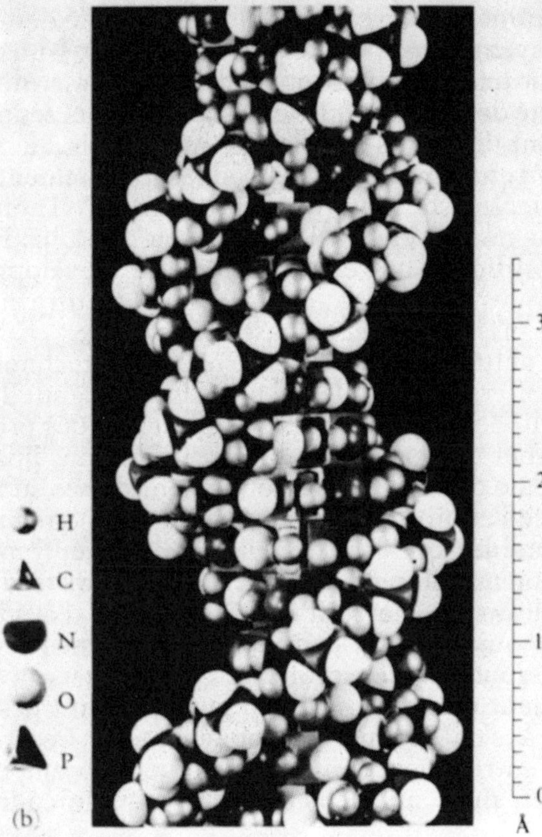

Le scientifique perplexe.

J'ai fait brièvement état de différents courants de la physique moderne. Tous sont d'un niveau intellectuel élevé, ce qui constitue leur principal attrait pour ceux qui s'y adonnent, mais nous ne devons pas négliger les effets qu'ils exercent sur la condition humaine. C'est là un brûlant sujet de discussion qui dépasse de beaucoup la physique, bien qu'il soit pour elle d'une importance primordiale. J'y reviendrai bientôt, même si je reconnais tout à fait que les physiciens en tant que tels n'ont pas en la matière de compétence particulière.

L'influence de la science sur la technologie est un thème plus simple, quoiqu'il ne le soit pas autant qu'on l'estime parfois. La transformation d'une découverte scientifique en produit commercial ou en nouvelle technologie demande du temps, des capitaux, des capacités, ainsi qu'un marché favorable et un environnement industriel. Mais, surtout, la personnalité des scientifiques et les mobiles qui les poussent me semblent différents de ceux des inventeurs. Je crois que les élans qui entraînaient Edison ou Marconi étaient radicalement différents de ceux qui animaient J.J. Thomson ou Hertz, pour ne pas parler d'Einstein ou de Bohr. De nombreux scientifiques ont été à l'origine de développements technologiques importants, mais fort peu d'entre eux, s'il y en eut, ont pris part à leur phase industrielle.

La façon actuelle dont la science nourrit la technologie est aussi très différente de celle qui prévalait au début du siècle. Aujourd'hui, de larges équipes s'attaquent à des problèmes dans des laboratoires riches, et les gratifications financières de l'équipe ne dépendent pas totalement de ses succès. Les membres de l'équipe ont reçu un bon enseignement et sont aussi adaptables que les travailleurs d'une entreprise. Le cas était bien différent pour les inventeurs individuels comme Edison ou Marconi dont le niveau d'études était modeste et qui devaient compter exclusivement sur leurs propres ressources. Non seulement les brevets et accords financiers leur étaient essentiels, mais pendant des années ils eurent à s'en occuper personnellement. Ces relations mutuelles entre science et industrie constituent un sujet passionnant, mais qui dépasse néanmoins le cadre de ce livre.

La comparaison entre la conquête de l'air et celle de l'espace fournit un exemple frappant du changement intervenu dans l'organisation d'une entreprise scientifique au cours de ce siècle. La première fut réalisée par des inventeurs qui utilisaient des méthodes tout à fait personnelles, la seconde par des technologues obéissant à des méthodes scientifiques. Une des conséquences les plus remarquables en est le faible nombre de pertes occasionnées par la conquête de l'espace, alors que tant de gens sont morts en s'essayant à voler. La raison en est, pour une grande part, que les pionniers de l'aviation comprenaient assez peu les phénomènes sur lesquels repose le vol alors que, derrière les astronautes, les responsables du projet peuvent calculer et expérimenter à peu près tout ce qui est nécessaire avant que l'on ne s'aventure vraiment dans l'espace.

La conquête de l'espace est un exemple extrême des tendances caractéristiques de la révolution industrielle. Celle-ci, commencée à la fin du XVIIe siècle, reposait largement sur l'intelligence d'inventeurs, d'artisans et d'entrepreneurs relativement peu cultivés ; elle a fait place à la seconde révolution industrielle, dominée par des laboratoires de recherche parfaitement au courant de la science contemporaine et dont le personnel ne diffère pas fondamentalement des scientifiques universitaires.

Revenons à présent à l'influence de la science sur la condition humaine. Bien des livres ont été écrits sur le sujet et il serait présomptueux de ma part d'essayer de l'aborder en quelques paragraphes. Le problème est ancien, et nous ne pouvons que nous référer aux paroles de Pierre Curie citées page 64.

Certains points sont clairs à mes yeux. Avant tout, la science renforce le pouvoir de l'homme. Elle permet aussi (au moins approximativement) de prévoir les conséquences de certaines lignes de conduite. Toutefois, le processus de décision, au niveau de l'individu comme à celui de l'État, n'est pas régi par la science, mais par d'obscurs facteurs que je ne comprends que vaguement. Ces facteurs me semblent largement irrationnels, dictés peut-être par les forces du comportement, les pulsions de l'évolution ou les démons du subconscient. Nous assistons ainsi à des comportements qui, pour un observateur extérieur, apparaissent totalement irrationnels et fatals par leurs conséquences. La course aux armements en est un exemple de choix. Puisque la science renforce la puissance humaine, elle rend ces entreprises démentes de plus en plus dangereuses, au point qu'elles peuvent en venir à mettre en péril la survie de l'espèce. La réaction prêchée par certains consisterait à mettre un terme à la science et à prévenir ainsi toute extension de la capacité humaine à faire le Mal. Il est sans doute trop tard pour adopter une telle solution, même si elle est praticable, encore que je ne croie pas qu'elle le soit.

Au demeurant, j'estime qu'étouffer la curiosité va à l'encontre de profonds instincts humains. Refuser l'usage du cerveau par peur de ce que l'on pourrait découvrir est indigne de l'humanité. Au chant 26 de son *Enfer*, Dante place ces mots dans la bouche d'Ulysse :

« Considérez ce qu'est votre race : vous n'avez pas été faits pour vivre comme des bêtes, mais pour suivre la vertu et la science. »

(Il est vrai qu'en suivant cette exhortation, Ulysse court à la catastrophe pour lui et ses compagnons.)

Le point de vue optimiste, digne peut-être de Pangloss, est que les gens réussiront le moment venu à appliquer leurs capacités rationnelles à la prise de décision. Je ne peux dire que j'aie exagérément confiance en ce point de vue, essentiellement parce que le temps nécessaire pour changer les mentalités risque de n'être plus disponible.

Que nous faut-il faire ? En particulier, que doivent faire les scientifiques ? Nous devons essayer de rappeler constamment au public les conséquences de certaines lignes de conduite. Ceci doit être fait honnêtement et intelligemment.

Je sais bien que, malheureusement, l'objectivité en ces matières est difficile à cerner et que la politique, l'économie et le comportement social ne se prêtent pas au même type de méthodes que la science. La complexité des questions, l'impossibilité de les traiter séparément, la nature des données impliquées diffèrent qualitativement de celles auxquelles on a affaire avec les sciences physiques, infiniment plus simples. Ce ne sont là d'ailleurs que quelques-uns des obstacles qui s'opposent à l'application de méthodes scientifiques aux problèmes sociaux.

Alors que le scientifique a une connaissance spécialisée de sa discipline, il est dans les autres domaines, tout autant que quiconque, la proie des forces obscures. L'enseignement qu'il a reçu et sa formation peuvent l'aider à surmonter certaines impulsions irrationnelles, mais l'idée que le scientifique, froid et objectif, se trouve au-dessus de la mêlée est illusoire. Ceci devrait être reconnu par les scientifiques eux-mêmes et par le public en général. Les scientifiques ne sont pas les prêtres de quelque religion magique.

Le devoir d'information des autres hommes est essentiel, mais la responsabilité de l'usage qui est fait de ses découvertes ne peut honnêtement être imputée au scientifique. Il n'a pas le pouvoir de déterminer ce qu'on fera de ce qu'il a trouvé, et l'on ne peut séparer pouvoir et responsabilité. En outre, pratiquement toutes les découvertes peuvent trouver à s'appliquer à une grande diversité de fins dont certaines nous apparaissent bonnes, d'autres mauvaises. On le sait depuis les débuts de la civilisation et le symbole en est le dilemme de l'emploi de l'acier pour fabriquer des épées ou des charrues. Aux temps modernes, la pénicilline et le DDT ont été à bon droit salués comme des bienfaits pour l'humanité, ce ne fut que pour s'apercevoir que leur usage inconsidéré peut avoir des conséquences indirectes désastreuses, par exemple en augmentant démesurément les pollutions. L'énergie nucléaire peut de même constituer une grande aide pour l'humanité, ou bien sa perte. Le choix n'est pas entre les mains des scientifiques.

CHAPITRE XIV

Conclusions

Je ne voudrais pas arriver au terme de ce livre sans quelques conclusions générales. D'abord, aucun portrait type du « physicien » ne ressort de notre étude. On voit plutôt une grande variété de personnalités, ce qui n'a rien d'étonnant, eu égard à la grande diversité des contributions nécessaires au développement de la physique. Comme cas extrêmes, nous pouvons songer à E.O. Lawrence et à P. Dirac : une comparaison révèle des personnalités opposées, tous deux pourtant ont été importants pour le progrès de la physique. Deux grandes stars, Rutherford et Einstein, auraient eu de vives difficultés à mener l'un avec l'autre une discussion scientifique sérieuse. Leurs intérêts, leur culture et leur imagination scientifique différaient par trop. Il aurait été difficile de faire sentir à Rutherford l'importance de l'invariance des équations de Maxwell par la transformation de Lorentz, ou d'intéresser Einstein aux détails techniques nécessaires pour spécifier une désintégration nucléaire.

Si nous tenons à discerner des traits communs aux physiciens importants, nous trouvons une ardeur et une capacité de travail considérables, de la vitalité, de l'optimisme et de l'imagination. Mais ce sont là des qualités nécessaires pour réussir dans presque toutes les professions, de l'athlète au poète, du banquier au général. Quant aux qualités intellectuelles telles que la capacité analytique ou l'imagination théorique, certains les possèdent à un niveau exceptionnel, d'autres de façon plus modeste, et ceux-ci ont néanmoins brillamment réussi. Certains physiciens sont universels, d'autres des spécialistes étroits. Quelqu'un comme H. Lorentz aurait excellé dans presque n'importe quelle entreprise, y compris en faisant carrière dans la diplomatie ou les affaires. Mais qu'aurait pu faire Pauli en dehors de la physique théorique ? La conclusion en est que tous les chemins *peuvent* mener à Rome, et non, bien sûr, que tous les chemins y mènent effectivement.

Bien que la chance joue un rôle dans les découvertes scientifiques, les cas où des chercheurs sont arrivés simultanément au même résultat sont trop nombreux pour que le hasard y ait une grande part. Ce qui est en fait plus important, c'est le moment où chacun travaille. Il y a des périodes de vaches grasses et des périodes de vaches maigres. En outre, il semble exister une certaine logique du développement d'une discipline scientifique et l'exaltation des personnalités d'exception ne devrait pas être poussée trop loin. Pensons à la découverte simultanée des trois formulations de la mécanique quantique. Tout compte fait, à bien considérer, nous avons l'impression que, même si l'un des plus grands physiciens n'était pas né, cinquante ans après, la physique n'en aurait pas moins atteint le même niveau.

Les tendances futures.

Revenons à l'état actuel de la physique. Nous devons d'emblée distinguer la physique de ses applications. Les applications peuvent être économiquement et socialement beaucoup plus importantes que la physique pure, mais ce qui m'intéresse ici, c'est la physique comme exploration des phénomènes naturels. Ce qui englobe la description et la classification des différents phénomènes et de leurs relations mutuelles, ainsi que leur synthèse en des théories plus ou moins complètes.

Il me semble que la physique des particules est le seul domaine où des problèmes intellectuels considérables restent non résolus. Certains d'entre eux datent de près d'un siècle et les physiciens ont tendance à les oublier, parce qu'ils n'entrevoient pas leur solution. Ainsi, nul ne sait pourquoi la charge électrique est toujours un multiple entier de celle de l'électron. Ici, le mot *pourquoi* doit être compris comme la relation entre un fait et un autre fait. La « raison » est beaucoup plus simplement l'argument mathématique ou logique montrant que si *a* est vrai, alors *b* en découle. La quantification de la charge électrique n'a été reliée à aucun autre fait expérimental ; en ce sens, c'est une donnée empirique de base.

La conservation des nucléons et celle des leptons sont d'autres problèmes de physique des particules, fondamentaux et élémentaires, qui sont faciles à formuler mais n'ont pas encore trouvé de solution. La conservation des nucléons veut dire que, dans un système fermé ou dans l'univers, la somme du nombre des protons et de celui des neutrons est constante. Dans l'opération, bien sûr, les antiprotons et les antineutrons doivent être comptés avec le signe moins. La conservation des nucléons est bien établie, car l'on sait que la durée de vie des protons est supérieure à 10^{31} années, c'est-à-dire à 10^{21} fois l'âge de l'univers. Toutefois, l'origine de cette stabilité extraordinaire des protons, qui est à la base de la conservation des nucléons, reste inconnue. Un principe de conservation similaire vaut pour les leptons, dont l'origine est également inconnue. En outre, les électrons et les muons ont chacun un neutrino qui leur correspond. Les deux espèces de neutrinos sont différentes, un neutrino muonique rencontrant un neutron pouvant produire un muon et un proton, mais pas un électron et un proton, tandis qu'un neutrino électronique entrant en collision avec un neutron peut produire un électron et un proton, mais pas un muon et un proton. Qu'est-ce qui fait la différence entre un neutrino muonique et un neutrino électronique ? Les électrons et les muons semblent être les uns et les autres exactement décrits par l'équation de Dirac, exception faite de la masse qui entre comme paramètre dans l'équation. Pourquoi la nature choisit-elle de faire deux particules qui ne diffèrent que par leur masse en étant par ailleurs identiques ? Les cas précédents sont des exemples de faits inexpliqués ou qui ne sont reliés à aucun autre. Récemment, un troisième lepton, le τ, a été découvert. N'est-ce que le commencement d'une série limitée (ou illimitée ?) de leptons ? La masse des divers neutrinos est-elle zéro ?

La conservation du moment ou celle du moment angulaire sont au contraire des exemples de phénomènes « expliqués » ou reliés à d'autres. Il est possible de montrer que ce sont des conséquences mathématiques de l'isotropie et de l'homogénéité de l'espace et, en ce sens, une chose en explique une autre. Un grand progrès est accompli lorsque nous découvrons des relations profondes qui sont satisfaisantes d'un point de vue esthétique et qui nous aident à réduire le nombre de « postulats » indépendants. J'ai mis ici *postulat* entre guillemets, car le mot, en physique, a une signification différente de son acception ordinaire en mathématiques où un postulat est le point de départ fondamental d'une série de raisonnements, et où il est largement arbitraire. Au fond, « postulat » désigne en physique un fait expérimental qui a été observé à de nombreuses reprises sans souffrir d'exceptions. Les postulats mathématiques sont beaucoup plus arbitraires et sont essentiellement une création de l'esprit humain. Les postulats physiques sont basés sur l'observation et l'extrapolation et, secondairement, sur des critères esthétiques. On peut développer une géométrie non euclidienne et, en fait, il en existe plusieurs, mais une physique qui serait en désaccord avec l'expérience ne serait plus de la physique.

Toutefois, les expériences sont toujours imprécises et entachées d'erreurs ; par suite, dans leur interprétation prend toujours place un processus d'abstraction et d'idéalisation. Les physiciens ont appris historiquement comment avancer et sont habitués à se servir d'approximations successives et à limiter le domaine où leurs théories sont applicables. L'exemple le plus célèbre est la mécanique newtonienne et ses améliorations : la relativité et la mécanique quantique. Quoi qu'il en soit des « postulats » de la physique, ceux-ci ne suscitent pas des doutes tragiques dans l'esprit de la plupart des physiciens actifs. Ce qui ne veut dire ni qu'un expérimentateur ayant les pieds sur terre ignore les problèmes épistémologiques de sa discipline, ni que le théoricien même le plus critique soit bloqué dans ses calculs par des doutes épistémologiques. Les gens ont appris à vivre avec. Bohr lui-même disait en plaisantant que le contraire d'une vérité superficielle est faux, mais que le contraire d'une vérité profonde est également vrai...

Revenons-en cependant aux mystères de la physique des particules. Le succès de l'unification électrofaible encourage à persévérer dans cette direction, en essayant d'unifier aussi les interactions fortes et, finalement, jusqu'à la gravité. Il y a là des difficultés théoriques colossales mais, ce qui est pire, les expériences requièrent des énergies qui pourraient être inaccessibles et, sans expériences pour contraindre l'imagination humaine, on peut difficilement faire quelque chose qu'on aurait encore le droit d'appeler « physique ». Certains des schémas d'unification proposés impliquent l'instabilité du proton avec, toutefois, une durée de vie moyenne de $10^{31 \pm 1}$ années. Des essais sont en cours pour détecter une désintégration spontanée du proton. Au taux qui est prévu, cela demanderait d'observer plusieurs tonnes d'eau pendant de longues périodes et de reconnaître la désintégration particulière du proton masquée par un énorme bruit de fond.

Savoir si une attaque plus directe, exigeant des accélérateurs d'une taille sans précédent, est possible, dépend de nombreux facteurs techniques, économiques et politiques. Le plan le plus ambitieux envisage un accélérateur atteignant 4×10^{13} eV, avec un aimant dont la circonférence serait d'environ 160 kilomètres...

D'autres branches de la physique embrassent aussi de très intéressants problèmes dont l'importance pratique est beaucoup plus grande que celle des problèmes de physique des particules, mais nous pouvons raisonnablement penser que leur solution est implicitement inscrite dans les équations de Schrödinger. « Inscrite » bien sûr au sens où, selon Michel-Ange, toutes les statues sont inscrites dans les blocs de marbre, le problème n'étant que de dégager la matière en excès. Le sonnet qu'il a consacré à cette pensée doit être compris comme une vérité philosophique, non comme une plaisanterie.

Il existe aussi, dans le domaine du traitement des problèmes à plusieurs corps, des questions théoriques fondamentales qui appellent des solutions. Celles-ci amélioreraient grandement notre compréhension des liquides, de la matière nucléaire, des autres systèmes collectifs et peut-être même, curieusement, envahiraient-elles la physique des particules. Ces théories des systèmes à plusieurs corps sont importantes, mais je n'en attends point les innovations sensationnelles que nous a données la physique des particules : un nouveau type de force ou la non-conservation de la parité. Je puis toutefois me tromper, mais, à mon avis, c'est du côté de la physique des particules qu'il faut chercher une découverte intellectuelle possible. C'est là une opinion subjective et, comme elle peut avoir de sérieuses conséquences sur les politiques scientifiques, je tiens à souligner que cet avis n'est pas unanime.

Dans le domaine de la physique des particules, qui implique nécessairement de hautes énergies, les coûts et les complications expérimentales ont dangereusement augmenté. On peut en conséquence réaliser de moins en moins d'expériences et celles-ci durent de plus en plus longtemps. A l'époque où l'expérimentation était peu coûteuse, des physiciens imaginatifs pouvaient développer leurs idées et réaliser beaucoup d'expériences. Le grand Faraday en a enregistré plus de 10 000 dans ses cahiers de laboratoire. En physique des hautes énergies, quand une expérience coûte des millions de dollars, dure cinq ans et mobilise des douzaines d'expérimentateurs, on ne peut en effectuer qu'un petit nombre. Les expérimentateurs abordent inévitablement le problème dans un esprit différent. Ce sont souvent des comités qui décident ce qu'on doit faire et l'on peut difficilement faire confiance à l'imagination d'un comité qui est peu aventureux et entend être raisonnablement sûr que l'expérience donnera quelque résultat tangible. Les physiciens sont ainsi conduits à se lancer dans des expériences sans risques, qui paraissent évidentes et ne tirent leur intérêt, étant par ailleurs assez naïves, que du type d'énergie exceptionnel où elles sont menées. J'ai parfois comparé ces expériences aux batailles navales modernes dans lesquelles la portée des canons des bâtiments peut s'avérer décisive ; au temps de Nelson, au contraire, il fallait aux amiraux des intuitions tactiques surnaturelles. Pourtant, ces « expériences de cuirassés » nous ont valu quelques grandes surprises et se sont révélées essentielles pour le progrès.

Si le type d'information expérimentale recherchée est assez manifeste, les difficultés pour les obtenir sont surtout d'ordre technique ; les physiciens doivent donc consacrer l'essentiel de leurs efforts au développement d'instruments et de techniques, y compris à l'élaboration de programmes pour analyser leurs résultats sur ordinateurs. Une fois qu'un instrument est mis au point, on l'utilise pour effectuer toutes les expériences auxquelles il est adapté. Tout ceci est logique et conduit en général à des résultats importants, mais requiert des physiciens assez différents du type traditionnel.

Je dirais, en faisant un calembour d'un goût douteux, qu'il ne suffit plus d'être un Rutherford, mais qu'on doit être désormais un Ruther-Ford, voulant signifier par là que les physiciens doivent posséder quelques-unes des qualités d'un industriel ou d'un homme d'affaires. Par le passé, de nombreux physiciens furent attirés par la science à cause d'une certaine froideur ou réserve dans les relations humaines et d'un plus grand intérêt pour les choses (les Curie en sont un exemple). Aujourd'hui, l'intérêt pour les gens peut s'avérer une condition essentielle dans l'accomplissement d'une fonction dirigeante (c'est le cas de E. Lawrence, par exemple). Tout ceci n'est pas complètement nouveau, mais le rôle du chercheur isolé, tel que Faraday ou Röntgen, semble destiné à décroître.

Une autre tendance envahit toutes les sciences, y compris la physique : c'est la spécialisation. Le nombre des physiciens comme des publications de physique s'est beaucoup multiplié, avec pour conséquence une spécialisation toujours croissante. C'est un mal inévitable que nous devons accepter. Ceux qui ont été les témoins d'une physique à moindre échelle, plus simple et plus unifiée, peuvent en ressentir de la nostalgie, mais c'est là une tendance irréversible.

Cette tendance est bien illustrée par la comparaison entre la *figure 6.4*, qui représente les premières études menées par Rutherford sur la diffusion nucléaire et la désintégration, avec la *figure 11-11* représentant le laboratoire Fermi. Les expériences faites avec chaque ensemble de moyens sont en principe les mêmes. Au surplus, la complexité ne se limite pas à l'appareillage, mais s'étend à l'organisation et au nombre de scientifiques qui y travaillent. A la place de Rutherford aidé d'un technicien et peut-être d'un étudiant, on trouve aujourd'hui 135 auteurs. La *figure 14-1* montre la première page de l'un des deux articles (dus à des groupes différents) rendant compte de la découverte des particules $W^{\pm}$ et Z, la meilleure preuve de l'unification des interactions électromagnétiques et faibles.

La théorie n'est pas en meilleure position, comme on peut le voir en comparant la formule de Rutherford *(figure 14-2)*

Volume 122B, number 1 PHYSICS LETTERS 24 February 1983

EXPERIMENTAL OBSERVATION OF ISOLATED LARGE TRANSVERSE ENERGY ELECTRONS WITH ASSOCIATED MISSING ENERGY AT $\sqrt{s}$ = 540 GeV

UA1 Collaboration, CERN, Geneva, Switzerland

G. ARNISON[j], A. ASTBURY[j], B. AUBERT[b], C. BACCI[i], G. BAUER[1], A. BÉZAGUET[d], R. BÖCK[d], T.J.V. BOWCOCK[f], M. CALVETTI[d], T. CARROLL[d], P. CATZ[b], P. CENNINI[d], S. CENTRO[d], F. CERADINI[d], S. CITTOLIN[d], D. CLINE[1], C. COCHET[k], J. COLAS[b], M. CORDEN[c], D. DALLMAN[d], M. DeBEER[k], M. DELLA NEGRA[b], M. DEMOULIN[d], D. DENEGRI[k], A. Di CIACCIO[i], D. DiBITONTO[d], L. DOBRZYNSKI[g], J.D. DOWELL[c], M. EDWARDS[c], K. EGGERT[a], E. EISENHANDLER[f], N. ELLIS[d], P. ERHARD[a], H. FAISSNER[a], G. FONTAINE[g], R. FREY[h], R. FRÜHWIRTH[l], J. GARVEY[c], S. GEER[g], C. GHESQUIÈRE[g], P. GHEZ[b], K.L. GIBONI[a], W.R. GIBSON[f], Y. GIRAUD-HÉRAUD[g], A. GIVERNAUD[k], A. GONIDEC[b], G. GRAYER[j], P. GUTIERREZ[h], T. HANSL-KOZANECKA[a], W.J. HAYNES[j], L.O. HERTZBERGER[2], C. HODGES[h], D. HOFFMANN[a], H. HOFFMANN[d], D.J. HOLTHUIZEN[2], R.J. HOMER[c], A. HONMA[f], W. JANK[d], G. JORAT[d], P.I.P. KALMUS[f], V. KARIMÄKI[e], R. KEELER[l], I. KENYON[c], A. KERNAN[h], R. KINNUNEN[e], H. KOWALSKI[d], W. KOZANECKI[h], D. KRYN[d], F. LACAVA[d], J.-P. LAUGIER[k], J.-P. LEES[b], H. LEHMANN[a], K. LEUCHS[a], A. LÉVÊQUE[k], D. LINGLIN[b], E. LOCCI[k], M. LORET[k], J.-J. MALOSSE[k], T. MARKIEWICZ[d], G. MAURIN[d], T. McMAHON[c], J.-P. MENDIBURU[g], M.-N. MINARD[b], M. MORICCA[i], H. MUIRHEAD[d], F. MULLER[d], A.K. NANDI[j], L. NAUMANN[d], A. NORTON[d], A. ORKIN-LECOURTOIS[g], L. PAOLUZI[i], G. PETRUCCI[d], G. PIANO MORTARI[i], M. PIMIÄ[e], A. PLACCI[d], E. RADERMACHER[a], J. RANSDELL[h], H. REITHLER[a], J.-P. REVOL[d], J. RICH[k], M. RIJSSENBEEK[d], C. ROBERTS[j], J. ROHLF[d], P. ROSSI[d], C. RUBBIA[d], B. SADOULET[d], G. SAJOT[g], G. SALVI[f], G. SALVINI[i], J. SASS[k], J. SAUDRAIX[k], A. SAVOY-NAVARRO[k], D. SCHINZEL[f], W. SCOTT[j], T.P. SHAH[j], M. SPIRO[k], J. STRAUSS[l], K. SUMOROK[c], F. SZONCSO[l], D. SMITH[h], C. TAO[d], G. THOMPSON[f], J. TIMMER[d], E. TSCHESLOG[a], J. TUOMINIEMI[e], S. Van der MEER[d], J.-P. VIALLE[d], J. VRANA[g], V. VUILLEMIN[d], H.D. WAHL[l], P. WATKINS[c], J. WILSON[c], Y.G. XIE[d], M. YVERT[b] and E. ZURFLUH[d]

Aachen [a] – Annecy (LAPP) [b] – Birmingham [c] – CERN [d] – Helsinki [e] – Queen Mary College, London [f] – Paris (Coll. de France) [g] – Riverside [h] – Rome [i] – Rutherford Appleton Lab. [j] – Saclay (CEN) [k] – Vienna [l] Collaboration

Received 23 January 1983

We report the results of two searches made on data recorded at the CERN SPS Proton–Antiproton Collider: one for isolated large-E_T electrons, the other for large-E_T neutrinos using the technique of missing transverse energy. Both searches converge to the same events, which have the signature of a two-body decay of a particle of mass ~80 GeV/c^2. The topology as well as the number of events fits well the hypothesis that they are produced by the process $\bar{p} + p \to W^{\pm} + X$, with $W^{\pm} \to e^{\pm} + \nu$; where $W^{\pm}$ is the Intermediate Vector Boson postulated by the unified theory of weak and electromagnetic interactions.

[1] University of Wisconsin, Madison, WI, USA.
[2] NIKHEF, Amsterdam, The Netherlands.

Figure 14-1
Titre d'une communication annonçant la découverte des bosons W±, Z° qui confirment l'unification des forces faibles et électromagnétiques.

(a)

$$y = \frac{Q\,dm}{2\pi r^2 \sin\phi\,.\,d\phi} = \frac{ntb^2\,.\,Q\,.\,\mathrm{cosec}^4\,\phi/2}{16r^2} \quad . \; . \; . \quad (5)$$

Figure 14-2
a) La fameuse formule de Rutherford pour la diffusion nucléaire élastique.
b) Une formule moderne sur les collisions proton-proton.

avec une formule d'un article récent sur les collisions proton-proton.

Cette complication croissante peut même fixer les limites de la physique. Jusqu'à présent, nous avons trouvé des strates successives avec une échelle de dimension décroissante et une échelle d'énergie croissante : les atomes, les noyaux, les particules subnucléaires telles que les pions ou les quarks. Il est loisible de penser que les quarks puissent permettre d'aboutir à une théorie cohérente achevée, mais je ne puis dissimuler l'insidieux soupçon que la chaîne ne s'arrêtera pas là. S'il en est bien ainsi, il faudra, à l'étape suivante, encore plus d'argent et plus d'efforts et le processus pourrait diverger, nous laissant toujours avec une issue non dégagée. La limite sera alors le volume d'efforts que les gens pourront ou voudront consacrer à la recherche, sans garantie aucune d'en voir la fin.

Je voudrais terminer en remarquant que la tendance à l'abstraction et à la prise de distance vis-à-vis de la réalité immédiatement sensible ne se limite pas à la physique, qu'elle semble en revanche presque tenir lieu de caractéristique à la pensée et à l'art modernes *(figure 14-3)*. Les peintres qui étaient contemporains des Curie représentaient la réalité. A l'époque du développement de la mécanique quantique, la réalité était déjà significativement déformée dans l'esprit des artistes. Aujourd'hui, nous avons une peinture totalement abstraite, alors que les formules de physique gardent une signification profonde, même si elle n'est pas immédiate.

$$
\begin{aligned}
\frac{d\sigma}{dt}=&\frac{1}{4\pi(s-m^2)^2}\Bigg[\frac{|\sin\theta_t|^2(1+\cos 2\varphi_\gamma)\,|t-(Y+m)^2|\,|t|^{-1}|\gamma_{\frac12\frac12}{}^K|^2(s/s_0)^{2(\alpha_K-1)}\alpha_K{}^2}{|\Gamma(\alpha+1)\sin\frac12\pi\alpha_K|^2}+(1-\cos 2\varphi_\gamma)\\
&\times|\sin\theta_t|^2(t-m_K{}^2)^2|t-(m-Y)^2|\Bigg(\frac{\alpha_c{}^2|t|^{-1}|\gamma_{\frac12\frac12}{}^c|^2(s/s_0)^{2(\alpha_c-1)}}{|\Gamma(\alpha_c+1)\sin\frac12\pi\alpha_c|^2}+\frac{\alpha_V{}^2|t|^{-1}|\gamma_{\frac12\frac12}{}^V|^2(s/s_0)^{2(\alpha_V-1)}}{|\Gamma(\alpha_V+1)\cos\frac12\pi\alpha_V|^2}\\
&+\frac{\alpha_T{}^2|t|^{-1}|\gamma_{\frac12\frac12}{}^T|^2(s/s_0)^{2(\alpha_T-1)}}{|\Gamma(\alpha_T+1)\sin\frac12\pi\alpha_T|^2}+\frac{2\alpha_c\alpha_V\sin\frac12\pi(\alpha_V-\alpha_c)\gamma_{\frac12\frac12}{}^c\gamma_{\frac12\frac12}{}^V(s/s_0)^{\alpha_c+\alpha_V-2}}{|\Gamma(\alpha_c+1)\Gamma(\alpha_V+1)\sin\frac12\pi\alpha_c\cos\frac12\pi\alpha_V|}\\
&+\frac{2\alpha_c\alpha_T\gamma_{\frac12\frac12}{}^c\gamma_{\frac12\frac12}{}^T\cos\frac12\pi(\alpha_T-\alpha_c)(s/s_0)^{\alpha_c+\alpha_T-2}}{|\Gamma(\alpha_c+1)\Gamma(\alpha_T+1)\sin\frac12\pi\alpha_c\sin\frac12\pi\alpha_T|}\Bigg)+(1+\cos^2\theta_t-\cos 2\varphi_\gamma\sin^2\theta_t)\\
&\times\frac{\alpha_K{}^4|t-(m+Y)^2|t^{-2}|\gamma_{\frac12-\frac12}{}^K|^2(s/s_0)^{2(\alpha_K-2)}}{|\Gamma(\alpha_K+1)\sin\frac12\pi\alpha_K|^2}+(1+\cos^2\theta_t+\cos 2\varphi_\gamma\sin^2\theta_t)(t-m_K{}^2)^2\\
&\times|t-(m-Y)|^2\Bigg(\frac{|\gamma_{\frac12-\frac12}{}^c|^2(s/s_0)^{2(\alpha_c-1)}\alpha_c{}^2|t|^{-2}}{|\Gamma(\alpha_c+1)\sin\frac12\pi\alpha_c|}+\frac{\alpha_V{}^4|\gamma_{\frac12-\frac12}{}^V|^2(s/s_0)^{2(\alpha_V-1)}}{|\Gamma(\alpha_V+1)\cos\frac12\pi\alpha_V|}+\frac{\alpha_T{}^2|\gamma_{\frac12-\frac12}{}^T|^2(s/s_0)^{2(\alpha_T-1)}}{|\Gamma(\alpha_T+1)\sin\frac12\pi\alpha_T|^2}+2\sin\tfrac12\pi\\
&\times(\alpha_V-\alpha_c)|t|^{-1}\frac{\gamma_{\frac12-\frac12}{}^c\gamma_{\frac12-\frac12}{}^V(s/s_0)^{\alpha_c+\alpha_V-2}}{|\Gamma(\alpha_c+1)\Gamma(\alpha_V+1)\sin\frac12\pi\alpha_c\cos\frac12\pi\alpha_V|}+\frac{2\cos\frac12\pi(\alpha_T-\alpha_c)\,\gamma_{\frac12-\frac12}{}^c\gamma_{\frac12-\frac12}{}^T(s/s_0)^{\alpha_c+\alpha_T-2}}{|\Gamma(\alpha_c+1)\Gamma(\alpha_T+1)\sin\frac12\pi\alpha_c\cos\frac12\pi\alpha_V|}\Bigg)+4\cos\theta_t(t-m_K{}^2)\\
&\times[(t-(m+Y)^2][t-(m-Y)^2]|^{1/2}\gamma_{\frac12-\frac12}{}^K(s/s_0)^{\alpha_K-1}\alpha_K{}^2\Bigg(\frac{t^{-2}\gamma_{\frac12-\frac12}{}^c\alpha_c\cos\frac12\pi(\alpha_K-\alpha_c)(s/s_0)^{\alpha_c-1}}{|\sin\frac12\pi\alpha_c\Gamma(\alpha_c+1)\Gamma(\alpha_K+1)\sin\frac12\pi\alpha_K|}\\
&\qquad+\frac{t^{-1}\sin\frac12\pi(\alpha_V-\alpha_\pi)\alpha_V{}^2\gamma_{\frac12-\frac12}{}^V(s/s_0)^{\alpha_V-1}}{|\Gamma(\alpha_K+1)\Gamma(\alpha_V+1)\sin\frac12\pi\alpha_K\cos\frac12\pi\alpha_V|}+\frac{t^{-1}\alpha_T\gamma_{\frac12-\frac12}{}^T\cos\frac12\pi(\alpha_K-\alpha_T)(s/s_0)^{\alpha_T-1}}{|\Gamma(\alpha_T+1)\Gamma(\alpha_K+1)\sin\frac12\pi\alpha_K\sin\frac12\pi\alpha_V|}\Bigg)\Bigg].\quad(75)
\end{aligned}
$$

(b)

Les entrailles de la physique.

Je ne peux me défaire du sentiment que, par sa structure et son évolution, la science ressemble à un organisme vivant. La complexité du système scientifique est à la base de cette analogie. Pour être précis, ne considérons que la physique. L'expérience et la théorie en sont les constituants fondamentaux, et il y a entre eux un échange permanent. Toutefois, l'expérience a besoin d'instruments et de techniques sur le plan matériel, et, sur le plan intellectuel, d'objectifs et d'idées. Les besoins techniques créent des liens avec la technologie qui, en retour, est constamment enrichie par la science. Le besoin d'objectifs crée des liens avec la théorie. La théorie, à son tour, ne pourrait survivre comme entreprise féconde sans objets et sans la vérification permanente fournie par l'expérience. En outre, la théorie a besoin elle aussi de ses outils spécifiques, les mathématiques, et celles-ci ont longtemps puisé leur inspiration dans la physique, même si des théories abstraites, créées sans considérations d'application, ont parfois curieusement trouvé leur

Figure 14-3
Une tendance à l'abstraction dans les arts, parallèle à celle qui semble dominer le développement de la physique au xxe siècle. (a) *Arbre gris*, par P. Mondrian (1872-1944), dans lequel la forme de l'arbre est clairement reconnaissable, bien qu'il ne s'agisse pas d'un dessin figuratif ; (b) De Mondrian, *Pommier en fleur*, daté de 1912. La forme de l'arbre a disparu, faisant place à un ensemble de courbes géométriques qui semblent cependant rappeler la forme première. (Collection Haags Gemeentemuseum, La Haye, Pays-Bas.)

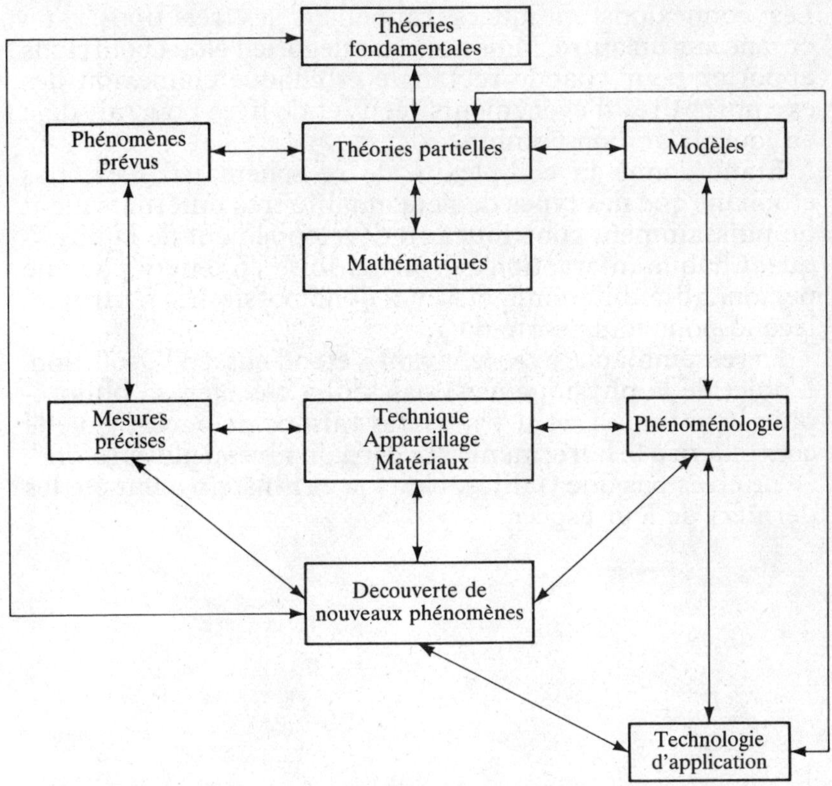

Figure 14-4

Les différents constituants de la « physique » ressemblent par leur interdépendance aux organes d'un être vivant. Ils montrent un système très complexe d'activités reliées entre elles et évoluent avec le temps.

emploi en physique. Dans ce schéma, nous devons faire une place aux découvertes de hasard qui jouent un rôle similaire à celui des mutations en biologie. Elles suscitent de nouveaux départs qui peuvent se développer comme des chapitres entièrement nouveaux de la science. Ceux-ci, à leur tour, doivent être reliés aux parties déjà connues de l'organisme dans lequel ils induisent des changements.

J'ai essayé de représenter certains traits de ces relations mutuelles dans la *figure 14-4*. Chacun de ses rectangles me fait penser à l'organe d'un être vivant, organe dont la suppression peut mutiler ou tuer l'organisme tout entier.

Les connexions indiquées rappellent les réactions d'un organe sur un autre. Mais assez d'allégorie ! Nous pourrions apporter pour chaque rectangle et chaque connexion des exemples tirés d'événements réels, et ce livre pourrait déjà en fournir un bon nombre.

Étant donné la complexité de ce schéma, il n'est pas étonnant que des types de personnalité très différents aient pu puissamment contribuer au développement de la physique. Chaque interaction est mieux mise en œuvre par une personnalité différente, et il y a donc possibilité de travail fécond pour toute sorte de gens.

La ressemblance avec le vivant s'étend aussi à l'évolution. L'objet de la physique n'est pas seul à changer, sa philosophie le fait aussi, et il y a toutes raisons de penser qu'elle continuera à le faire, même si c'est à un niveau plus profond. Je ne crois pas que Galilée, Newton et Einstein aient été les derniers de leur espèce.

APPENDICES

APPENDICE 1 : LOI DE STEFAN ; LOI DE WIEN.

La loi de Stefan, $u(T) = a\, T^4$, dérive simplement de la thermodynamique et de la relation $p = u(T)/3$ entre $u(T)$ et la pression de radiation p. Cette relation est une conséquence des équations de Maxwell du champ électromagnétique.

Le premier principe de la thermodynamique donne

$$dQ = dU + p\, dV$$

où $U = u(T)\, V$ est l'énergie interne totale du rayonnement, V le volume et Q la chaleur fournie.

Le second principe établit que $dS = dQ/T$ est une différentielle exacte. Il en découle, en combinant le premier et le second principes, que $dS = [u\ dV + V\ du + (u/3)\ \mathrm{dV}]/\mathrm{T}$ est une différentielle totale en T et V. De là,

$$\frac{\delta^2 S}{\delta T\, \delta V} = \frac{1}{T}\, \frac{du(T)}{dT} - \frac{4}{3}\, \frac{d(u/T)}{dT}$$

D'où nous tirons immédiatement $du/dT = 4u/T$ ou $u(T) = a\ \mathrm{T}^4$.

Wien, par une discussion thermodynamique détaillée où il considérait la compression du rayonnement par un piston mobile parfaitement réfléchissant, obtenait

$$u(\nu, T) = \nu^3\, \mathrm{f}\,(\nu/T)$$

En intégrant la loi de Wien en fréquence ν, on obtient la loi de Stefan. En prenant la dérivée de $u\,(\nu, T)$ par rapport à ν et en cherchant où elle s'annule, on obtient la fréquence à laquelle $u\,(\nu, T)$ est maximum à une température donnée. En utilisant la loi de Wien, on trouve $3\, f(\nu/T) = -\, (\nu/T)\, \mathrm{f}'(\nu/\mathrm{T})$. Le maximum correspond à une certaine valeur numérique de ν/T. Si l'on choisit λ et T comme variable, on trouve de même une valeur de $\lambda\, T$ pour le maximum. Cette propriété est parfois appelée loi de déplacement. En utilisant l'expression de Planck pour $u(\nu, T)$, on trouve numériquement $\upsilon_m/T = 5{,}88 \times 10^{10}$ (υ en cycles/sec., T en degrés K).

APPENDICE 2 : PLANCK TRAQUANT LA FORMULE DU RAYONNEMENT DU CORPS NOIR.

Planck trouva d'abord la relation entre la densité de rayonnement et l'énergie moyenne $<E>$ des oscillateurs constituant les parois du corps noir. Par la thermodynamique, il obtient

$$u\,(\upsilon, T) = \frac{8\pi\upsilon^2}{c^3} <E> \qquad (1)$$

Il étudia aussi l'entropie moyenne d'un oxcillateur et montra qu'elle suivait la relation

$$dS = \frac{d<E>}{T} \qquad (2)$$

Si l'on veut obtenir pour $u\,(\upsilon, T)$ l'expression proposée par Wien

$$u(\upsilon,T) = A\ \upsilon^3 \exp\,(-\ \beta\upsilon/T) \qquad (3)$$

qui semblait vérifiée par l'expérience, on peut écrire, en utilisant les équations (1), (2) et (3) :

$$\frac{= dS}{d<E>} = \frac{1}{T} = -\frac{1}{\beta\upsilon} \log \frac{8\pi<E>}{Ac^3\upsilon} \qquad (4)$$

et en prenant la dérivée seconde :

$$\frac{d^2S}{d<E>^2} = -\frac{1}{\beta\upsilon<E>} \qquad (5)$$

Résultats qu'on obtient en tirant de (3) l'expression de $1/T$ et en utilisant (1) et (2).

D'un côté, si l'on veut obtenir la formule de Rayleigh-Jeans, on a $<E> = k\,T$ et

$$\frac{dS}{d<E>} = \frac{1}{T} = \frac{k}{<E>} \qquad (6)$$

$$\frac{d^2S}{d<E>^2} = -\frac{k}{<E>^2} \qquad (7)$$

L'expérience montra que ni l'une ni l'autre des formules n'était correcte, que chacune d'elles représentait un cas limite. On veut donc une formule d'interpolation qui, pour $<E> \gg k\,\beta\upsilon$, coïncide avec l'équation (7), et pour $<E> \ll k\,\beta\upsilon$, coïncide avec (5). Il est alors tentant d'essayer, pour $d^2S/d<E>^2$, la formule d'interpolation qui a les bonnes limites :

$$\frac{d^2S}{d\langle E\rangle^2} = \frac{-1}{\beta\upsilon\langle E\rangle + \langle E\rangle^2/k} \qquad (8)$$

En supposant cette formule correcte, l'intégration sur $\langle E\rangle$ donne :

$$\frac{dS}{d\langle E\rangle} = \frac{1}{\beta\upsilon} \log \frac{\langle E\rangle}{h\beta\upsilon + \langle E\rangle} = \frac{1}{T} \qquad (9)$$

où l'on a utilisé la condition aux limites qui est que, pour $T = \infty$, $\langle E\rangle$ tend aussi vers l'infini. En tirant $\langle E\rangle$ de (9) et en portant le résultat dans (1), on obtient :

$$\langle E\rangle \frac{k\beta\upsilon}{\exp(\beta\upsilon/T)-1} \qquad (10)$$

qui, en posant $h/k = \beta$, donne pour l'équation (1) :

$$u\,(\upsilon, T) = \frac{8\pi\upsilon^2}{c^3} \frac{h\upsilon}{e^{h\upsilon/h'T}-1} \qquad (11)$$

APPENDICE 3 : L'ARGUMENT HEURISTIQUE D'EINSTEIN POUR POSTULER L'EXISTENCE DE QUANTA DE LUMIÈRE.

Définissons pour le rayonnement du corps noir une densité d'entropie $\varsigma\,(\upsilon,T)$ semblable à la densité d'énergie $u\,(\upsilon, T)$. Par la thermodynamique, on peut montrer que

$$\frac{d\varsigma\, d(\upsilon,T)}{du(\upsilon,T)} = \frac{1}{T} \qquad (1)$$

En admettant la formule de Wien

$$u(\upsilon,T) = A\upsilon^3\, e^{-h\upsilon/h'T} \qquad (2)$$

on en tire, pour $1/T$:

$$\frac{1}{T} = -\frac{k'}{h\upsilon} \log \frac{u}{A\upsilon 3} = \frac{d\varsigma}{du} \qquad (3)$$

et en intégrant :

$$\varsigma\,(u,\upsilon) = -\frac{k\,u}{h\upsilon}\left[\log \frac{u}{A\upsilon 3} - 1\right]$$

Ces remarques correspondent au raisonnement de Planck et elles étaient connues avant Einstein. A présent, considérons un changement de volume du corps noir qui laisse l'énergie totale constante, c'est-à-dire que u (υ, T) $V = U$ (υ, T) reste constant. L'entropie dans l'intervalle de fréquence dυ est :

$$d\,S = \varsigma\,(\upsilon,T)V d\upsilon = -\frac{k'\,u}{h\upsilon}\left[\log\frac{U}{AV\upsilon 3} - 1\right]d\upsilon \qquad (4)$$

Pour un changement de volume fini, laissant U constant, nous avons :

$$d\,(S\text{-}S_o) = \frac{k'U}{h\upsilon}\log\frac{V}{V_o}\,d\,\upsilon \qquad (5)$$

D'autre part, pour un gaz parfait monoatomique comportant n atomes, la thermodynamique donne que le changement d'entropie associé à une expansion à énergie constante est :

$$S - S_o = n\,k'\log\frac{V}{V_o} \qquad (6)$$

On relie facilement cette dernière formule à l'expression de Boltzmann

$$S = k\log W$$

puisque, pour un atome, la probabilité d'être dans le volume partiel V de V_o est V/V_o et donc, pour n atomes indépendants, cette probabilité est $(V/V_o)^n$, d'où l'équation (6) découle immédiatement.

Les équations (5) et (6) sont les mêmes si l'on admet que

$$U\,d\upsilon = n\,h\,\upsilon$$

Ce qui veut dire que l'énergie dans l'intervalle de fréquence dυ est subdivisée en n quanta de grandeur ε Hυ.

Appendice 4 : le mouvement Brownien.

Une particule de masse m et de rayon a flotte dans un liquide à la température T. Les molécules du liquide heurtent la particule et la poussent tantôt à droite, tantôt à gauche. La particule est assez grosse pour qu'en moyenne, son mouvement soit amorti par la viscosité du liquide. Le mouvement de la particule est essentiellement une marche aléatoire, les sauts à gauche et les sauts à droite étant équiprobables.

En appelant $<x^2>$ le carré moyen du déplacement de la particule après N sauts de longueur λ, on a, suivant des considérations statistiques élémentaires,

$$<x^2> = \lambda^2 N \qquad (1)$$

Si la vitesse moyenne de la particule est v, le nombre de sauts pendant le temps t est

$$N = v\,t/\lambda \qquad (2)$$

On peut obtenir la vitesse v d'après le théorème d'équipartition qui dit que

$$\frac{1}{2} m v^2 = \frac{3}{2} k T \qquad (3)$$

On peut estimer la longueur λ en supposant qu'elle est telle que le travail de la force de viscosité agissant sur le parcours λ soit égal à l'énergie cinétique de la particule. Si la particule part dans une direction, après le déplacement λ elle a perdu sa vitesse et peut revenir. La loi de Stokes donne pour la force de viscosité l'expression

$$F = 6 \pi a \eta v$$

où η est le coefficient de viscosité du liquide. Il en découle que

$$6 \pi a \eta v \lambda = \frac{3}{2} k T \text{ ou que } \lambda = \frac{k T}{4 \pi \eta a v}$$

En utilisant cette expression et les équations (1) et (2), on a très grossièrement

$$\langle x^2 \rangle = \frac{k T}{4 \pi a \eta} t$$

Le calcul d'Einstein donne :

$$\langle x^2 \rangle = \frac{k T}{3 \pi a \eta} t$$

APPENDICE 5 : LES FLUCTUATIONS D'ÉNERGIE DU CORPS NOIR SELON EINSTEIN.

Considérons un système isolé d'énergie E et divisons-le en deux parties. Elles ont les énergies E_1 et E_2, avec $E_1 + E_2 = E$ et de même, pour leurs entropies, $S_1 + S_2 = S$. Lorsque tout est à l'équilibre, les quantités correspondantes sont notées E_1^0 E_2^0 S_1^0 et S_2^0. Nous définissons $E_1 - E_1^0 = \varepsilon = E_2^0 - E_2$. Nous admettons aussi que la partie 1 du système est petite par rapport à la partie 2.

Nous développons en puissance de ε :

$$S = S_1^0 + S_2^0 + \left(\frac{\delta S_1}{\delta E_1} - \frac{\delta S_2}{\delta E_2} \right) E + \left(\frac{\delta^2 S_1}{\delta E_1^2} + \frac{\delta^2 S_2}{\delta E_2^2} \right) \frac{\varepsilon^2}{2} + \dots$$

A l'équilibre, l'entropie est maximum et le terme linéaire en ε s'annule. Cette condition veut dire que

$$\frac{\delta S_1}{\delta E_1} = \frac{\delta S_2}{\delta E_2} = \text{cte} = \frac{1}{T_1} = \frac{1}{T_2}$$

c'est-à-dire que, d'après la définition de la température,

$\frac{\delta S}{\delta E} = \frac{1}{T}$, les deux parties sont à même température.

Le terme suivant en ε^2 donne

$$\Delta S_1 = S_1 - S_1^0 = \frac{\delta^2 S_1}{\delta E_1^2} \frac{\varepsilon^2}{2} = \frac{d\frac{1}{T}}{dE_1} \cdot \frac{\varepsilon^2}{2} =$$

$$-\frac{1}{T^2} \frac{dT}{d\,E_l} \frac{\varepsilon^2}{2} = -\frac{\varepsilon^2}{2\,T^2\,C_{\upsilon,l1}}$$

Nous avons utilisé le fait que la partie 2 étant très grande par rapport à la partie 1, sa capacité calorifique est beaucoup plus grande. En outre, par définition, $dE_1/dT_1 = C_{\upsilon,1}$, où $C_{\upsilon,1}$ est la capacité calorifique de la partie 1. A la fin, l'indice 1, superflu, a été supprimé.

La relation de Boltzmann entre probabilité et entropie donne comme probabilité, pour une fluctuation d'énergie d'amplitude ε :

$$W(\varepsilon) = \exp(\Delta S/h') = \exp(-\varepsilon^2/2h'\,T\,C_V)$$

et nous trouvons pour la valeur moyenne $<\varepsilon^2>$:

$$<\varepsilon^2> = \frac{\int_{-\infty}^{\infty} \varepsilon^2 W(\varepsilon) d\varepsilon}{\int_{-\infty}^{\infty} W(\varepsilon) d\varepsilon}$$

Ces intégrales sont classiques, en effectuant il vient :

$$<\varepsilon^2> = k\,T^2\,C_V \qquad (1)$$

On trouve ce résultat dans les articles d'Einstein de 1903. Appliquons-le maintenant au rayonnement du corps noir. L'énergie E dans un volume V et dans l'intervalle de fréquence $\Delta\upsilon$ est donnée par la formule de Planck. Nous calculons la capacité calorifique en prenant la dérivée par rapport à T et, insérant le résultat dans l'équation (1), nous obtenons :

$$<\varepsilon^2> = V\Delta\upsilon\,(u\,(\upsilon, T)\,h\upsilon = \frac{e^2\,u^2\,(\upsilon, T)}{8\,\pi\,\upsilon^2}$$

Le premier terme $V\,\Delta\lambda\,u\,(\upsilon, T)\,h\upsilon$ est l'énergie totale E dans le volume V et dans l'intervalle de fréquence $\Delta\upsilon$ multipliée par $h\upsilon$. Si l'énergie est divisée en quanta d'énergie $h\upsilon$, il y a $n = E/h\upsilon$ quanta dans le volume, et la fluctuation du carré de l'énergie est $<\varepsilon^2> = n\,(h\upsilon)^2$. Cette expression correspond au point de vue corpusculaire extrême et c'est la fluctuation qu'on obtiendrait à la limite de validité de l'approximation de Wien. Le second terme est le résultat de l'interférence des ondes et il est obtenu à la limite de validité de l'approximation de Rayleigh-Jeans. La loi de Planck, étant exacte, donne la formule complète avec les deux termes.

APPENDICE 6 : LA CHALEUR SPÉCIFIQUE DES SOLIDES D'APRÈS EINSTEIN.

On explique facilement la loi de Dulong et Petit en supposant que chaque mole d'un élément solide contient A (le nombre d'Avogadro) oscillateurs harmoniques. D'après l'équipartition de l'énergie, chaque oscillateur a une énergie cinétique $\frac{3}{2} kT$ et une contribution égale vient de l'énergie potentielle qui, en moyenne, est égale à l'énergie cinétique dans le cas d'un oscillateur harmonique. L'énergie totale d'une mole est donc

$$E = 3\,k\,A\,T = 3\,R\,T$$

et la chaleur molaire est $dE/dT = 3\,R$.

Si les oscillateurs sont quantifiés, leur énergie moyenne par degré de liberté est

$$E = \frac{k\,\mathrm{T} \sum_{n=0}^{\infty} nx e^{-nx}}{\sum_{n=0}^{\infty} e^{-nx}} = h\,\mathrm{T}\,\frac{x}{e^x - 1}$$

où $x = h\upsilon/k\,T$. On a déjà rencontré cette formule dans l'appendice 2, équation (10).

La chaleur molaire est alors

$$C = \frac{d\,E}{d\,T} = 3\;R\;\frac{x^2\,e^x}{(e^x - 1)^2}$$

Cette formule est en assez bon accord avec l'expérience, mais elle a besoin d'être améliorée, surtout parce que la fréquence υ doit être remplacée par tout un spectre de fréquences.

P. Debye développa une approximation bien meilleure qui tient compte de ce spectre.

APPENDICE 7 : LE A ET LE B D'EINSTEIN.

Prenons un système à deux états quantiques r et s dans un champ de radiation noir de densité $u\,(\upsilon, T)$. Le nombre de systèmes dans l'état s est n_s et le nombre de systèmes dans l'état r est n_r. Longtemps auparavant, Boltzmann avait trouvé qu'à l'équilibre thermique, le rapport n_S/n_r est donné par

$$\frac{n_S}{n_r} = \exp[-(E_S - E_r)/kT]$$

C'est la loi fondamentale de la mécanique statistique, appelée loi de Boltzmann.

Un système dans l'état *s* a la probabilité par unité de temps *A* de tomber spontanément dans l'état *r*, et la probabilité par unité de temps $B\,u\,(\upsilon, T)$, proportionnelle à la densité du rayonnement *u*, d'être poussé par le rayonnement dans l'état *r*. De la même façon, un système dans l'état *r* a la probabilité $C\,u\,(\upsilon, T)$ d'être poussé par le rayonnement de l'état *s*. Suivant l'idée des quanta de lumière, l'énergie $E_s — E_r$ divisée par *h* donne la fréquence du rayonnement émis ou absorbé au cours de la transition. C'est aussi la fréquence à laquelle on doit calculer $u\,(\upsilon, T)$. A l'équilibre, on doit avoir le même nombre de transitions dans un sens que dans l'autre, et donc :

$$n_r\,C\,u\,(\upsilon, T) = n_s\,[A + B\,u\,(\upsilon, \mathrm{T})]$$

En combinant la loi de Boltzmann et la condition d'équilibre, on trouve :

$$\exp\,[- E_s - E_r)/\mathrm{kT}]\,(A + B\,u\,(\upsilon, \mathrm{T})) = C\,u\,(\upsilon, \mathrm{T})$$

Pour *T* tendant vers l'infini, $u\,(\upsilon, T)$ devient très grand, $A \ll B\,u\,(\upsilon, \mathrm{T})$ et $\exp\,[—(E_S — E_r)/KT] = 1$, nous devons avoir $B = C$ et, en explicitant $u\,(\upsilon, T)$, on obtient :

$$u\,(\upsilon, T) = \frac{A\,/\,B}{\exp\,(E^s\text{-}E^r)\,/\,k\,T - 1}$$

A partir de la loi thermodynamique de Wien, $u\,(\upsilon, \mathrm{T}) = \upsilon^3\,\mathrm{f}\,(\upsilon/\mathrm{T})$, valable pour un système quelconque, on doit conclure que $\mathrm{E_s} - \mathrm{E_r}$ est proportionnel à υ et *A/B* à υ^3. Pour $h\upsilon \ll k\,T$, l'expression de *u* vaut approximativement $u = A\,k\,T/B\,h\upsilon$, et ceci doit coïncider avec la formule de Rayleigh-Jeans $u = 8\,\pi\,\upsilon^2\,k\,T/c^3$. Cette condition donne $A/B = 8\pi\,h\upsilon^3/c^3$. Nous avons donc là une démonstration complète de la loi de Planck. Si, au contraire, nous admettons la loi de Planck, nous obtenons la valeur du rapport A/B. Ce rapport peut aussi être calculé sur un exemple spécifique par la mécanique quantique.

APPENDICE 8 : LA MÉTHODE PARABOLIQUE DE J.J. THOMSON POUR TROUVER LA VALEUR DU RAPPORT *e/m* DES IONS.

Avec ses méthodes, J.J. Thomson produisait des faisceaux d'ions dont les vitesses étaient très largement différentes. Il fallait donc trouver une méthode qui permît d'utiliser ces faisceaux à la détermination du rapport *e/m* sans perdre trop d'intensité.

Thomson utilisait les déviations perpendiculaires par un champ magnétique et un champ électrique. Supposons que l'ion se déplace à une vitesse *v* dans la direction *z* et soit soumis à un champ électrique E et à un champ magnétique B, tous deux dans la direction x. La force de Lorentz agissant sur l'ion est

$$\mathbf{F} = e\,\mathrm{E} \times \frac{e}{c}\,\mathrm{V} + \mathbf{B} \qquad (1)$$

et, pour notre cas, ses composantes sont

$$F_x = e\,E \qquad F_y = \frac{e}{c}\,B\,v \qquad (2)$$

les déviations dans le plan perpendiculaire de l'axe z sont

$$x = \frac{e\,E}{m} \cdot \frac{t^2}{2} = \frac{e\,E}{m} \cdot \frac{A}{2v^2} \qquad (3)$$

$$y = \frac{e\,B\,v}{m\,c} \cdot \frac{\mathrm{t}^2}{2} = \frac{e\,B}{m\,c} \cdot \frac{A'}{2\,V} \qquad (4)$$

A et A' sont ici des constantes qui dépendent de la géométrie de l'appareil. A partir des équations (3) et (4), nous avons

$$y^2 = \frac{e}{m}\,,\ \frac{B^2A'^2}{2\,E\,c^2A}\,x = k\,x$$

Les ions se retrouvent donc sur une parabole, quelle que soit leur vitesse ; la vitesse détermine le point de la parabole qu'ils atteignent. Chaque valeur de e/m donne lieu à sa propre parabole.

APPENDICE 9 : L'ATOME D'HYDROGÈNE SELON BOHR.

Considérons un atome formé d'un centre de masse infinie et de charge positive et qui attire électrostatiquement un électron. Les orbites seront des ellipses de Kepler avec le noyau (la masse infinie) à un foyer. Pour simplifier, nous ne considérerons que les orbites circulaires. Appelons m la masse de l'électron, v sa vitesse, ω sa vitesse angulaire et r sa distance au noyau. En équilibrant la force centrifuge par l'attraction de Coulomb, nous avons

$$\frac{m\,v^2}{r} = m\omega^2 r = \frac{e^2}{r^2} \qquad (1)$$

Si la masse du noyau est finie, on a la même équation en remplaçant m par $M\,m/(M+m)$ (la masse réduite) et si le noyau a une charge Ze, comme dans les noyaux hydrogénoïdes, on remplace un des e par Ze. Désormais, m désignera la masse réduite.

Par convention, le zéro d'énergie du système correspond à un électron immobile à une distance infinie du noyau. Avec cette convention, l'énergie sur une orbite est

$$e = \frac{m v^2}{2} - \frac{Z e^2}{r} = \left(\frac{Z^2 e^4 m \omega^2}{8}\right)^{1/3} \qquad (2)$$

l'équation (2) donne

$$\frac{|E^3|}{\omega^2} = \frac{Z^2 e^4 m}{8} = \text{constante} \qquad (3)$$

La fréquence du rayonnement émis lors d'un saut quantique d'une orbite 1 à une autre orbite 2 est donnée, d'après le postulat de Bohr, par

$$\upsilon = \frac{E_1 - E_2}{h} \qquad (4)$$

La structure de la formule de Balmer

$$\upsilon = R\left(\frac{1}{n_1^2} \; \frac{1}{n_2^2}\right) \qquad (5)$$

suggère que $R/n^2{}_1$ est une expression de E_1/h pour des orbites spécifiques. On veut que pour n grand, ce qui correspond aux orbites étendues, et pour le saut minimum de n (soit une unité), la formule de Balmer donne une fréquence qui tende vers la valeur classique, c'est-à-dire $\omega/2\pi$.

La formule de Balmer donne approximativement pour υ, quand n est grand :

$$\upsilon = R\left(\frac{1}{n^2} - \frac{1}{(n+1)^2}\right) \simeq \frac{2R}{n^3}$$

ω est donné par l'équation (3) et, en combinant les deux expressions et en remplaçant E par $h\,R/n^2$:

$$2\,\pi\,\upsilon = \frac{4\,\pi\,R}{n^3} = \left(\frac{8\,|\,E^3\,|}{Z^2 e^4 m}\right)^{1/2} = \left(\frac{8\,R^3 h^3}{n^6 Z^2 e^4 m}\right)^{1/2} \qquad (6)$$

En égalant le second et le quatrième membre, nous avons :

$$R = 2\,\pi^2 m\,Z^2 e^4/h^3 \qquad (7)$$

A partir de la valeur de R, l'équation (5) nous donne :

$$E = -\frac{R\,h}{n^2} = -\frac{2\,\pi^2 m Z^2 e^4}{h^2 n^2} \qquad (8)$$

Les valeurs négatives de E correspondent aux états liés. Toutes les valeurs positives de E, qui classiquement correspondent aux orbites hyperboliques, sont permises, elles forment un spectre continu.

Les rayons des orbites permises sont

$$r_n = \frac{h^2 n^2}{4\,\pi^2 m\, Z\, e^2} \qquad (9)$$

La vitesse sur les orbites est $2\pi\, e^2\, Z/h\, n$ et le moment angulaire calculé à partir des équations (9) et (6) est

$$l = \frac{n\,h}{2\,\pi} \qquad (10)$$

La valeur entière du moment angulaire en unité de $h/2\pi$ est caractéristique des orbites permises et peut être utilisée comme une condition de quantification.

APPENDICE 10 : TOUTE LA MÉCANIQUE QUANTIQUE EN QUELQUES MOTS.

Nous donnons ici un résumé des schémas conceptuels de la mécanique quantique. Il est évident que notre exposé est incomplet et ne prétend pas enseigner la mécanique quantique. Le lecteur qui souhaite une présentation élémentaire mais plus complète doit consulter l'un des nombreux manuels disponibles. Celui de F. Mandl, *Quantum Mechanics* (Londres, Butterworths, 1957) est bref et clair.

Considérons un système ayant un seul degré de liberté, de coordonnée q, et appelons A, B, etc., les variables dynamiques telles que la coordonnée, le moment, l'énergie. Mesurons immédiatement l'une après l'autre les grandeurs A, B puis A. Les deux premières mesures nous donnent les valeurs a' et b'. Pour la troisième, qui est la seconde mesure de A, il peut se faire que nous trouvions toujours nécessairement a'. On dit alors que A et B sont des observables compatibles ; dans le cas contraire, on les appelle des observables incompatibles. Quand nous avons effectué sur un système un nombre suffisant de mesures de telle sorte qu'une mesure supplémentaire ou bien se trouvera incompatible avec les précédentes ou bien donnera un résultat calculable avec certitude à partir des précédentes, on dit qu'on a réalisé une observation complète du système. Une observation complète définit l'« état » d'un système.

A chaque état d'un système est associée une fonction $\psi\,(q, t)$ dont l'évolution dans le temps est régie par l'équation de Schrödinger

$$H_{op}\,(p, q)\,\psi\,(q, t) = \frac{\mathrm{i}\,h}{2\pi}\frac{\delta\psi}{\delta t}$$

où $H_{op}(p, q)$ est l'opérateur hamiltonien, obtenu à partir de l'expression de l'énergie en fonction de q et de son moment conjugué p en remplaçant p par l'opérateur $(h/2\,\pi\,i)\,(\delta/\delta q)$. Dans le cas, par exemple, de l'oscillateur harmonique à une dimension, l'énergie potentielle est $\frac{1}{2}\,k\,x^2$ et l'énergie cinétique est $p^2/2m$. On peut expliciter H_{op} dans l'équation (1) et l'on a

$$H(p, x)\,\psi\,(x, t) = \left(-\frac{h^2}{8\pi^2 m}\,\frac{d^2}{dx^2} + \frac{1}{2}\,kx^2\right)\psi\,(x,t) = \frac{ih}{2\pi}\,\frac{\delta\psi(x,t)}{\delta t} \quad (2)$$

Il est clair qu'étant donnée la valeur initiale ψ (x, O) on peut, en intégrant l'équation (1), trouver ψ (x, t) à un temps quelconque.

Nous avons aussi les postulats suivants :

1) Le résultat de la mesure d'une observable physique $G\,(p, q)$ est l'une des valeurs propres de l'équation

$$G_{op}\,(p, q)\,\varsigma_n\,(q) = g_n\,\varsigma_n\,(q) \qquad (3)$$

Comme cas particulier, nous avons pour l'énergie

$$H\,(p, q)\,\psi_n\,(q) = E_n\,\psi_n\,(q) \qquad (4)$$

qui est l'équation de Schrödinger. Si, par exemple, nous avons mesuré l'énergie d'un oscillateur et trouvé la valeur E_3, valeur propre correspondant à la fonction propre ψ_3 (x), alors nous savons que la fonction $\psi\,(x)$ associée à l'état de notre oscillateur est $\psi_3\,(x)$; dans ce cas spécifique,

$$E_3 = (3 + 1/2)\,h\,\upsilon \quad \text{avec} \quad \upsilon = (1/2\,\pi)\,\sqrt{k/m}.$$

2) Comme on l'a spécifié plus haut, l'état du système est défini par $\psi\,(q, 0)$. Le $\psi\,(q, 0)$ peut être développé sur la base des fonctions propres ς_n (q) de l'opérateur $G_{op}\,(p, q)$, donnant

$$\psi\,(q) = \Sigma a_n\,\varsigma_n\,(q) \qquad (5)$$

3) Si on mesure G dans l'état ψ, la probabilité de trouver la valeur propre g_n est $|a_n|^2$.

Le même schéma peut être exprimé sous une forme différente : un système est décrit par un vecteur complexe de longueur unité dans un espace abstrait appelé *espace de Hilbert*. Cet espace peut avoir un nombre infini de dimensions. Les vecteurs d'état se déplacent dans l'espace de Hilbert suivant une loi déterministe qui est une généralisation de l'équation de Schrödinger (essentiellement l'équation [1]). Lorsqu'on veut connaître la grandeur de certaines quantités physiques, on doit introduire des axes dans l'espace de Hilbert. Ces axes dépendant du type d'observables auxquelles on s'intéresse. Les axes sont indicés par les valeurs possibles des observables et le carré du module de la projection du vecteur d'état sur un axe donné est la probabilité de trouver la valeur correspondante de l'observable. Il peut se trouver que cette probabilité soit un.

La mesure d'une grandeur physique modifie en général le vecteur d'état et introduit donc une discontinuité dans son évolution. Dans le cas le plus simple où le vecteur d'état est défini par une observation seulement, supposons que dans l'état ψ nous mesurions G avec le résultat g_n ; alors, après la mesure, l'état n'est plus ψ mais φ_n.

La théorie de la mesure en mécanique quantique a donné lieu à une longue discussion qui n'est pas encore entièrement épuisée.

BIBLIOGRAPHIE

Pour les dictionnaires et travaux d'intérêt général voir *Modern Men of Science* (New York, McGraw-Hill, 1968) et C. Gillispie (éditeur) *Dictionary of Scientific Biography*, 14 vol. (New York, Scribners, 1970-1976). Plusieurs académies, notamment la Royal Society de Londres et la National Academy of Sciences de Washington.ainsi que l'Académie des Sciences dans la section « Vie académique » des *Comptes Rendus* publient des séries de notes bibliographiques sur leurs membres décédés. Les *Nobel Lectures in Physics* (New York : Elsevier, 1967) et *Les Prix Nobel* (Stockholm : Norstedt & Söner, 1902-) contiennent les conférences et les biographies des lauréats. Les *Adventures in Experimental Physics*, édités par B. Maglich (Princeton : World Science Education, 1972-) contiennent des comptes-rendus de découvertes importantes faits par leurs auteurs. *The World of Atom*, édité par H. Boorse et L. Motz (New York : Basic Books, 1966) est une anthologie accompagnée de riches notes biographiques. C'est une source excellente pour plusieurs des travaux originaux les plus importants discutés dans ce livre. *The Conceptual Development of Quantum Mechanics* de M. Jammer (New York : McGraw-Hill, 1966) est une excellente description générale du développement de la théorie quantique. *A History of the theories of Aether and Electricity* de E. Whittaker est un travail érudit très utile pour l'étude des aspects mathématiques ; il comprend les périodes antérieures au XIXe siècle.

Chapitre 1 : Introduction.

Pour une intéressante histoire générale, voir B. Tuchman, *The Proud Tower : A Portrait of the World Before the War, 1890-1914*

(New York : MacMillan, 1966) qui trace un panorama personnel de l'Europe à la fin du XIXe siècle.

Pour quelques-unes des personnalités scientifiques majeures, voir R. Glazebrook, *James Clerk Maxwell and Modern Physics* (Londres : Cassel, 1901), S. Thompson, *Life of Lord Kelvin* (Londres : MacMillan, 1910) ; C. Everitt, *James Clerk Maxwell : Physicist and Natural Philosopher* (New York : Scribner ; 1975) ; L. Königsberger, *H. von Helmholtz* (traduction anglaise de F. Welby, New York : Dover, 1956) ; J. Hertz, *Heinrich Hertz* (Leipzig : Akademische Verlagsgesellschaft, 1972) ; J.W. Gibbs « *R.J.E. Clausius* » dans les *Proceedings American Academy 16*, 458 (1889) ; O. Glasser, *Dr. W.C. Röntgen* (Berlin, Springer, 1959 ; deuxième édition Springfield, C. Thomas, 1972) ; E. Broda, *Ludwig Boltzmann Mensch, Physiker, Philosoph* (Vienne : F. Deuticke, 1955) ; Lord Rayleigh, *The Life of J.J. Thomson, O.M.* (Cambridge : Cambridge University Press, 1943) ; R. Strutt, quatrième baron Rayleigh, *Life of J.W. Strutt, Third Baron Rayleigh, O.M. F.R.S.* (Madison, Wisconsin : University of Wisconsin Press, 1968) ; *H.A. Lorentz, Impressions of His Life and Work*, édité par G. De Haas-Lorentz (Amsterdam : North-Holland, 1936) ; G. Thomson, *J.J. Thomson and the Cavendish Laboratory in His Day* (Londres : Nelson, 1967) ; R. Millikan, *The Electron* (Chicago : The University of Chicago Press, 1963) Pasteur Vallery-Radot, *Pasteur* inconnu (Paris : Flammarion, 1953) ; R. Willstaetter, *From My Life* (New York : W. Benjamin, 1965).

The Discovery of the Electron, de D. Anderson (New York : Van Nostrand Reinhold, 1964) est un résumé élémentaire de nombreux sujets discutés dans ce chapitre. La base économique et financière de la physique est analysée dans *Physics circa 1900 — Personnel Funding and Productivity of the Academic Establishment*, de P. Forman, J. Heilbron et S. Weart, in *Historical Studies in the Physical Sciences*, vol. 5 (Princeton : Princeton University Press, 1975).

Chapitre 2 : H. Becquerel, les Curie et la découverte de la radioactivité.

Pour Becquerel, voir *Comité du patronage du cinquantenaire de la découverte de la radioactivité* (Paris : École Polytechnique, 1946).

Pour les travaux des Curie : P. Curie, *Œuvres de Pierre Curie* (Paris, Gauthier-Villars, 1908) ; *les Œuvres de Marie Sklodowska, Curie*, éditées par I. Joliot-Curie (Varsovie : Pánstwowe Wydawnictwo Naukowe, 1954).

Pour les biographies des Curie, voir M. Curie, *Pierre Curie* (Paris, Payot, 1924) ; Ève Curie, *Madame Curie* (Paris : Gallimard, 1940) ;

A. Langevin, *Paul Langevin, mon père ; l'homme et l'œuvre* (Paris : Éditeurs Français réunis, 1971).

On peut trouver une histoire générale de la découverte de la radioactivité dans *The Discovery of Radioactivity and Transformation,* éditée par A. Romer (New York : Dover, 1960).

Chapitre 3 : Rutherford au Nouveau Monde : la transmutation des éléments.

La source de base pour ce chapitre est E. Rutherford, *The Collected Papers of Lord Rutherford of Nelson under the scientific direction of Sir James Chadwick* (New York : Interscience, 1962-1965) : vol. 1, *New-Zealand-Cambridge-Montreal ;* vol. 2, *Manchester ;* vol. 3, *The Cavendish Laboratory.* La collection contient aussi des articles historiques. La biographie officielle de Rutherford est de A. Eve, *Rutherford* (Cambridge : Cambridge University Press, 1939). Voir aussi *Rutherford and Boltwood, Letters on Radioactivity,* éditées par L. Badash (New Haven : Yale University Press, 1969) et O. Hahn, *Vom Radiothor zur Uranspaltung : eine wissenschaftliche Selbstbiographie* (Braunschweig : F. Vieweg, 1962).

Chapitre 4 : Planck, le révolutionnaire malgré lui : l'idée de la quantification.

Pour la thermodynamique, voir L. Wheeler, *J.W. Gibbs : The History of a Great Mind* (New Haven : Yale University Press, 1951).

Une source de base pour ce chapitre est M. Planck, *Physikalische Abhandlungen und Vorträge* 3 vol. (Braunschweig : Vieweg, 1958). Le volume 3 contient des articles historiques. On conseillera en français A. Hermann, *Max Planck* (Paris, Éditions du CNRS, 1977).

Pour l'histoire de l'étude du corps noir, voir H. Kangro, *Early History of Planck's Radiation Law* (New York : Crane Russak, 1976) ; A. Hermann, *Genesis of Quantum Theory* (Cambridge, Mass. : M.I.T. Press, 1971) ; T. Kuhn, *Black Body Theory and the Quantum Discontinuity 1894-1912* (Oxford : Clarendon Press, 1978).

Pour les Conseils Solvay, voir M. de Broglie, *Les Premiers Congrès de physique Solvay* (Paris : Albin Michel, 1951).

Chapitre 5 : Einstein — De nouvelles façons de penser : l'espace, le temps, la relativité et les quanta.

Les travaux d'Einstein n'ont pas encore été rassemblés dans

leur intégralité. Un volume qui traite, incomplètement, de la relativité est A. Einstein, H. Lorentz, H. Minkowski et H. Weyl, *The Principle of Relativity, A Collection of Original Memoirs on the Special and General Theory of Relativity with Notes by A. Sommerfeld* (New York : Dover, 1952).

Des nombreuses biographies existantes la meilleure est celle de A. Pais, *Subtle is the Lord... The Science and Life of Albert Einstein* (New York : Oxford University Press, 1982). Parmi les bonnes biographies se trouvent B. Hoffmann et H. Dukas, *Albert Einstein, Creator and Rebel* (New York : Viking Press, 1972) ; *Helle Zeit, Dunkle Zeit — In Memoriam A. Einstein,* édité par C. Selig (Zurich : Europa, 1976) ; R. Clark, *Einstein : The Life and Times* (New York : World Publishing Co, 1971). L'esquisse autobiographique éditée par P. Schilpp, *Albert Einstein, Philosopher-Scientist* (La Salle : The Open Court, 1949) est particulièrement intéressante.

Les correspondances avec Sommerfeld, Born et Besso sont très instructives. Voir *Albert Einstein-Arnold Sommerfeld Brielwechsel,* édité par A. Hermann (Bale : Schwabe, 1968) ; A. Einstein, *The Born-Einstein Letters* (New York : Waller & Co., 1971) ; A. Einstein, *A. Einstein and Michele Besso Correspondence 1903-1955* (Paris : P. Speziali, 1972).

Une belle étude sur Ehrenfest éclaire une importante personnalité qui fut très proche d'Einstein : M. Klein, *Paul Ehrenfest* (Amsterdam : North Holland, 1970).

Pour Michelson, voir D. Michelson Livingston, *The Master of Light : A Biography of A.A. Michelson* (New York : Scribners, 1973).

Chapitre 6 : Sir Ernest et Lord Rutherford de Nelson.

Pour la période de Manchester, le volume 2 de *The Collected Papers of Lord Rutherford* (New York : Interscience, 1962-1965) est fondamental. Voir aussi *Rutherford at Manchester,* édité par J. Birks (Londres : Benjamin, 1962) qui contient aussi des réimpressions de travaux de Rutherford, Bohr, Moseley et d'autres.

Pour la période de Cambridge, voir le volume 3 de *The Collected Papers of Lord Rutherford.* Voir aussi Sir M. Oliphant, *Rutherford, Recollections of Cambridge Days* (Amsterdam : Elsevier, 1972) and P. Kapitza « Recollections of Lord Rutherford » *Nature 210,* 780 (1966).

Chapitre 7 : Bohr et les modèles atomiques.

Les premiers volumes des œuvres de Bohr ont été publiés :

N. Bohr, Collected Works, édité par L. Rosenfeld (Amsterdam : North Holland, 1972).

Un document très important, écrit à partir de témoignages directs et qui révèle plusieurs aspects de la personnalité complexe de Bohr est *Niels Bohr, His Life and Works as Seen by His Friends and Colleagues,* édité par S. Rozental (Amsterdam : North Holland, 1967).

Pour les rayons X, voir *50 Years of X-ray Diffraction,* édité par P. Ewald (Utrecht : Oosthoek, 1962) ; W.L. Bragg, *The Development of X-ray Analysis* (New York : Hafner, 1975) ; G. Carole, *William Henry Bragg, Man and Scientist* (Cambridge : Cambridge University Press, 1978) ; S. Allison, « A.H. Compton, a biographical memoir » in The National Academy of Sciences of the United States, *Biographical Memoirs 38,* 81 (1965).

Pour Moseley, voir J. Heilbron, *H.G.J. Moseley : The Life and Letters of an English Physicist, 1887-1915* (Berkeley : University of California Press, 1974).

Un des meilleurs des nombreux articles consacrés à Sommerfeld est « Arnold Johannes Wilhelm Sommerfeld, 1868-1951 » dans M. Born, *Ausgewählte Abhandlungen* (Göttingen : Vandenhoeck & Rupprecht, 1963).

Pour le spin de l'électron, voir R. Kronig « The turning point » dans *Theoretical Physics in the Twentieth Century, A Memorial Volume to Wolfgang Pauli,* édité par M. Fierz et V. Weisskopf (New York, Interscience, 1960) ; S. Goudsmit « Pauli and nuclear spin » dans *Physics Today 14,* (juin 1961) ; S. Goudsmit, « It might as well be spin » et G. Uhlenbeck « Personal reminiscence » dans *Physics Today 29* (juin 1976).

F. Hund, *Geschichte der Quantentheorie* (Mannheim : Bibliographisches Institut, 1967) donne une histoire de la construction des modèles atomiques écrit par un protagoniste actif.

Pour Otto Stern, voir E. Segrè, « Otto Stern. A biographical memoir » dans The National Academy of Sciences of the United States, *Biographical Memoirs 43,* 215 (1973).

Pour Pauli, voir d'abord les *Collected Scientific Papers by W. Pauli,* édités par R. Kronig et V. Weisskopf (New York : Wiley Interscience, 1964) et aussi *Theoretical Physics in the Twentieth Century* édité par M. Fierz et V. Weisskopf.

Chapitre 8 : Enfin une vraie mécanique quantique.

En plus de M. Jammer, *The Conceptual Development of Quantum Mechanics* (New York : McGraw-Hill, 1966), voir *Sources of*

Quantum Mechanics, édité par B. Van der Waerden (New York : Dover, 1968).

Pour de Broglie, voir *Louis de Broglie, physicien et penseur* (Paris : Albin Michel, 1953).

Pour Heisenberg, voir son compte rendu autobiographique : W. Heisenberg, *Der Teil und dus Banze* (Muncih, 1969), *Schritte über Grenzen* (Munich, 1973), C.F. *von Weizäcker, Werner Heisenberg,* (Muncih, 1977) et aussi D. Irving, *The Virus House* (Londres : Kimber, 1967).

Pour Pauli, voir la bibliographie du chapitre 7.

Pour Dirac, voir P. Dirac, « Recollections of an exciting era » dans *History of 20th Century Physics, Proceedings of International School of Physics Course 57* (New York : Academic Press, 1977).

Pour Born, voir M. Born, *Ausgewählte Abhandlungen* (Göttingen : Vandenhoeck & Rupprecht, 1963) et M. Born, *My Life : Recollections of a Nobel Laureate* (New York : Scribner, 1975).

Quelques-uns des livres classiques qui résument le travail scientifique des fondateurs de la mécanique quantique sont W. Heisenberg, *Les Principes Physiques de la Théorie des Quanta* (Paris : Gauthier-Villars, 1932) ; W. Pauli, *Die allgemainnen Prinzipien der Wellenmechanik* dans le Handbuch der Physik, vol. 24/1. (Berlin : Springer, 1933) ; P. Dirac, *The Principles of Quantum Mechanics* (Oxford : Clarendon Press, 1930) ; P. Jordan, *Anschauliche Quantentheorie, Eine Einführung in die Moderne Auffassung der Quantenerscheinungen* (Berlin : Springer, 1936) ; E. Schrödinger, *Collected Papers on Wave Mechanics* (Londres : Blackie and Son, 1928) ; Louis de Broglie Théorie de la quantification dans la nouvelle mécanique (Paris, Hermann 1932).

Les discussions épistémologiques entre Bohr et Einstein sont reproduites dans N. Bohr, « Discussions with Einstein on epistemological problems in atomic physics » in *Albert Einstein, Philosopher-Scientist,* édité par P. Schilpp (La Salle : The Open Court, 1949). On peut en trouver des traces dans la correspondance Born-Einstein citée dans la bibliographie du chapitre 5.

Niels Bohr, His Life and Works as Seen by His Friends and Colleagues, édité par S. Rozental (Amsterdam : North Holland, 1967) contient des descriptions écrites par Heisenberg, Pauli et d'autres sur l'ambiance et « l'esprit » de Copenhague. Voir aussi K. Przibram, *Briefe zur Wellenmechanik* (Vienne : Springer, 1963) pour les réactions de Schrödinger. T. Kuhn, J. Heilbron, P. Forman et L. Allen, *Sources for History of Quantum Physics* (Philadelphie : The American Philosophical Society, 1967) est un travail de référence indispensable pour une étude en profondeur. Une version anglaise du Faust de Copenhague se trouve dans G. Gamov, *Thirty Years that Shook Physics* (New York : Doubleday, 1966).

Voir aussi A. Beyerchen, *Scientists under Hitler ; Politics and the*

Physics Community in the Third Reich (Londres : Yale University Press, 1977). *50 Years of Electron Diffraction,* édité par P. Goodman (Dordrecht : Reidel Publ. Co., 1981) remarquable aussi pour ses vues sur la physique japonaise.

Chapitre 9 : La prodigieuse année 1932 : le neutron, le positron, le deutérium et d'autres découvertes.

O. Corbino, « I nuovi compiti della fisica sperimentale » dans les *Atti della Societa Italiana per il Progresso delle Scienze 18,* 1157 (1929) traduction anglaise dans *Minerva 9,* 528 (1971).

Pour la découverte du neutron, voir F. et I. Joliot-Curie, *Œuvres scientifiques complètes* (Paris : Presses Universitaires de France, 1961) ; J. Chadwick, « Possible existence of a neutron » *Nature 129,* 312 (1932) ; J. Chadwick, « Some personal notes on the search for the neutron ». Ithaca, *Proceedings of the X International Congress of History of Science* (1962) (Paris : Hermann, 1964).

Pour l'ambiance du California Institute of Technology où C. Anderson travailla toujours, voir R. Millikan, *Autobiography* (Englewood Cliffs : Prentice-Hall, 1950) ; C. Anderson, « The positive electron », *Physical Review 43,* 491 (1933).

Pour Majorana, voir E. Amaldi, « Ettore Majorana, man and scientist » dans *Strong and Weak Interactions* édité par A. Zichichi (New York : Academic Press, 1960).

Voir aussi *Nuclear Physics in Retrospect ; Proceedings of a Symposium on the 1930s,* édité par R. Stuewer (Minneapolis : University of Minnesota Press, 1979) et *The Birth of Particle Physics,* édité par L. Brown et L. Hoddeson (Londres : Cambridge University Press, 1983).

Les comptes rendus du septième Conseil Solvay sont publiés dans *Comptes Rendus du 7ᵉ Conseil de physique Solvay* (Paris : Gauthier-Villars, 1934). Ils donnent une description très précise de l'état de la physique nucléaire en octobre 1933.

Pour le deutérium, voir H. Urey, F. Brickwedde et G. Murphy, « A hydrogen isotope of masse 2 and its concentration », *Physical Review 40,* 1 (1932).

Chapitre 10 : Enrico Fermi et l'énergie nucléaire.

Pour Fermi, voir d'abord *The Collected Papers of Enrico Fermi,* édité par E. Segrè (Chicago : University of Chicago Press, 1962) qui contient aussi une large information historique et biographique. Laura Fermi, *Les atomes en famille* (Paris, Gallimard,

1955). E. Segrè, *Enrico Fermi, Physicist* (Chicago : University of Chicago Press, 1970) ; « Memorial symposium in honor of E. Fermi at the Washington meeting of the American Physical Society, April 29, 1955 », *Reviews of Modern Physics 27,* 253 (1955).
ur la découverte de la fission, voir O. Hahn, *Vom Radiothor zur Uranspaltung : eine wissenschaftliche Selbstbiographie* (Braunschweig : F. Vieweg, 1962) ; O. Frisch, « The interest is focusing on the atomic nucleus », dans *Niels Bohr, His Life and Works as Seen by His Friends and Colleagues,* édité par S. Rozental (Amsterdam, North Holland, 1957) ; O. Frisch, *What Little I Remember* (Cambridge : Cambridge University Press, 1979).

Sur Rasetti, voir T. Nason, « A man for all sciences » dans *The John Hopkins Magazine 17-4,* 12 (1966).

Sur Szilard, voir « Reminiscences of Leo Szilard » in *Perspectives in American History,* vol. 2 édité par G. Szilard et K. Winsor (Cambridge, Mass. Harvard University, 1968) et L. Szilard, *His Version of the Facts* (Cambridge Mass. : M.I.T. Press, 1978).

Sur les éléments artificiels, voir E. Segrè, *I nuovi elementi chimici. Chimica nucleare alle alta energie* (Rome : Accademia Nationale dei Lincei, 1953). Un panorama de la physique nucléaire dans les années 30 est donné dans *Nuclear Physics in Retrospect,* édité par R. Stuewer (Minneapolis : University of Minnesota Press, 1979).

Sur les développements de l'énergie atomique et de la bombe atomique il y a une littérature abondante, pas toujours sérieuse. Sont parmi les meilleures sources : H. Smyth, *Atomic Energy for Military Purposes* (Princeton : Princeton University Press, 1945) ; R. Hewlett et O. Anderson Jr, *The New World, 1943-1946* (University Park : The Pensylvania University Press, 1962) ; D. Irving, *The Virus House* (Londres : Kimber, 1967) ; E. Bagge, K. Diebner, K. Jay, *Von der Uranspaltung bis Calder Hall* (Hambourg : Rowohlt, 1957) ; S. Goudsmit, *Alsos* (New York : Henry Schuman, 1947) ; M. Gowing, *Britain and Atomic Energy* (Londres : St. Martin's Press, 1974) ; N. Golovin, *I.V. Kurchatov. A Socialist-Realist Biography of the Soviet Nuclear Scientist* (Bloomington : Selbstverlag Press, 1968) ; A. Smith, *A Peril and a Hope* (Chicago : University of Chicago Press, 1965).

Sur J. Robert Oppenheimer, différents écrivains ont laissé courir leur imagination. Une des meilleures sources, *In the Matter of J.R. Oppenheimer, Transcripts of a Hearing before Personnel Security Board, Washington. April 12, 1954, trough May 6, 1954* (Washington, Government Printing Office, 1954) demande une information complémentaire importante avant de pouvoir être utilement consultée. Parmi les livres qui méritent consultation : P. Michelmore, *The Swift Years — The J. R. Oppenheimer Story* (New York :

Dodd, Mead, 1969) ; D. Royal, *The Story of J. Robert Oppenheimer* (New York : St.Martin's Press, 1969). H. York, *The Advisors : Oppenheimer, Teller and the Superbomb* (San Francisco : W.H. Freeman and Company, 1976) donne une description éclairante des batailles politiques autour de la bombe à hydrogène. R. Oppenheimer, *Letters and Recollections,* édité par A. Smith et C. Weiner (Cambridge Mass., Harvard University Press, 1980) est particulièrement instructif en ce qui concerne les jeunes années d'Oppenheimer.

Voir S. Weart, *Scientist in Power* (Cambridge Mass. : Harvard University Press, 1979) consacré principalement aux travaux français sur l'énergie atomique ; B. Goldschmidt, *Le Complexe atomique : Histoire politique de l'énergie nucléaire* (Paris, Fayard, 1980).

Voir aussi J. Dupré et S. Lakoff, *Science and the Nation* (Englewood Cliffs : Prentice Hall, 1962). S. Ulam, « Thermonuclear devices » dans *Perspectives in Modern Physics,* édité par R. Marshak (New York : Interscience, 1966).

Sur l'importante personnalité de John von Neuman, voir S. Ulam, H. Kuhn, A. Tucker et C. Shannon, « John von Neumann, 1903-1957 » dans *Perspectives in American History,* vol. 2 (Cambridge, Mass. : Harvard University, 1968).

Chapitre 11 : E.O. Lawrence et les accélérateurs de particules.

On peut trouver une très brève histoire de la cryogénie jusqu'en 1935 dans M. Ruheman et B. Ruheman, *Low Temperature Physics* (Londres : Cambridge University Press, 1937) ; voir aussi K. Mendelssohn, *Quest for Absolute Zero* (New York : McGraw-Hill, 1966).

On peut trouver une bonne synthèse historique sur les accélérateurs dans E. McMillan, « Particle accelerators » in *Experimental Nuclear Physics,* vol. 3, édité par E. Segrè (New York : John Wiley and Sons, 1959) et dans M. Livingston, *Particle Accelerators : A Brief History* (Cambridge, Mass. Harvard University Press, 1969).

Pour E.O. Lawrence, voir L. Alvarez, « Ernest Orlando Lawrence. A Biographical Memoir », in The National Academy of Sciences of the United States, *Biographical Memoirs, 41,* 251 (1970) ; H. York, *The Advisors : Oppenheimer, Teller and the Superbomb* (San Francisco : W.H. Freeman and Company, 1976). J. Heilbron, R. Seidel et B. Wheaton, *Lawrence and his laboratory, Nuclear Science at Berkeley 1931-1961* (Berkeley, Lawrence Berkeley Laboratory, 1981).

Pour l'histoire du C.E.R.N., *Evolution of Particle Physics. A Volume Dedicated to Edoardo Amaldi on his Sixtieth Birthday*, édité par M. Conversi (Londres : Academic Press, 1970) ; E. Amaldi, « First International Collaboration between Western European Countries », dans les *Proceedings of International School of Physics, Course 57* (New York : Academic Press, 1977).

Chapitre 12 : Au-delà du noyau.

Pour l'introduction de la science occidentale au Japon, voir K. Koizumi, « The emergence of Japan's first physicist : 1868-1900 », dans *Historical Studies in the Physical Sciences 6,* 3 (1975).

Pour Yukawa, H. Yukawa, *Tabibito, the Traveler* (Singapour : World Scientific, 1982) une autobiographie de Yukawa, instructive sur le Japon.

Sur Occhialini, voir *Simposio in onore di Giuseppe Occhialini per il XX anniversario del suo ritorno in Italia. Seminario Matematico e Fisico di Milano* (Pavie : Editrice Succ. Fusi, 1969).

La découverte de la non-conservation de la parité est décrite par C. Wu et autres dans *Adventures in Experimental Physics 3,* 93 (1974). Pour la réaction de Pauli, voir *Collected Papers by W. Pauli,* édité par R. Kronig et V. Weisskopf (New York : Wiley Interscience, 1964).

C.N. Yang, *Elementary Particles, a short History of some Discoveries in Atomic Physics* (Princeton : Princeton University Press, 1962) est une introduction élémentaire à la physique des particules. C.N. Yang, *Selected Papers 1945-1980, with Commentary* (San Francisco : W.H. Freeman & Co., 1983).

L'intéressante histoire des Conférences de Rochester est donnée dans R. Marshak, « The Rochester Conferences », *Bulletin of Atomic Scientists* (juin 1970).

On peut trouver des articles qui présentent les vues de certains physiciens japonais dans S. Sakata, *Scientific Works* (Tokyo : Publication Commitee of Scientific Papers of Prof. Sakata, 1977). Pour un point de vue plus généralement accepté, voir Y. Ne'eman, « Concrete versus abstract theoretical models », dans *The Interaction between Science and Philosophy,* édité par Y. Elkana (Atlantic Highlands : Humanities Press, 1974).

Pour les deux espèces de neutrinos, voir L. Lederman et autres, « Discoveries of two kinds of neutrinos », dans *Adventures in Experimental Physics 1,* 81 (1972).

Voir aussi le *Colloque international sur l'histoire de la physique des Particules* (Paris : Éditions de Physique, 1982) et *The Birth of*

Particle Physics, édité par L. Brown et L. Hoddeson (Londres : Cambridge University Press, 1983).

Chapitre 13 : De nouveaux rameaux d'une vieille souche.

L'histoire de quelques-unes des plus récentes découvertes peut être trouvée dans *Les Prix Nobel* (Stockholm : Norstedt & Söner, 1902-).

Comme une partie de l'histoire de l'électrodynamique quantique moderne, « L'électrodynamique quantique et l'espace-temps », dans R. Feynman, *La Nature de la physique* (Paris : Seuil, 1980) et F. Dyson, *Disturbing the Universe : A Life in Science* (New York : Harper and Row, 1979).

Pour les lasers et les masers, voir A. Schawlow, « From maser to laser », dans *Impact of Basic Research on Technology,* édité par B. Kursunoglu et A. Perlmutter (New York : Plenum Press, 1973).

Pour la physique nucléaire, voir *Exploring the History of Nuclear Physics,* édité par C. Weiner (New York : American Institute of Physics, 1972) ; *Nuclear Physics in Retrospect,* édité par R. Stuewer (Minneapolis : University of Minnesota Press, 1979) ; H. Jensen, « The history of the theory of the atomic nucleus », *Science 147,* 419 (1965) ; M. Goeppert-Mayer, « The shell model » dans *Les Prix Nobel en 1963* (Stockholm : Norstedt & Söner, 1964) ; E. Segrè, « Artificial radioactivity and the completion of the periodic system », *The Scientific Monthly 57,* 12 (1943) ; G. Seaborg et E. Segrè, « The Transuranium elements », *Nature 159,* 863 (1947) ; *Transuranium Elements,* édité par G. Seaborg (Stroudsburg : Perma, Dowder, Hutchinson & Ross, 1978).

Pour l'effet Mössbauer, voir l'introduction à H. Frauenfelder, *The Mössbauer Effect* (New York : Benjamin, 1962).

Pour les effets quantiques macroscopiques, voir C. Gorter, Superconductivity until 1940 in Leiden as seen from there », dans *Reviews of Modern Physics 36,* 3 (1964) ; K. Mendelssohn, *Quest for Absolute Zero* (New York : McGraw-Hill, 1966) ; P. Anderson, « How Josephson discovered his effect », *Physics Today* (novembre 1970) ; P. Anderson, J. Rowell, S. Shapiro et D. Lauderberg, « Observation of Josephson effect and measurement of *h/e* », *Adventures in Experimental Physics 3,* 45 (1973).

Pour le transistor, voir W. Brattain et autres, « Discovery of the transistor effect », *Adventures in Experimental Physics 5,* 1 (1976).

Une explication vulgarisatrice des récentes découvertes en astronomie se trouve dans S. Weinberg, *Les trois premières minutes de l'Univers* (Paris : Seuil, 1978). Une esquisse biographique sur

H. Bethe est donnée par J. Berstein dans *The New Yorker* des 3, 10 et 17 décembre 1979.

Pour la biologie moléculaire, voir le très personnel J. Watson, *La Double Hélice* (Paris, Robert Laffont, 1968) ; R. Olby, « Francis Crick, D.N.A. and the central dogma », *Daedalus* 939 (1970).

Chapitre 14 : Conclusions.

Toute conversation entre physiciens, particulièrement ceux de la vieille génération, aborde invariablement les thèmes de ce chapitre. Les plus jeunes essayent de les refuter avec des faits, justifiant ainsi, même s'ils ne les connaissent pas, les mots d'Einstein :

> « Si vous voulez apprendre des physiciens théoriciens ce que sont leurs méthodes je vous conseille de suivre très strictement ce principe : n'écoutez pas ce qu'ils disent, prêtez plutôt attention à ce qu'ils font. »
>
> [Einstein dans *Mein Welthild* (Amsterdam : Querido, 1934).]

Une autre citation d'Einstein :

> « Il n'y a pas à envier le théoricien. Parce que la Nature, ou plus précisément l'expérience, est pour son travail un juge inexorable et pas très amical. Elle ne dit jamais « oui » à une théorie. Dans les cas les plus favorables elle dit « peut-être » et dans la grande majorité des cas elle dit simplement « non »... Toute théorie probablement rencontrera un jour son « non » — la plupart des théories le rencontrent peu après leur conception. »
>
> [Le 11 novembre 1922, dans un album de Kamerlingh Onnes : *Albert Einstein, The Human Side* (Princeton : Princeton University Press, 1979) p. 18.]

Index des noms

Index des sujets

Table des matières

ACHEVÉ D'IMPRIMER
LE 23 MARS 1984
SUR LES PRESSES DE
L'IMPRIMERIE HÉRISSEY
À ÉVREUX (EURE)

Imprimé en France

N° d'éditeur : 6826
N° d'imprimeur : 33748
Dépôt légal : avril 1984